"十二五"职业教育国家规划教材

网站规划建设与管理维护

（第三版）

余明艳　姚　怡◎主　编

程琳琳　杨　琳　余海萍◎副主编

中国铁道出版社有限公司

CHINA RAILWAY PUBLISHING HOUSE CO., LTD.

内 容 简 介

本书为“十二五”职业教育国家规划教材第三版，以典型工作任务为载体，系统讲解了网站规划建设的技术与技能。全书分七个单元，包括了解网站规划与设计、创建 Dreamweaver 网站、使用 HTML5 编写网页、构建 CSS 样式与网页布局、JavaScript 语言编程、创建 PHP 应用程序、网站的发布与维护管理。每一单元都配备了相应案例，以同步提高读者的理论水平及实践能力。

本书采用“典型工作任务 + 案例教学”方式编写，结合实际，通过一个完整的网站建设过程及一系列操作案例，循序渐进、由易到难地介绍网站制作技术组合 Dreamweaver +HTML5+CSS+JavaScript+PHP，涵盖网站前台建设、后台数据库所涉及的常见知识和操作技艺。本书配备了配套教学资源。读者学习完本书后，即可建立起一个符合 Web 标准的网站，以最快的速度进入网站设计师的角色。

本书适合作为高职高专和成人高校的教材，也可作为社会培训班以及业余爱好者的培训、自学参考书。

图书在版编目（CIP）数据

网站规划建设与管理维护 / 余明艳，姚怡主编 . —3 版 . —北京：中国铁道出版社有限公司，2024. 1

“十二五”职业教育国家规划教材

ISBN 978-7-113-30975-6

Ⅰ. ①网… Ⅱ. ①余…②姚… Ⅲ. ①网站 - 规划 - 高等职业教育教材②网站 - 管理 - 高等职业教育 - 教材 Ⅳ. ① TP393. 092

中国国家版本馆 CIP 数据核字（2024）第 016174 号

书　　名： 网站规划建设与管理维护
作　　者： 余明艳　姚　怡

策　　划： 翟玉峰　唐　旭　　**编辑部电话：**（010）51873135
责任编辑： 翟玉峰　王占清
封面设计： 尚明龙
封面制作： 刘　颖
责任校对： 苗　丹
责任印制： 樊启鹏

出版发行： 中国铁道出版社有限公司（100054，北京市西城区右安门西街 8 号）
网　　址： http://www.tdpress.com/51eds/
印　　刷： 天津嘉恒印务有限公司
版　　次： 2008 年 8 月第 1 版　2024 年 1 月第 3 版　2024 年 1 月第 1 次印刷
开　　本： 787 mm×1 092 mm 1/16　**印张：** 19.5　**字数：** 450 千
书　　号： ISBN 978-7-113-30975-6
定　　价： 59.80 元

前言

随着教育教学改革的不断深化，传统的教学模式已难以适应技术技能人才培养的需要。一方面如何从学生的基本心理需求出发，在教学目标上注重突出教学的情意功能，融入课程思政理念，使学生在认知、情感和技能目标上达成均衡，满足学生的归属感和使命感，是一个目前教育教学改革的难题；另一方面传统的偏知识传授的方式已逐步转向注重学生能力培养的典型任务驱动模式，以学生为中心、培养学生的动手能力，已成为目前高等职业教育界的共识。教育教学改革改到实处是教材改革，为此，编者将第二版进行修订，将思政教育融入专业知识讲解中，每个单元以典型工作任务为载体，系统讲解了网站规划建设的技术与技能。

针对喜欢快餐式学习的现代读者，本书通过一个完整的网站建设过程，配备紧密关联的大量具体实例，循序渐进、由易到难地讲解网站建设所涉及的方方面面。读者学习完本书后，即可建立起一个符合 Web 标准、具有丰富网页特效、功能齐全的网站。

本书第一版是普通高等教育“十一五”国家级规划教材，第二版是“十二五”职业教育国家规划教材，自出版以来，被全国众多高校选用。在使用过程中，编者收到了一些用书单位和读者的反馈信息，他们在给予本书充分肯定的同时，也提出了中肯的意见和一些具有前瞻性的建议。为此，经过编者们的充分研讨，结合教材使用情况和网站设计的最新发展方向，对原版教材进行大幅度的内容修订。例如，更新 Dreamweaver CS6 版本为 Dreamweaver 2020 版本；增加 CSS 样式的语法介绍和 CSS+Div 网页布局技术；更新 HTML4 为 HTML5 版本等。另外，根据部分读者的建议，把原书的 JavaScript 的应用实例设计得更有趣味性和实用性，增加了创建 PHP 应用程序等学生感兴趣的学习内容等。

第三版教材延续了第一、二版的编写风格，注重理论够用为度，强化操作技能，使理论与实践紧密结合，以最快的速度带领读者进入网站设计师的角色。近年网页设计比较流行响应式设计、扁平化设计、无限滚动、固定表头、大胆的颜色、更少的按钮和更大的网页宽度，编者在各单元操作案例中尽量迎合当前网页设计潮流，选用的案例尽量通俗化、实用化，易于读者理解。

编者在各单元操作案例中适当穿插“提示”型的知识点模块，主要涉及网站设计中的一些小技巧、注意事项等。另外，鉴于目前的网站开发尚处于新旧标准共存的状态，因此编写时要理顺平衡两者关系，例如，对一些不符合 Web 新标准的、但目前仍有大量使用的 HTML 标签，进行选择性讲解并标注为“逐渐淘汰”。

本书由余明艳、姚怡任主编，程琳琳、杨琳、余海萍任副主编。全书由余明艳统稿。

本书内容涉及网站前台设计和各种网页编程技术，技术技能点较多，建议一体化授课不低于 60 学时。为了便于读者学习，本书配有相关课程资源，可以到 http://mooc1.chaoxing.com/course/205247725.html 查看。

由于网站建设技术日新月异，加之编者水平有限，书中难免有疏漏和不足之处，恳请广大读者批评指正。

编　者

2023 年 9 月

目录

单元 1　了解网站规划与设计 1
任务 1　了解网站整体规划 1
任务说明 1
任务实施——“班级”网站整体规划 1
相关知识 2
1. 网站的分类 2
2. 网页的类型 5
3. 网页中的常用元素 7
4. 网站的主页 8
5. 网站设计原则 9
任务 2　定位网站 VI 形象 10
任务说明 10
任务实施——定位“生物工程设备”网站 VI 形象 10
相关知识 12
1. 网站配色原则 12
2. 屏幕布局设计原则 12
任务 3　Web 服务器的配置 12
任务说明 12
任务实施——在 Windows 10 操作系统中安装配置 IIS 13
相关知识 19
1. Web 系统组成 19
2. Web 标准 19
3. IP 关联 20
小结 22
习题 22
单元 2　创建 Dreamweaver 网站 24
任务 1　创建 Dreamweaver 站点 24
任务说明 24
任务实施——创建“班级”网站 24
相关知识 28
1. Dreamweaver 2020 的启动与工作界面 28
2. 各部件简单介绍 29
任务 2　制作图文并茂的网页 33
任务说明 33
任务实施——制作图文并茂的“班级”网站 34
相关知识 42
1. 图像知识 42

2. “页面属性”对话框的属性说明 43
任务3 制作表格 47
任务说明 47
任务实施——建立“班级通讯录” 47
相关知识 49
1. 表格的操作知识 49
2. 表格的编辑 50
3. 表格的嵌套 52
任务4 创建超链接 52
任务说明 52
任务实施——创建超链接 52
相关知识 57
1. 创建文字和图像超链接的方法 57
2. 设置文本和图像“属性”面板中超链接方法 58
任务5 创建模板和库 58
任务说明 58
任务实施——创建班级学习网站模板 58
相关知识 61
1. 模板 61
2. 编辑库项目 63
任务6 使用框架 63
任务说明 63
任务实施——创建班级学习网页框架 64
相关知识 71
1. frameset 标签 71
2. frame 标签 71
3. iframe 标签 72
任务7 制作表单 72
任务说明 72
任务实施——建立“访问调查表”表单 72
相关知识 79
1. 创建表单方法 79
2. 添加表单元素的方法 81
任务8 应用行为 81
任务说明 81
任务实施——设置“班级成员风采”网页状态栏文本 81
相关知识 86
1. 行为的概念 86
2. 特效 88
小结 89
习题 89

单元3 使用 HTML5 编写网页 92
任务1 体验使用 HTML5 编写网页 92

任务说明 92
任务实施——编写网页体验 93
相关知识 95
1. HTML5 的基本语法与格式 95
2. XHTML 的特点 96
3. HTML5 的优势 96
任务 2 创建 HTML5 标签 98
任务说明 98
任务实施——“班级聚会”网页中标签的使用 98
相关知识 99
1. <html>、<head> 和 <title> 标签 99
2. <meta> 标签 99
3. <link>、<base> 和 <script> 标签 100
4. <style> 标签、<!-- 注释内容 --> 和 <body> 标签 101
5. <p>、<pre>、
 和 <hr> 标签 102
6. HTML5 新增结构元素 103
任务 3 使用 HML5 设置格式 105
任务说明 105
任务实施——标签的使用 105
相关知识 109
1. 字体格式的设置 109
2. <div> 标签、<span> 标签 110
3. <marquee> 标签 111
4. 表格 111
5. <img> 标签 112
6. <bgsound> 标签 112
7. <object> 和 <param> 标签 113
任务 4 使用 HTML5 制作表格 113
任务说明 113
任务实施——制作班委民意测评表 114
相关知识 114
1. <table> 标签 114
2. <tr>、<td> 和 <th> 标签 115
3. 超链接 116
4. 锚点链接 117
5. 热点链接 117
任务 5 使用 HTML5 设计表单 118
任务说明 118
任务实施——使用 <label> 标签设计表单 118
相关知识 119
1. <form> 标签 119
2. <input> 和 <textarea> 标签 120
3. <select> 和 <option> 标签 121
任务 6 使用 HTML5 定义框架集 122

任务说明......122
任务实施——使用标签定义框架集......122
相关知识......124
1. <frameset> 标签......124
2. <frame> 标签......125
3. <iframe > 标签......126
小结......126
习题......126

单元 4 构建 CSS3 样式与网页布局......129

任务 1 体验 CSS3 样式应用......129
任务说明......129
任务实施——体验 CSS 外部样式表......129
相关知识......130
1. CSS 的语法结构......130
2. 选择器......131
3. 应用 CSS 样式到网页中......132
任务 2 设置 CSS 样式......134
任务说明......134
任务实施——CSS 样式应用......134
相关知识......138
1. 新建 CSS 样式......138
2. 编辑 CSS 样式......139
3. 设置 CSS 样式的类型属性......140
4. 设置 CSS 样式的背景属性......141
5. 设置 CSS 样式的区块属性......141
6. 设置 CSS 样式的方框属性......143
7. 设置 CSS 样式的边框属性......143
8. 设置 CSS 样式的列表属性......144
9. 设置 CSS 样式的定位属性......145
10. 设置 CSS 样式的扩展属性......146
11. 设置 CSS 样式的过渡属性......148
12. CSS 和 CSS3 的异同......149
任务 3 应用 CSS+Div 布局技术......150
任务说明......150
任务实施——班级简历网页布局......150
相关知识......158
1. CSS 盒模型......158
2. 让布局居中......159
3. 流体布局和弹性布局......160
小结......162
习题......162

单元 5 JavaScript 语言编程......167

任务 1 JavaScript 语言编程......167

任务说明 167
任务实施——JavaScript 语言编程 167
相关知识 182
1. 脚本语言的种类 182
2. JavaScript 简介 183
3. 如何写入 JavaScript 183
4. JavaScript 如何输出显示 184
5. JavaScript 的语法书写格式 186
6. JavaScript 的基本数据结构 186
7. JavaScript 的函数 190
8. JavaScript 的对象 192
9. 事件与事件处理 195
任务 2 应用文档对象模型 DOM 197
任务说明 197
任务实施——应用文档对象模型 197
相关知识 203
1. DOM 文档对象模型简介 203
2. window 对象 204
3. document 对象 206
4. history 对象 207
5. location 对象 207
6. form 对象和 form 元素对象 208
任务 3 应用 JavaScript 内置对象 211
任务说明 211
任务实施——应用 JavaScript 内置对象 211
相关知识 216
1. Math 对象 216
2. String 对象 217
3. Date 对象 218
4. Array 对象 219
小结 220
习题 220
单元 6 创建 PHP 应用程序 223
任务 1 配置 PHP 开发环境 223
任务说明 223
任务实施——配置 PHP 开发环境 223
相关知识 228
1. PHP 基础知识 228
2. PHP 概述 230
3. phpStudy 简介 231
4. PHP 编辑工具 231
任务 2 PHP 的基本语法 232
任务说明 232

任务实施——PHP 基本语法......232
相关知识......235
1. PHP 语法结构......235
2. PHP 语法基础......237
3. PHP 运算符及优先级......239
4. PHP 选择语句......240
5. PHP 循环语句......243
6. PHP 函数......246
7. PHP 的内置函数......248
任务 3 PHP 与 Web 页面交互......257
任务说明......257
任务实施——PHP 与 Web 页面交互......258
相关知识......259
1. 表单的构成......259
2. PHP 处理过程......261
任务 4 PHP 操作 MySQL 数据库......262
任务说明......262
任务实施 1——安装使用 MySQL 数据库......262
任务实施 2——学生信息管理系统......266
相关知识......278
1. PHP 的相关扩展......278
2. PHP 操作 MySQL 数据库的基本原理......279
3. PHP 操作 MySQL 常用函数......280
4. PHP 操作 MySQL 数据库......282
小结......284
习题......285
单元 7 网站的发布与维护管理......288
任务 1 测试网站......288
任务说明......288
任务实施——测试网站......289
任务 2 发布与推广网站......295
任务说明......295
任务实施——发布与推广网站......295
相关知识......299
1. 网站的管理......299
2. 网站的维护......300
3. 网站的升级和改版......301
小结......302
习题......302

单元 1 了解网站规划与设计

学习目标

- 了解网站的基础知识。
- 理解并掌握网站建设的原则与规划的流程。
- 能够设计网站的 VI 形象。
- 能够安装与设置 IIS 服务器。
- 树立正确的学习理念。

任务 1　了解网站整体规划

任务说明

随着互联网的普及与发展，网站已逐渐成为政府、企业或个人对外展示、信息沟通的桥梁。广大企业、机构纷纷在网上建立 Web 站点作为自己的营销舞台，以宣传自身形象、推广产品、扩大影响力。网络越来越展示出强大的媒体优势，并由此产生了新的工作岗位：网站设计师（website designer）和网站管理员（web master）。如何设计出优秀的网站，吸引尽可能多的人来访问和浏览是一个值得研究的问题。

网站规划是指在网站建设前对市场进行分析，确定网站的目的和功能，并根据需要对网站建设中的技术、内容、费用、测试、维护等做出规划。网站规划对网站建设起到计划和指导的作用，对网站的内容和维护起到定位的作用。本任务围绕完成一个网站的整体规划展开。

任务实施——“班级”网站整体规划

1. 确定网站建设的目的

需要了解客户的真正意图，了解客户希望这个站点实现什么目的，希望通过什么样的方法实现这一目的。网站设计者可以转换角色，站在客户的立场上去设想自己需要什么样的产品和服务，有时候最好的不一定是客户需要的。

2. 可行性分析

这里的可行性包括技术可行性和经济可行性。

作为客户，最关心的是成本、费用、收益，他们会考虑网站的建设是否物有所值，这里说的价值不单是网站设计本身的价值，还包括在运营过程中得到的收益。

作为网站设计者，要从技术难度、实施过程、最终效果等角度多方位考虑，才能设计出满足客户要求的网站。在网页设计中，必须考虑到目前 Internet 的制约因素，如网络传输速率、服务器性能指标以及客户端浏览模式等，切不可单纯为了追求页面的奢华而加大网络传输的负荷。

3. 网站结构总体策划

网站的总体策划包括设计网站各个栏目及其主要内容、每张网页中图片和文字的显示效果、它们之间的相互关系等。好的布局可以让浏览者非常容易地找到他想看的内容，提升用户对相关单位或产品的认可程度。图 1-1 为一个班级网站的结构图，这也是本书后续单元中介绍的网站实例。

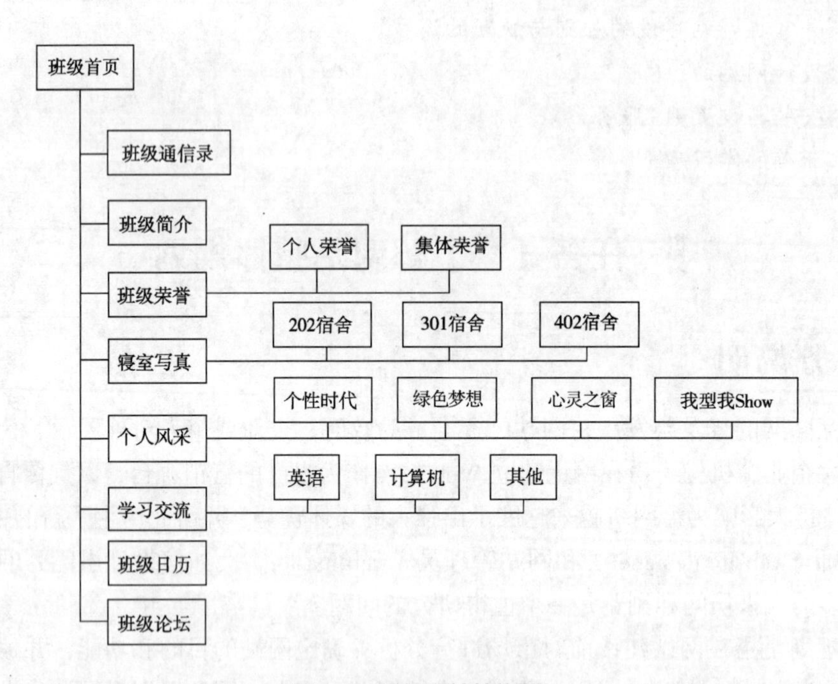

图 1-1 班级网站结构图

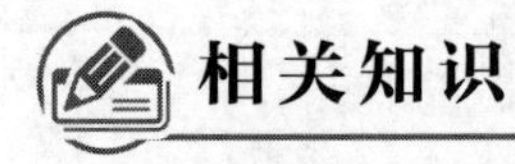

相关知识

1. 网站的分类

明确要设计的网站属于哪种类型将有助于更好地进行规划。不同的角度有不同的分类方法，根据网站内容和服务对象的不同，可将其主要分为以下几种类型。

1）门户网站

门户网站是指提供某类综合性互联网信息资源并提供有关信息服务的应用系统。门户网站最初提供搜索引擎和网络接入服务，后来由于市场竞争日益激烈，门户网站不得不快速地拓展各种新的业务类型，希望通过门类众多的业务来吸引和留住互联网用户，以至于到后来门户网站的业务包罗万象，成为网络世界的“百货商场”或“网络超市”。从现在的情况来看，门户网站主要提供新闻、搜索引擎、导航、论坛、邮箱、电子商务、网络社区、网络游戏、影音资讯等。在我国，典型的门户网站有搜狐、新浪、网易和凤凰网等。这些门户网站因具有较高的访问量，很容易得到较多的广告投放量。图1-2所示为新浪网的主页。

图1-2 新浪网

2）政府网站

政府网站作为一种政府传媒，由各级政府的各个部门主办，就政府各个职能部门或某一方面的情况或信息向公众介绍、宣传或做出说明。现在的政府网站还向电子政务方向发展，许多以前通过窗口排队的行政办事手续已逐渐提升成可通过网络提交的方式来解决，网上的政府信息具有专业性、实时性、权威性等特点。

3）学校和科研机构网站

学校和科研机构网站提供一定的技术咨询服务和学术资源共享。这种网站不以营利为目的，主要提供图书馆信息、最新学术动态、科研技术探讨等以便于资源共享，如中国教育和科研计算机网（网址为 http://www.edu.cn），通过网页内容或者相关链接可以了解我国教育、高校科技、教育信息化、下一代互联网等最新动态。

4）电子商务网站

电子商务网站的主要功能包括网上商品展示广告、网上订购、电子付款、物流配送和客户服务等售前、销售和售后服务，以及市场调查分析、财务核算及生产安排等多项商业活动。该类网站一般按电子商务模式划分为 B2B（商家对商家，如阿里巴巴）、B2C（商家对客户，如京东商城）、C2C（客户对客户，如淘宝网）等。图1-3所示为淘宝网主页。

5）企业网站

对于各企业来说，企业网站可以在全世界范围内宣传展示自己的公司，发布本公司时效性强的商业信息；方便、快捷地与各地客户或代理商24小时保持联络；对企业增加业务量、开拓市场均有帮助。许多公司都在互联网上设立了站点，如华为、大疆、中芯国际、格力等，这些公司网站不但给公司和企业，而且还给广大客户带来了巨大的便利。在这些公司的站点上可以查询到该公司最近一段时间以来的产品发布情况、技术文档和相关的软件包等。经销商还可以通过这些站点获悉订货情况、价格信息等。

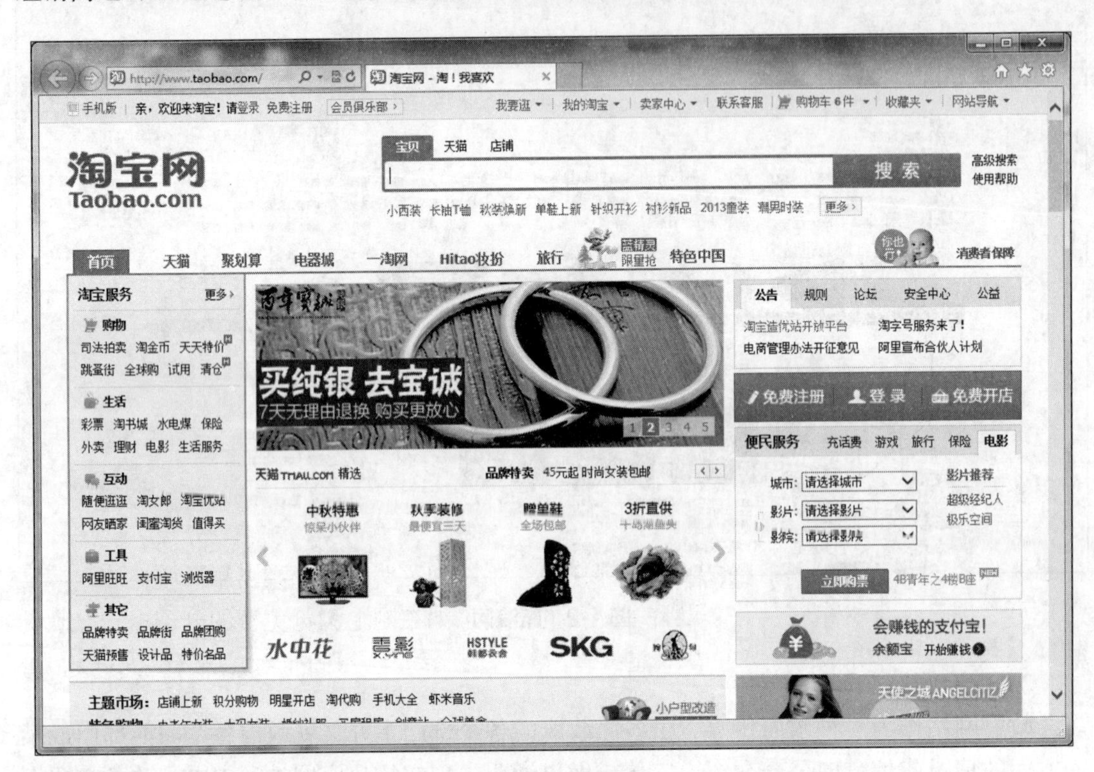

图 1-3 淘宝网

6）论坛型网站

网络论坛一般就是大家口中常提的 BBS，BBS 是一种电子信息服务系统。它向用户提供了一块公共电子白板，每个用户都可以在上面发布信息或提出看法，早期的 BBS 由教育机构或研究机构管理，现在多数网站上都建立了自己的 BBS，供网民通过网络来结交更多的朋友，表达更多的想法。论坛型网站一般都按不同的主题分为多个版块，版块的设立依据是大多数用户的要求和喜好，用户可以阅读别人关于某个主题的看法，也可以将自己的想法毫无保留地发布到论坛中。图 1-4 所示为水木社区 BBS。在论坛里，人们之间的交流打破了空间和时间的限制。在与他人进行交流时，无须考虑自身的年龄、学历、知识、社会地位、财富、外貌，也无从知道交谈对方的真实社会身份。这样，参与讨论的人可以处于一个平等的位置与他人进行任何问题的探讨。现在的论坛几乎涵盖了我们生活的各个方面，几乎每一个人都可以找到自己感兴趣或者需要了解的专题性论坛，而各类网站、综合性门户网站或者功能性专题网站也都青睐于开设自己的论坛，以促进网友之间的交流，增加互动性和丰富网站的内容。

图 1-4　水木社区

7）展示宣传型网站

展示宣传型网站以内容展示为重点，用内容吸引人，如文学网站、下载网站、行业信息网站、个人网站等。网站一般通过提供免费服务和免费资源来吸引用户增加访问量，用户可以通过这类网站在网上获取许多免费的资料，如在网上浏览免费的电子报刊，欣赏 MP3 音乐，阅读娱乐新闻，下载免费的软件、书籍、图片等。

2．网页的类型

网站通常由许多网页组成，通过站内链接把这些网页有机结合起来，构成一个内容完整、资源丰富的网站。网页通过统一资源定位符（URL，网页地址）来识别与存取，当用户在浏览器中输入网址后，经过域名系统的解析，网页文件会被传送到用户的计算机，然后再通过浏览器解释网页的内容，显示到用户屏幕上。通常人们看到的网页可能是以 .html 为扩展名的静态页面，也可能是其他类型的动态页面，如 CGI、ASP、Perl、PHP、JSP 文件等。

1）静态网页

静态网页是由 Web 服务器将文本、图像、声音、视频等嵌入在 HTML 标签中传送给浏览器，由浏览器解析后按照 HTML 的语法规范来显示这些信息，如图 1-5 所示。这种运行机制决定了网页元素的表现形式在网页文件中一经设定，网页的内容和形式就不会随浏览器本身的资源变化而改变，也不会随用户的请求而发生变化。要想改变某个网页元素的显示，例如，将文字的显示颜色由红色改成绿色，则必须修改 Web 服务器中网页文字的 color 属性，然后保存文件，在浏览器中重载该网页时，才能看到该文字以绿色显示，这就是静态网页不够灵活的地方。静态网页常见的扩展名有 .htm、.html、.shtml 和 .xml 等。

2）动态网页

动态网页与网页上的各种动画、滚动字幕等视觉上的“动态效果”没有直接关系，而是指网页内含有程序代码。动态网页技术分为服务端和浏览器端的动态技术，其中，服务端动态网页一般以数据库技术为基础，在客户端浏览器通过用户的请求返回包含相应内容的网页，如图 1-6 所示。动态网页常见的扩展名有 .asp、.aspx、.php 和 .jsp 等。

图 1-5 静态网页

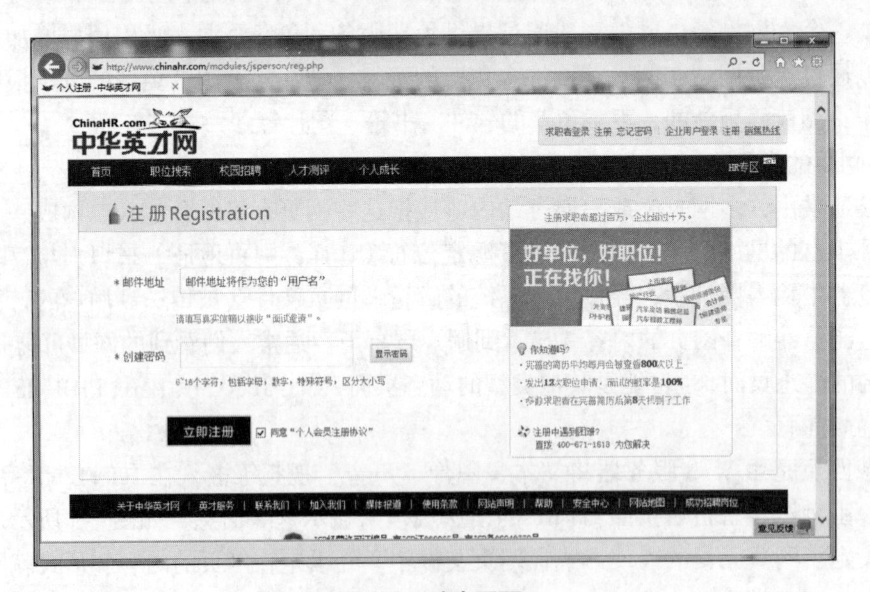

图 1-6 动态网页

（1）CGI 网页文件

CGI（common gateway interface，公共网关接口）是一种编程标准，它规定了 Web 服务器调用其他可执行程序的接口协议标准。CGI 程序通过读取使用者的输入请求把用户端的信息记录在服务器上。CGI 程序可以使用任何程序设计语言编写，如 Shell、Perl、C 和 Java 等，其中最为流行的是 Perl。CGI 程序通常用于记录信息、搜索或其他一些交互式应用。

（2）ASP 网页文件

ASP（active server page，动态服务器网页）是一种应用程序环境，可以混合使用 HTML、脚本语言以及组件来创建服务器端功能强大的 Internet 应用程序。其工作原理是当浏览者发出浏览请求时，服务器会自动在服务器端运行 ASP 程序并将结果以标准的 HTML 格式送往用户的浏览器。

（3）ASPX 网页文件

ASPX（active server page XML）文件是在服务器端靠服务器编译执行的程序代码，主要用 Visual Studio.NET 来编辑，通过 IIS 解析执行后得到动态页面。ASPX 不是 ASP 的简单升级，因为它的编程方法和 ASP 有很大的不同，ASP 使用脚本语言，每次请求时，服务器调用脚本解析引擎来解析执行其中的程序代码；而 ASP.NET 则可以使用多种语言编写，将程序在服务器端首次运行时进行编译，这样的执行效果，比 ASP 一条一条地解释效率要高很多。

（4）PHP 网页文件

PHP（page hypertext preprocessor，页面超文本预处理器）是一种跨平台的、服务器端的嵌入式脚本语言。它大量借用 C、Java 和 Perl 语言的语法，并有 PHP 自身创新的语法。PHP 是将程序嵌入到 HTML 文档中去执行，执行效率比完全生成 HTML 标签的 CGI 要高许多；PHP 还可以执行编译后的代码，编译可以达到加密和优化代码运行，使代码运行更快。它支持目前绝大多数数据库。

（5）JSP 网页文件

JSP（Java server pages）是 Sun 公司（已于 2009 年 4 月被 Oracle 收购）倡导的一种动态网页技术标准。JSP 技术有点类似 ASP 技术，它是在传统的 HTML 文件中插入 Java 程序段（scriptlet）和 JSP 标签（tag），从而形成 JSP 文件。用 JSP 开发的 Web 应用是跨平台的，既能在 Linux 下运行，也能在 Windows 等其他操作系统上运行。

3）动态网页和静态网页的结合

静态网页是网站建设的基础，动态网页则能实现更多更丰富的网站功能。静态网页与动态网页之间并不矛盾，现在很多网站都是使用动态网站技术将网页内容转化为基本的静态网页进行发布；而一个网站有一部分功能用动态网页设计、另一部分内容则用静态网页设计的情况是很常见的；即使在一个网页中，动态技术与静态技术的结合也是必不可少的。

3. 网页中的常用元素

1）文字

文字是网页最常见的元素，是向用户传达信息的媒介。网页中文字的运用必须精心设计，并充分发挥它们的微妙个性，使其为整体服务。

2）图片

在网页中使用的图片格式一般是 GIF、JPEG、PNG 等。JPEG 格式的图像对色彩的信息保留较好；GIF 格式图像的特点是支持透明色、压缩比高，在压缩过程中不会丢失像素，最多存储 256 色；PNG 是 GIF 图像的替代物，支持索引颜色、灰度和真彩色，且支持透明的 Alpha 通道。

3）动画

目前，Internet 上比较常用的动画展示方式有动态 GIF、Flash、HTML5 等。其中，动态 GIF 适宜做一些比较简单的动画效果；Flash 动画的制作需要一定的基础，在浏览时需要浏览器的支持或下载相应的插件，但 Flash 动画表现形式更为丰富生动，且生成的文件较小，传输速度快，可以实现实时播放，而不必等待整个文件传输完后再进行播放，其扩展名为 .swf；近年开始流行采用 JavaScript + HTML5 Canvas 进行网页动画设计，HTML5 中的 Canvas 元素非常灵活，能够很好地融合 JavaScript 代码并在浏览器内绘制华丽的图形，无须任何播放插件即可在浏览器中展示。

4）音乐

有的网站中设计了背景音乐，这使访问者能有特别的音效感受，这些网站一般都喜欢加在首页的 Flash 展示里。网页通常使用 MIDI、MP3、WMA 等格式的背景音乐，其中 MIDI 音乐的优点是生成的文件小、使用广泛，缺点是音色单调、效果较差；MP3 音乐虽然音质较好，但生成的文件较大；WMA 格式是以减少数据流量但保持音质的方法来达到更高的压缩率目的，其压缩率一般可以达到 1:18，生成的文件大小只有相应 MP3 文件的一半。不建议采用大于 500 KB 的背景音乐，以免影响网页打开进度。

5）视频

网上视频播放的流畅度将随着网络带宽的增加和网速的提高而得到逐步加强，其发展前景十分看好。当前，网上音视频广播采用的几乎都是流媒体技术。流媒体技术能自动根据网络的速度传输相应图像声音，使音视频播放时断时续的问题得以解决。ASF、MKV、FLV、WMV、RM 和 RMVB 是目前网上使用较多的流媒体视频格式。

4．网站的主页

网站的主页是指网站的起点，也就是访问网站所看到的第一个页面。主页在网站制作中一般文件命名为 index 或 default，加上相应的扩展名，如 index.html、index.php、default.aspx 等。当访问一个网站域名时，由于服务器的设置，实际上访问的是这个域名所在目录下的主页文件。

为了加深访客对网站的印象，建立亲和、亮丽的视觉效果，有些网站把主页以形象页的方式显示，如图 1-7 所示。它仅包含一个“进入”按钮，可链接到图 1-8 所示的主内容页。形象页可引入的元素大致有网站名称、LOGO、形象图片、网址、宣传语及页面链接等。

图 1-7　网站的主页以形象页的方式显示

图 1-8　主内容页

5．网站设计原则

Internet 上的网站浩如烟海，要让人们从中选择并访问浏览自己的站点，就不是那么简单了，因为鼠标和键盘永远掌握在上网者手中。设计者要想设计出达到预期效果的站点和网页，就需要对用户需求有深刻的了解，并对人们上网时的心理进行分析和研究。以下是规划网站时应该遵循的网站设计原则。

1）符合人们的阅读习惯

别把文字的字号设置得太小，也不能太大。最好让文本左对齐，而不是居中。当然，标题一般居中，因为这符合浏览者的阅读习惯。注意不要使背景颜色冲淡了文字的视觉效果，一般来说，浅色背景搭配深色文字为佳。

2）网站导航要清晰

所有的超链接应清晰无误地向读者标示出来，所有导航性质的设置，如图像按钮，要有清晰的标志，让人看得明白。清晰导航还要求：读者进入目的页的点击次数最好不要超过三次。如果三次以上还找不到，读者可能就会失去耐心。

3）网页风格要统一

网页上所有的图像、文字，包括背景颜色、区分线、字体、标题、注脚等，都要统一风格，贯穿全站，使浏览者看起来舒服、顺畅，给人留下一个“很专业”的印象。

4）动静要搭配好

网页动画的视觉冲击力远远超过图片和文字，更能吸引网页的浏览者。有的人喜欢在页面里放动画图片或者 JavaScript 效果。这些东西单看起来都是很好的，但是太多了会让浏览者眼花缭乱、抓不到页面的重点，还会影响到网站的浏览速度，最终让浏览者失去了浏览网站的兴趣。所以，“动”的东西要画龙点睛。

5）突出新内容

专门开辟一块地方放新内容，也可以把更新了的内容用颜色或者小动画之类的图片突出显示。总之，就是让使用者一下子就能知道网站最近有没有更新、更新了哪些内容，这样使用者就不必把时间花费在“寻找”上，网站也具备了“亲和力”。

任务 2　定位网站 VI 形象

任务说明

视觉识别（visual identity,VI）是一种创造性的表达形式，它通过使用色彩、形状、排版、图片和图形等元素进行视觉表达，统一形象。现实生活中杰出的 VI 策划案例比比皆是，如华为公司全球统一的标志、色彩和产品包装，给人们的印象极为深刻。更多的例子如央视网（CCTV）、中国银行、京东等。一个杰出的网站应该和实体公司一样，需要整体形象的包装和设计。准确地说，符合自身形象的 VI 设计，对网站的宣传和推广能起到事半功倍的效果。本任务围绕完成定位网站 VI 形象展开。

任务实施——定位“生物工程设备”网站 VI 形象

1. 设计网站的标志

一个好的网站标志（LOGO）往往会反映网站及制作者的某些信息，特别是对 ·个商业网站来讲，人们可以从中大概了解到这个网站的类型和内容。

网站的标志可以是中文、英文字母，也可以是符号、图案，还可以是动物或人物等。例如，百度是用“ bai ‘du’ + 熊掌”作为标志，新浪是用“sina+ 眼睛”作为标志。标志的设计创意一般来自网站的名称和内容，如图 1-9 所示。

图 1-9　各种网站的 LOGO

① 网站中有代表性的人物、动物、花草，可以用它们作为设计的蓝本，加以卡通化和艺术化，如迪斯尼的米老鼠、搜狐的卡通狐狸等。

② 网站具有专业性的，可用本专业有代表性的物品作为标志，如中国银行的铜板标志、奔驰汽车的方向盘标志。

③ 最常用和最简单的方式是用自己网站的英文名称作为标志。采用不同的字体、字母的变形及组合可以很容易地制作出自己的标志。

此外，为了体现网站的精神、网站的建设目标，最好设计用一句话甚至一个词来高度概括网站的宣传标语，类似实际生活中的广告语。例如，农夫山泉的“农夫山泉有点甜”，京东的“正品保证，只为品质生活”，雀巢的“味道好极了”等。

2．网站配色

网站给人的第一印象来自视觉冲击。不同的色彩搭配产生不同的效果，并可能影响到访问者的情绪。例如，红色的热烈、蓝色的清凉、绿色的宁静、紫色的暧昧以及黑色的庄严，这都是在人们日常生活中形成的一种感觉。

一般来说，一个网站的标准色彩不应超过三种，太多则会让人眼花缭乱。标准色彩要用于网站的标志、标题、主菜单和主色块，给人以整体统一的感觉，至于其他色彩也可以使用，但只是作为点缀和衬托，绝不能喧宾夺主。

3．屏幕布局设计

屏幕布局因功能不同考虑的侧重点也不同。各功能区要重点突出、功能明显，要引导访问者注意到最重要的信息，最终达到令人愉悦的显示效果。一个好的屏幕布局设计的例子如图 1-10 所示。

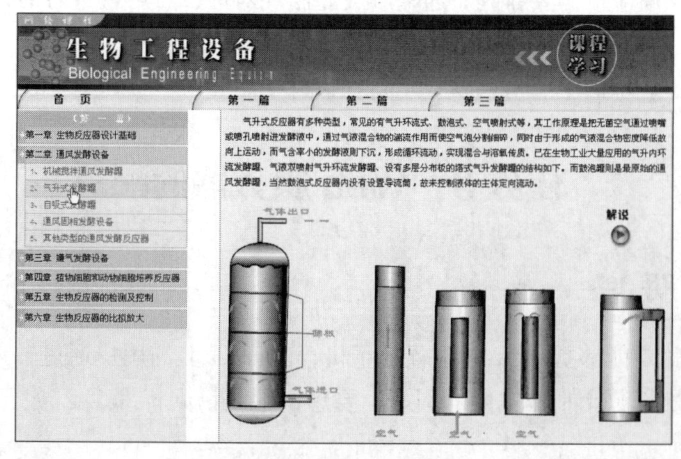

图 1-10　屏幕布局示例

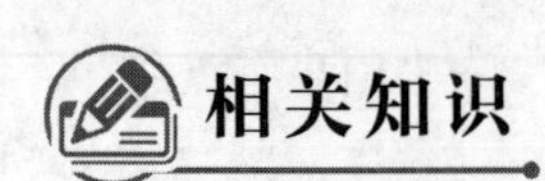

相关知识

1. 网站配色原则

1）网站要有一个主色调

主色调是用来表达网页的“主题情感”的元素，比如IBM用蓝色主色调，它往往跟网站的VI形象紧密结合。

2）要深浅搭配

当背景为浅色时，可用深色突出主题；当背景为深色时，可用浅色突出主题。千万不要前景和背景颜色差不多，这样可就模糊成一片了。底色不宜选择太过“刺眼”的颜色，如纯黄色、青色等，这样容易让浏览者视觉疲劳。

3）保持整个网站颜色的统一性

我们经常能看到有些网站各个页面没有采用统一的主色调，每个网页的色彩各自为政，这样做最直接的缺点就是容易让浏览者产生混淆，不知道是在原来的站点上还是已经跳转到别的什么地方。如果要用不同的颜色，那一定要保持页面布局的统一，并且在明显的位置上放上自己网站的标志和名称。

2. 屏幕布局设计原则

无论哪一种功能设计，其屏幕布局都应遵循如下五项原则：

1）平衡原则

注意屏幕上下左右平衡。不要使数据过分拥挤，这样会视觉疲劳和接收错误。

2）预期原则

屏幕上的所有对象，如窗口、按钮、菜单等处理应一致化，使对象的动作可预期。

3）经济原则

即在提供足够的信息量的同时，还要注意简明、清晰。特别是媒体，要运用好媒体选择原则。

4）顺序原则

对象显示的顺序应依需要排列。通常应最先出现对话，然后通过对话将系统分段实现。

5）规则化原则

画面应对称，显示命令、对话及提示行在设计中尽量统一规范。

任务3　Web服务器的配置

任务说明

Web服务器就是能够提供Web服务的主机，Internet上的用户通过输入Web服务器的地址来访问其上的资源。制作完成的网站，要想供他人访问，那么必须把网站文件上传到Web服务器上。

有些纯静态网页做好后，直接单击该网页文件，操作系统就会自动使用浏览器打开，不需要进行其他更多的设置。但现在很多网站因为功能的需要往往采用动态网页技术或其他高级制作技术，这种网站在上传到互联网服务器之前，应该先在本机进行反复测试，这样就需要配置本地 Web 服务器。要规划设计一个涉及动态网页技术的网站，配置本地 Web 服务器是很有必要的。本任务围绕完成 Web 服务器的配置展开。

任务实施——在 Windows10 操作系统中安装配置 IIS

1. 安装 IIS 服务

一般来说，架构 Web 服务器大部分使用 IIS（internet information server）或 Apache。IIS 是 Windows 操作系统自带的互联网基本服务组件，是一个允许在公共 Intranet 或 Internet 上发布信息的 Web 服务器平台，它包括 Web 服务器、FTP 服务器、NNTP 服务器和 SMTP 服务器，分别用于网页浏览、文件传输、新闻服务和邮件发送等方面。通过它可以架设 IIS+ASP+CGI+Perl 或 PHP+MySQL 等服务器。如果是基于 Linux 平台，则应选用 Apache 服务器。

【操作案例 1-1】在 Windows 10 操作系统中安装配置 IIS 服务以供测试网站使用。

1）案例要求

在 Windows 10 操作系统中安装配置 IIS 服务以供测试网站使用。

2）知识点

安装配置 IIS 组件；测试网站浏览效果。IIS 是 Windows 操作系统自带的组件，但是在一般典型安装中并没有自动安装这个服务组件，所以需要专门安装。

3）操作过程

① 搜索 Windows 10 的程序和功能。在 Windows 10 任务栏的搜索框中输入“程序和功能”，在弹出的菜单中单击“添加或删除程序”选项，如图 1-11 所示，弹出“设置”窗口。

图 1-11　打开程序和功能界面

② 在“设置”窗口中选择左边的“应用和功能”选项，这是打开“设置”窗口的默认项，在右边相关设置下面单击“程序和功能”选项，如图 1-12 所示，打开“程序和功能”窗口。

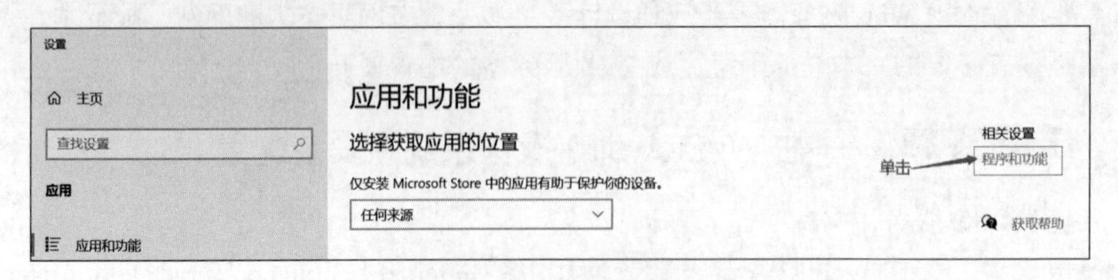

图 1-12 “设置”窗口

③ 在“程序和功能”窗口中，单击左边的“启用或关闭 Windows 功能”选项，打开“Windows 功能”对话框。并依照图 1-13 所示勾选“Internet Information Services”和“Internet Information Services 可承载的 Web 核心”复选框，或根据个人需要选择需要开启的系统功能项目，单击“确定”按钮后系统开始更改功能，并显示处理进度，一般在 1 分钟内完成安装。

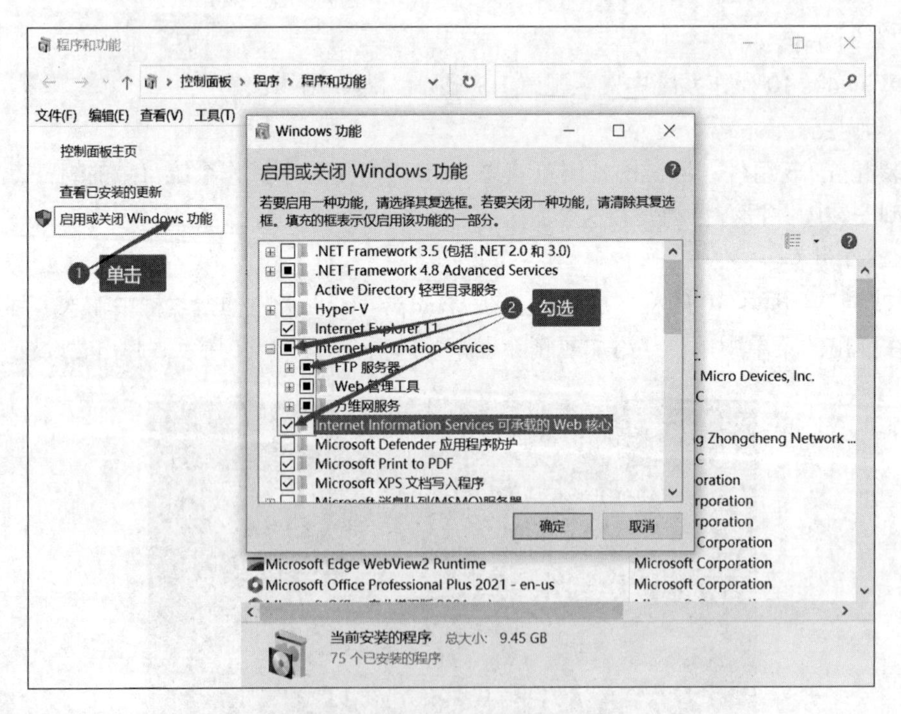

图 1-13 “Windows 功能”对话框

④ 当 IIS 安装完毕，在 Windows 10 任务栏的搜索框中输入“管理工具”，在弹出的菜单中单击“Windows 管理工具”选项，如图 1-14 所示，弹出“管理工具”窗口。将在该窗口中找到“Internet Information Services (IIS) 管理器”选项，并且在系统分区（如 C:\）中多了一个名为 Inetpub 的目录。

⑤ 当要对网站进行测试时，可以把网站目录（如 D:\classweb）复制到 C:\Inetpub\wwwroot

目录中，然后在浏览器中输入网址：http://localhost/classweb/，即可观看网站的真实效果。

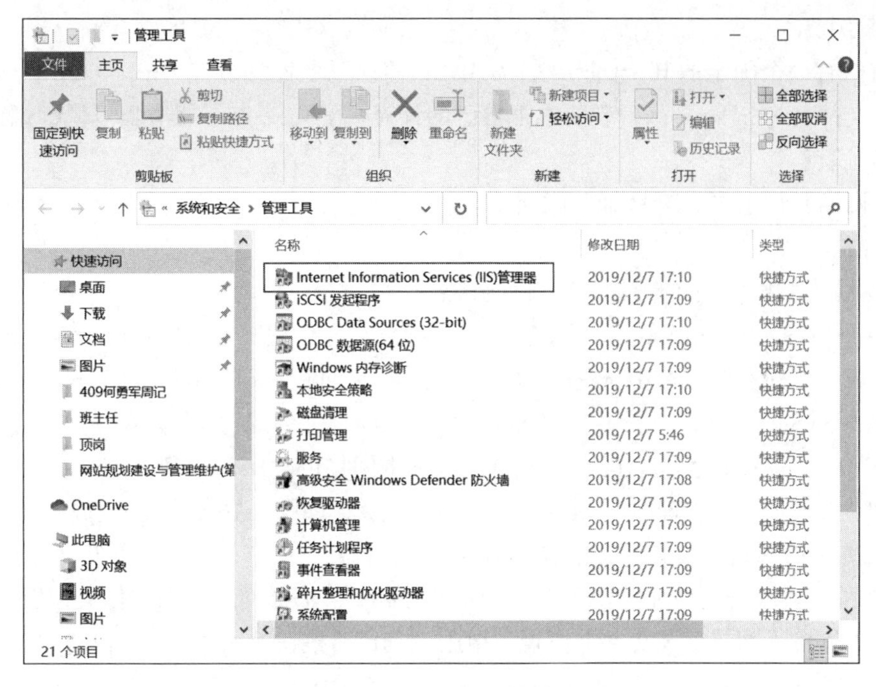

图 1-14　“管理工具”窗口

2. 配置 IIS 服务器

如果将操作案例 1 中安装完成的 Web 服务器直接拿来使用，功能不但不多，还很不安全，所以应该先设置。打开“控制面板”|“管理工具”|“Internet 信息服务（IIS）管理器”窗口，在左侧窗格中选择“本地计算机”|“网站”|“Default Web Site”选项，即可在中间窗格中打开图 1-15 所示的视图供用户设置。

图 1-15　“Internet 信息服务（IIS）管理器”窗口

【操作案例 1-2】配置 IIS 服务，做成 Web 服务器以供他人访问。

1）案例要求

假设已有一个固定的 IP 地址 192.168.3.12，将自己的网站放在 D:\classweb 目录下，网站的首页文件名为 index.aspx，现要求把自己的计算机配置成 Web 服务器以供他人访问。

2）知识点

设置网站默认主页；IP 地址关联网站。

3）操作过程

① 按照操作案例 1 的步骤安装 IIS 服务器。

② 打开“Default Web Site 主页”。打开“控制面板”|“管理工具”|“Internet 信息服务（IIS）管理器”窗口，在左侧窗格中选择“本地计算机”|“网站”|“Default Web Site”选项，打开 Default Web Site 主页，如图 1-15 所示。

③ 打开主页高级设置。在图 1-15 中，右击中间栏的“Default Web Site 主页”，在弹出的菜单中选择“网站管理”|“高级设置…”命令，如图 1-16 所示。

④ 配置你的网站目录文件夹位置。单击“高级设置”命令，打开“高级设置”对话框，如图 1-17 所示。单击“物理路径”右边的选择按钮...，选择网站目录文件夹位置；也可以直接在文本框输入网站目录文件夹位置，单击“确定”按钮返回。

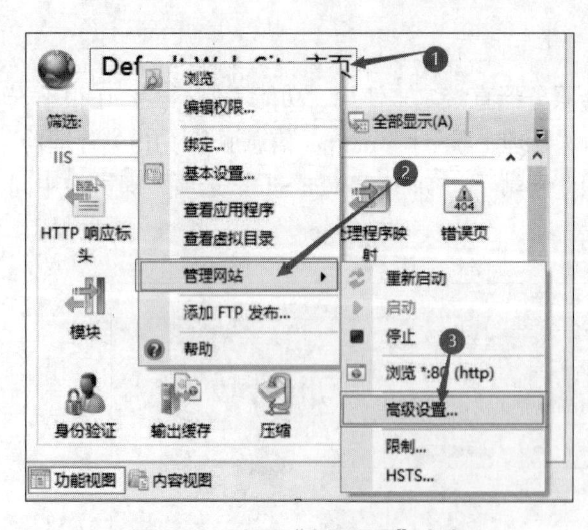

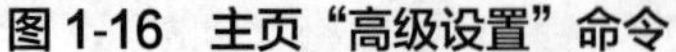

图 1-16　主页“高级设置”命令

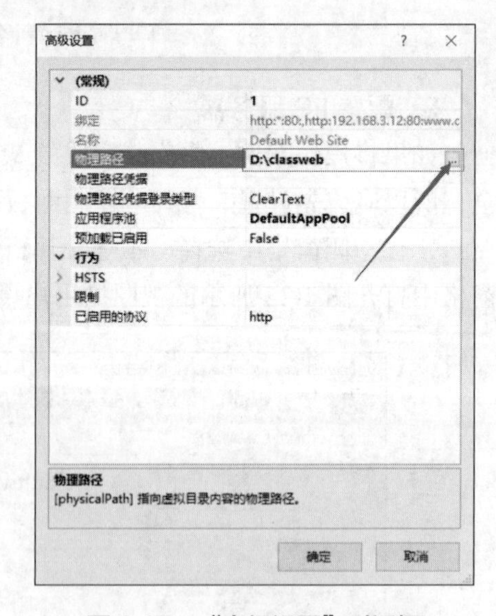

图 1-17　“高级设置”对话框

⑤ 绑定 IP 地址。在图 1-15 中，在“Default Web Site 主页”上右击，在弹出的菜单中单击“绑定…”选项，打开“网站绑定”对话框，如图 1-18 所示，在这里面可自定义添加你的本地域名地址，添加后亦可修改。在“网站绑定”对话框中单击“添加”按钮，打开“添加网站绑定”对话框，如图 1-19 所示，在其中输入或选择 IP 地址和输入主机名，从而绑定 IP 地址和主机名。单击“确定”按钮，返回“网站绑定”对话框，再单击“关闭”按钮，网站 IP 地址及主机名设置完成。

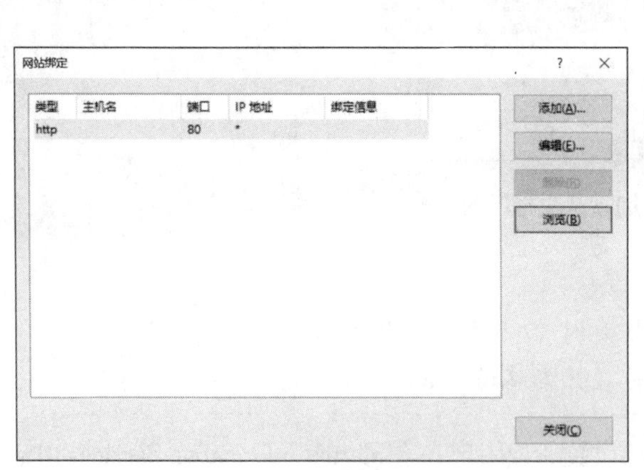

图 1-18　“网站绑定”对话框

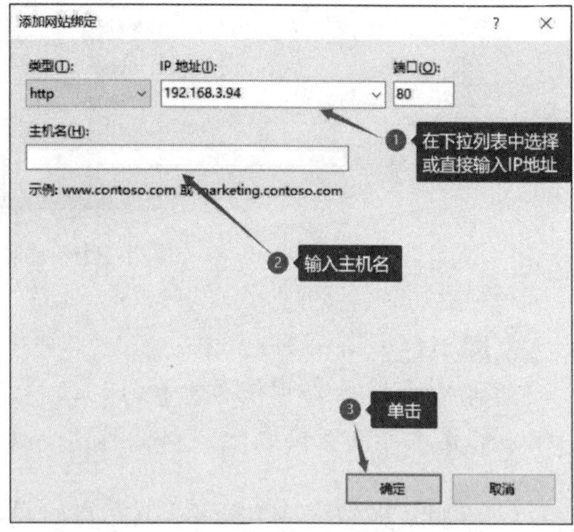

图 1-19　“添加网站绑定”对话框

提示：

“添加网站绑定”对话框中的IP地址和主机名必须申请，如果没有申请IP地址，则此处可留空不填，不会影响后续操作。

⑥将网站首页改为index.aspx。双击中间栏的“Default Web Site主页”中的“默认文档”项，打开“默认文档”窗口，如图1-20所示，在右边的“操作”栏中单击“添加…”项，弹出“添加默认文档”对话框，如图1-21所示，并在文本框中其中输入“index.aspx”，单击“确定”按钮返回到“添加默认文档”对话框，此时在最上面显示index.aspx，在该对话框中可以调整各类网页主页的排序，在“默认文档”窗口中单击左边栏中的“Default Web Site”项，返回如图1-15所示的Default Web Site主页。

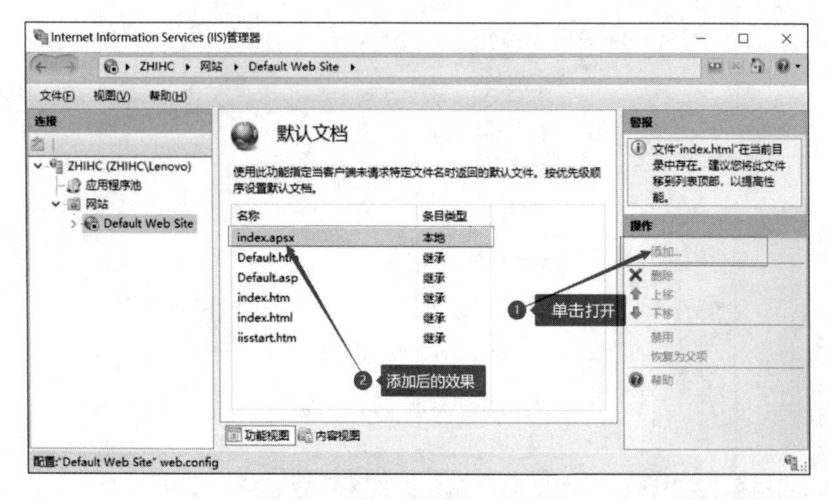

图 1-20　“默认文档”窗口

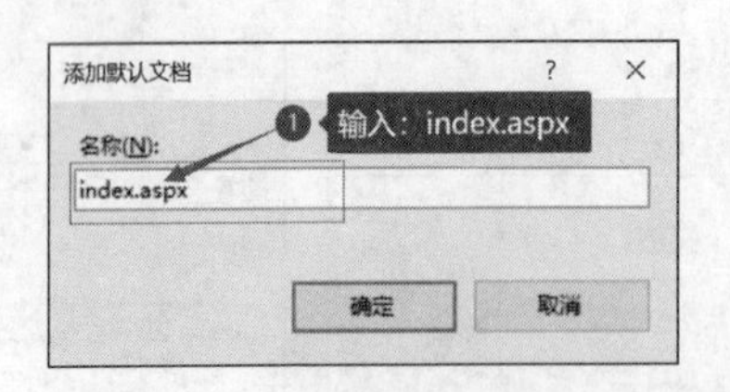

图 1-21 “添加默认文档”对话框

提示：

在 Web 服务器中运行 .aspx 网页，还需要对 Web 服务器进行 ASP.NET 和数据库等相关配置才可以直接运行，.aspx 网页一般是在开发环境（如 Visual Studio）中模拟运行。

⑦ 至此，大致完成 IIS 环境下站点所需的设置，若用户在“Internet Information Services (IIS) 管理器”窗口中单击“内容视图”按钮切换内容视图模块，将看到所指定本地站点根目录的内容，如图 1-22（a）所示。用户单击 IIS 管理窗口“Default Web Site 主页”|“功能视图”按钮，切换到功能视图模块，再单击右侧的“操作”|“管理网站”|“重新启动”超链接，启动 IIS 服务后，单击“浏览 *:80(http)”链接，将直接预览所指定站点的首页，如图 1-22（b）所示。

⑧ 在浏览器中直接输入网址 http:// 192.168.3.12:80/、http://localhost:80/ 或 http:// 127.0.0.1:80/，均可访问该网站。

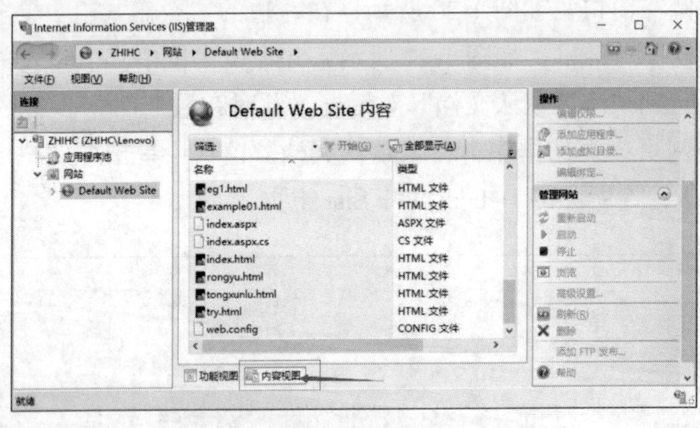

（a）

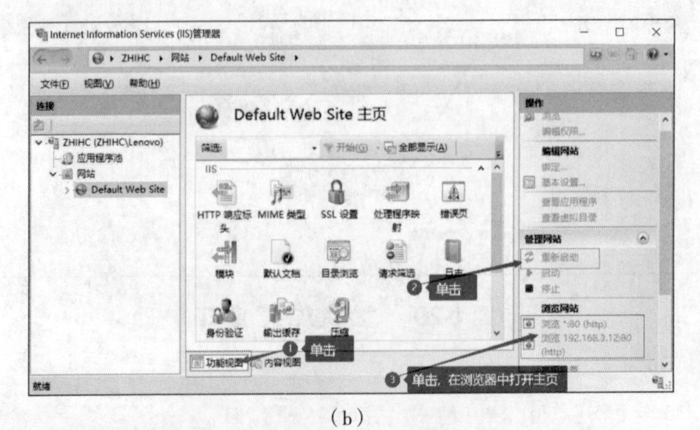

（b）

图 1-22 配置网站

相关知识

1. Web系统组成

当Web浏览器（客户端）连接到服务器上并请求文件时，服务器将处理该请求并将文件发送到该浏览器上，附带的信息会告诉浏览器如何查看该文件（即文件类型）。服务器使用HTTP进行信息交流，如图1-23所示。

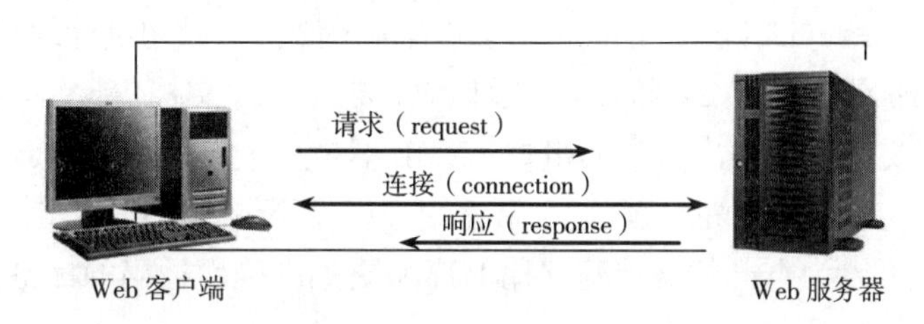

图1-23　Web服务方式

Web服务器不仅能够存储信息，还能在用户通过Web浏览器提供的信息的基础上运行脚本和程序。例如，设想一个在线商店（网站），这个站点（site）很可能会提供一个表单（form）让用户选择产品。当用户单击“提交”按钮后，该表单将送到服务器上负责处理该请求的某一程序，很快，网站会根据请求在数据库中进行查找并把结果内嵌在HTML页面中返回。

Web服务器可以是各种类型的计算机，从常见的PC到小型机甚至巨型机。

2. Web标准

Web标准即网站标准。Web标准的最初目标是统一同一网页在各种浏览器中的显示效果，避免浏览器显示Web页面的任意性，确保站点为更多的人和更多的平台工作。Web标准承诺：“写一次，即可发表在任何地方。”使用Web标准的主要原因是增强网站交互能力，增强可访问性，减少维护工作量，减少带宽，降低成本。对于网站设计和开发人员来说，遵循网站标准就是使用标准；对于网站用户来说，网站标准就是最佳体验。

实际上，Web标准并不是某一个标准，而是一系列标准的集合。网页主要由三部分组成：结构（structure）、表现（presentation）和行为（behavior）。对应的网站标准也分为三个方面：结构化标准语言，主要包括HTML、XHTML和XML；表现标准语言，主要包括CSS1、CSS2、CSS3；行为标准语言，主要包括DOM、ECMAScript等。

这些标准大部分由W3C（World Wide Web Consortium，万维网联盟）组织起草和发布，也有一些是其他标准组织制定的标准，如Ecma国际（前身为欧洲计算机制造商协会，European Computer Manufacturers Association）的ECMAScript标准。

1）结构化标准语言

（1）HTML

HTML（hypertext markup language，超文本标记语言）是标准通用标记语言下的一个应用，也是一种规范、一种标准，它通过标记符号来标记要显示的网页中的各个部分。网页本身是一种文本文件，通过在文本文件中添加标记符，可以告诉浏览器如何显示其中的内容（如文字如何处理、画面如何安排、图片如何显示等）。HTML对带动这些年来

WWW 的蓬勃发展，可谓功不可没。但老版本的 HTML 语法比较松散，格式标记众多，这让手机等设备处理起来显得困难，所以从 1999 年所制定的 HTML 4.0 版本开始，把一些元素和属性标记为过时，建议不再使用它们。目前最新版本的 HTML5 是用于取代 HTML 4.01 和 XHTML 1.0 标准的 HTML 标准版本，现在仍处于发展阶段，但大部分浏览器已经开始支持某些 HTML5 技术。

（2）XML

XML（the extensible markup language，可扩展标识语言）最初设计的目的是弥补 HTML 的不足，以强大的扩展性来满足网络信息发布的需要。XML 文档包含了清晰的文档结构信息，可以为各种需要灵活地输出所需的格式。XML 不是一个简单的类似 HTML 和 WML（无线标记语言）的预定义标签语言，而是一个让用户根据不同的数据和文档内容而制定标签的语言标准。用户可以为自己的文档建立比 HTML 更加准确而适当的标签。

（3）XHTML

2000 年底，国际 W3C 组织公布发行了 XHTML 1.0 版本。XHTML 1.0 也属于 HTML 家族，但它是基于 XML 的。它是在 HTML 4.0 的基础上，用 XML 的规则进行扩展得到的。XHTML 是一种增强了的 HTML，是更严谨、更纯净的 HTML 版本。它的可扩展性和灵活性可适应网络应用更多的需求。目前在网站设计中广泛采用的 Web 标准就是基于 XHTML 的应用（即通常所说的 CSS+Div）。

2）表现标准语言

CSS 即层叠样式表（cascading style sheet）。在网页制作时采用 CSS 技术，可以有效地对页面的布局、字体、颜色、背景和其他效果实现更加精确地控制。只要对相应的代码做一些简单的修改，就可以改变同一页面的不同部分，或者多个不同网页的外观和格式。W3C 创建 CSS 标准的目的是以 CSS 取代 HTML 表格式布局、帧和其他表现的语言。纯 CSS 布局与结构式 XHTML 相结合能帮助设计师分离外观与结构，使站点的访问及维护更加容易。

3）行为标准语言

（1）DOM

根据 W3C DOM 规范，DOM（document object model，文档对象模型）是一种与浏览器、平台、语言相关的接口，DOM 用户可以访问页面其他的标准组件。可以简单地理解为，DOM 解决了 Netscape 的 JavaScript 和 Microsoft 的 JScript 之间的冲突，给予 Web 设计师和开发者一个标准的方法，来解决站点中的数据、脚本和表现层对象的访问问题。

（2）ECMAScript

ECMAScript 是一种由 Ecma 国际通过 ECMA-262 标准化的脚本程序设计语言。这种语言在万维网上应用广泛，往往被称为 JavaScript 或 JScript，但实际上后两者是 ECMA-262 标准的实现和扩展。

3. IP 关联

1）域名和 IP

IP（internet protocol）是互联网协议的缩写，是一种用于在网络中传输数据的协议。在计算机网络中，每个设备都会分配一个唯一的 IP 地址，用于标识设备和进行网络通信。IP 地址可以分为 IPv4 和 IPv6 两种类型。

域名（domain name），又称网域，是由一串用点分隔的名字组成的 Internet 上某一台计算机或计算机组的名称，用于在数据传输时对计算机的定位标志（有时也指地理位置）。

域名注册需要到工信部申请，而用商店的例子来说，域名就好比商店的名字，店铺的注册地址就是所说的 IP 地址。注册工商个体户需要到工商局去申请注册，审核通过以后才能使用，而域名也一样需要去工信部注册审核，通过以后这个域名就可以使用了。

而域名与 IP 的关系就好比一家书店，小明要去一家名为“新华书店”的书店买书，书店的地址是：“××路××号”，那么这里的“新华书店”就是域名，书店的地址就是 IP。

创建网站时一般是将域名绑定 IP 地址。这样做有下面几点好处。

① 方便记忆：通过域名，用户可以更方便地记住网站的地址，而不是记住一串数字的 IP 地址。

② 方便更换 IP：域名的作用不仅仅是好看或者好记住，它更大的作用在于灵活性，因为后端服务器的 IP 是可变的，甚者一些大型网站的后端服务器是集群或者当后端服务器需要更新做主备切换的时候，需要多个 IP 切换，这时候使用域名可以更加灵活的切换 IP，更能满足高可用。

③ 提高品牌知名度：通过使用自己的域名，可以增加品牌的知名度和信任度。

④ SEO 优化：绑定域名可以提高搜索引擎优化（SEO）的效果，使网站更容易被搜索引擎检索和排名。

⑤ 提供专业感：拥有自己的域名可以提供更专业的感觉，使网站看起来更可信。

⑥ 独立控制：绑定域名可以让网站独立于其他网站，并且可以自由控制网站的内容和功能。

⑦ 其他：域名绑定 IP 还可以提高网站的安全性，增加网站的访问速度等。

2）IP 关联

IP 关联是指将某个 IP 地址与其他相关信息进行关联和记录的过程。这些相关信息可以包括设备的地理位置、网络运营商、网络流量等。通过 IP 关联可以帮助我们更好地了解网络设备和网络流量的情况，从而进行网络管理和安全防护。

IP 关联的目的与作用。

（1）在网络管理中起到重要作用。

通过对 IP 地址进行关联，网络管理员可以知道各个设备在网络中的位置和状态。这有助于他们对网络设备进行监控和管理，及时发现和解决网络问题。例如，当网络出现故障时，管理员可以通过 IP 关联快速定位故障设备，并采取相应的措施。此外，IP 关联还可以帮助网络管理员对网络流量进行分析和优化，提高网络的性能和稳定性。

（2）在网络安全中也起到关键作用。

通过对 IP 地址进行关联，可以追踪和记录设备的网络活动。当网络出现安全事件时，可以通过 IP 关联确定攻击者的位置和来源，从而采取相应的防御措施。例如，当网络受到

DDoS 攻击时，可以通过 IP 关联确定攻击者的 IP 地址，并对其进行封锁或限制。此外，IP 关联还可以帮助识别网络中的异常行为和恶意活动，提高网络的安全性和防护能力。

（3）在网络管理、网络安全和网络优化等方面都起到重要作用。

通过对 IP 地址进行关联，可以更好地了解网络设备和网络流量的情况，从而进行网络管理和安全防护。同时，IP 关联还可以用于网络流量分析和业务优化，提高网络的性能和用户体验。随着互联网的快速发展，IP 关联将在网络领域发挥越来越大的作用，并为我们带来更好的网络体验和服务。

（4）用于网络流量分析和业务优化。

通过对 IP 地址进行关联，可以了解到不同 IP 地址的流量情况和使用习惯。这有助于网络运营商优化网络结构和资源分配，提供更好的网络服务。例如，通过 IP 关联可以分析不同地区的网络流量分布，根据需求调整网络带宽和服务质量。此外，通过 IP 关联还可以了解用户的上网行为和偏好，为广告投放和个性化推荐提供参考依据。

小　结

本单元讲述了网站规划的总体思路和基本流程。不论是正规的商业网站还是个人网站，要想把网页设计得丰富多彩，吸引大量用户前来访问，网站规划设计是至关重要的。在动手构建网站之前，首先要明确网站的目标和功能，然后要规划好网站的内容。在规划中，网站的美术设计要符合 VI 规范，保持网页的整体一致性，要合理地运用网页制作新技术，切忌将网站变为一个制作网页的技术展台，要记住：用户方便快捷地得到所需要的信息是最为重要的。

习　题

一、填空题

1. 网页文件的扩展名有哪些？列举三种：________、________、________。
2. 网页的常见元素有哪些？列举三种：________、________、________。
3. 上网浏览网页时，应使用________作为客户端程序。
4. VI 的中文意思是________。
5. 常说的 LOGO 是指________。
6. B/S 模式中的 B 表示________，S 表示________。

二、单选题

1. 关于 Web 色正确的描述是（　　）。

A. 216 色　　B. 256 色　　C. 千万种颜色　　D. 1 500 种色

2. 下列图片文件格式适合网络使用的是（　　）。

A. .jpg　　B. .psd　　C. .bmp　　D. .pict

3. 采用 .com 域名的网站一般表示（　　）。

A. 商业组织　　B. 政府组织

C. 服务性组织　　D. 非营利性事业机构

4. WWW 是（　　）。

A. 网页　　B. 万维网

C. 浏览器　　D. 超文本传输协议

5. 下列说法中错误的是（　　）。

A. 获取 WWW 服务时，需要使用浏览器作为客户端程序

B. WWW 服务和电子邮件服务是 Internet 提供的最常用的两种服务

C. 网站就是一系列逻辑上可以视为一个整体的页面的集合

D. 所有网页的扩展名都是 .html

三、简答题

1. 什么是网站的主页？试描述其定义与其拥有的特性。
2. 安装 Web 服务有什么目的？
3. 在给网站配色时要掌握哪些原则？
4. 什么是静态网页？什么是动态网页？它们之间有什么联系？

单元 2 创建 Dreamweaver 网站

学习目标

- 熟悉 Dreamweaver CC 2020 的工作流程。
- 掌握网站创建与网页设计的方法。
- 灵活运用表格、表单、框架以及模板等知识。
- 学会使用行为和 Spry 框架制作出特效网页。
- 培养学生细致缜密的工作态度。

任务 1　创建 Dreamweaver 站点

任务说明

Adobe Dreamweaver CC 2020 中文版是 Adobe 推出的 Dreamweaver 系列 H5 可视化在线网页设计工具的版本。Dreamweaver CC 2020 中文版新增了对 Git 支持及更加直观的视觉化 CSS 编辑工具并对 HTML、CSS、JavaScript 内容的支持。Adobe Dreamweaver CC 2020 增加视觉辅助功能能够帮助程序员最大限度地减少错误并提高整体的开发进度。用户通过简单的鼠标操作即可自动生成精练、高效的 HTML 源代码和各种脚本代码，完成功能设计复杂的网页。Dreamweaver CC 2020 除了具备可视化的设计界面、强大的网页设计功能和编辑功能外，还具备了开发移动应用程序的功能，是目前流行的一款网站开发工具。本任务围绕完成创建 Dreamweaver 站点展开。

任务实施——创建“班级”网站

1. 创建一个站点

创建一个网站，一般先要在本地计算机上做好站点，然后传到网上的服务器空间里。当站点文件、素材数量较多时，推荐使用“文件”面板管理站点文件，以避免链接错误、更新不同步等情况的出现。创建站点的主要步骤：在本地磁盘新建一个文件夹→在 Dreamweaver 中把文件夹定义成站点→在站点内添加网页→编辑网页→测试、上传网站。

【操作案例 2-1】创建一个简单的站点。

1）案例要求

在本地计算机上创建一个站点，仅包含一个网页 index.html，效果如图 2-1 所示。

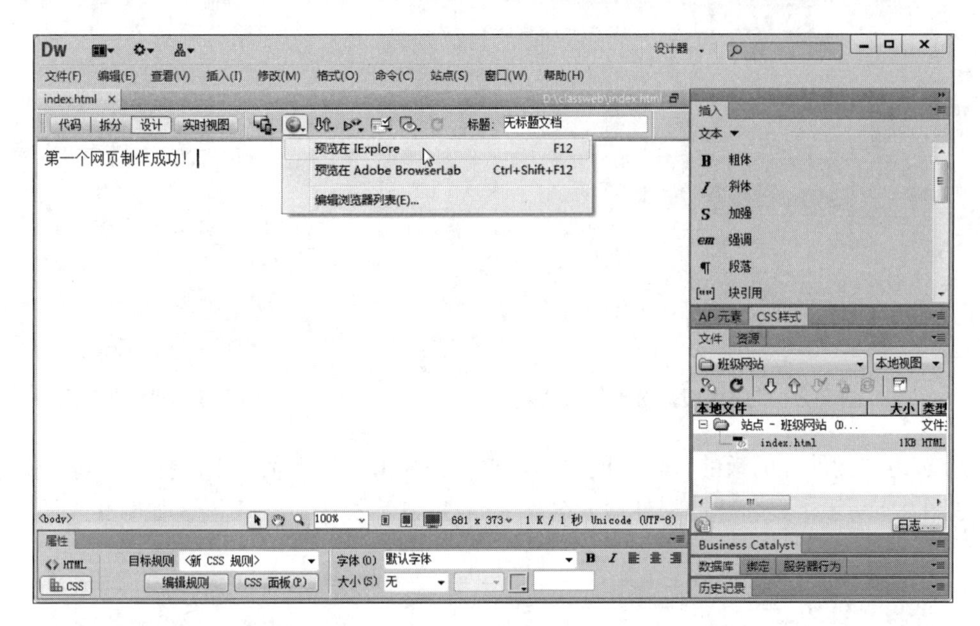

图 2-1　编辑网页

2）知识点

网站的建立步骤；利用“文件”面板查看网站结构；保存文件；浏览网页。

3）操作步骤

① 打开“计算机”窗口，在 D 盘中新建一个文件夹 classweb。

提示：

在 Dreamweaver 中，为了避免不兼容现象，建议所有的文件及文件夹均使用英文名称。

② 启动 Dreamweaver。

③ 依次选择“站点”|“新建站点”命令，在弹出的“站点设置对象”对话框中输入站点的名称为班级网站，本地站点文件夹存放位置为 D:\classweb，如图 2-2 所示。单击“保存”按钮，一个站点就定义好了。

提示：

新建站点还有另外两种操作方法：一是单击 Dreamweaver 界面顶端的应用工具栏的“站点”按钮，在弹出的下拉菜单中选择“新建站点”命令；二是在“文件”面板的下拉列表框中选择“管理站点”选项，在弹出的对话框中单击“新建站点”按钮。

④ 创建站点之后，在窗口右侧的“文件”面板中将会看到刚才定义的站点——班级网站，目前该站点为空，没有任何文件和文件夹，如图 2-3 所示。

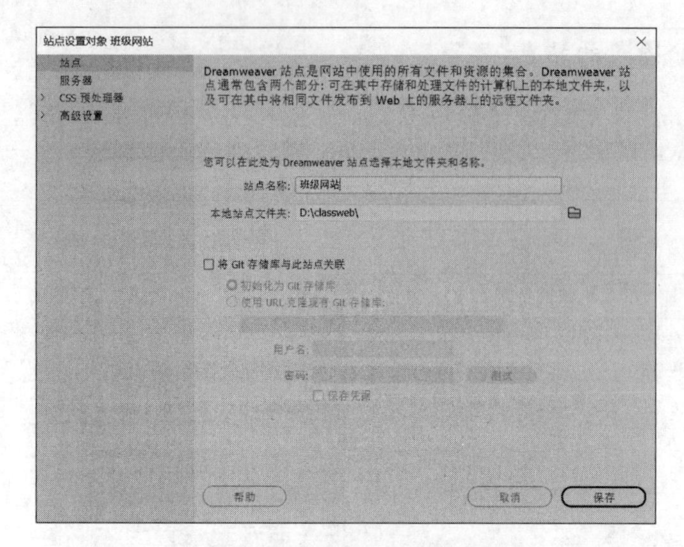

图 2-2 “站点设置对象”对话框

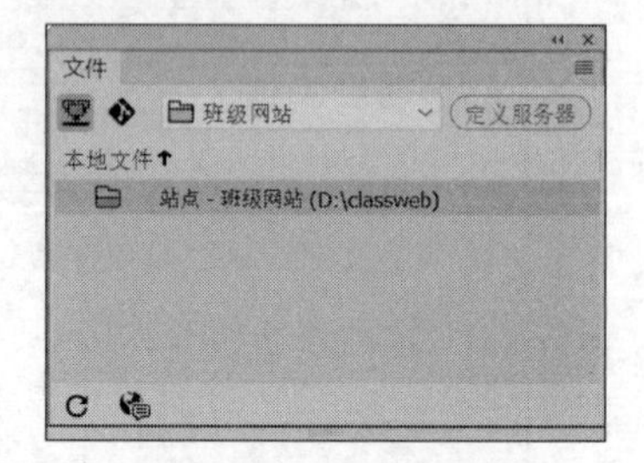

图 2-3 “文件”面板

⑤ 右击“文件”面板的“班级网站”站点，在弹出的快捷菜单中选择“新建文件”命令，如图 2-4 所示。给新建的文件输入名称 index.html 后按【Enter】键，如图 2-5 所示。

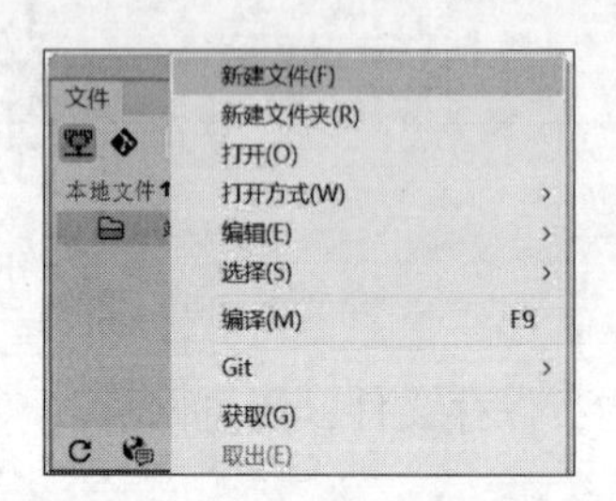

图 2-4 在站点中新建网页

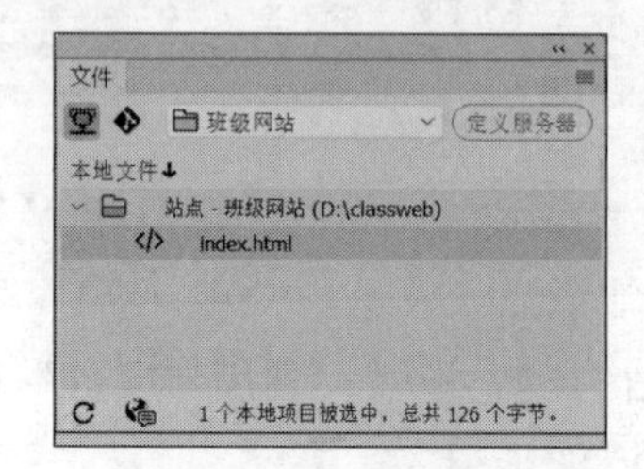

图 2-5 给网页重命名

提示：

Dreamweaver 2020 默认的新建文件扩展名为 .html，也可通过执行“编辑”|“首选参数”命令，在弹出的“新建文档”对话框中更改默认扩展名为 .htm。实际上 .htm 与 .html 没有本质意义的区别，只是为了满足一些老的系统（DOS）仅能识别 8+3 格式文件名的要求。

⑥ 在“文件”面板中双击 index.html 文件将其打开，在网页编辑窗口中输入图 2-1 所示的文字，依次选择“文件”|“保存”命令，保存网页。

⑦ 单击工具栏中的“实时视图”按钮可查看设计效果；选择下拉菜单中的“在浏览器中预览 Internet Explore”命令或直接按【F12】键可在浏览器中预览网页。

2. 文件及文件夹的添加

站点定义好后，要添加文件或文件夹充实站点内容。主页文件是必不可少的，一般命名为 index.htm、index.html、index.asp、default.htm、default.html 或 default.asp 等。

同类型的文件，最好放在一个文件夹中，例如，把图片文件都放在 image 文件夹中。把同一栏目的所有文件放在一个文件夹中，在链接网页和维护时，会很方便。

【操作案例 2-2】在“班级网站”站点中添加文件及文件夹。

1）案例要求

从外部添加所需文件和文件夹，同时新建一个网页和文件夹。

2）知识点

在“文件”面板中添加外部对象；文件的重命名。

3）操作过程

① 继续操作案例 2-1。打开“此电脑”窗口，把素材夹中的 image 文件夹和 fengcai 文件夹复制到文件夹 D:\classweb 中。

② 切换到 Dreamweaver 窗口，在“文件”面板中会看到 image 文件夹和 fengcai 文件夹已经自动位于“班级网站”站点中，如图 2-6 所示。

提示：

如果没有出现 image 和 fengcai 文件夹，则在“文件”面板中右击，在弹出的快捷菜单中选择“刷新本地文件”命令。

③ 右击“文件”面板中的“班级网站”站点，在弹出的快捷菜单中选择“新建文件”命令，输入文件名称 try.html 后按【Enter】键。再次右击“班级网站”站点，在弹出的快捷菜单中选择“新建文件夹”命令，输入文件夹名称 qinshi 后按【Enter】键，如图 2-7 所示。

图 2-6　从外部添加文件夹

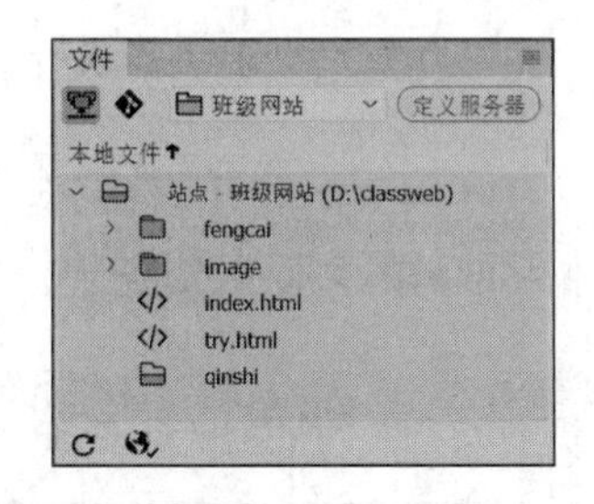

图 2-7　新建网页和文件夹

④ 右击“班级网站”站点中的文件或文件夹，在弹出的快捷菜单中选择相应命令进行文件更名、删除、打开、复制等操作，如图 2-8 所示。

图 2-8　“文件”面板中的右键快捷菜单

团队开发时，有统一的命名规则相当重要。命名最好能见名知义，可采用英译名、拼音、缩写等形式。例如，“个人风采”栏目对应文件夹可命名为 fengcai，“班级论坛”栏目对应文件夹可命名为 bbs 等。

相关知识

1. Dreamweaver 2020 的启动与工作界面

依次选择任务栏上的“开始”|“最近添加”|“A”|“Adobe Dreamweaver 2020”命令，启动 Dreamweaver 2020 软件。启动之后，会出现一个可以快速打开或者新建的工作界面。在主页中显示最近打开的网页、在快速开始中选择新建的各种类型网页、在起始模板中选择各种模板，如图 2-9 所示。

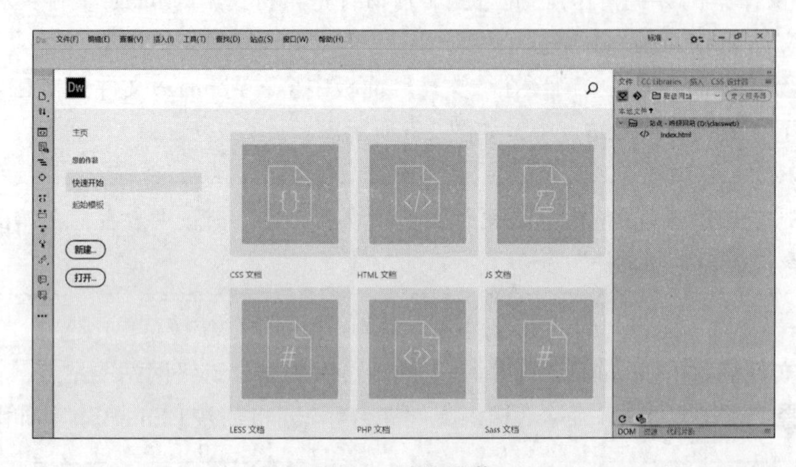

图 2-9　欢迎屏幕

当新建或打开网页时将出现编辑主窗口，该窗口是直接进行文字、图像、表格、Div 标签等元素排版布局的主要工作场所，如图 2-10 所示。

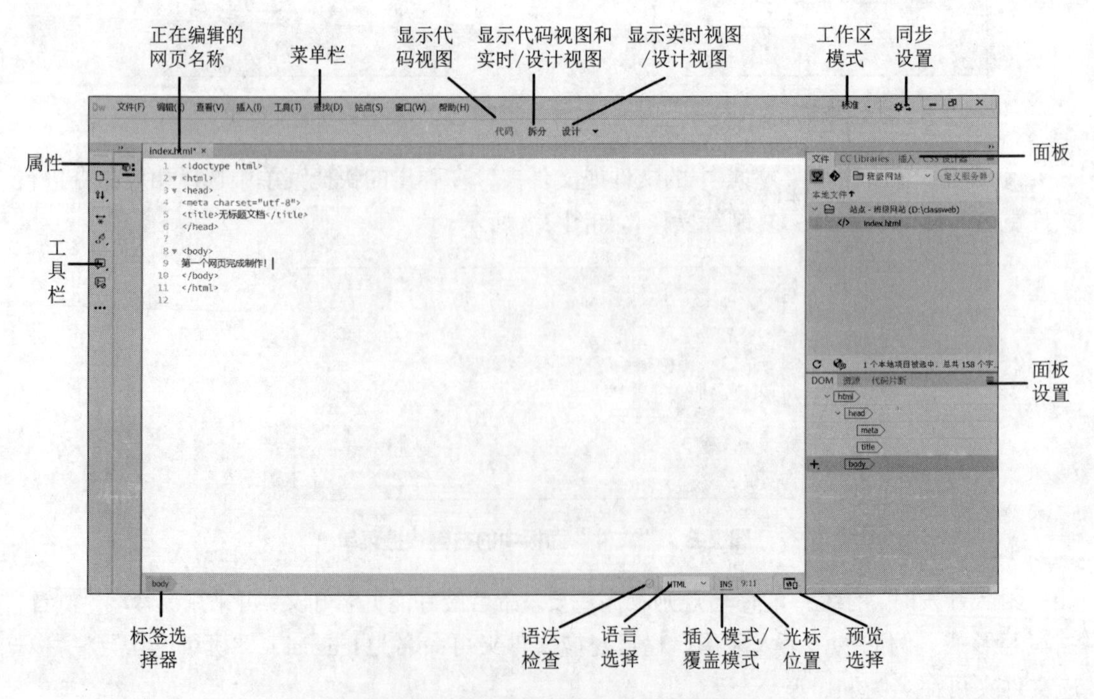

图 2-10　Dreamweaver 工作界面

2. 各部件简单介绍

Dreamweaver 2020 工作界面的各个部件简单介绍如下：

1）菜单栏

在这里可以找到编辑窗口的绝大部分功能。如果菜单命令呈现灰色，表示在当前状态下该菜单命令不可用。

2）“属性”面板

利用“属性”面板可以设置和修改对象的属性，“属性”面板会根据插入对象的不同随时变化，例如，“图像”和“表格”所对应显示的属性就不一样。单击菜单“窗口”|“属性”命令打开“属性”面板，如图 2-11 所示。可把“属性”面板拖到工具栏旁边固定，需要时单击直接打开“属性”面板。

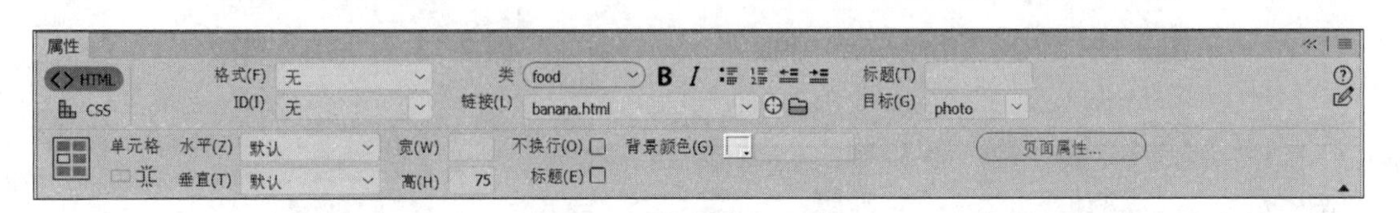

图 2-11 “属性”面板

3）“文件”面板

“文件”面板的主要功能就是管理网站，它是 Dreamweaver 中最重要的面板。“文件”面板很像 Windows 中的资源管理器，一方面具有管理本地站点的能力，包括建立、复制、重命名文件或文件夹，以及管理本地站点结构等；另一方面，它还可以管理远程站点，包括文件上传和文件更新等。在站点管理器中无论移动、复制任何文件，如果涉及超链接，系统都会自动更新。

4）“CC Libraries”面板

“CC Libraries”面板是用户储存在 Creative Cloud 上之资产的主要取用位置，如图 2-12 所示。此面板也可让用户搜索 Adobe Stock 中的资产。用户可以直接从 Dreamweaver 内存取 CC Libraries，以便在网页中重复使用颜色和图形。用户也可以将图形插入为“链接”资产，让插入的图形与云端中的图形保持同步。

此面板提供的主要功能有：

- 浏览特定数据库，以找出存储在该数据库中的资产；
- 建立数据库；
- 预览选定数据库中的资产；
- 将要插入的资产拖动或复制到用户的网页上；
- 输入关键词以便在 Adobe Stock 上搜索。

5）“插入”面板

“插入”面板包含用于创建和插入最常用对象。在“插入”下拉列表框中可以切换到其他工具选项卡，如图 2-13 所示。使用频率比较高的有“HTML”选项卡、“表单”选项卡、“模板”选项卡、“Bootstrap”选项卡、“jQurey Mobile”选项卡、“jQurey UI”选项卡等，如图 2-14 所示。

图 2-12 “CC Libraries”面板

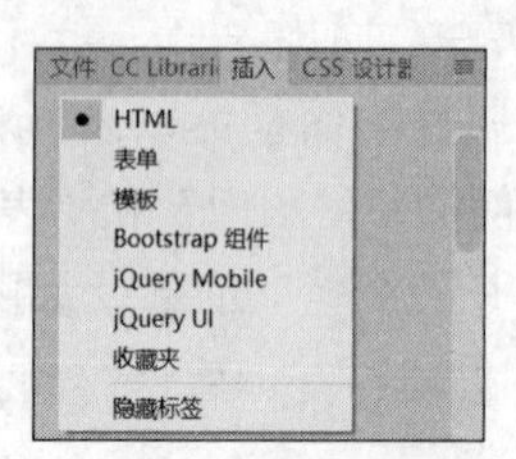

图 2-13 “插入”面板

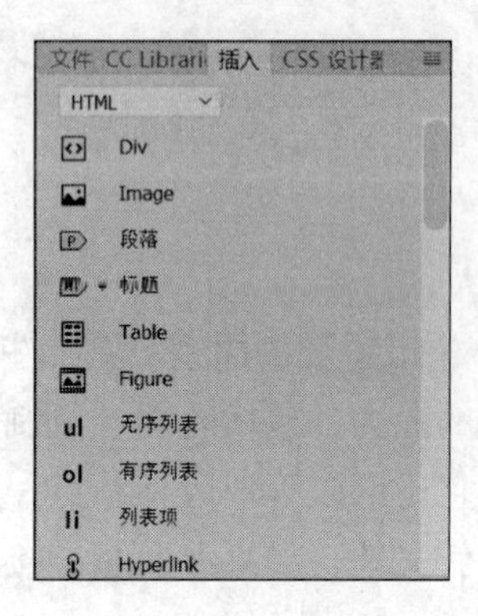

（a）“HTML”选项卡

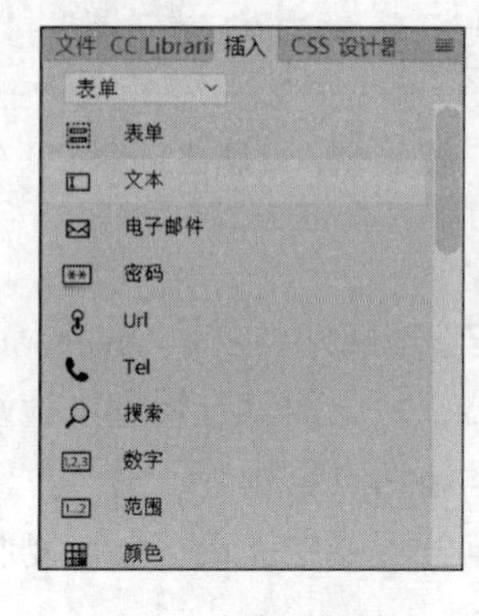

（b）“表单”选项卡

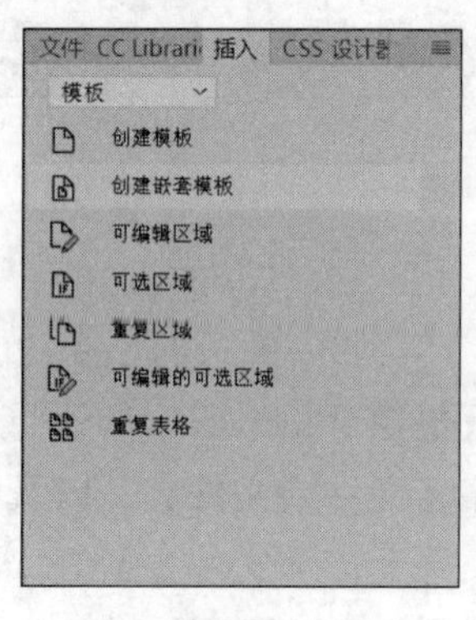

（c）“模板”选项卡

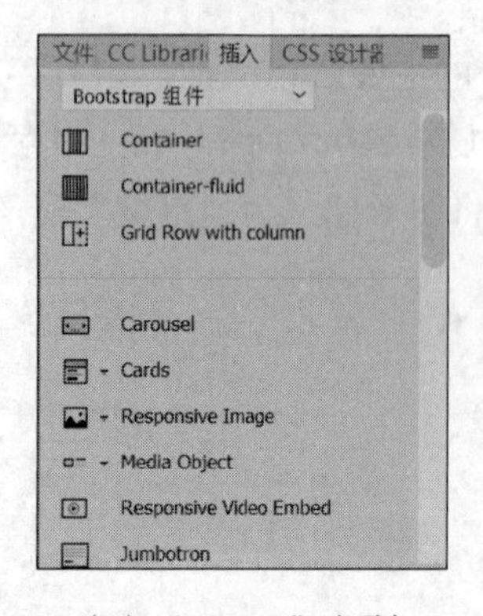

（d）“Bootstrap”选项卡

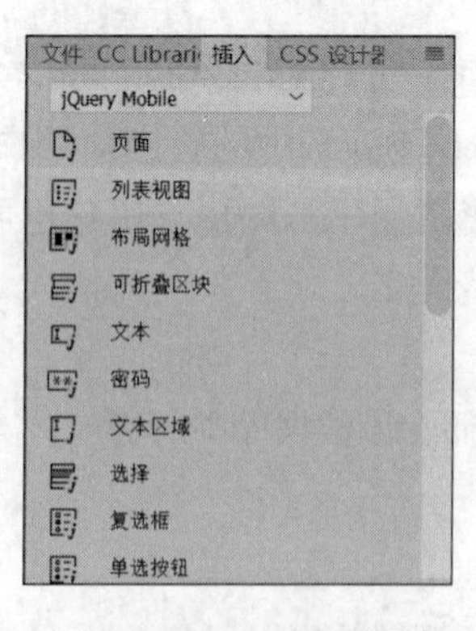

（e）“jQurey Mobile”选项卡

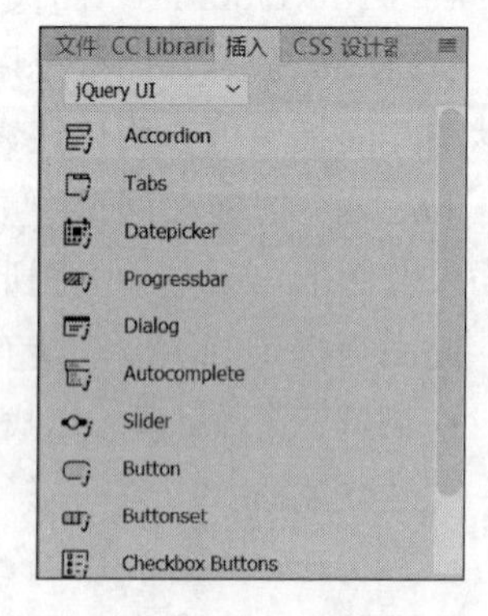

（f）“jQurey UI”选项卡

图 2-14 各种工具选项卡

6）“CSS 设计器”面板

“CSS 设计器”面板属于 CSS 属性检查器，能让用户“可视化”地创建 CSS 样式和规则并设置属性和媒体查询，如图 2-15 所示。

“CSS 设计器”面板由以下窗格组成：

（1）源

列出与文档相关的所有 CSS 样式表。使用此窗格，可以创建 CCS 并将其附加到文档，也可以定义文档中的样式。

（2）@ 媒体

在“源”窗格中列出所选源中的全部媒体查询。如果不选择特定 CSS，则此窗格将显示与文档关联的所有媒体查询。

（3）选择器

在“源”窗格中列出所选源中的全部选择器。如果同时还选择了一个媒体查询，则此窗格会为该媒体查询缩小选择器列表范围。如果没有选择 CSS 或媒体查询，则此窗格将显示文档中的所有选择器。

在“@ 媒体”窗格中选择“全局”后，将显示对所选源的媒体查询中不包括的所有选择器。

（4）属性

显示可为指定的选择器设置的属性。有关详细信息，请参阅设置属性。

7）“DOM”面板

“DOM”面板呈现包含静态和动态内容的交互式 HTML 树，如图 2-16 所示。此视图有助于直观地在实时视图中通过 HTML 标记以及 CSS Designer 中所应用的选择器，对元素进行映射。可在“DOM”面板中编辑 HTML 结构，并在实时视图中查看即时生效的更改。当拖动元素以直接将其插入实时视图时，在放置元素之前会出现 </> 图标。可以单击此图标打开“DOM”面板并在文档结构中的适当位置插入此元素。

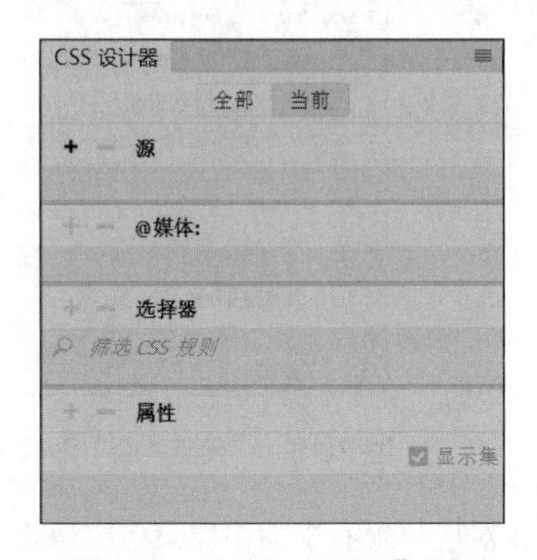

图 2-15 “CSS 设计器”面板

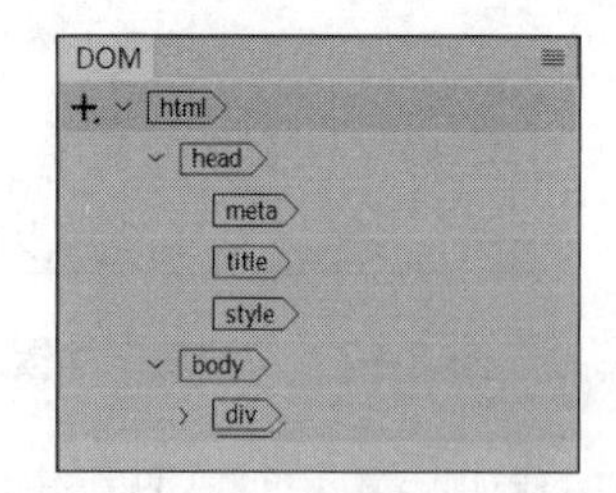

图 2-16 “DOM”面板

8）“资源”面板

“资源”面板管理当前站点中的资源。“资源”面板显示与“文档”窗口中的活动文档相关联的站点的资源，如图 2-17 所示。“资源”面板提供了查看资源的不同方式：

站点列表：显示站点的所有资源，包括在该站点的任何文档中使用的颜色和 URL；收藏列表：仅显示明确选择的资源。

若要在这两个视图之间切换，可选择预览区域上方的“站点”或“收藏”单选按钮。

在这两个列表中，资源属于下列类别之一：

图像：GIF、JPEG 或 PNG 格式的图像文件。

颜色：文档和样式表中使用的颜色，包括文本颜色、背景颜色和链接颜色。

URL：当前站点文档中使用的外部链接，包括 FTP、gopher、HTTP、HTTPS、JavaScript、电子邮件（mailto）以及本地文件（file://）链接。

媒体：媒体文件，如 Adobe Flash（仅限 SWF）文件、Adobe Shockwave 文件、QuickTime 或 MPEG 文件。

脚本：JavaScript 或 VBScript 文件。HTML 文件（而不是独立的 JavaScript 或 VBScript 文件）中的脚本不出现在“资源”面板中。该类别仅可用于代码和设计视图。

模板：多个页面上使用的主页面布局。修改模板时会自动修改附加到该模板的所有页面。该类别仅可用于代码和设计视图。

库项目：在多个页面中使用的设计元素；当修改一个库项目时，会更新所有包含该项目的页面。该类别仅可用于代码和设计视图。

9）“代码片断”面板

使用“代码片段”面板来管理代码片段，“代码片段”面板就像很多代码片段的集合，如图 2-18 所示。有了它，代码的重用就变得容易多了。

“代码片段”面板对应操作命令有下列七种。

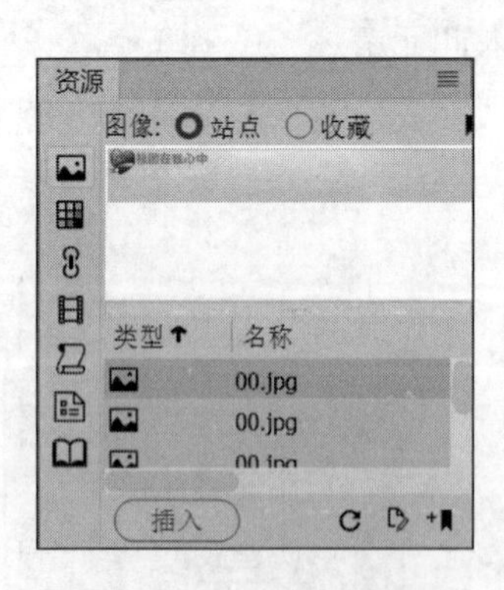

图 2-17 “资源”面板

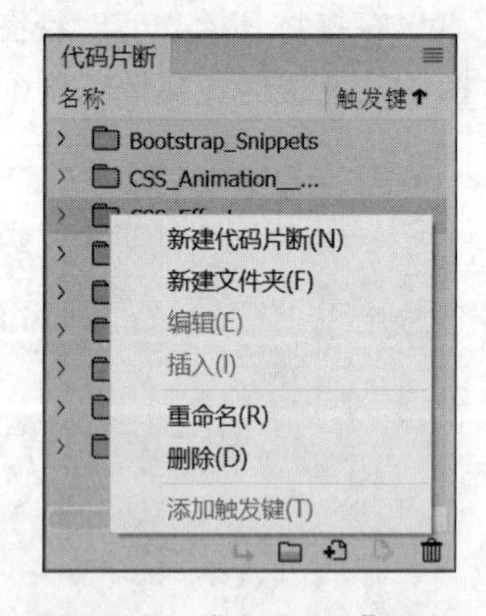

图 2-18 “代码片断”面板

① 新建代码片断：如果要新建代码片段，在对应位置右击的快捷菜单中选择“新建代码片断”命令（下面操作方式一样）。新的片段代码就会建立在所选节点之中。如果要变更代码片段的位置，将它拖动到想要的位置。

② 新建文件夹：在当前的位置创建一个新的文件夹，文件名默认是：untitled。

③ 编辑：要编辑现有的片段，请选取代码片段，然后右击的快捷菜单中选择“编辑”命令。

④ 插入：展开文件夹以浏览代码片段，然后双击该片段，或在该片段右击的快捷菜单

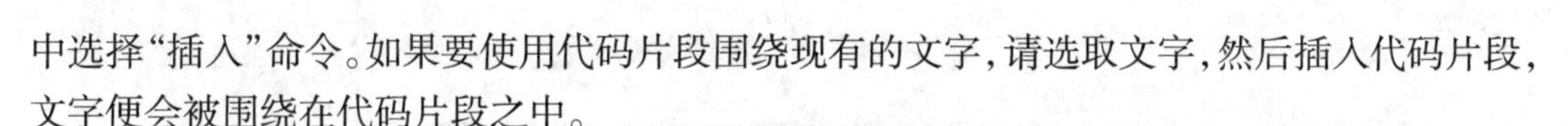

中选择“插入”命令。如果要使用代码片段围绕现有的文字，请选取文字，然后插入代码片段，文字便会被围绕在代码片段之中。

⑤ 重命名：要重新命名片段，对该片段上右击的快捷菜单中选择“重新命”命令，然后输入新的片段名称。

⑥ 删除：删除不再需要的片段。要删除片段，请选取该片段，然后在右击的快捷菜单中选择“删除”命令。

⑦ 添加触发键：对指定的代码片断添加触发键。触发键可让您快速输入“代码片段”的程序代码，而不需浏览到“代码片段”面板中的特定片段，再将它插入。如果已定义触发键，请将光标置于程序代码中所需的位置。然后输入触发键文字，再按【Tab】键。代码片段便会插入到程序代码中。

10）“网页编辑”主窗口

“网页编辑”主窗口是网页设计的主要工作场所，在这里可以设计出各式各样的网页。在 Dreamweaver 中允许同时打开多个文档窗口进行编辑。

11）“文档”工具栏

“文档”工具栏中的按钮方便用户在各种视图中查看当前文档的内容及其他信息。

代码视图：切换到代码视图，使用手写代码的方式对网页进行编辑。

拆分视图（代码和设计视图）：在这种视图状态下，编辑窗口一分为二，上面是设计视图的编辑区域，下面是代码窗口，这种视图的优点是在修改源代码的同时可以动态地看到修改的结果

设计视图：是文档窗口的默认视图，以“所见即所得”的方式显示被编辑网页的内容。

提示：

将设计视图切换到实时视图。单击“设计 / 实时视图”右边的▼按钮，可以预览在浏览器中打开网页的设计效果，显示不可编辑的、交互式的、基于浏览器的文档视图。单击“实时代码”按钮时，也会同时单击“实时视图”按钮。

任务2　制作图文并茂的网页

任务说明

在创建好的站点中，可以自由地添加、编辑网页。网页中能够插入各种网页元素，例如，文本、图像、表格、动画、声音、视频和其他对象。本任务围绕完成图文并茂的网页的制作展开，通过完成 index.html 首页（见图 2-19）的制作，介绍最基本的网页编辑操作，包括如何在网页中插入文本、图像和其他对象等。

图 2-19　index.html 首页的效果

任务实施——制作图文并茂的“班级”网站

1. 在网页中添加图像

【操作案例 2-3】在 index.html 网页中插入图像。

1）案例要求

在 index.html 网页中使用三种方法添加所需的图像，并设置其大小、对齐方式和替代文字等属性，效果如图 2-20 所示。

图 2-20　插入图像后的 Dreamweaver 窗口

2）知识点

导入图像；图像上提示性文字的添加；属性面板的使用。

3）操作过程

① 续操作案例 2-2。在“班级网站”站点中双击打开 index.html 网页，删除操作案例 2-2 中输入的所有文字，切换到代码视图，在底部插入一个空的 <div></div>，并更改属性 <div align= "center">。

② 在 div 内插入图片。选择“插入”菜单 | “Image”命令，在弹出的“选择图像源文件”对话框中选择 vgxu.jpg 图像文件（见图 2-21），插入图像。

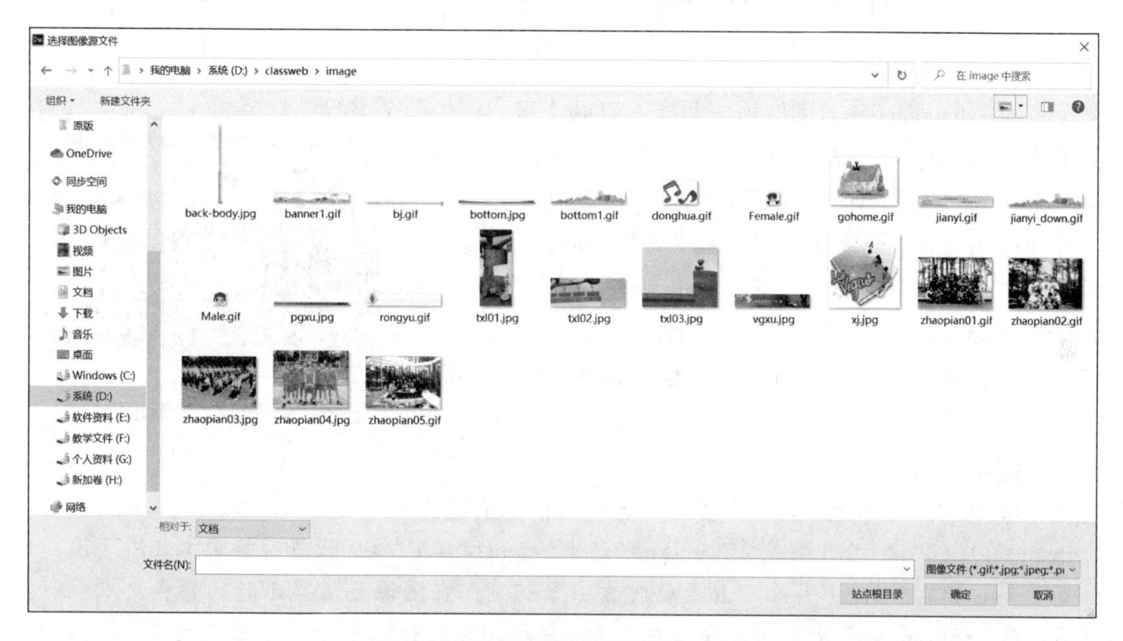

图 2-21　“选择图像源文件”对话框

③ 单击“插入”面板 | “HTML” | “Image”命令，如图 2-22 所示。在弹出的图 2-21 所示的图像中选择 pgxu.jpg 图像文件，单击“确定”按钮，插入所需图像。

图 2-22　“插入”面板

④ 在 pgxu.jpg 图像后单击，退出图像选中状态，按两次【Enter】键，在同一个 <div> 虚线框内产生两个空行。然后打开图 2-21 所示的对话框，选择 zhaopian01.gif 文件插入。

⑤ 在网页编辑窗口中保持 zhaopian01.gif 图像处于选中状态，在“属性”面板中单击按钮解除尺寸约束。设置宽为 150 像素，高为 100 像素，如图 2-23 所示。

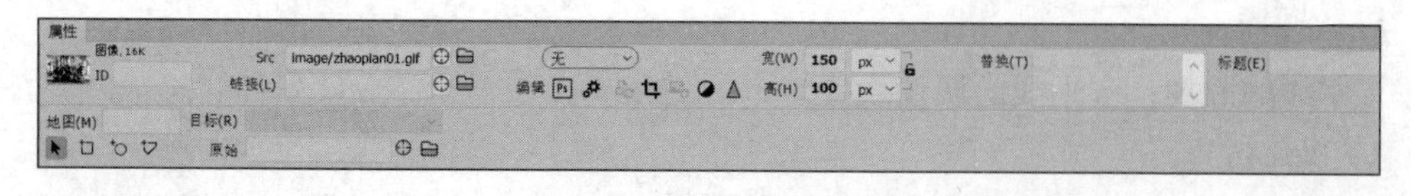

图 2-23　“属性”面板

⑥ 在“插入”面板中把 zhaopian02.gif、zhaopian03.jpg、zhaopian04.jpg、zhaopian05.gif

四幅图像直接拖到 zhaopian01.gif 图像的后面，并全部设置宽为 150 像素，高为 100 像素，如图 2-24 所示。

图 2-24 效果图

⑦ 在 zhaopian05.gif 图像后按两次【Enter】键，产生两个空行。然后插入 xj.jpg 图像并设置其宽为 50 像素，高为 50 像素。按【Enter】键后再插入 bottom.jpg 图像，如图 2-20 所示。

⑧ 选中 zhaopian01.gif 图像，在“属性”面板中设置“替换”为“班级成员”。按【F12】键预览网页，当鼠标指向 zhaopian01.gif 图像时将出现提示性文字，如图 2-25 所示。同理，分别设置其他四幅照片的提示性文字为“郊游合影”“军训留影”“班级篮球队”“野炊”。

图 2-25 图像上的提示性文字

提示：

切换到代码视图，会发现 zhaopian01.gif 图像的代码为 <imgsrc="image/zhaopian01.gif" alt=" 班级成员 " width="150" height="100" />。设置替换文本相当于设置了 img 标签中的 alt 属性。alt 是给搜索引擎识别，在图像无法显示时的替代文本；另一属性 title 是关于元素的注释信息，主要是给用户解读。由于浏览器标准不一样，在某些版本的 IE 浏览器中 alt 起到了 title 的作用，变成文字提示。但是在定义 img 对象时，最好将 alt 和 title 属性写全（如上述 img 标签中再加上 title=" 班级成员 "），可以保证在各种浏览器中都能正常显示文字提示。

2. 在网页中添加水平线

在网页中插入水平线，能够把网页分隔成几个部分，使得网页的布局更加清晰。

【操作案例 2-4】在 index.html 网页中插入水平线。

1）案例要求

在 index.html 网页中插入两条水平线作为分隔区域之用，并设置水平线的属性，效果如图 2-26 所示。

2）知识点

水平线的添加；水平线的属性设置。

3）操作过程

① 续操作案例 2-3。在网页编辑窗口中单击，将插入点定位于要插入水平线的位置。

② 依次选择“插入”|“HTML”|“水平线”命令，即可在当前位置插入水平线，此例一共插入了两条水平线，如图 2-26 所示。

③ 当水平线处于选中状态时，允许用户利用“属性”面板设置其属性。此例设置宽度为 780 像素。

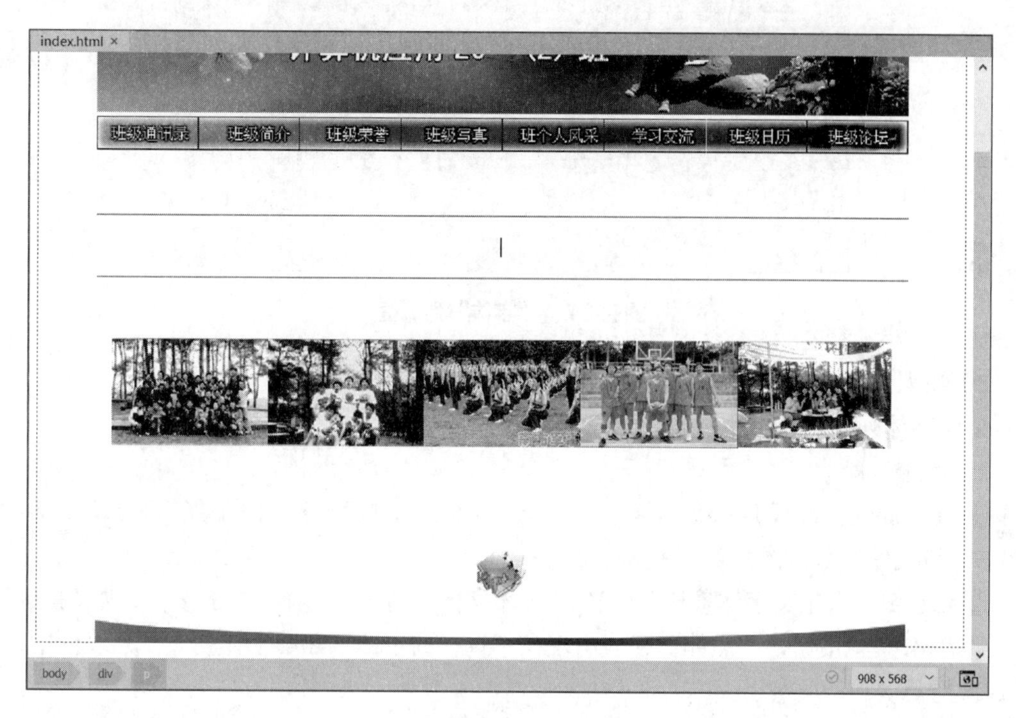

图 2-26　插入水平线

提示：

在 HTML 中是以 <hr/> 标记来表示水平线的。水平线的“属性”面板中各项说明如下：

① 水平线：输入水平线的名称。

② 宽、高：分别表示水平线的宽度和高度，默认以像素为单位，也可以水平线占页面宽度的百分比做单位。

③ 对齐：水平线的对齐方式，有默认、左对齐、居中对齐、右对齐四种方式。

④ 阴影：选中该项时可以给水平线添加阴影。

3．在网页中添加文字

浏览网页时，人们获得大量信息的最基本途径是文字。因此，文字的处理与控制是网页设计中至关重要的部分。

【操作案例 2-5】在“字体”下拉列表框中添加字体。

1）案例要求

在“字体”下拉列表框中增加“黑体”“隶书”“宋体”等字体。效果如图 2-27 所示。

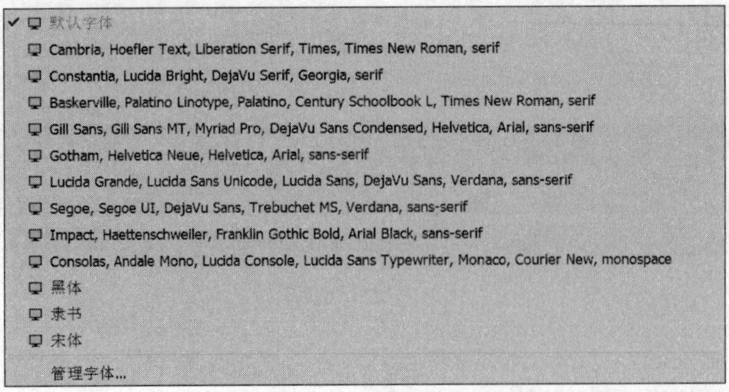

✓ 默认字体
Cambria, Hoefler Text, Liberation Serif, Times, Times New Roman, serif
Constantia, Lucida Bright, DejaVu Serif, Georgia, serif
Baskerville, Palatino Linotype, Palatino, Century Schoolbook L, Times New Roman, serif
Gill Sans, Gill Sans MT, Myriad Pro, DejaVu Sans Condensed, Helvetica, Arial, sans-serif
Gotham, Helvetica Neue, Helvetica, Arial, sans-serif
Lucida Grande, Lucida Sans Unicode, Lucida Sans, DejaVu Sans, Verdana, sans-serif
Segoe, Segoe UI, DejaVu Sans, Trebuchet MS, Verdana, sans-serif
Impact, Haettenschweiler, Franklin Gothic Bold, Arial Black, sans-serif
Consolas, Andale Mono, Lucida Console, Lucida Sans Typewriter, Monaco, Courier New, monospace
黑体
隶书
宋体
管理字体...

图 2-27 “字体”列表框

2）知识点

创建字体列表；字体的添加和删除。

3）操作过程

① 在“属性”面板的 CSS 面板中，选择“字体”下拉列表框中的“管理字体”选项，弹出“管理字体”对话框。

② 切换到“自定义字体堆栈”标签 |“可用字体”列表，选择需要的字体，如“黑体”。

③ 单击 << 按钮，“黑体”字体出现在“选择的字体”和“字体列表”列表框中，如图 2-28 所示。

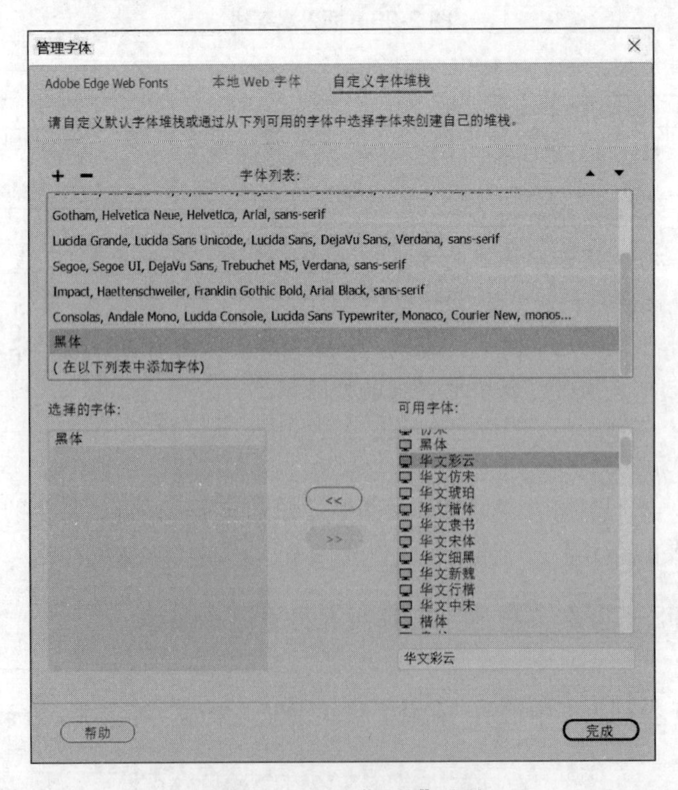

图 2-28 添加“黑体”字体

④ 在“选择的字体”列表中选择字体，单击 >> 按钮，删除字体。

⑤ 在“字体列表”列表框单击 + 按钮增加字体列表，单击 − 按钮删除字体列表。

⑥ 添加完成后，单击“完成”按钮。

【示范案例 2-6】在 index.html 网页中添加文字并设置格式。

1）案例要求

在 index.html 网页中添加班级寄语、网页更新日期以及版权说明等文字。其中，班级寄语和版权说明文字格式为隶书、深灰色；网页更新日期文字格式为隶书、绿色。效果如图 2-29 所示。

图 2-29　输入文字

2）知识点

日期和特殊字符的输入；文字格式的设置；“属性”| CSS 面板的使用。

3）操作过程

① 续操作案例 2-4。将插入点定位于第一根水平线的前面，按【Enter】键产生一个新的段落，输入文字“更新日期：”，然后依次选择“插入”面板 |“日期”命令，在弹出的对话框中“日期格式”设置日期。

② 在两根水平线的中间输入图 2-29 所示的班级寄语等文字，在首行文字前输入连续的两个中文全角空格。在每行文字后按【Shift+Enter】组合键添加换行符。

提示：

添加换行符是为了版面的整齐美观。如果没有换行符，在 1 024×768 显示器分辨率下全屏浏览的网页，会产生对齐方面的缺陷。其实，最佳的解决方法是采用 CSS 布局或表格布局，相关知识参见单元 4。

③ 将插入点定位于 xj.jpg 图像的前面，依次选择“插入”面板 |HTML 面板 |“字符：其他字符”命令，在弹出的对话框中，选择符号 © 进行输入。

④在“CSS设计器”面板中单击“源”的➕（添加CSS源）按钮，选择弹出的内容中选择“在页面中定义”命令，如图2-30所示。单击“选择器”的➕（添加选择器）按钮，在文本框中输入“.lishu”。

⑤选择班级寄语文字段，首先在“属性”面板的CSS面板的“目标规则”选择“.lishu”。在“字体”下拉列表框中选择“隶书”选项。单击调色板▢，打开“调色板”面板，在文本框中输入深灰色（#999）的相应GRB值，如图2-31所示，按【Enter】键确定。

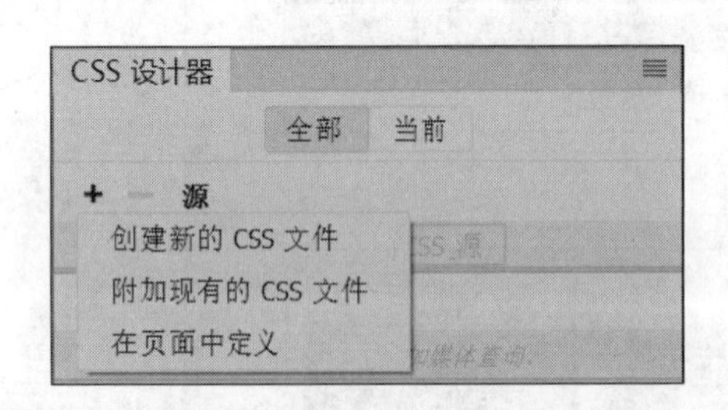

图2-30 添加CSS源

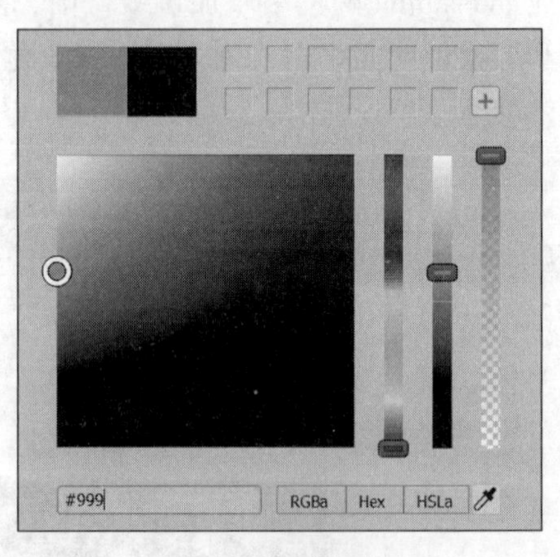

图2-31 调色板

提示：

此时在“属性”面板的HTML面板中将出现lishu类，如图2-32所示，如果页面中的其他文字希望采用lishu类格式，只需选中文字，再选择lishu类即可实现。

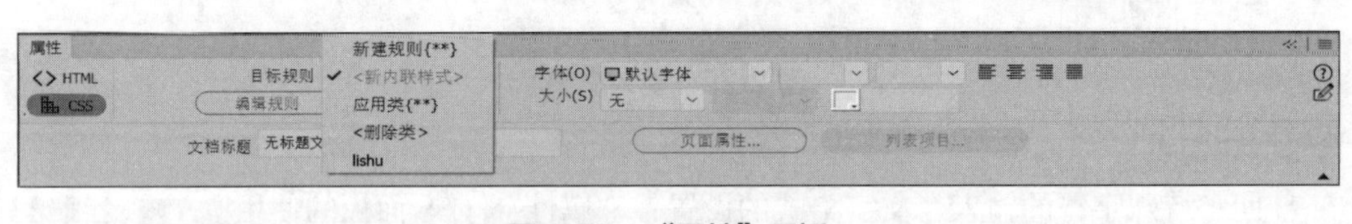

图2-32 “属性”面板

⑥选中版权说明文字，在“属性”面板的CSS面板中选择lishu类应用深灰色隶书格式。

⑦选中更新日期文字，重复步骤④、⑤，在“选择器”添加“.lishu_green”，将文字设置为“隶书，绿色（#030）”格式。此时在“属性”面板中将增加lishu_green类。

⑧依次选择“文件”|“保存”命令，保存网页。按【F12】键预览网页，效果如图2-33所示。

提示：

如果要改变字体大小，可在“属性”面板CSS中增加属性。例如，要设置所有lishu类文字大小为14像素，则可在应用了lishu类的文字上单击，然后在图2-33所示的“属性”面板CSS中选择字体大小，或者在“CSS样式”面板中选择“.lishu”类，然后单击下方的“添加属性”超链接，选择font选项，并设置为“14 px”。

图 2-33　index.html 网页效果

4．设置页面属性

文档的页面属性包括外观、链接、标题、编码、跟踪图像等，在网页设计开始前设置页面属性，可减少操作次数，提高效率。正确设置文档页面属性，是成功编写网页的必要前提。

仔细观察前面实例的设计视图，会发现网页所有内容都包含在一个虚框内，虚框四周距离浏览器边界有一定的空隙，如何消除呢？如要增加网页背景该如何操作呢？以下通过设置 index.html 页面属性来完善网页的制作。

【操作案例 2-7】 设置 index.html 页面属性。

1）案例要求

更改 index.html 页面属性的设置，使网页可以与屏幕边缘贴合，而不会出现网页边界的空白；在浏览器的标题栏中显示“计算机应用 2013（2）班班级主页”字样；设置网页的默认文字大小为 16 像素；背景图像为 bj.gif 并居中显示。效果如图 2-34 所示。

图 2-34　设置页面属性后的网页效果

2）知识点

网页标题的添加；页面属性设置。

3）操作过程

① 双击打开操作案例2-6中完成的index.html文件，打开“属性”面板，如图2-32所示，在“文档标题”文本框中输入“计算机应用2013（2）班班级主页”。单击“页面属性”按钮，打开“页面属性”对话框，如图2-35所示。

② 在右侧窗格中设置“大小”为16像素，背景图像为bj.gif，左、右、上、下边距均为0像素，如图2-35所示，单击“确定”按钮

③ 打开“CSS设计器”面板，在选择器中选择“body”，如图2-36所示。在“属性”项栏中选择[…]（更多）选项，在“添加属性”文本框中输入：background-position，并输入属性值center。

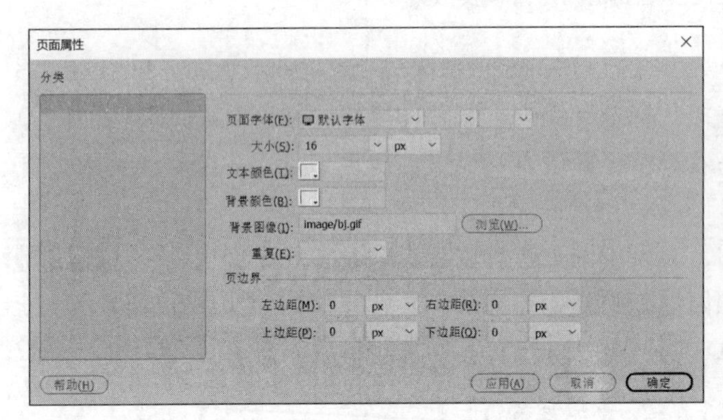

图2-35 “页面属对”话框

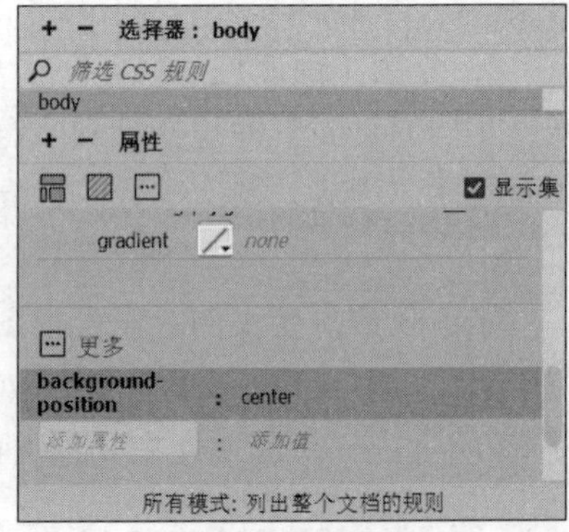

图2-36 添加属性

提示：

如果左、右、上、下边距均设置为0像素，但是在浏览器中的页面上方仍出现空白行，这可能是因为标题图像外围自动生成了多余的段落标记，可切换到代码视图，删除多余的<p>…</P>标记。

相关知识

1. 图像知识

1）常用的图像文件格式

Dreamweaver支持的图像格式有三种：JPEG、GIF和PNG。JPEG和GIF格式被绝大多数浏览器所支持。JPEG格式是一种压缩率高且图像质量好的图像格式，适用于色彩丰富的照片；GIF格式适用于色调简单（小于256色）的图像，压缩比很高；PNG格式的图像综合了前两类图像的优点，特别适合应用于网页上。

2）插入图像

当在设计视图中插入图像时，Dreamweaver将自动在HTML源代码中生成对该图像文件的引用。为了确保此引用的正确性，该图像文件最好事先已位于当前站点内。如果所引

用的图像来自站点外，Dreamweaver 会询问是否将所引用的图像文件复制到当前站点。

3）图像的属性设置

当在网页编辑窗口中选中某幅图像时，下方将出现对应的“属性”面板，如果此面板没有显示出所有属性，则可单击右下角的扩展箭头▼使之展开，如图 2-37 所示。

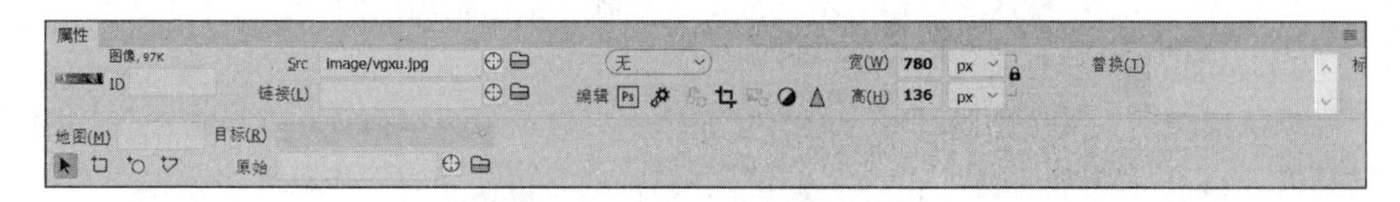

图 2-37　图像“属性”面板

图像对象的“属性”面板中各项说明如下：

① Src：指定图像的名称和路径。单击图标或输入路径均能更改图像来源。

② ID：给当前对象添加 CSS 样式的相关参数设置，参见单元 4。

③ 链接：指定图像的超链接。将瞄准器拖到“文件”面板中的某个文件或输入路径均能更改超链接的目的地。

④ 目标：指定被链接的页面在哪个框架或窗口中打开。

⑤ 替换：此处输入图片说明。如果图片没有被下载，图片位置上会显示替换文字。

⑥ 宽、高：设置图像的大小，单位是像素。

⑦ 编辑：包括一些对插入图片进行简单加工处理的工具。

⑧ 地图：标注和创建图像映射，与图像的超链接有关。

2. “页面属性”对话框的属性说明

1）“页面属性”对话框

“页面属性”对话框如图 2-35 所示。各选项的功能如下：

① 页面字体：设置文字输入的默认字体以及字体设置。实际上设置的是 <body>、<td> 或 <th> 元素的 font-family 属性。

② 大小：设置文字输入的默认大小，有两项值分别是数值和单位选择。实际上设置的是 <body>、<td> 或 <th> 元素的 font-size 属性。

③ 文本颜色：设置文字输入的默认颜色。实际上设置的是 <body>、<td> 或 <th> 元素的 color 属性。

④ 背景颜色：为网页指定背景颜色，实际上设置的是 <body> 元素的 background-color 属性。

⑤ 背景图像：指定用作整个网页背景的图像的路径和文件名称，单击“浏览”按钮，可以从磁盘上选择图像文件。实际上设置的是 <body> 元素的 background-image 属性。

⑥ 重复：决定背景图像是否重复显示，有四个选项，为 no-repeat、repeat、repeat-x、repeat-y，分别代表不重复、重复、沿 *X* 轴方向重复、沿 *Y* 轴方向重复。实际上设置的是 <body> 元素的 background-repeat 属性。

⑦ 左、右、上、下边距：设置网页同浏览器窗口边缘的间距。实际上设置的是 <body>

元素的 margin-left、margin-right、margin-top、margin-bottom 属性。

2）在网页添加文字

（1）添加普通文字

在网页中添加文本通常使用两种方法：一种是在网页编辑窗口中单击设置文本插入点，直接输入文本。另一种是从其他窗口将外部文本复制、粘贴到当前网页上。

（2）添加空格

在默认情况下，网页中的连续空格会被忽略，只显示一个空格（在 HTML 源代码中，空格是以   来表示的）。若要插入连续空格，通常可使用以下五种方法：

① 依次选择“插入”|“HTML”|“不换行空格”命令。

② 按【Ctrl+Shift+Space】组合键。

③ 把中文输入法切换到全角状态，按【Space】键即可输入连续的全角空格。

④ 在代码视图中复制多个 。

⑤ 依次选择“编辑”|“首选参数”|“分类”|“常规”选项卡，选中“允许多个连续的空格”复选框，这样网页中的连续空格将不会被忽略。

（3）添加换行

在网页编辑窗口中按【Enter】键即可添加段落换行，默认的段落换行会自动生成一个行高的行距。如果希望前后两行文字之间能紧靠着，可以按【Shift+Enter】组合键添加强制换行符。在 HTML 源代码中，段落换行是以 <p>…</p> 标记表示的，强制换行以
 标记表示。

（4）添加项目列表

首先输入一行文字，选中该行文字，单击“属性”面板中 HTML 按钮切换到 HTML 设置界面，单击“无序列表”按钮或“编号列表”按钮，可在行首添加项目符号或编号。在该行末尾按【Enter】键换行，将自动继承上一行的项目符号或编号。对某行进行缩进或取消缩进操作，可选择或按钮。

（5）插入日期

依次选择“插入”|“HTML”|“日期”命令，或单击“插入”面板|“HTML”|“日期”选项，弹出“插入日期”对话框，利用它可在网页中插入当前时间。同时它还提供了“储存时自动更新”复选框，当保存文件时，日期时间也随着更新，如图 2-38 所示。

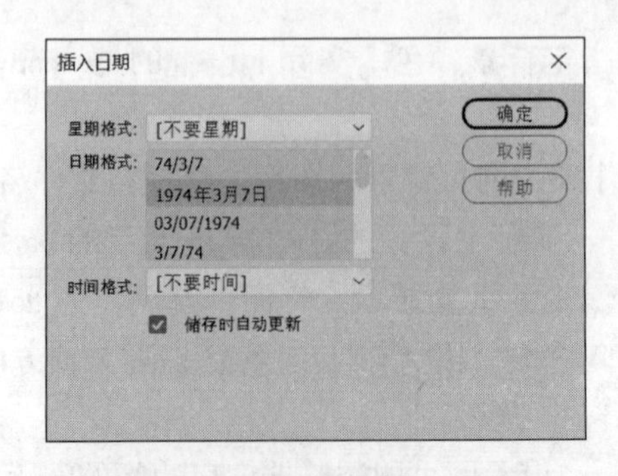

图 2-38 “插入日期”对话框

（6）插入特殊符号

依次选择“插入”|“HTML”|“字符”命令，打开图2-39所示的子菜单，选择所需符号插入到网页。如果选择“其他字符”命令，可选择更多的特殊字符，如图2-40所示。

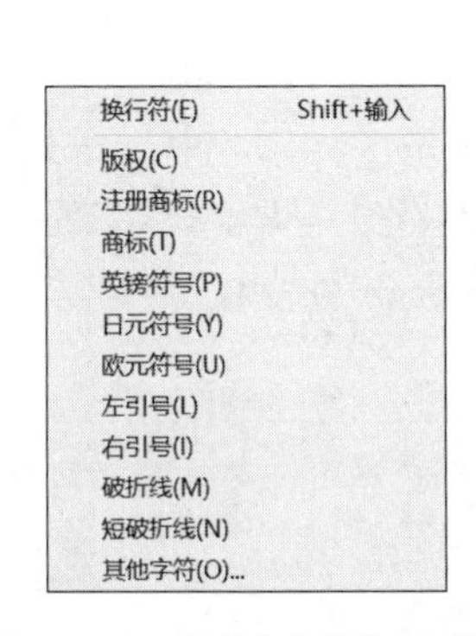

图2-39　“特殊字符”子菜单

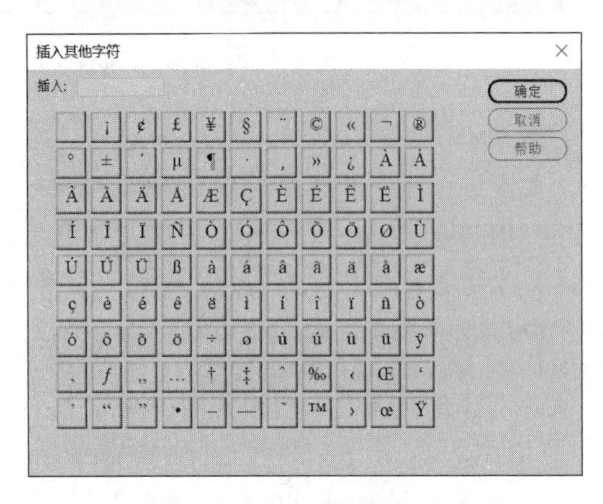

图2-40　“插入其他字符”对话框

（7）导入表格型数据

虽然可以直接在Dreamweaver中制作表格，但毕竟不是专业表格制作软件，对于数据量比较大、表现形式丰富的表格，可先利用专业制表软件Excel建立表格，将Excel文件转换成txt格式文件，然后再依次选择“文件”|“导入”|“表格式数据”命令导入Dreamweaver中。对于Word文档的导入，将文件保存为Web格式文件，然后在Dreamweaver中打开。导入外来文件数据的弊端是导致生成的冗余代码较多，不利于网络传输。

（8）设置文本格式

如要对文本进行设置，Dreamweaver提供了文本（选择“编辑”菜单|“文本”，“文本”的子菜单内容如图2-41所示）和“属性”面板两种形式，里面有关于文本字体、颜色、字号及对齐方式等的设置。由于各种历史原因和习惯差异，文本、表格等对象的格式设置可通过HTML代码或CSS样式表分别实现。因此Dreamweaver的开发者在“属性”面板中用两个选项卡将HTML格式和CSS格式设置完全分开，用户可通过 HTML 按钮和 CSS 按钮切换设置界面，如图2-42和图2-43所示。

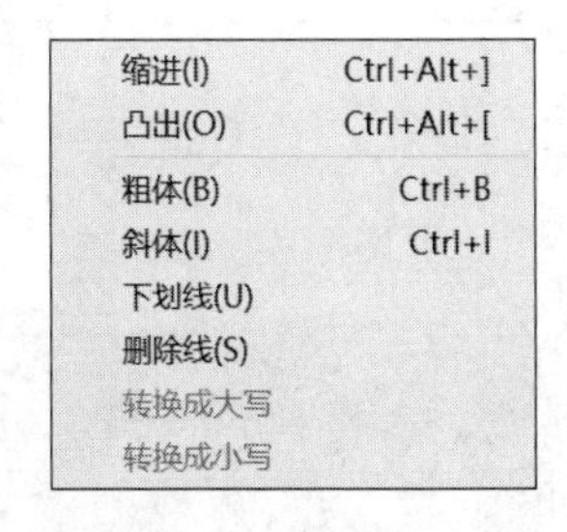

图2-41　“文本”内容

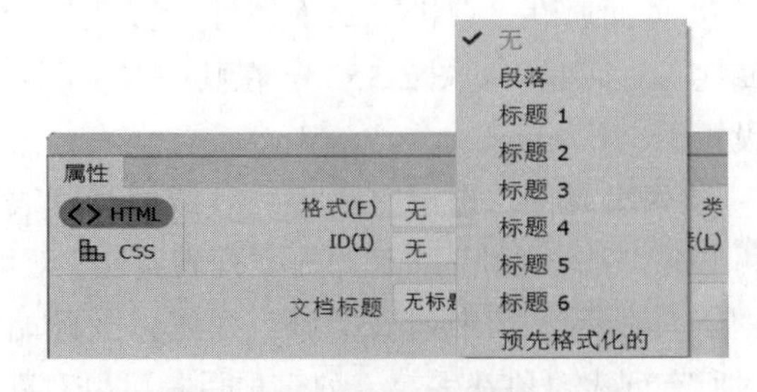

图2-42　文本“属性”面板（HTML）

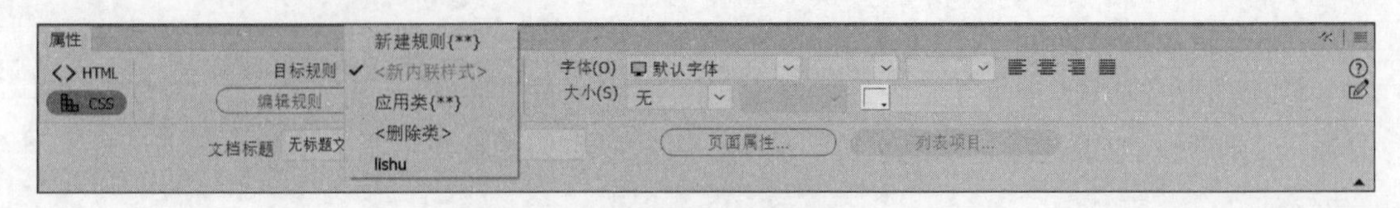

图 2-43　文本“属性”面板（CSS）

提示：

文本格式可以出现在 HTML 源代码的 <body>…</body> 标记对中，例如，<font color="#FF0000" face=" 黑体 " > 这是红色黑体字 </font>。但是需要说明的是，目前的网页设计潮流是“内容”和“格式”分离，“内容”部分由 HTML 负责，“格式”部分由 CSS 样式表负责，相关 CSS 知识参见单元 4。

文本对象的“属性”面板各项说明如下：

① 格式。

- 无：表示无特殊格式的规定，仅仅是文本本身。
- 段落：这种格式的文字开始和结尾都会自动换行，而同一段的文字各行之间行距较小。
- 标题 1 ～标题 6：标题 1 的字号最大，标题 6 的字号最小。
- 预先格式化的：使用预定义的格式。

② ID。ID 用于为所选内容分配 ID 号，以表示其唯一性。ID 在同一个页面中是唯一的，只能出现一次。“类”用于显示当前应用于所选文本的类样式。

③ 链接和标题。“链接”用于创建所选文本的超链接；“标题”用于为超链接指定文本工具提示。

④ 目标规则、编辑规则和 CSS 设计器面板。“目标规则”下拉列表框默认显示目前正在编辑对象的 CSS 规则，其余列表选项显示该文档可应用的所有 CSS 规则，以及新建 CSS 规则等；“编辑规则”用于打开当前对象的 CSS 规则定义对话框供用户修改；单击“CSS 和设计器”按钮，将打开“CSS 设计器”面板并显示当前 CSS 规则定义的属性设置。

⑤ 字体、大小、颜色等格式。字体、大小、颜色的设置对象是在设置目标规则内选定的内容。其中字体：是设置字体名称及字体字形设置；大小：设置字体的大小及单位；颜色：打开调色板（见图 2-31），选择颜色。“字体”下拉列表框中仅罗列了少数字体格式，可按需要自行添加。

⑥ 页面属性。单击“页面属性”按钮打开“页面属性”对话框（见图 2-35），在其中对页面内容进行设置。

⑦ 列表属性。选定有无序列表或编号列表对象时，单击“列表属性”按钮打开“列表属性”对话框，如图 2-44 所示。其中列表类型、样式以及开始计数是对所有列表对象都生效，列表项目是可以对部分列表样式进行重新设置。

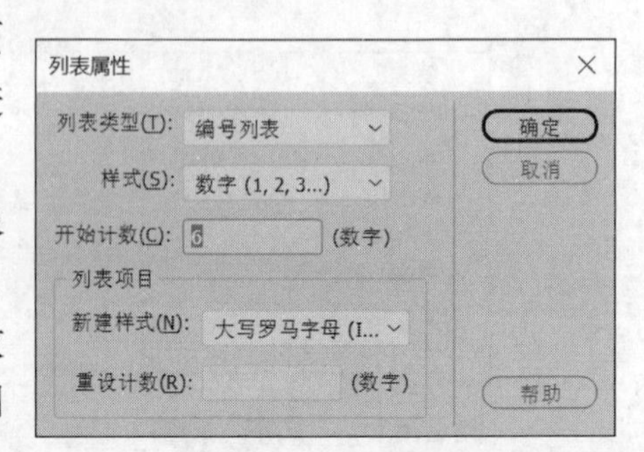

图 2-44　列表属性

提示：

尽管在“属性”|CSS 面板中提供了字体的格式设置相关按钮及下拉列表框，但是使用起来并不像“属性”|HTML 面板那样简单。如果每选择一个对象，每单击一个格式按钮就起一个选择器名，可能导致生成的样式代码冗余混乱。关于如何生成优秀简洁的格式代码，参见单元 4。

任务 3　制作表格

任务说明

网页上表格元素的用途有两类：一类用于罗列数据，和字处理程序中的表格非常相似；另一类用于网页定位，只需通过设定表格宽度、高度、相互的比例等，就可以把不同的网页元素 “框”在不同的单元格中，以使页面达到平衡。表格在网页定位上具有简单、规范和灵活的特点，但由于网页制作的发展方向是表现和内容相分离，也就是说，将设计部分剥离出来放在一个独立样式文件中，而 HTML 文件只存放文本信息，所以近几年传统的表格网页整体布局正逐渐向 CSS 网页布局过渡，而表格将转变为 CSS 网页布局的一种辅助定位技术。本任务围绕完成制作表格展开。

任务实施——建立“班级通讯录”

【操作案例 2-8】利用表格建立“班级通讯录”。

1）案例要求

在新建的 tongxunlu.html 网页中，利用表格定位图像及文字的位置。效果如图 2-45 所示。

2）知识点

插入表格；输入表格内容；设置表格属性；创建嵌套表格。

图 2-45　网页效果图

3）操作过程

① 右击“文件”面板的“站点－班级网站”选项，在弹出的快捷菜单中选择“新建文件”命令，给新建的文件命名为 tongxunlu.html 后双击打开。

② 依次选择“插入”|“Table”命令，弹出“Table”对话框，建立一个 2 行 2 列、宽为 420 像素、边框、边距、间距均为 0 像素的表格，并将第一列的两个单元格合并为一个单元格。

③ 在表格右下角单元格中单击，输入表标题文字，按【Shift+Enter】组合键。然后依次选择“插入”|“Table”命令，弹出“Table”对话框，建立一个 9 行 4 列、宽为 400 像素、边框、边距、间距均为 1 像素的嵌套表格插入当前单元格中，在各个单元格中分别输入班级成员姓名，表格效果如图 2-46 所示。

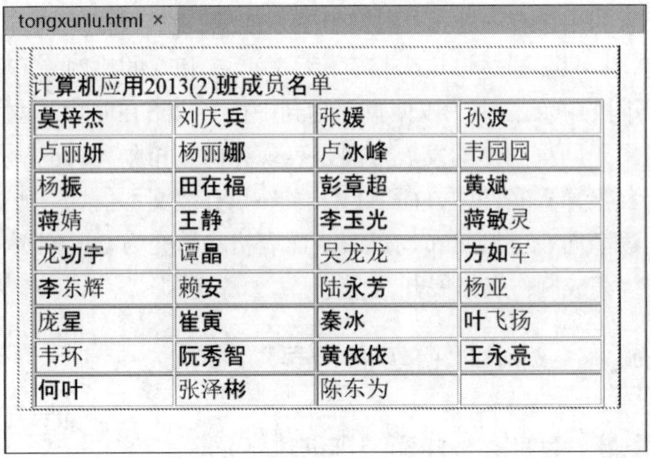

tongxunlu.html ×

计算机应用2013(2)班成员名单

莫梓杰	刘庆兵	张媛	孙波
卢丽妍	杨丽娜	卢冰峰	韦园园
杨振	田在福	彭章超	黄斌
蒋婧	王静	李玉光	蒋敏灵
龙功宇	谭晶	吴龙龙	方如军
李东辉	赖安	陆永芳	杨亚
庞星	崔寅	秦冰	叶飞扬
韦环	阮秀智	黄依依	王永亮
何叶	张泽彬	陈东为	

图 2-46 嵌套表格效果图

④ 从“文件”面板拖动 image\txl01.jpg 图像到左侧单元格，拖动 image\txl02.jpg 图像到右上角单元格。

⑤ 选中包含嵌套表格的右下角单元格，在“属性”面板中设置其高度为 419 像素。打开“CSS 设计器”面板，添加 CSS 源为页面内定义，在选择器选项添加“.txl”选择器。在属性项中将“显示集”复选框不选中，其左边出现的 5 个图标，单击背景图标，在打开的背景属性中找到 background-image 属性，单击 url 的浏览图标，选择 image/txl03.jpg 图片；单击文本图标，在打开的文本属性中找到 vertical-align，设置其值为 top，如图 2-47 所示。

⑥ 依次选择“修改”|“页面属性”命令，弹出“页面属性”对话框，设置标题为“班级通讯录”，字体格式为隶书，大小为 16 像素，文本颜色为 #0003300，页面背景图为 image/back-body.jpg，以 repeat-x 形式重复，上下左右边距均为 0 像素，如图 2-48 所示。设置完成后，单击“确定”按钮。

⑦ 通过拖动表格线的方法，适当调整嵌套表格的宽度、高度，使表格位于告示板中央位置。依次选择“文件”|“保存”命令，保存网页，其效果如图 2-45 所示。

图 2-47　设置单元格背景图像

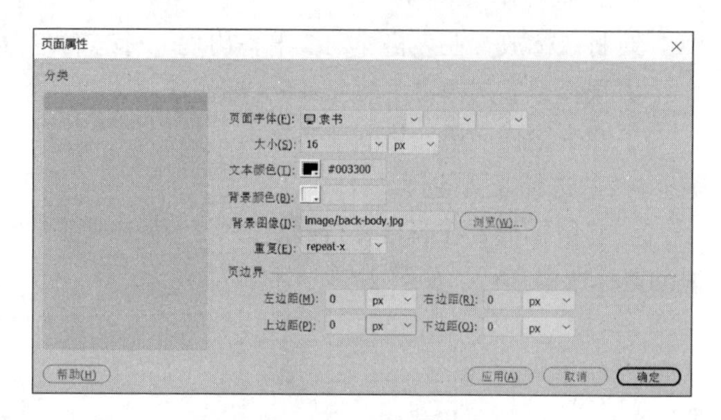

图 2-48　设置页面属性

相关知识

1. 表格的操作知识

1）表格的插入

要在网页中插入表格，首先定位插入点，然后单击“插入”面板 |HTML| Table，或者依次选择“插入”菜单 | “Table”命令，弹出“Table”对话框，如图 2-49 所示。设置好所需参数后，单击“确定”按钮即可插入一个表格，表格效果和生成的 HTML 代码分别如图 2-50 和图 2-51 所示。

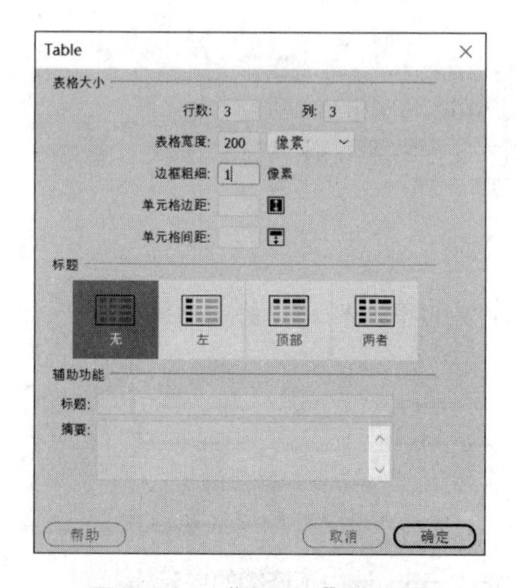

图 2-49　“Table”对话框

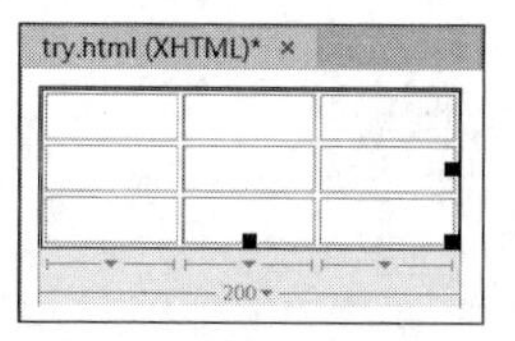

图 2-50　表格效果

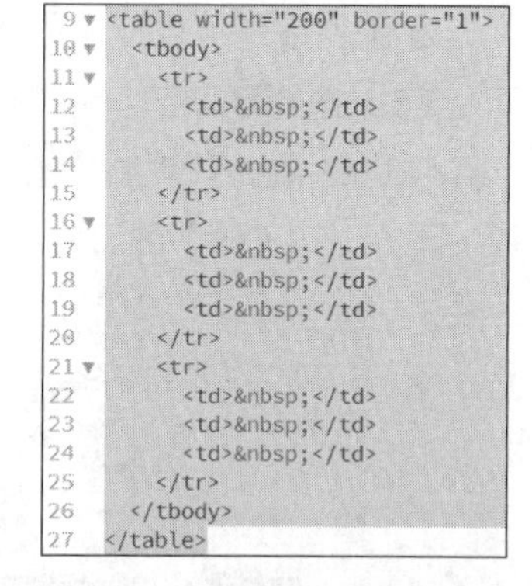

```
9  <table width="200" border="1">
10   <tbody>
11     <tr>
12       <td> </td>
13       <td> </td>
14       <td> </td>
15     </tr>
16     <tr>
17       <td> </td>
18       <td> </td>
19       <td> </td>
20     </tr>
21     <tr>
22       <td> </td>
23       <td> </td>
24       <td> </td>
25     </tr>
26   </tbody>
27 </table>
```

图 2-51　生成的 HTML 代码

提示：

在 HTML 中，表格由表 <table>、行 <tr> 和单元格 <td> 三部分组成，没有表示列的标签。

2）表格、行、列、单元格的选定

（1）选择整个表格

① 将鼠标放置在表格外框线上，出现标志时单击选中，如图 2-52 所示。

② 选择标签选择器上的 <table> 标签。

③ 在表格任一单元格中单击右击，然后依次选择“表格”|“选择表格”命令。

（2）选择表格的行

① 将鼠标放置在表格一行的左边缘，待出现黑色实心箭头“→”时，单击选中该行；拖动鼠标选中多行，如图 2-53 所示。

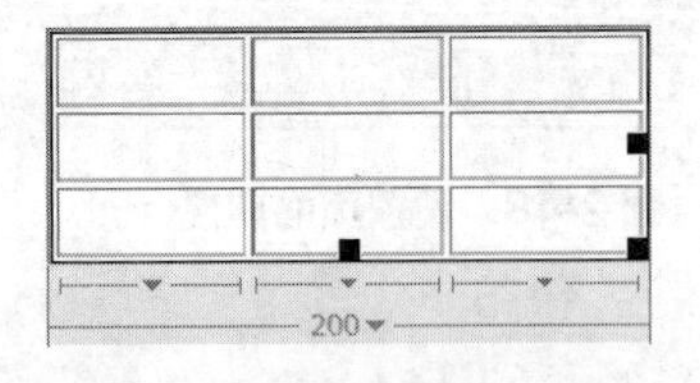

图 2-52 选中整个表格

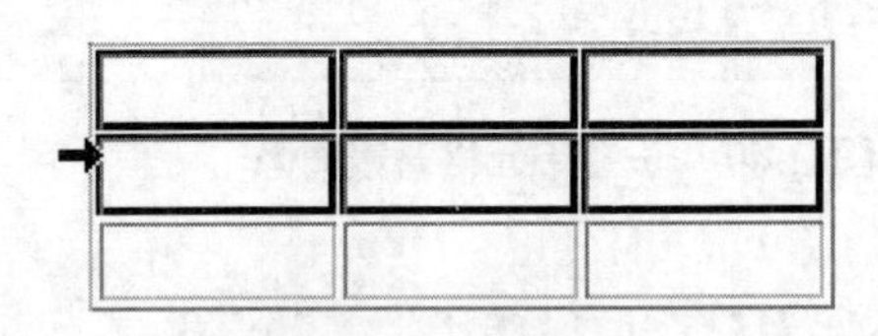

图 2-53 选中多行

② 在表格任一单元格中单击，选择标签选择器上的 <tr> 标签。

（3）选择表格的列

① 将鼠标放置在表格一列的上边缘，待出现黑色实心箭头“↓”时，单击选中该列；拖动鼠标选中多列。

② 单击出现在表格列上方或下方的按钮，从弹出的快捷菜单中选择“选择列”命令，如图 2-54 所示。

（4）选择单元格

① 在表格任一单元格中单击，选择标签选择器上的 <td> 标签。

② 在表格任一单元格中单击，然后依次选择“编辑”|“全选”命令。

（5）选择区域

① 在单元格中单击并拖动鼠标以选择连续的区域。

② 按住【Ctrl】键的同时单击单元格可选择多个不连续的单元格，如图 2-55 所示。

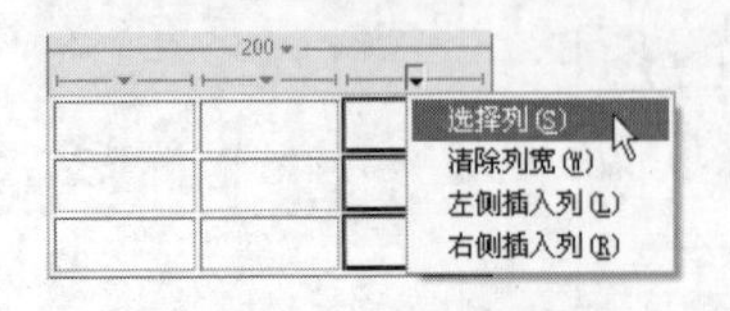

图 2-54 列的快捷菜单

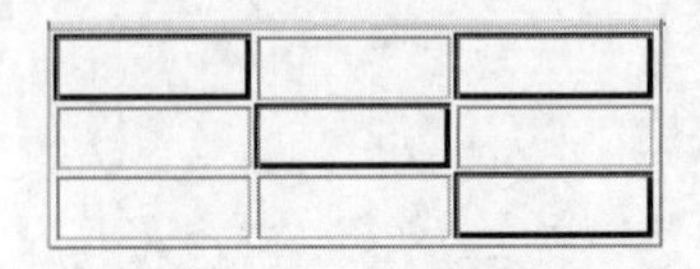

图 2-55 选中不连续的单元格

2. 表格的编辑

1）表格的属性

当表格被选中时，“属性”面板会显示出有关表格的各种属性，如图 2-56 所示。

表格对象的“属性”面板各项说明如下：

① 表格：设置表格的名称。

图 2-56　表格“属性”面板

② 行、列：设置表格的行数与列数。

③ 宽：设置表格的宽度，以像素或百分比为单位。表格高度一般不用设置。

④ CellPad：表格单元格内容与其边界之间的像素数。

⑤ CellSpace：设置表格单元格之间的空间。如果没有指定填充值与间距值，大多数浏览器默认填充值为 1，间距值为 2。

⑥ Align：设置表格相对浏览器窗口的对齐方式，有左对齐、右对齐、居中对齐、默认四种。

⑦ Border：设置表格边框的宽度，以像素为单位。

⑧ Class：设置表格应用的类的样式。

⑨（清除列宽）和（清除行高）：删除指定的列宽或行高，留下基础的表格宽度或高度。

⑩ ：将表格宽度转换成像素。

⑪ ：将表格宽度转换成百分比。

2）单元格、行和列的属性

如果选中单元格（或行、列），“属性”面板会显示出有关单元格（或行、列）的各种属性，如图 2-57 所示。

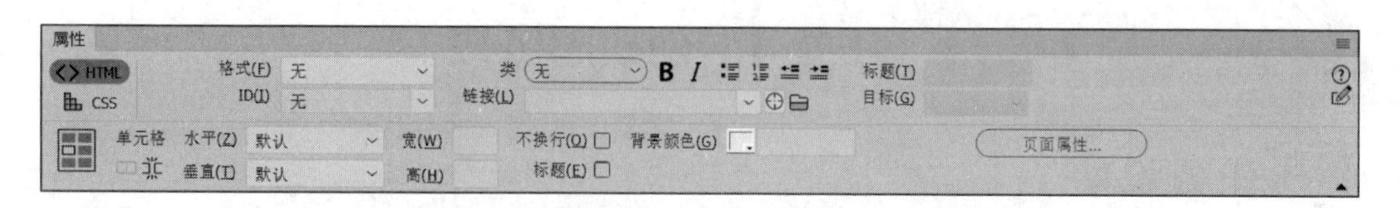

图 2-57　单元格（或行、列）**的“属性”面板**

① 水平：设置单元格内容的水平对齐方式，有左对齐、右对齐、居中对齐和默认四种。

② 垂直：设置单元格内容的垂直对齐方式，有顶端、居中、底部、基线和默认五种。

③ 不换行：禁止表格内文字自动换行，这样可以使单元格扩展宽度以包含所有的数据。

④ 标题：将所选单元格设置为标题单元格。默认状态下，标题单元格的内容为粗体居中格式，用 <th> 标签描述。

⑤ ：合并选中的单元格区域。

⑥ ：拆分选中的单元格。单击此按钮将弹出“拆分单元格”对话框，如图 2-58 所示。

3）格行、格列的添加与删除

（1）格行、格列的添加

① 如果要添加一行（列），在某一单元格上单击，然后依次选择“修改”|“表格”|“插

入行”（或“插入列”）命令。

② 如果要添加多行（列），在某一单元格上单击，然后依次选择“修改”|“表格”|“插入行或列”命令，将弹出图 2-59 所示的对话框。设置好所有内容后，单击“确定”按钮。

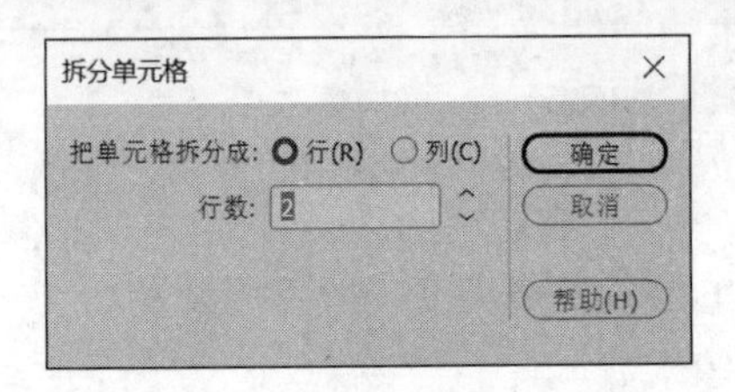

图 2-58 “拆分单元格”对话框

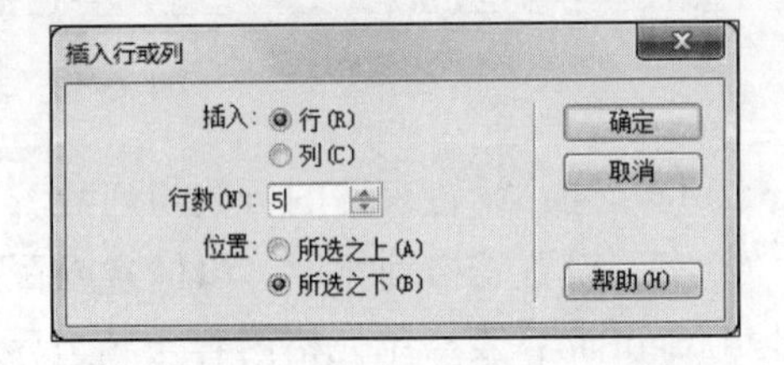

图 2-59 “插入行或列”对话框

（2）格行、格列的删除

① 选中表格整行或整列，按【Delete】键删除。

② 选中表格整行（或整列），然后依次选择“修改”|“表格”|“删除行”（或“删除列”）命令。

3．表格的嵌套

在表格中需要添加嵌套表格的地方单击，依次选择“插入”|“Table”命令插入嵌套表格，如图 2-60 所示。嵌套表格的大小要受到包含它的单元格的影响，即使为嵌套表格定义了单元格的大小，表格依然不能超过包括它的单元格所定义的大小。

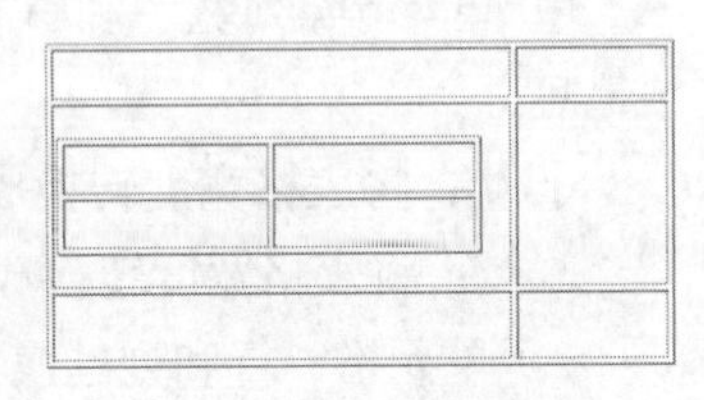

图 2-60 嵌套表格

任务 4 创建超链接

任务说明

当用户浏览网页时，鼠标变为手形指针，表示该处为超链接，单击即可浏览相关内容。网页中任何文本或图像均可创建超链接。超链接可以把同一网站的网页连接起来，单击超链接时从一个网页跳转到另一个网页，或者跳转到页面指定的位置；还能够在不同站点之间建立联系。超链接由两部分组成：超链接源和超链接目标。本任务围绕创建超链接展开。

任务实施——创建超链接

1．创建文本和图像超链接

【操作案例 2-9】为网页 xxindex.html 创建文本和图像超链接。

1）案例要求

采用文字和图像作为链接源，使用多种方法建立超链接，所链接的目标有站内页面、外部网址、电子邮件、Word 文档、压缩包和空链接等，效果如图 2-61 所示。

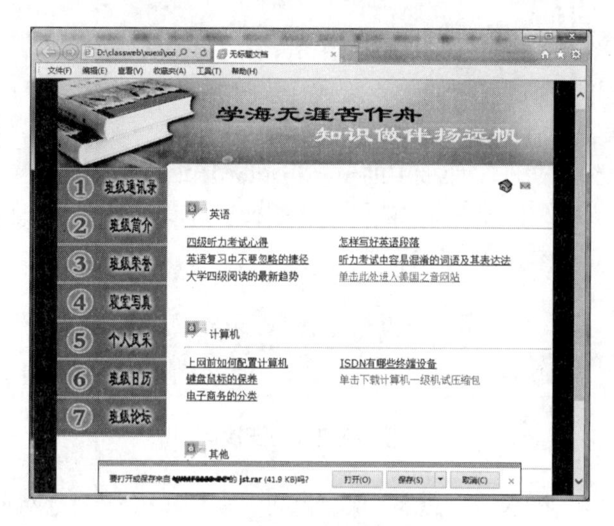

图 2-61　浏览效果

2）知识点

创建超链接；电子邮件超链接的建立；文件下载超链接的建立；空链接的建立。

3）操作过程

① 复制素材中的 xuexi 文件夹到 classweb 网站中，双击打开 xuexi\xxindex.html 网页。

② 选中图标，在“属性”面板中将“链接”文本框右侧的瞄准器拖到“文件”面板中的 index.html 文件上，设置目标为 _blank，替代文字为“回首页”。

③ 选中图标，在“属性”面板的“链接”文本框中输入 mailto:myclass@163.com，“替换”文字为“给我发邮件”，如图 2-62 所示。

图 2-62　创建邮件链接

提示：

浏览网页时，单击图标，将通过 Outlook Express 应用程序自动创建一封以 myclass @163.com 为收信地址的邮件。

④ 选择导航栏中的 pic/ybk01.jpg 图像，将“链接”文本框右侧的瞄准器拖到“文件”面板中的 tongxunlu.html 文件上。同理为图像设置超链接到 rongyu.html。

⑤ 选择文字“四级听力考试心得”，单击“属性”面板中“链接”文本框右侧的“浏览文件”图标，弹出“选择文件”对话框，选择 xuexi\yingyu01.html 文件后单击“确定”按钮。同理设置“怎样写好英语段落”文字链接到 xuexi\yingyu02.html 文件。

⑥ 选择文字“英语复习中不要忽略的捷径”，在“属性”面板中将“链接”文本框右侧的瞄准器拖到“文件”面板中的 xuexi\yingyu03.doc 文件上。

⑦ 选择文字“单击此处进入美国之音网站”，在“属性”面板的“链接”文本框中输入网址。

⑧ 选择文字“单击下载计算机一级机试压缩包”，在“属性”面板中将“链接”文本框右侧的瞄准器拖到“文件”面板中的 xuexi\jst.rar 压缩文件上。

⑨ 对于目前暂时无链接目标的其他文字和图像，在“属性”面板的“链接”文本框中输入 #，表示空链接，如图 2-63 所示。

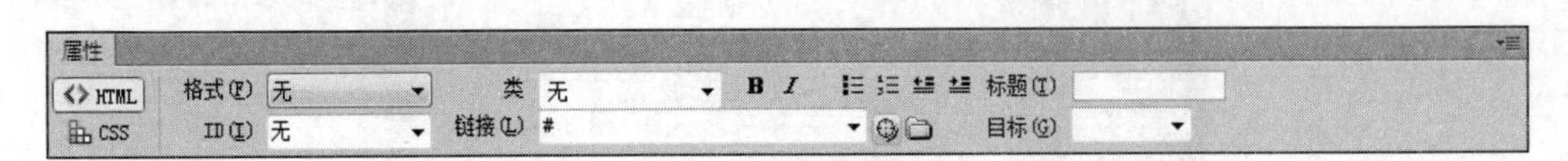

图 2-63　空链接

⑩ 依次选择“文件”|“保存”命令，保存网页，按【F12】键浏览网页，如图 2-116 所示。如果单击“单击下载计算机一级机试压缩包”超链接，将弹出“文件下载”提示框。

2. 建锚点链接

当一个页面内容较长跨度多个屏时，就需要在页面内部进行跳转，使读者能快速找到阅读内容。要实现这一功能，首先就要为页面中需要跳转到的位置建立标志并命名，即建立“锚点”，然后创建锚点链接。下面以一个例子来说明锚点链接的建立过程。

【操作案例 2-10】 创建锚点链接。

1）案例要求

在一个比较长的页面中，利用锚点链接，使读者能够通过目录快速找到阅读内容，并在每节阅读内容后设置能快速返回页首的锚点链接。效果如图 2-64 所示。

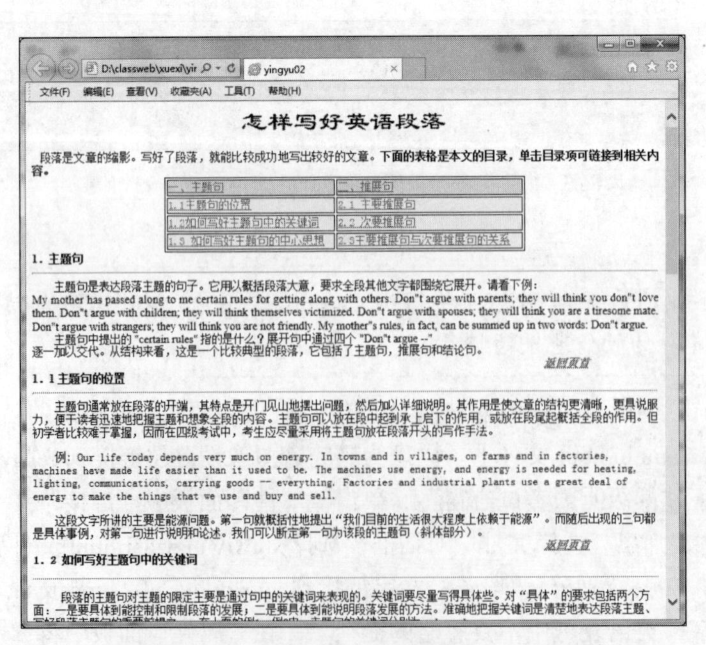

图 2-64　浏览效果

2）知识点

插入锚点；锚点的命名；锚点的设置。

3）操作过程

① 双击打开 xuexi\yingyu03.html 素材网页。

② 在标题“怎样写好英语段落”前单击设置插入点，转到代码视图在“怎样写好英语段落”前后位置分别输入 <a name="top"> 怎样写好英语段落 </a>，其中 top 表示锚点名称，切换为设计视图，在标题前将会多一个锚记图标。

③ 按照步骤②在“1. 主题句”文字前单插入名称 chapter1 的锚记。

④ 同理，在其他的章节标题前设置锚点，分别命名为 chapter1.1、chapter1.2、chapter1.3、chapter2、chapter2.1、chapter2.2、chapter2.3，如图 2-65 所示。

图 2-65　在各章节标题前设置锚点

⑤ 选择每节阅读内容后的“返回页首”文字，在“属性”面板的“链接”文本框中输入 #top，即可建立返回页首的锚点链接，如图 2-66 所示。

> **提示：**
>
> 建立锚点链接的另一种方法：选择文字之后，将“链接”文本框右侧的瞄准器拖到标题前的锚记图标上即可。生成的对应的 HTML 代码为 <a href="#top"> 返回页首 </a>。

⑥ 选择目录中的“一、主题句”文字，在“属性”面板的“链接”文本框中输入 #chapter1，即可建立到达第一个章节的锚点链接。

⑦ 同理，选择其他目录项，分别链接到锚点 chapter1.1、chapter1.2、chapter1.3、chapter2、chapter2.1、chapter2.2、chapter2.3，如图 2-66 所示。

yingyu03.html ×

怎样写好英语段落

段落是文章的缩影，写好了段落，就能比较成功地写出较好的文章。下面的表格是本文的目录，单击目录项可链接到相关内容。

一、主题句	二、推展句
1.1主题句的位置	2.1 主要推展句
1.2如何写好主题句中的关键词	2.2 次要推展句
1.3 如何写好主题句的中心思想	2.3主要推展句与次要推展句的关系

1. 主题句

主题句是表达段落主题的句子。它用以概括段落大意，要求全段其他文字都围绕它展开。请看下例：
My mother has passed along to me certain rules for getting along with others. Don"t argue with parents; they will think you don"t love them. Don"t argue with children; they will think themselves victimized. Don"t argue with spouses; they will think you are a tiresome mate. Don"t argue with strangers; they will think you are not friendly. My mother"s rules, in fact, can be summed up in two words: Don"t argue.
主题句中提出的 "certain rules" 指的是什么？展开句中通过四个 "Don"t argue --"
逐一加以交代。从结构来看，这是一个比较典型的段落，它包括了主题句，推展句和结论句。

返回页首

1. 1 主题句的位置

主题句通常放在段落的开端，其特点是开门见山地摆出问题，然后加以详细说明。其作用是使文章的结构更清晰，更具说服力，便于读者迅速地把握主题和想象全段的内容。主题句可以放在段中起到承上启下的作用，或放在段尾起概括全段的作用。但初学者比较难于掌握，因而在四级考试中，考生应尽量采用将主题句放在段落开头的写作手法。

例：Our life today depends very much on energy. In towns and in villages, on farms and in factories, machines have made life easier than it used to be. The machines use energy, and energy is needed for heating, lighting, communications, carrying goods -- everything. Factories and industrial plants use a great deal of energy to make the things that we use and buy and sell.

这段文字所讲的主要是能源问题。第一句就概括性地提出“我们目前的生活很大程度上依赖于能源”，而随后出现的三句都是具体事例，对第一句进行说明和论述。我们可以断定第一句为该段的主题句（斜体部分）。

返回页首

body　772 x 560

图 2-66　建立返回页首的锚点链接

3．创建图像热点链接

有时，需要让图像上的不同部分对应不同的超链接，这就需要在图像上设置“热点”，并为每个热点分别指定链接目标。Dreamweaver 2020 提供了三种在图像上绘制热点的工具，可自如地绘制矩形、圆形和多边形等热点。下面以一个例子来说明图像热点链接的建立过程。

【操作案例 2-11】图像热点链接。

1）案例要求

修改操作案例 2-7 中完成的 index.html 网页，使得当单击导航条图像中的不同区域时分别链接到对应的网页，效果如图 2-67 所示。

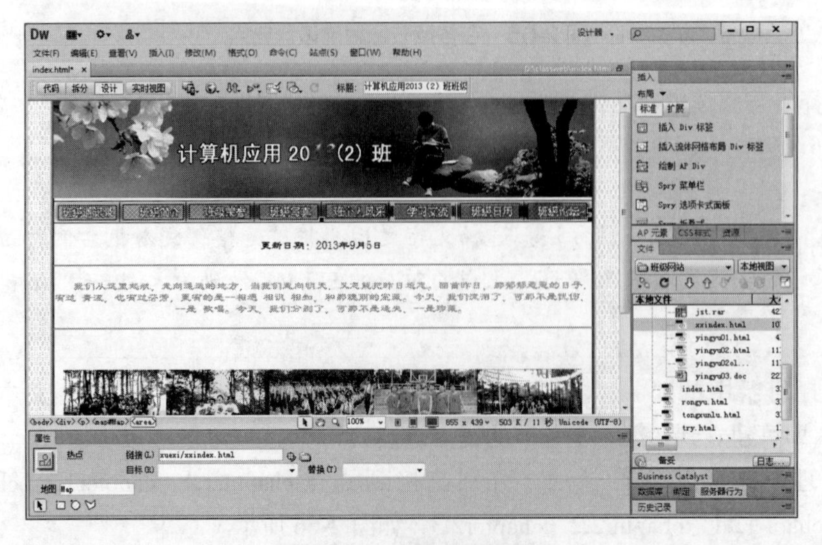

图 2-67　设置图像热点

2）知识点

热点区域的绘制；创建热点链接。

3）操作过程

① 双击打开操作案例 2-7 中完成的 index.html 网页。

② 选中导航条图像，单击“属性”面板左下角的“矩形热点工具”图标，在图标上拖动鼠标绘制热区。

③ 此时，“属性”面板就会变成热点的“属性”面板。在热点“属性”面板的“链接”文本框中输入 tongxunlu.html。

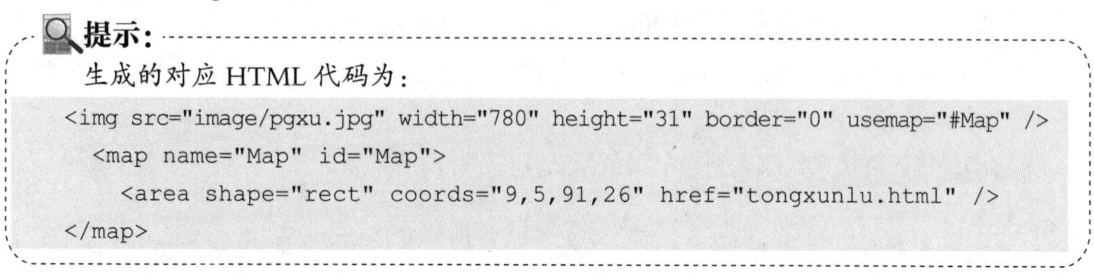

提示：

生成的对应 HTML 代码为：

```
<img src="image/pgxu.jpg" width="780" height="31" border="0" usemap="#Map" />
  <map name="Map" id="Map">
    <area shape="rect" coords="9,5,91,26" href="tongxunlu.html" />
</map>
```

④ 同理，按照以上步骤设置导航条图像的其他热点区域，让它们分别链接到对应的页面或设置空链接，如图 2-67 所示。

⑤ 依次选择“文件”|“保存”命令保存网页，按【F12】键浏览网页，并单击图像热点，以查看实际效果。

相关知识

1．创建文字和图像超链接的方法

利用文字和图像作为超链接源，是网页上创建超链接的主要方式，其链接目标可以是站内页面、外部网址、电子邮件等，也可以是文档、压缩包、空链接等。创建方法如下：

① 首先在网页编辑主窗口中选中需要建立链接的图像或文字。

② 然后在“属性”面板的“链接”文本框中填写链接地址。

例如，在图像“属性”面板中填写链接 ../index.html，目标为 _blank，替换文字为“回首页”，如图 2-68 所示。

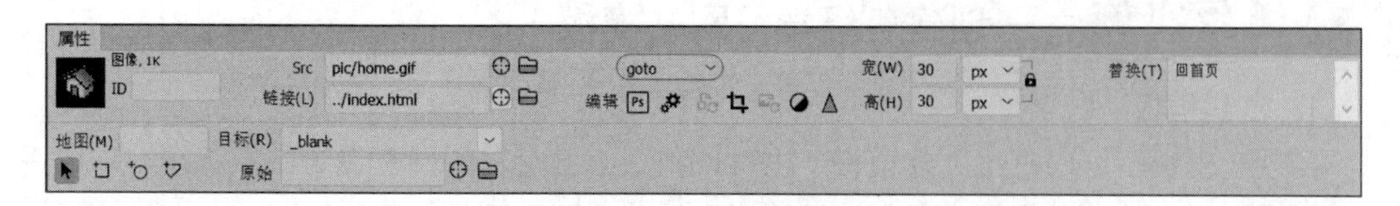

图 2-68　建立超链接

提示：

图 2-68 生成的对应 HTML 代码为 <a href="../index.html" target="_blank"><img src="pic/home.jpg" alt=" 回首页 " width="30" height="30" /></a>。

2. 设置文本和图像“属性”面板中超链接方法

① 链接：指定图像的超链接。将瞄准器拖到“文件”面板中的某个文件或者输入路径均能更改超链接的目的地。

② 替换：这里输入图片说明。浏览网页时，把鼠标放置在图片上，就会出现这些文字。如果图片没有被下载，图片位置上会显示替换文字。

③ 目标：指定被链接的页面在哪个框架或窗口中打开。有以下五个选项：

- _blank：在一个新的未命名的窗口载入文档，可打开多个相同窗口。
- _new：在一个新的未命名窗口载入文档，但只打开一个窗口（受浏览器限制）。
- _parent：将被链接文档载入到父框架集或包含该链接的框架窗口中。
- _self：将被链接文档载入到与该链接相同的框架或窗口中（注：本目标是默认的，所以通常无须指定）。
- _top：将被链接文档载入到整个浏览器窗口并删除所有框架。

提示：

现在很多超链接都是希望将链接文档载入到新的窗口中，一一设置显得烦琐，如何修改超链接的默认设置让设计起来更加方便简捷呢？其实方法很简单，切换到代码视图，在 head 文件头的位置添加代码：<head><base target="_blank"/></head>。

任务5　创建模板和库

任务说明

为了统一风格，一个网站的很多页面都要用到相同的页面元素和排版方式，模板和库的出现就是为了避免重复地在每个页面输入或修改相同的部分。从用途上划分，模板主要用于整体控制站点中文档的风格，而库项目则用于局部控制文档元素风格。

模板可被理解成一种模型。使用该模型可以方便地做出多个页面，然后在此基础上对每个页面进行改动，加入个别内容。本任务围绕创建模板和库展开。

任务实施——创建班级学习网站模板

1. 创建模板

要创建模板，可以直接新建模板，也可以把一个已存在的网页设为模板。在实际应用当中，采用后者的情况比较多。创建及使用模板的主要步骤是：制作网页→另存为模板→设置可编辑区域→应用模板。下面以一个实例来说明如何把一个已存在的普通网页转换为模板网页。

【操作案例 2-12】创建模板。

1）案例要求

把一个已存在的网页另存为模板，并把文章部分设置为可编辑区域，效果如图 2-69 所示。

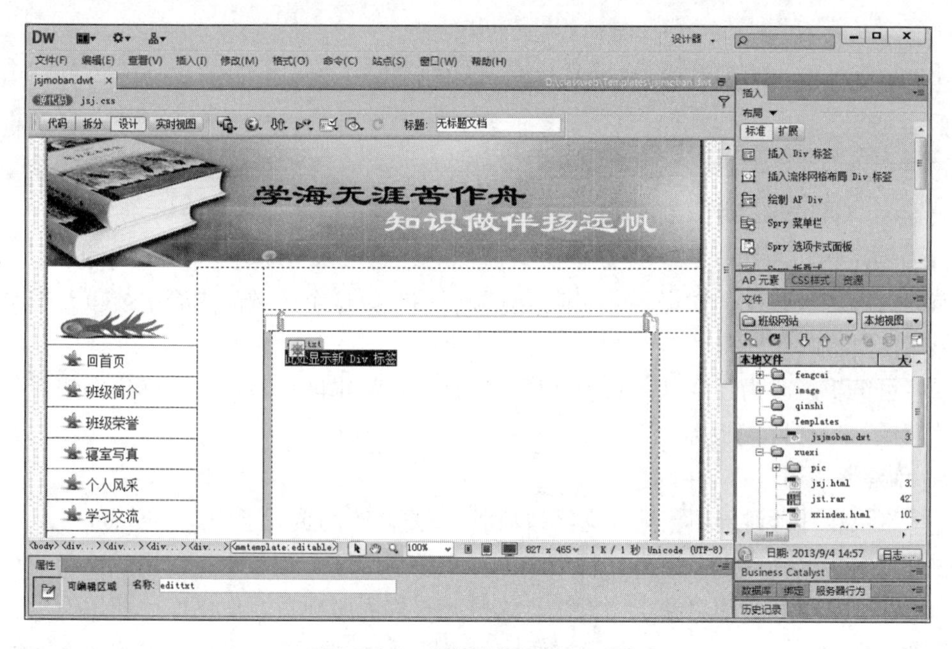

图 2-69 模板中的可编辑区域

2）知识点

普通网页转换为模板网页；可编辑区域的创建。

3）操作过程

① 在“文件”面板中双击打开已存在的素材网页 xuexi\jsj.html。

② 依次选择“文件”|“另存为模板”命令，在弹出的“另存模板”对话框的“另存为”文本框中输入 jsjmoban，单击“保存”按钮，如图 2-70 所示。在弹出的提示框中单击“是”按钮以更新链接，如图 2-71 所示。系统默认存储为 classweb\Templates\ jsjmoban.dwt。

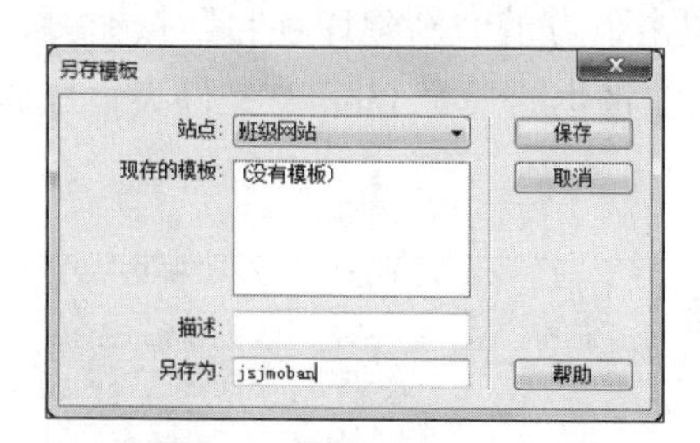

图 2-70 “另存模板”对话框

图 2-71 更新链接提示框

提示：

Dreamweaver 会默认将模板存储在站点根目录的 Templates 子文件夹中，如果此文件夹不存在，则 Dreamweaver 会自动创建，并把模板存储在里面。

③ 在网页编辑主窗口中选择要定义为“可编辑区”的文本（或其他内容），此处选择“此处显示新 Div 标签”文字后右击，在弹出的快捷菜单中选择“模板”|“新建可编辑区域”命令。

④ 在弹出的“新建可编辑区域”对话框中的“名称”文本框中输入 edittxt，单击“确定”

按钮，如图 2-72 所示。

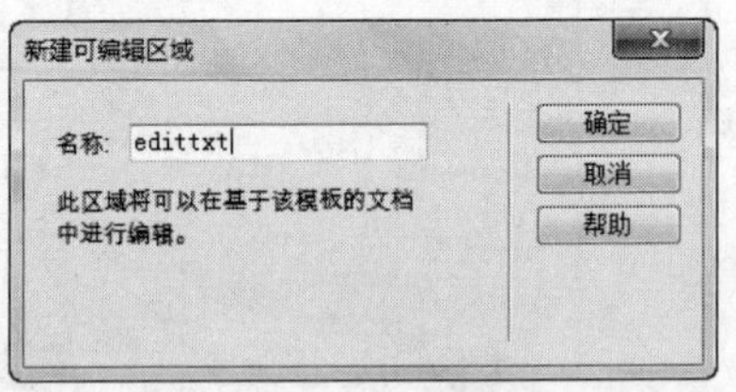

图 2-72 “新建可编辑区域”对话框

在模板文件中，可编辑区域外带蓝色框，突出显示，如图 2-69 所示。

⑤ 依次选择“文件”|“保存”命令，保存模板。

设置为“可编辑区域”的部分属于可编辑区，其余部分为锁定区。可编辑区，即该模板被应用时，这个区域的内容可被改变；锁定区，即该模板被应用时，这个区域的内容不能被改变。锁定区域只能在模板内部被编辑。

要将可编辑区改为锁定区，只需在模板中选中可编辑区后右击，在弹出的快捷菜单中选择“模板”|“删除模板标记”命令即可。

2. 创建库项目

很多网页设计师讨厌频繁地改动网站，讨厌重复修改网页元素。使用 Dreamweaver 的库，可以很好地解决这个问题。库是一种用来存储在整个网站上经常重复使用或更新的页面元素（如图像、文本和其他对象）的方法。这些元素称为库项目。使用库比使用模板有更大的灵活性。在 Dreamweaver 中可以很方便地创建库项目，既可以将页面中的元素转换化为库项目，也可以先创建一个空的库项目，然后再进行编辑。

【操作案例 2-13】库的使用。

1）案例要求

把网站联系电话做成库项目，并应用到已有的网页中，效果如图 2-73 所示。

2）知识点

库项目的建立；编辑库文件；库的调用。

3）操作过程

① 在“资源”面板中单击“库”按钮，单击下方的“新建库项目”按钮，命名为 tel，并双击打开，如图 2-74 所示。此时在站点中将生成一个 Library 文件夹，里面存放有刚才新建的库文件 tel.lbi，如图 2-75 所示。

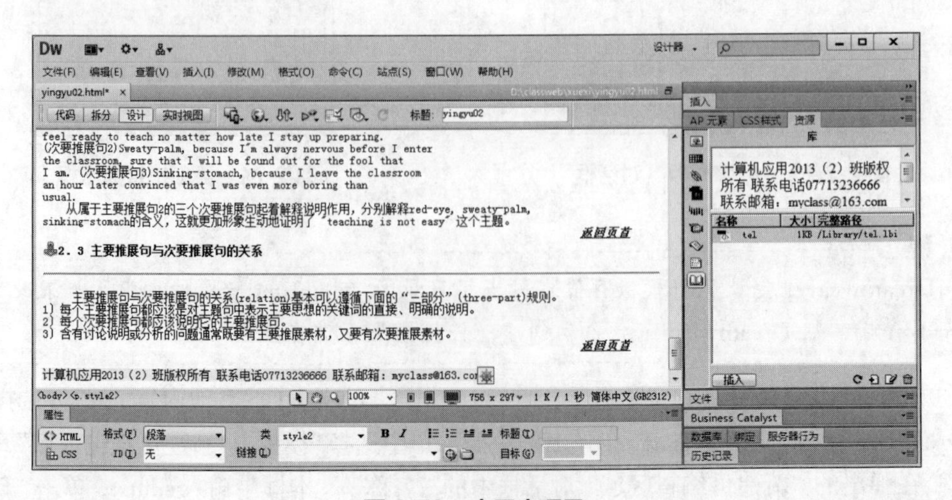

图 2-73 应用库项目

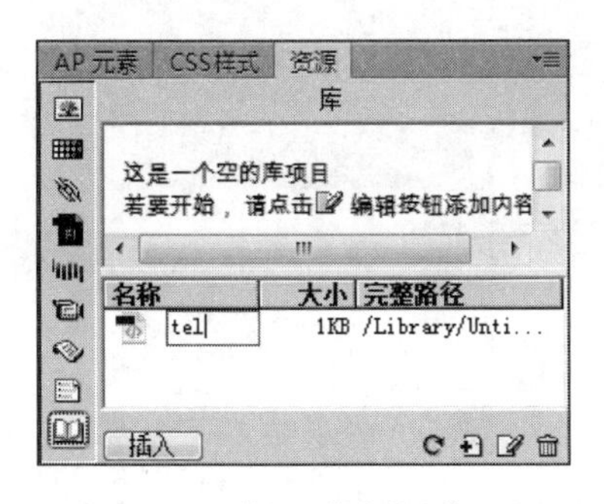

图 2-74　“资源”|“库”面板

图 2-75　创建库项目后的“文件”面板

② 在打开的 tel.lbi 文件中输入文字“计算机应用 2013（2）班版权所有 联系电话 07713236666 联系邮箱：myclass@163.com”，如图 2-76 所示。依次选择“文件”|“保存”命令，保存库项目。

图 2-76　编辑库项目

③ 打开要应用库项目的网页，如 yingyu02.html，从“资源”面板中把 tel 库拖到网页下方，如图 2-73 所示。

除了可以创建新的库项目之外，还可以将页面元素转化为库项目，其操作方法是：在网页中选择要转化为库项目的网页元素，依次选择“修改”|“库”|“增加对象到库”命令，在“资源”|“库”面板中重新设置库项目的名称。更简便地操作是先选中元素，然后单击“资源”|“库”面板中的“新建库项目”按钮即可完成转换。

相关知识

1．模板

1）利用模板新建网页

依次选择“文件”|“新建”命令，在弹出的“新建文档”对话框中选择“模板中的页”选项卡中的某个模板文件（如 jsjmoban），单击“创建”按钮即可新建一个网页，如图 2-77 所示。在应用了模板的页面中，锁定区不能被编辑，可编辑区能被编辑。

2）在已存在的网页上应用模板

首先打开要应用模板的网页，依次选择“修改”|“模板”|“应用模板到页”命令，在弹出的“选择模板”对话框中选择“模板”列表框中的某个模板文件（如 jsjmoban），单击“选定”按钮，如图 2-78 所示。

在随后弹出的对话框中选择未解析的内容，并选择可编辑区域（如 edittxt），单击“确定”按钮即可把当前页面的内容自动放置到可编辑区域 edittxt 中，如图 2-79 所示。

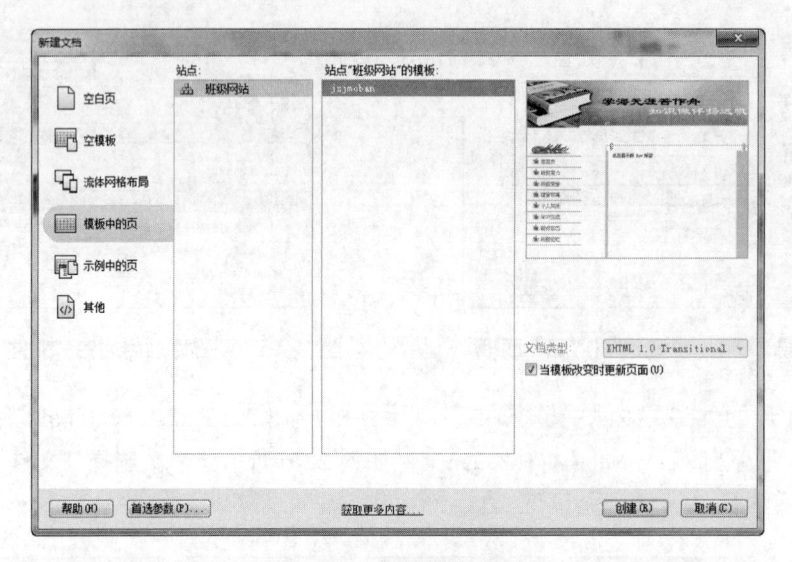

图 2-77　选择模板文件

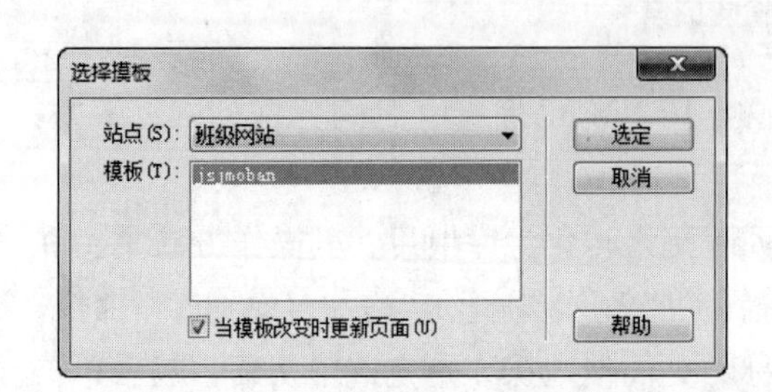

图 2-78　“选择模板”对话框

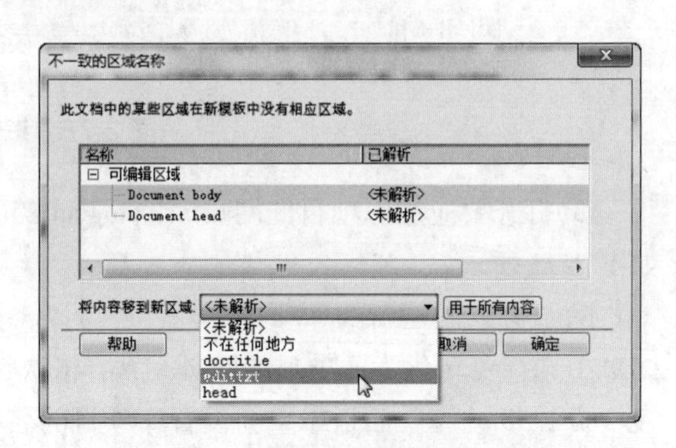

图 2-79　应用到模板的可编辑区域

3）更新模板及应用

模板创建好以后用户可以根据需要随时修改模板。当保存修改过的模板时，系统会弹出“更新模板文件”对话框，询问是否更新应用该模板的网页，如图 2-80 所示。

如果在对话框中单击“不更新”按钮，留待以后手工更新，可依次选择“修改”|“模板”|“更新页面”命令，弹出“更新页面”对话框，在“查看”下拉列表框中选择“整个站点”选项，单击“开始”按钮即可，如图 2-81 所示。

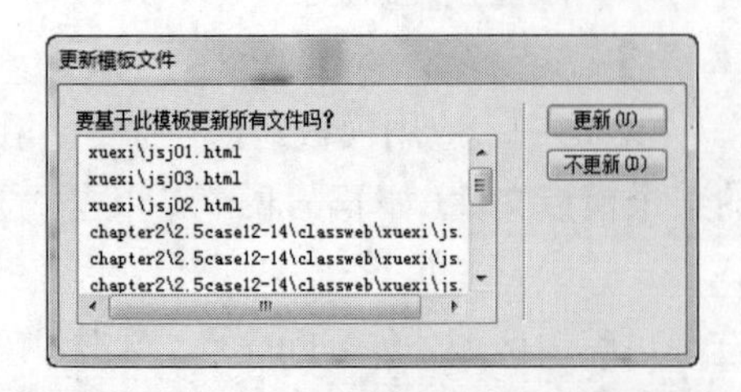

图 2-80　“更新模板文件”对话框

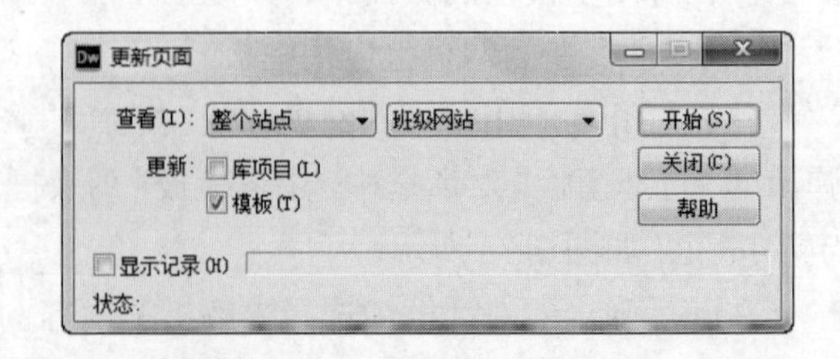

图 2-81　“更新页面”对话框

2．编辑库项目

在页面中应用了库项目后，重新编辑库项目时，应用了库项目的文档也会随之进行更新。例如，打开 tel.lbi 库文件编辑后保存时，将会弹出“更新库项目”对话框（见图 2-82），单击“更新”按钮后，弹出“更新页面”对话框，如图 2-83 所示。

图 2-82　“更新库项目”对话框

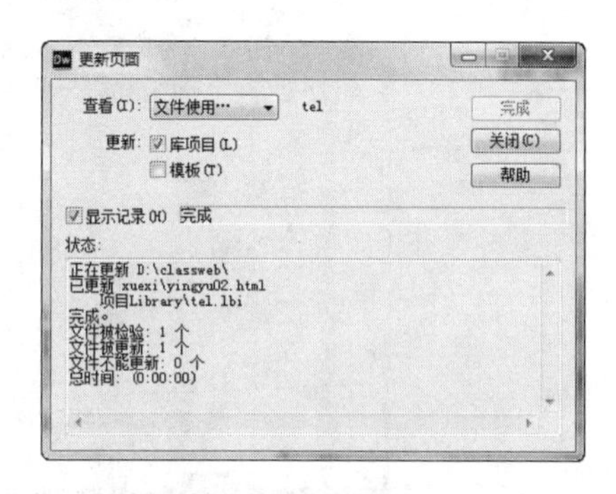

图 2-83　“更新页面”对话框

若要单独编辑某个网页中已应用库项目的地方，必须先将其与“资源”面板的库项目脱离关系。其操作方法是：在页面中选择已插入的库项目，然后单击“属性”面板中的“从源文件中分离”按钮，将会弹出提示框，如图 2-84 所示。单击“确定”按钮即可变成普通网页元素。

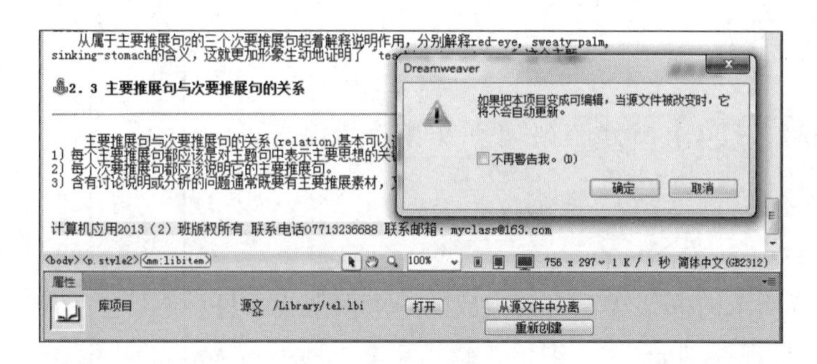

图 2-84　分离库项目

任务 6　使用框架

 任务说明

框架是一种网页布局技术，它可以将浏览器窗口分隔为多个部分，即多个框架，其中每个框架可以显示一个 HTML 网页文件，并且可以通过框架中网页的超链接，链接另一个框架中的网页。在图 2-85 所示的网页中，单击左侧窗格中的照片，将在右侧窗格显示相应的网页，像这样的网页称为框架网页。

HTML5 不支持 frameset 框架集，但仍支持 iframe 浮动框架，XHTML 支持 frameset 框架集。

浮动框架不仅可以自由控制窗口的大小，还能够配合表格随意地在网页中任意插入窗口，实际上也就是窗口中再创建一个窗口。XHTML 1.0 的 DOCTYPE 声明有三种，分别对应三种不同的 DTD，具体内容请查阅单元 3。

图 2-85 框架网页

任务实施——创建班级学习网页框架

1. 创建框架

【操作案例 2-14】新建框架网页并保存框架集及其包含的子框架文件。

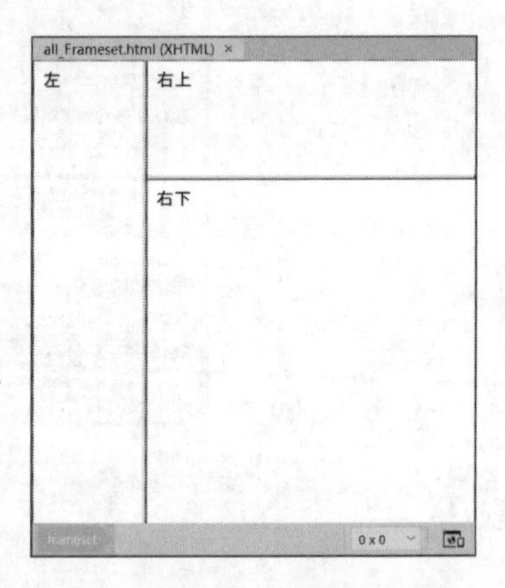

图 2-86 框架集

1）案例要求

创建图 2-86 所示的框架集，将其生成的一个框架集文件和三个子框架文件保存到 try 目录中。

2）知识点

建立框架集；框架的保存。

3）操作过程

① 在站点目录中新建一个 try 目录，在 try 目录中新建四个空白的 HTML 网页，分别是 all_Frameset.html（框架集文件）；content_Frame.html（右下框架文件）；right_top_Frame.html（右上框架文件）；left_Frame.html（左框架文件）。

② left_Frame.html 网页中输入“左”；right_top_Frame.html 网页中输入“右上”；content_Frame.html 网页中输入“右下”。

③ 打开 all_Frameset.html 文件，切换到代码视图，输入如图 2-87 所示的代码。

```
6   </head>
7 ▼<frameset cols="25%,75%">
8         <frame src="left_Frame.html">
9 ▼       <frameset rows="25%,75%">
10                <frame src="right_top_Frame.html">
11                <frame src="content_Frame.html">
12        </frameset>
13  </frameset>
14        <noframes><body></body></noframes>
15  </html>
```

图 2-87　代码视图

切换到设计视图，界面如图 2-86 所示。

提示：

在 HTML 代码中，框架集用 <frameset>…</frameset> 标记对表示，子框架用 <frame/> 标记表示，例如，操作案例 2-14 中的左框架用 <frame src="right_Frame.html"name="mainFrame" id="mainFrame" title="mainFrame"/> 语句表示。

2．制作框架页面

下面以一个案例来说明如何制作带超链接的框架页面。

【操作案例 2-15】 制作带超链接的框架页面。

1）案例要求

创建一个带有三个框架的网页文件，上、下框架各有一幅带有热点链接的图像，单击热点链接，在中间框架会显示出对应的网页，如图 2-88 所示。

图 2-88　框架页面的浏览效果

2）知识点

框架页面的创建；框架属性设置；热点链接；通过框架实现超链接跳转。

3）操作过程

① 在“站点－班级网站”目录中新建 qinshi 目录，把素材 pic 目录复制到 qinshi 目录中。创建四个空白的 HTML 网页，分别是 frameset.html（框架集）、top.html（上框架）、main.html（中间框架）及 bottom.html（底框架）。

② 打开 frameset.html 文件，切换到代码视图，输入如图 2-89 所示的代码。

```
6   </head>
7 ▼<frameset rows="93,*,157" frameborder="no" border="0" framespacing="0" >
8     <frame src="top.html" name="topFrame" scrolling="no" noresize="noresize"
   id="topFrame" title="topFrame"/>
9     <frame src="main.html" name="mainFrame" id="mainFrame" title="mainFrame" />
10    <frame src="bottom.html" name="bottomFrame" scrolling="no" noresize="noresize"
   id="bottomFrame" title="bottomFrame" />
11  </frameset>
12  <noframes><body>
13  </body></noframes>
14  </html>
```

图 2-89　代码视图

切换到设计视图，界面如图 2-90 所示。

图 2-90　包含三个框架的框架集

③ 打开 qinshi\top.html 文件，将 qinshi\pic\banner_qsxz.jpg 图像文件插入到网页编辑主窗口。在图像外单击，依次打开“属性”面板 |CSS 面板中单击“居中对齐”按钮，单击“页面属性”按钮，在弹出对话框的“页边界”中设置上、下、左、右页边距均为 0 像素。

④ 打开 qinshi\top.html 文件，将 qinshi\pic\banner_qsxz.jpg 图像文件插入到网页编辑主窗口。在图像外单击，依次打开“属性”面板 |CSS 面板中单击“居中对齐”按钮，单击“页面属性”按钮，在弹出对话框的“页边界”中设置上、下、左、右页边距均为 0 像素。

⑤ 同理，打开 qinshi\bottom.html 文件，插入 qinshi\pic\bottom_qsxz.jpg 图像文件，并设置居中对齐，上、下、左、右页边距均为 0 像素。

⑥ 打开 qinshi\main.html 文件，依次打开“属性”面板 |CSS 面板中单击“居中对齐”按钮，单击“页面属性”按钮，在弹出对话框的“页面属性”按钮，在弹出“页面属性”对话框中设置页面字体为隶书、大小为 16 像素，上、下、左、右页边距均为 0 像素。

⑦ 在 main.html 文件中插入一个 1 行 2 列，宽度为 941 像素，边框、间距和边距均为 0 像素的表格。在“属性”面板，设置左侧单元格宽度为 472 像素，并插入 qinshi\pic\book1.jpg 图像文件；设置右侧单元格宽度为 469 像素，并嵌入一个 5 行 4 列、宽度为 300 像素的子表格，设置子表格居中对齐，第一行单元格合并，设置表格内容行水平居中，输入图 2-91 所示的文字。

图 2-91　表格嵌套关系图

⑧ 打开“CSS 设计器”面板，添加一个“.bg”选择器，并设置属性及值为：“background-image: url(pic/book2.jpg)”。单击右边的空白地方，在设计视图在最下面的标签选择器中选择 <td> 标签，依次打开“属性”面板“目标规则”bg，如图 2-92 所示。在子表格的第一列和第三列所有单元格中插入 qinshi\pic\tree.gif 图像文件，如图 2-93 所示。

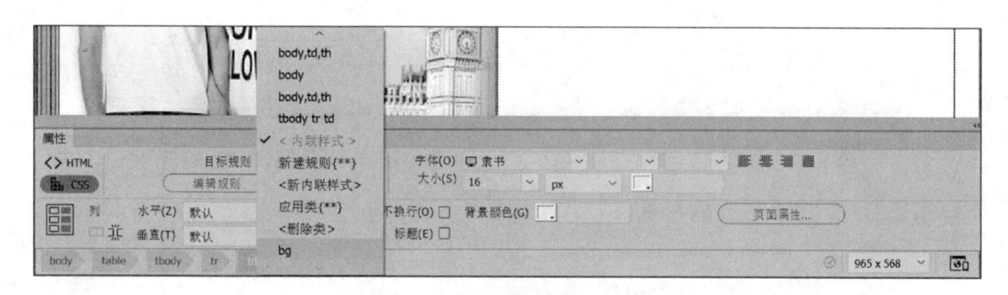

图 2-92　标签设置选择器

图 2-93　main.html 文件效果图

⑨ 依次选择“文件”|“另存为”命令，将 main.html 文件另存为 502.html，将左侧单元格中的 book1.jpg 替换为 book3.jpg，更新网页中的姓名等文字，将网页标题改为“502 宿舍”。同理，生成 202.html 网页和 402.html 网页文件。

⑩ 打开 top.html 网页，选中 banner_qsxz.jpg 图像，单击“属性”面板中的矩形热点工具，在“301 宿舍”“502 宿舍”和“402 宿舍”文字上分别建立热点，在“属性”面板中分别设置链接到 main.html、502.html、402.html，目标均为 mainframe，如图 2-94 所示。同理，打开 qinshi\bottom.html 文件，在“202 宿舍”文字上建立链接到 202.html、目标 mainframe 的热点，如图 2-95 所示。其他宿舍暂时设为空链接 #。

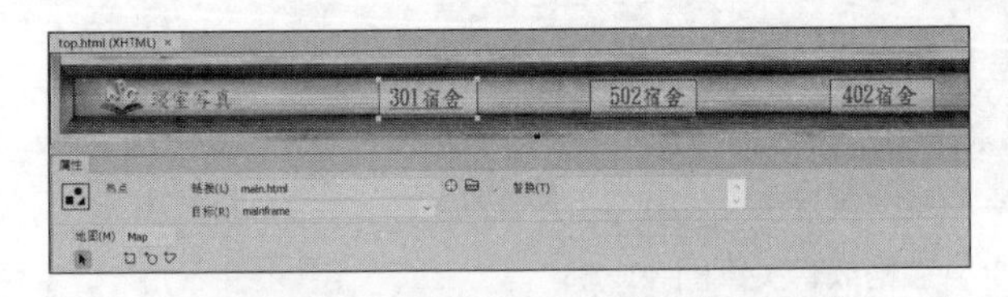

图 2-94　top.html 文件的热点链接

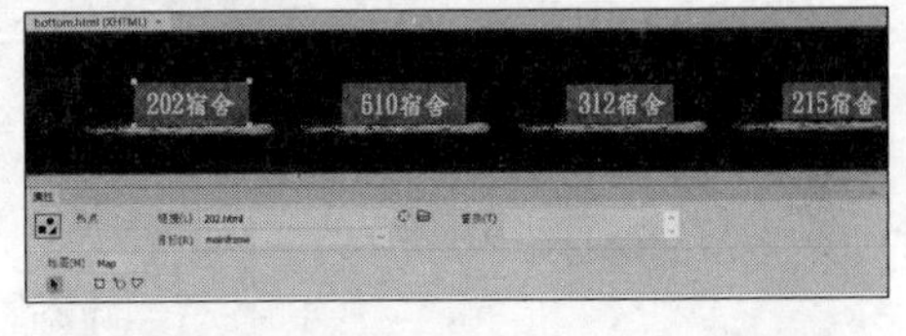

图 2-95　bottom.html 文件的热点链接

⑪ 保存所有文件。打开 frameset.html 文件，按【F12】键浏览网页。可看到在中间框架默认出现 main.html 网页，单击“502 宿舍”热点，中间框架替换为 502.html 网页。由于中间框架的高度随着窗口的高度变化而变化，当显示不全时将自动出现滚动条，效果如图 2-96 所示。

图 2-96　浏览效果图

3. 采用浮动框架页面

一般的框架集都是将页面分割成多个区域以显示多个网页内容，如操作案例 2-15 的框架集就分割为三个区域分别显示三个框架页面。而浮动框架则是以插入的方式在一个网页中指定矩形区域独立显示另一个网页的内容，它比一般框架的优势在于可以插入网页任意的位置。浮动框架采用 HTML 的 <iframe>…</iframe> 标签对的形式实现。可在网页的某个区域中定义浮动框架，在浮动框架中调用不同的外部网页。采用浮动框架方式建立的网页只生成一个文件。

【操作案例 2-16】制作浮动框架页面。

1）案例要求

采用 <iframe>…</iframe> 标签对制作一个包含浮动框架的网页，实现的效果与操作案例 2-15 类似，当单击导航的宿舍名称，在浮动框架中打开对应网页，效果如图 2-97 所示。

图 2-97 浮动框架网页浏览效果

2）知识点

添加浮动框架；<iframe> 标签的使用。

3）操作过程

① 在 qinshi 目录中新建一个空白的 HTML 网页 iframe_qsxz.html，保存后打开，依次选择“插入”|“Table”命令，插入一个 3 行 1 列，宽度为 100%，边框、间距和边距均为 0 像素的表格，在第一行单元格中插入 qinshi\pic\banner_qsxz.jpg 图像文件，在第三行单元格中插入 qinshi\pic\bottom_qsxz.jpg 图像文件。

② 在“CSS 设计器”面板中单击“源”的➕（添加 CSS 源）按钮，选择弹出的内容中选择“在页面中定义”。点击“选择器”的➕（添加选择器）按钮，在文本框中输入“.middle”，回车确定。单击文本图标🅃，在打开的属性中选择 text-align 属性并设置其值为 center，如图 2-98 所示。

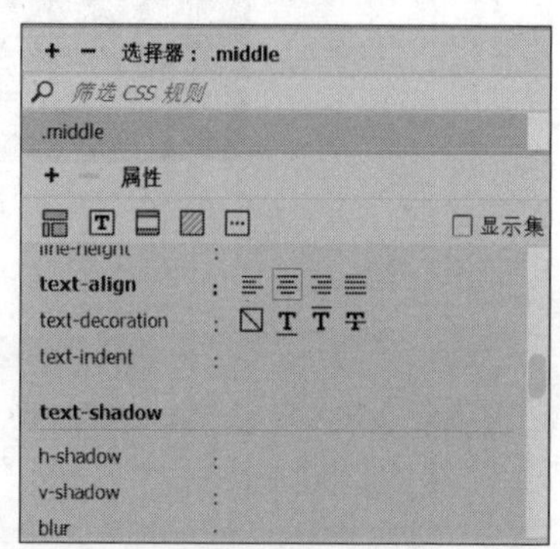

图 2-98 添加标签及其属性设置

③ 在 banner_qsxz.jpg 图像后单击，选择标签选择器上的 <td> 标签，在“属性”面板依次选择“CSS”|“目标规则”|middle，给第一行中的单元格应用 middle 选择器。类似，分别给第二行和第三行单元格应用 middle 选择器。

④ 单击标签选择器中 <table> 标签的选中整个表格，

在“属性”面板中设置居中对齐，边框、间距和边距均为 0 像素。

⑤ 选中 <body> 标签，单击“属性”面板 |“页面属性”命令，在弹出对话框的“页边界”选项卡中设置上、下、左、右页边距均为 0 像素。

⑥ 在第二行单元格中单击，依次选择“插入”| HTML | IFRAME 命令，则网页编辑主窗口自动切换为“拆分”视图，左窗口的代码中出现 <iframe></iframe> 标签对，右窗口出现一个灰色底纹的浮动框架，如图 2-99 所示。

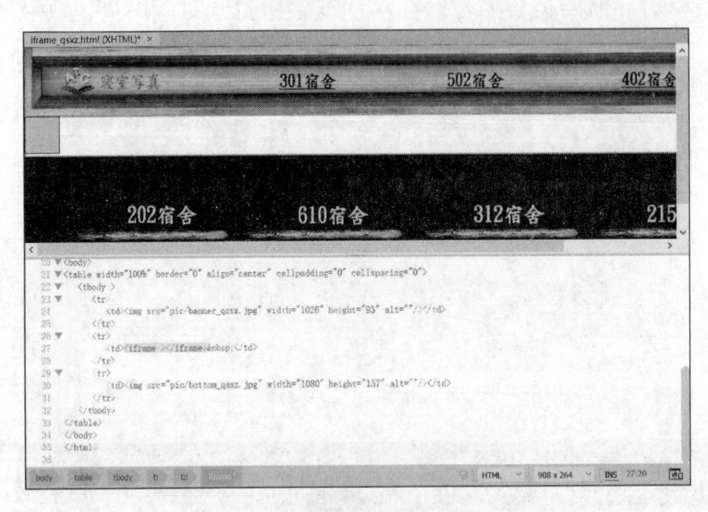

图 2-99　添加浮动框架

⑦ 把代码中的 <iframe></iframe> 更改为 <iframe name="ifr" width="980" height="400" src="main.html"></iframe>。此举的意义是定义浮动框架名称、大小和默认打开的页面。

⑧ 选中 banner_qsxz.jpg 图像，单击“属性”面板中的“矩形热点工具”按钮，在“301 宿舍”、“502 宿舍”和“402 宿舍”文字上分别建立热点，在“属性”面板中分别设置链接到 main.html、502.html、402.html，目标均为 ifr。同理，为 bottom_qsxz.jpg 图像建立热点，如图 2-100 所示。保存文件后，按【F12】键浏览网页。

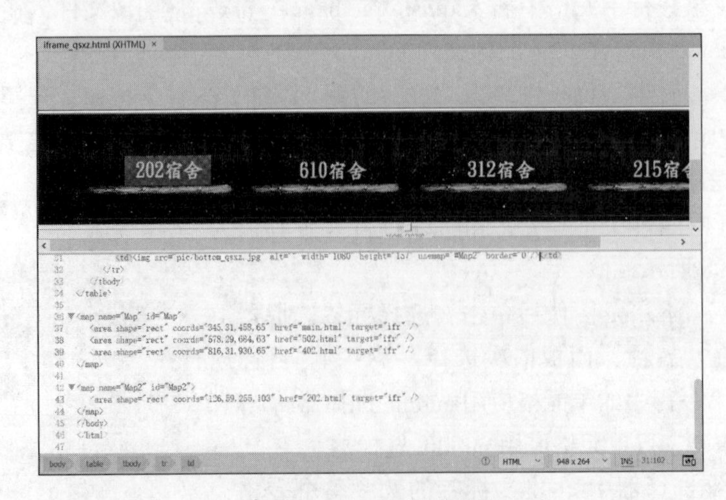

图 2-100　设置热点链接

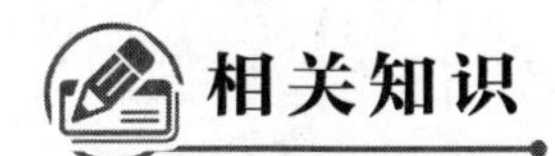

相关知识

1．frameset 标签

frameset 元素可以定义一个框架集，包含在 html 标签之中，<frameset></frameset> 标签不能与 <body></body> 标签一起使用。不过，如果需要为不支持框架的浏览器添加一个 <noframes> 标签，请务必将此标签放置在 <body></body> 标签中。frame 包含于 frameset 标签之下。

1）cols

纵向分割页面。其数值表示方法有三种："30%、30（或者 30px）、*"；数值的个数代表分成的视窗数值且数值之间用 "," 隔开。"30%" 表示该框架区域占全部浏览器页面区域的 30%；"30" 表示该区域横向宽度为 30 像素；"*" 表示该区域占用余下页面空间。例如，cols="25%,200,*" 表示将页面分为三部分，左面部分占页面 30%，中间横向宽度为 200 像素，页面余下的作为右面部分。

2）rows

横向分割页面。数值表示方法意义与 cols 相同。

3）border

设置框架的边框粗细。

4）bordercolor

设置框架的边框颜色。

5）frameborder

设置是否显示框架边框。设定值只有 0、1；0 表示不要边框，1 表示要显示边框。

6）framespacing

设置框架与框架间的保留的空白距离。

cols 与 rows 两属性尽量不要同在一个 <frameset> 标签中使用。若想即使用 cols 又使用 rows，可利用 frameset 嵌套实现。

2．frame 标签

1）name

设置框架名称。此为必须设置的属性。

2）src

设置此框架要显示的网页名称或路径。此为必须设置的属性。

3）scrolling

设置是否要显示滚动条。设定值为 auto、yes、no。

4）bordercolor

设置框架的边框颜色。

5）frameborder

设置是否显示框架边框。设定值只有 0、1；0 表示不要边框，1 表示要显示边框。

6）noresize

设置框架大小是否能手动调节。

7）marginwidth

设置框架边界和其中内容之间的宽度。

8）marginhight

设置框架边界和其中内容之间的高度。

9）width

设置框架宽度。

10）height

设置框架宽度。

3．iframe 标签

iframe 标签是浮动的框架（frame），其常用属性与 frame 类似，其他的主要有以下（相同的请参考 frame 标签）。

1）align

设置垂直或水平对齐方式。

2）allowTransparency

设置或获取对象是否可为透明。

任务 7　制作表单

任务说明

表单是网站管理者与浏览者之间沟通的桥梁，像调查表一样，使用表单可以收集用户的信息，如登录注册、网上订购、意见反馈等。

用户向网站管理者提交表单时，将触发一个提交动作，这个提交动作可能以收发电子邮件的形式出现，也可能以程序接收的形式出现。此任务围绕制作表单任务展开。

任务实施——建立“访问调查表”表单

1．创建表单

【操作案例 2-17】“访问调查表”表单的建立。

1）案例要求

创建一个对网站访问者进行调查反馈的表单网页。调查内容包括姓名、证件号码、建议等文本内容，以及提供性别、评价等选项。表单填写完毕后，访问者以电子邮件形式发送到网站管理者的邮箱，效果如图 2-101 所示。

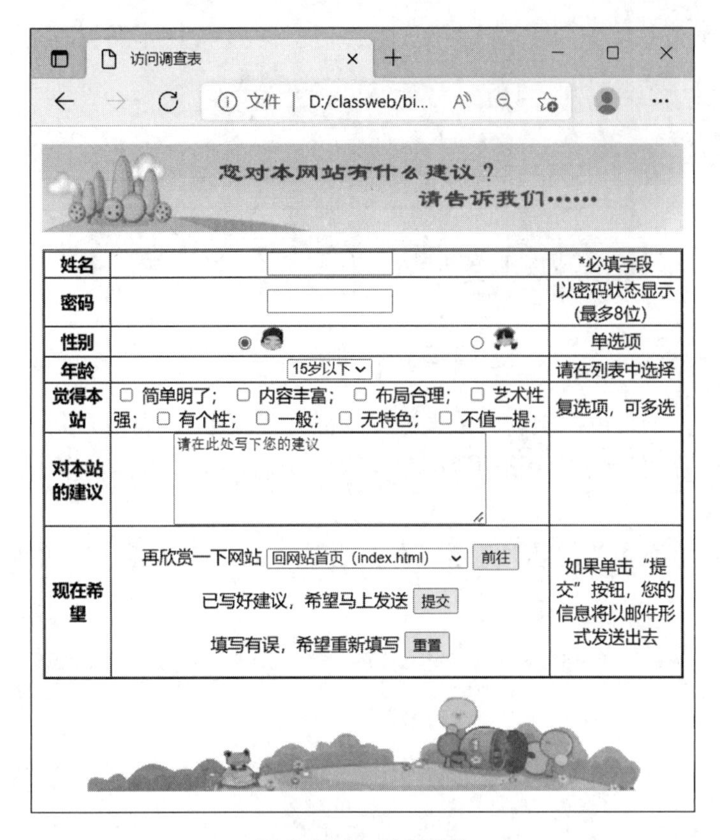

图 2-101　提交表单

2）知识点

创建表单；表单提交动作设置；文本域控件；单选项控件；复选项控件；列表 / 菜单控件；跳转菜单控件。

3）操作过程

第一步：建立表单。

① 右击“文件”面板的“站点 – 班级网站”选项，在弹出的快捷菜单中选择“新建文件”命令，并给文件命名 biaodan.html 后双击打开。

② 在“CSS 设计器”面板中点击“源”的 +（添加 CSS 源）按钮，在弹出的内容中选择“在页面中定义”选项。单击“选择器”的 +（添加选择器）按钮，在文本框中输入“.mid”，回车确定。单击文本图标，在打开的属性中选择 text-align 属性并设置其值为 center，如图 2-97 所示。选择标签选择器上的 <body> 标签，在“属性”面板依次选择“CSS”|“目标规则”|mid 命令。

③ 在网页编辑主窗口中插入 image\jianyi.gif 图像后在空白处单击，然后在“属性”面板中单击“居中对齐”按钮。在 jianyi.gif 图像后按【Enter】键另起一段落，插入 image\jianyi_down.gif 图像。

④ 在两幅图像之间设置插入点，然后单击“插入”面板 |“表单”|“表单”按钮命令，创建表单 form1，如图 2-102 所示。

图 2-102　创建表单

⑤ 将光标放置于表单框架内，依次选择“插入”菜单 |“表格”命令，添加一个宽度为600像素、边框为2像素、单元格边距间距均为0、页眉在左侧的7行3列的表格，如图2-103所示。

⑥ 在表格中输入相关文字，并插入有关性别的 image/Female.gif（和 Male.gif）图像，如图 2-104 所示。

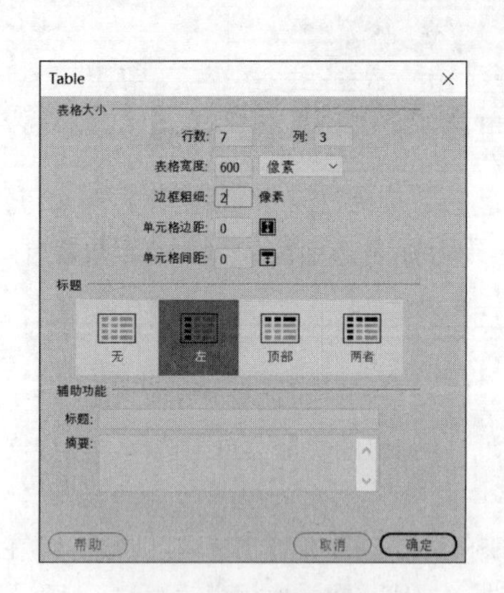

图 2-103　插入表格

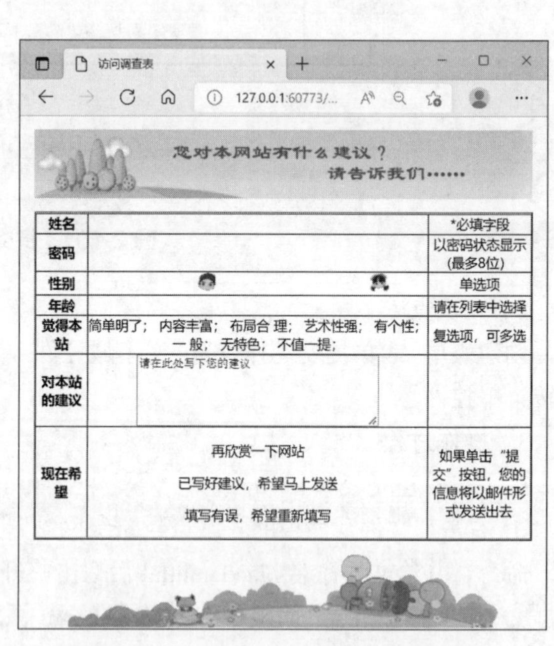

图 2-104　添加表格并输入文字及图像

⑦ 选择标签选择器中的 <form#form1> 标签以选中表单，在“属性”面板中设置方法为 POST，动作为 mailto:myclass@163.com，如图 2-105 所示。

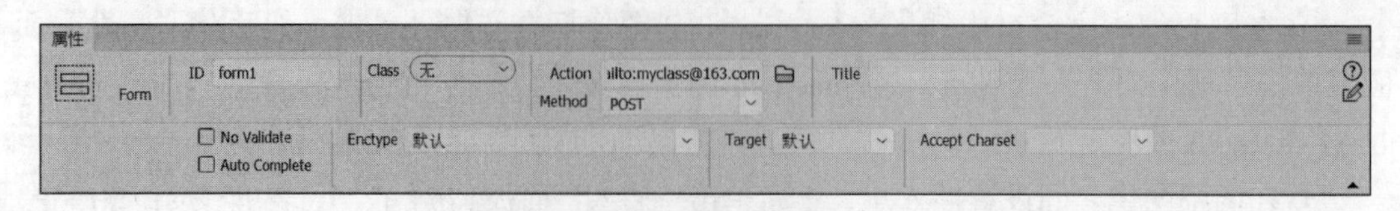

图 2-105　表单属性设置

第二步：添加文本域。

文本是用来输入信息的表单元素。提交表单时用户输入的信息会发送给服务端，因此，同一个表单中的文本域应有不同的名称，以便服务端能正确识别信息来源。文本有以下三种形式：单行文本，通常用来填写单个字符或简短的回答，如姓名、地址等；多行文本，通常用来填写较长的内容，如建议、留言等；密码文本：所输入的文本会被替换为星号或项目符号的一种特殊的文本，如密码、证件号码等。

① 在第一步中创建的表单 form1 的姓名字段中单击设置插入点，单击“插入”面板 | “表单” | “文本”按钮，删除“Text Field:”。在其“属性”面板中设置 Name: xingming, Size（字符宽度）为 12，Max Length（最多字符数）为 8，如图 2-106 所示。

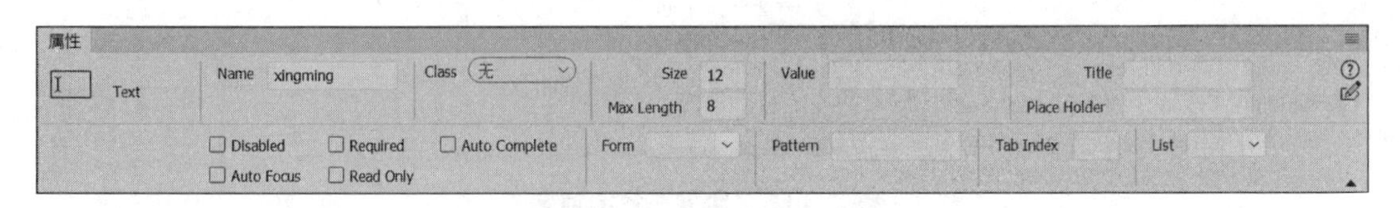

图 2-106　文本“属性”面板

② 在密码字段中单击设置插入点，单击“插入”面板 | “表单” | “密码”按钮，删除“Password:”。在其属性面板中设置 Name：mima，Size（字符宽度）：12，Max Length（最多字符数）：8，如图 2-107 所示。

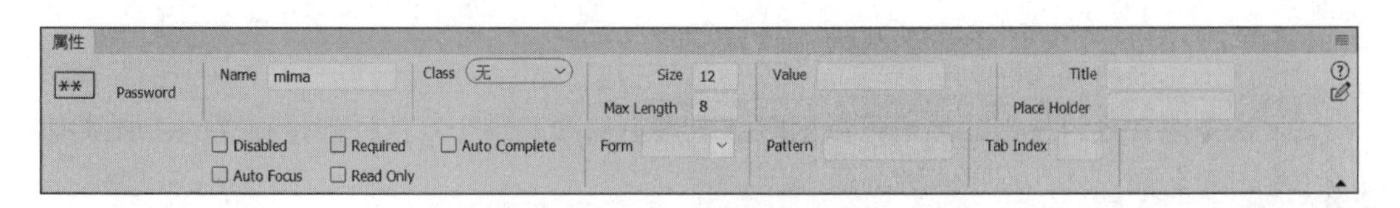

图 2-107　密码“属性”面板

③ 在建议字段中单击设置插入点，单击“插入”面板 | “表单” | “文本区域”按钮，删除“Text Area:”。在其“属性”面板中设置 Name：jianyi，Roes（行数）：5，Cols（字符宽度）：40，Value（初始值）为“请在此处写下您的建议”，如图 2-108 所示。

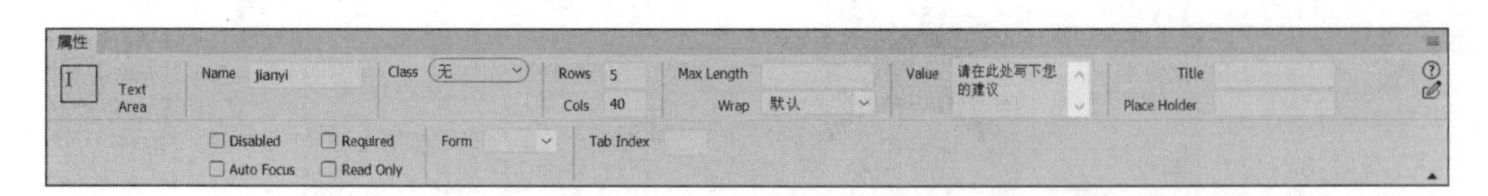

图 2-108　文本区域“属性”面板

第三步：添加单选按钮。

单选按钮只允许用户从中选择唯一选项，通常成组使用，因此，同一组单选按钮必须使用相同的名称，但包含不同的选定值。

① 在第一步中创建的表单 form1 的性别字段的男孩头像前单击设置插入点，然后单击“插入” | “表单” | “单选按钮”按钮，删除文字“Radio Button”。在其属性面板中设

置 Name:sex，Value：male，勾选“Checked”复选框，如图 2-109 所示，单击右边的快速标签编辑器图标，如图 2-110 所示，在出现的代码中将 id="radio" 改为 id="male"。

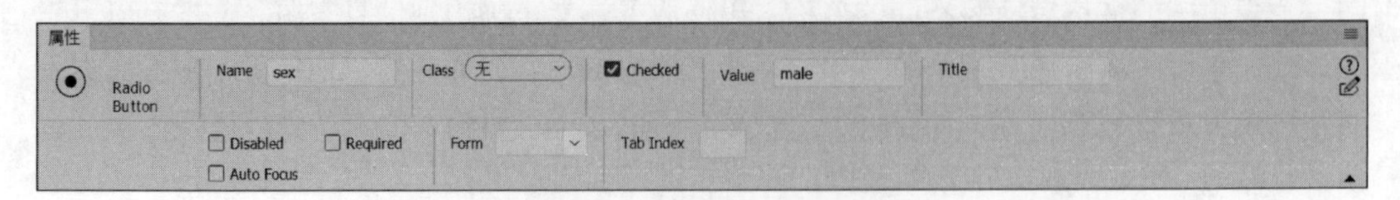

图 2-109 单选按钮“属性”面板

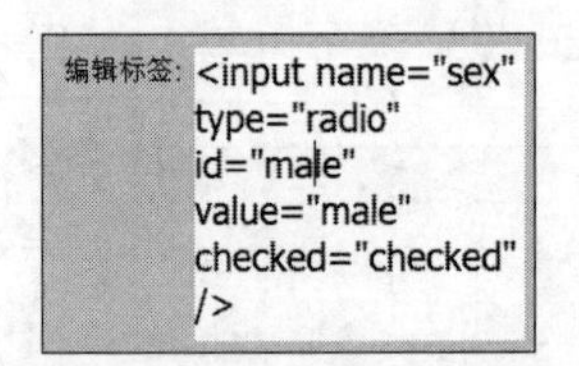

图 2-110 快速标签编辑器

② 同理在女孩头像前单击设置插入点，添加一个 ID 为 female 的单选按钮。在“属性”面板中设置 Name：sex，Value：female，不勾选“Checked”复选框。

提示：

同样的效果也可使用单选按钮组来实现。

第四步：添加复选框。

复选框通常成组使用，用户可以同时选取多个选项。每个复选框都是独立的，必须有一个唯一的名称。

① 在“简单明了”文字前单击设置插入点，然后单击“插入”面板|“表单”|“复选框”按钮，删除文字“Checkbox”。在“属性”面板中设置 Name：jdml，Value：jdml，不勾选“Checked”复选框，快速标签编辑器中改 id="jdml"。

② 同理，在其他选项文字前单击设置插入点，并添加复选框。ID、Name 和 Value 均为各选项文字的拼音首字母，“Checbox”为勾选状态，如图 2-111 所示。

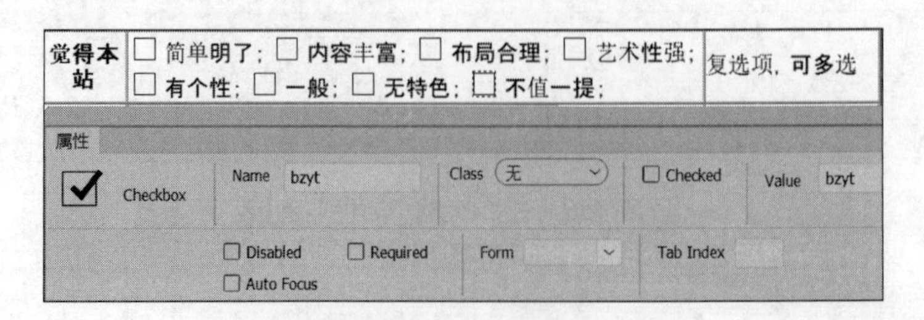

图 2-111 添加复选框

第五步：添加列表 / 菜单。

使用列表 / 菜单可以在有限的空间内为用户提供更多选择，通过列表上的滚动条，用户能浏览多个选项并进行选择。

① 在第一步创建的表单 form1 的年龄字段处单击设置插入点，然后单击“插入”面板 |“表单”|“选择”按钮▤，删除文字“Select:”。在其“属性”面板中设置 Size：1，单击“列表值”按钮，弹出“列表值”对话框。

② 在“列表值”对话框中单击+按钮添加四个年龄段，如图 2-112 所示。

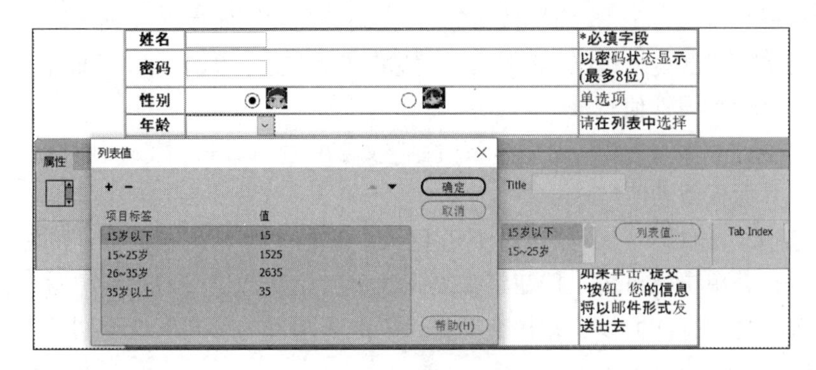

图 2-112　设置年龄段

提示：

在“列表值”对话框中，“项目标签”是在该列表中显示的文本；“值”表示当用户选择该项时发送给服务端的数据。单击−按钮表示删除当前选中的选项，单击▲▼按钮可上下调整各选项的排列顺序。

第六步：添加跳转列表。

跳转菜单以下拉列表形式出现，用户选择其中一个选项后可跳转到其他网页。

① 在“再欣赏一下网站”文字后单击设置插入点，然后单击“插入”面板 |“表单”|“选择”按钮▤，删除文字“Select:”。在其单击“属性”面板 |“列表值”按钮，弹出“列表值”对话框。

② 在“列表值”对话框中单击+按钮添加三个选项，项目标签内容分别是：回网站首页（index.html）、班级荣誉（rongyu.html）、班级通讯录（tongxunlu.html），对应值分别是：index.html、rongyu.html、tongxunlu.html，如图 2-113 所示。

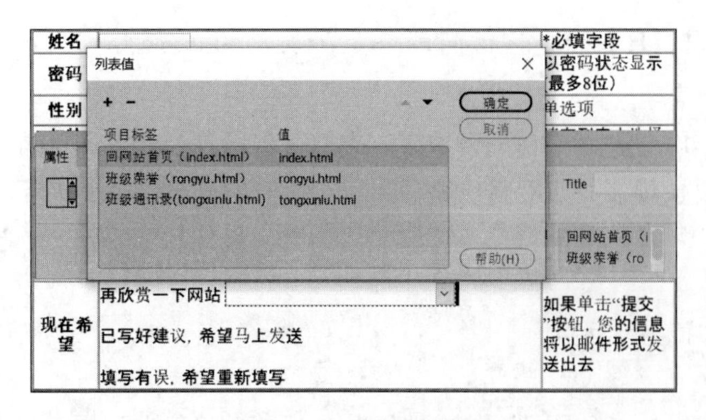

图 2-113　设置列表值

第七步：添加表单按钮。

使用表单按钮可以将表单中的数据提交给服务端，或重设表单，还可以将其他已经在脚本中定义的处理任务指定给表单。

① 把光标置于第一步中新建的表单 form1“再欣赏一下网站”所在行列表的右边，单击“插入”面板 |“表单”|“按钮”按钮，在其“属性”面板设置 value=" 提交 "。

② 把光标置于“已写好建议，希望马上发送”文字右边，单击“插入”面板 |“表单”|“提交”按钮，其面板属性值默认。

③ 把光标置于“填写有误，希望重新填写”文字右边，单击“插入”面板 |“表单”|“重置”按钮，其面板属性值默认。

④ 依次选择“文件”|“保存”命令保存网页，按【F12】键浏览网页，如图 2-100 所示。填写好表单后，若单击“重置”按钮将恢复到表单初始状态供用户重新填写；若单击“提交”按钮，表单将根据前面设置的提交动作，以电子邮件的形式发送至网站管理者的邮箱 myclass@163.com，如图 2-104 所示。

⑤ 以电子邮件形式发送提交至网站管理者的邮箱中表单将附带一个名为 POSTDATA.ATT 的文件。若该文件以记事本方式打开，将会看到包含的表单信息类似下文：

xingming=%E5%BC%A0%E4%B8%89&mima=123456&sex=male&select=1625&bjhl=bjhl&ysxq=ysxq&jianyi=%E7%BD%91%E7%AB%99%E8%83%BD%E4%B8%8D%E8%83%BD%E6%9B%B4 &jumpMenu=index.html&button=%E6%8F%90%E4%BA%A4

提示：

在实际应用当中，一般是在服务端采用表单处理程序来接收信息，采用电子邮件接收比较少。由于表单处理程序涉及的编程知识较难，此处不做介绍。

2. 使用行为检查表单

为了确保用户正确规范地填写表单，在网页中适当提醒用户以避免出现错误很有必要。当用户提交表单时，网页应检查用户所填写的资料是否完整、正确。如果资料不完整或不正确，则会弹出一个提示框警告填写者，例如“用户名必须填写”“电话号码必须是数字”或“请输入正确的 E-mail 地址”等。

【操作案例 2-18】 检查“访问调查表”表单的正确性。

1）案例要求

对操作案例 2-17 创建的“访问调查表”表单进行检查。要求：姓名字段为必填字段，证件号码字段必须是数字，如果用户填写有误，应及时弹出图 2-114 所示的警告提示框要求用户重新填写。

来自网页的消息
The following error(s) occurred:
- xingming is required.
确定

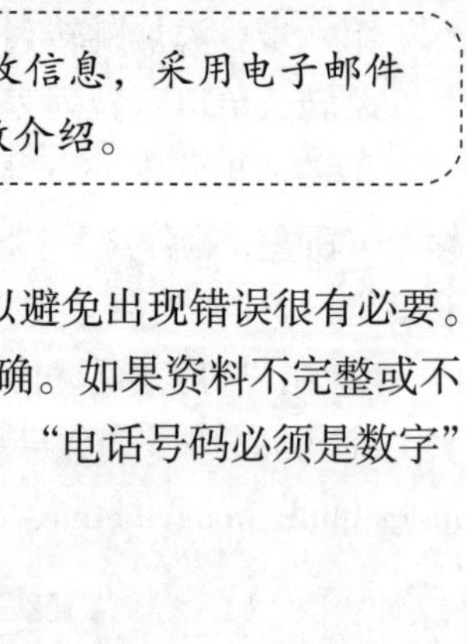

图 2-114　警告提示框

2）知识点

检查表单；“行为”面板。

3）操作过程

① 双击打开 biaodan.html 文件，依次选择“窗口”菜单 |“行为”

命令。

② 依次打开“行为”面板|“添加行为”按钮，从打开的下拉列表框中选择“检查表单”选项，如图 2-115 所示。

③ 在弹出的“检查表单”对话框中选择 input “xingming” 选项，在下方的检查项中设置值为“必需的”，可接受“数字”，如图 2-116 所示。

图 2-115　“检查表单”选项

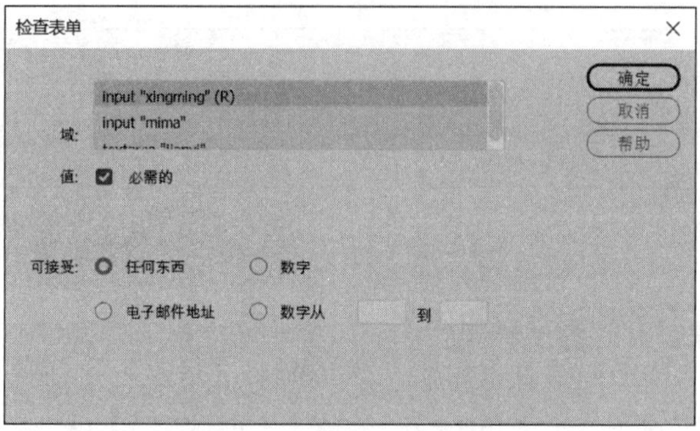

图 2-116　“检查表单”对话框

④ 同理，在“检查表单”对话框中选择 input“mima”选项，在下方的检查项中设置值为“必需的”，可接受“任何东西”。

⑤ 依次选择“文件”|“保存”命令保存网页，按【F12】键浏览网页。如果表单中没有填写姓名字段，或者输入的密码中带有非数字，则单击“提交”按钮，系统会弹出提示框，如图 2-114 所示，要求用户重新填写。

相关知识

1. 创建表单方法

在制作表单网页之前首先要创建表单，然后再添加文本框、单选按钮、列表框等各种表单元素，提交表单时会将其作为一个整体提交。

1）添加表单

要在网页中添加表单，可执行以下操作之一：

① 把光标置于要插入表单的位置，依次选择“插入”菜单|“表单”|“表单”命令。

② 把光标置于要插入表单的位置，然后单击“插入”面板|“表单”|“表单”按钮。

创建一个表单后，网页编辑主窗口中会出现一个红色的虚线框，如图 2-117 所示。

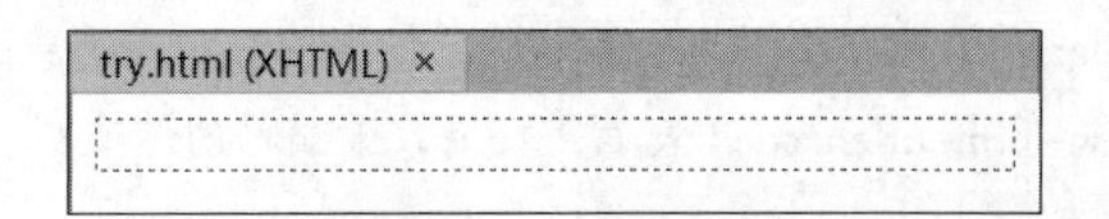

图 2-117　创建表单

提示：

如果看不到该虚线框，可依次选择“查看”｜“视图设计选项”｜“可视化助理”｜“不可见元素”命令。

2）表单属性

选中表单后，网页编辑主窗口下方将出现表单“属性”面板，如图 2-118 所示。

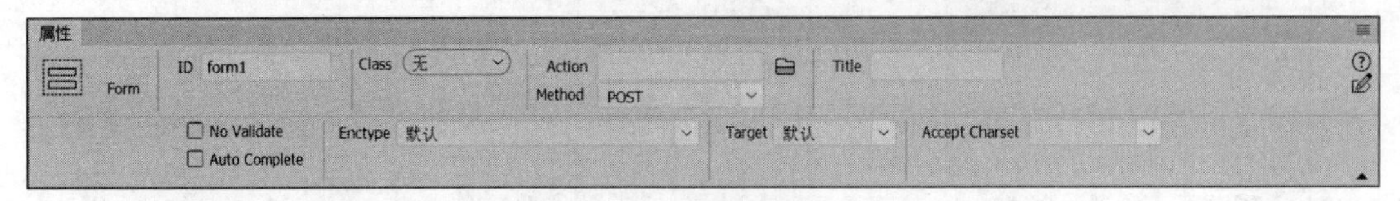

图 2-118　表单“属性”面板

其各项属性说明如下：

① ID：给表单命名。表单命名之后就可以用脚本语言（如 JavaScript 或 VBScript）对其进行控制。

② Class：表单样式的选择，可以用页面内定义类或外部 CSS 样式，也可以更改页面内定义类的名称。

③ Action：指定表单提交后，用于在服务端处理表单信息的应用程序。可直接输入应用程序的路径，或单击“浏览文件”按钮指定应用程序。

④ Method：定义处理表单数据的方法，有以下三种方式：

- Get：从服务器上获取数据，把参数数据队列添加到提交表单的 Action 属性所指的 URL 地址中，并向服务器发送 Get 请求。因为 URL 被限定在 8 192 个字符之内（2 KB 大小），所以不能对长表单使用 Get 方法。
- Post：向服务器传送数据，把表单内各个字段与其内容放置在 HTML HEADER 内一起传送到 Action 属性所指的 URL 地址中，并向服务器发送 Post 请求。
- 默认：使用浏览器默认的方法。

⑤ Title：元素的说明（显示为浏览器中的工具提示）。

⑥ No validate：该属性规定当提交表单时不对表单数据（输入）进行验证。

⑦ Auto complete：该属性规定表单是否应该启用自动填充功能。

⑧ Target：指定一个窗口，在该窗口中显示调用程序所返回的数据。

⑨ Enctype：指定提交给服务器进行处理的数据的编码类型。有以下三种方式：

- 默认。
- multipart/form-data: 表单数据编码为一条消息，每个控件对应消息的一部分。
- application/ x-www-form-urlencoded 表示：表单数据编码为键值对，& 分隔

浏览器默认的编码格式是 application/x-www-form-urlencoded。

⑩ Accept Charset：规定服务器处理表单数据所接收的字符集。有以下三种方式：

- 默认值：保留字符串 "UNKNOWN"（表示编码为包含 <form> 元素的文档的编码）。
- UTF-8：针对 Unicode 的一种可变长度字符编码。
- ISO-8859-1：拉丁字母表的字符编码。

UTF-8 能兼容世界上几乎所有的语言，在网络传输为了避免出现乱码，都采用这种编码方式。

2．添加表单元素的方法

要在表单框架中添加对象，应执行以下操作之一：

① 把光标放置于表单框架内，依次选择“插入”菜单 |“表单”子菜单中的相关命令。

② 把光标放置于表单框架内，然后单击“插入”面板 |“表单”选项卡中的相关按钮。

任务 8 应用行为

任务说明

在 Dreamweaver 的“行为”面板中，通过指定一个动作然后指定触发该动作的事件，即可将行为添加到页面中。用户还可以从第三方开发人员的站点中获取或自己编写 JavaScript 代码来得到更多的行为。本任务围绕使用行为展开。

任务实施——设置“班级成员风采”网页状态栏文本

1．应用行为

【操作案例 2-19】弹出提示框。

1）案例要求

当在浏览器中关闭网页时，弹出“欢迎下次光临！”提示框，如图 2-119 所示。

2）知识点

添加行为；弹出信息框；设置 onload 事件。

3）操作过程

① 打开 fengcai\fcindex.html 文件，打开“行为”面板。

② 在标签选择器中选择 <body> 标签，单击“行为”面板 |“添加行为”按钮 +，在打开的下拉列表框中选择“弹出信息”选项。

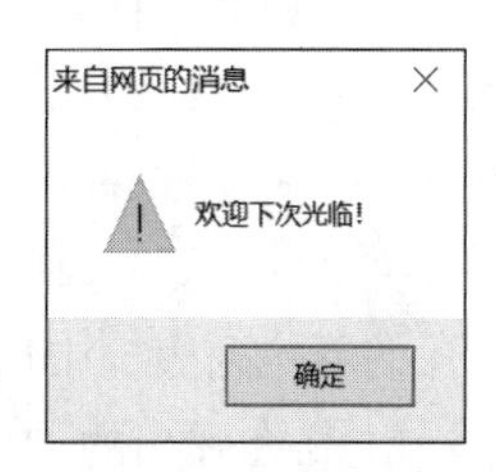

图 2-119 提示框

③ 在弹出的“弹出信息”对话框中输入文字“欢迎下次光临！”，单击“确定”按钮，如图 2-120 所示。

④ 在“行为”面板中选择 onload 事件，如图 2-121 所示。

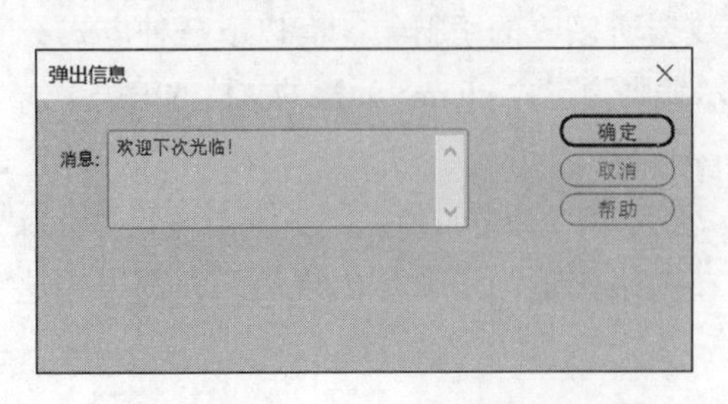

图 2-120 “弹出信息”对话框

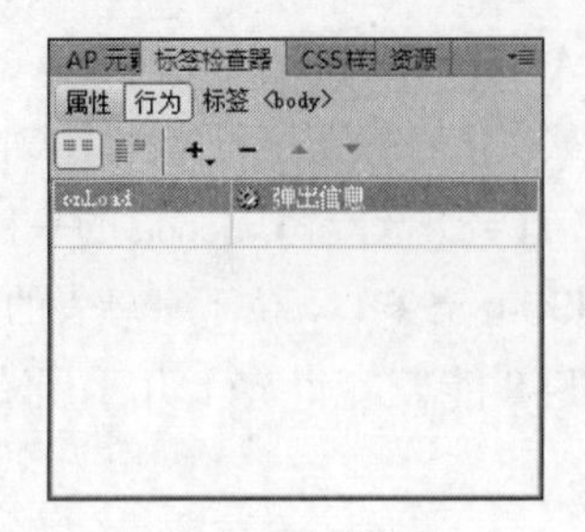

图 2-121 选择 onload 事件

⑤ 按【F12】键浏览网页，注意观察当关闭网页时弹出的提示框。

提示：

浏览带有 JavaScript 脚本的本地网页时，IE 出于保护系统的目的，通常会出现警告提示，此时单击“允许阻止的内容”按钮即可，如图 2-122 所示。

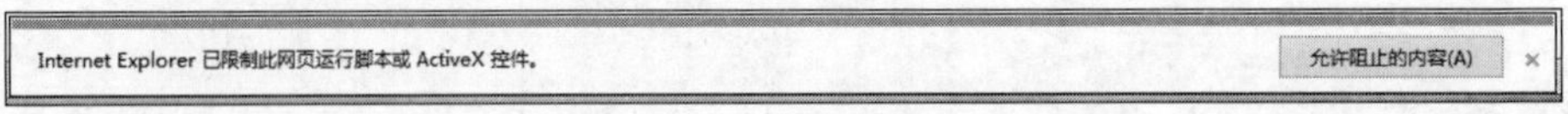

Internet Explorer 已限制此网页运行脚本或 ActiveX 控件。 允许阻止的内容(A) ×

图 2-122 警告提示框

【操作案例 2-20】设置“班级成员风采”网页状态栏文本。

1）案例要求

当在浏览器中载入网页时，状态栏中出现文本，如图 2-123 所示。

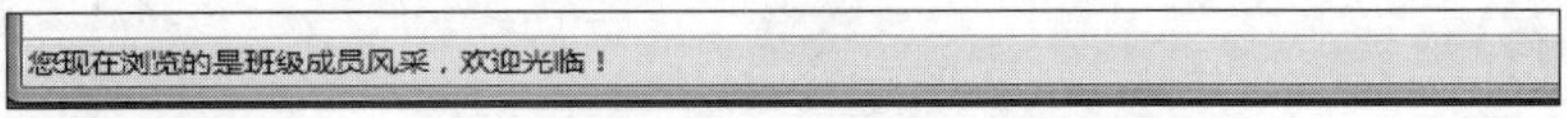

您现在浏览的是班级成员风采，欢迎光临！

图 2-123 状态栏文本

2）知识点

“行为”面板；设置状态栏文本；onLoad 事件。

3）操作过程

① 打开 fcindex.html 文件，打开“行为”面板。

② 在标签选择器中选择 <body> 标签，单击“行为”面板 |“添加行为”按钮 +，在打开的下拉列表框中依次选择“设置文本”|“设置状态栏文本”选项。

③ 在弹出的“设置状态栏文本”对话框中输入文字“您现在浏览的是班级成员风采，欢迎光临！”，单击“确定”按钮，如图 2-124 所示。

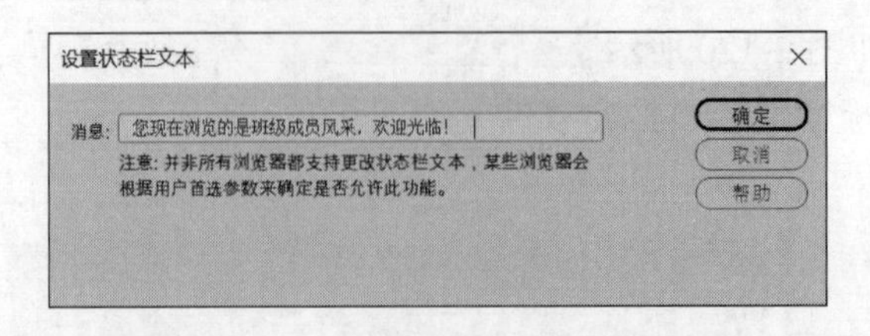

图 2-124 “设置状态栏文本”对话框

④ 在“行为”面板中选择 onLoad 事件。

⑤ 按【F12】键浏览网页，注意观察状态栏中的文本。

【操作案例 2-21】用鼠标控制层的显示和隐藏。

1）案例要求

当鼠标移动到左侧导航栏的某个栏目图标上时，右侧显示对应的照片，当鼠标移出栏目图标时，右侧的照片消失，如图 2-125 所示。

图 2-125　将鼠标移至“个性时代”图标

2）知识点

层的隐藏属性；“显示 - 隐藏元素”行为；onMouseOver 事件；onMouseOut 事件。

3）操作过程

① 打开 fcindex.html 文件，打开“行为”面板。

② 在 id="right" 的 <div> 标签中插入四个并列子层，分别命名为 id="gxsd"、"mm"、"gg"、"wxws"，并对应导入四张照片 zhaopian05.gif、zhaopian08.gif、zhaopian07.jpg、yln.jpg。

③ 打开“CSS 设计器”面板 | 选择器 | 添加按钮，添加一个“.zhaopian”，在属性设置属性参数为 position:absolute，visibility:hidden，如图 2-126 所示。在“属性”面板中设置四个并列子层均应用 zhaopian 类，如图 2-127 所示。

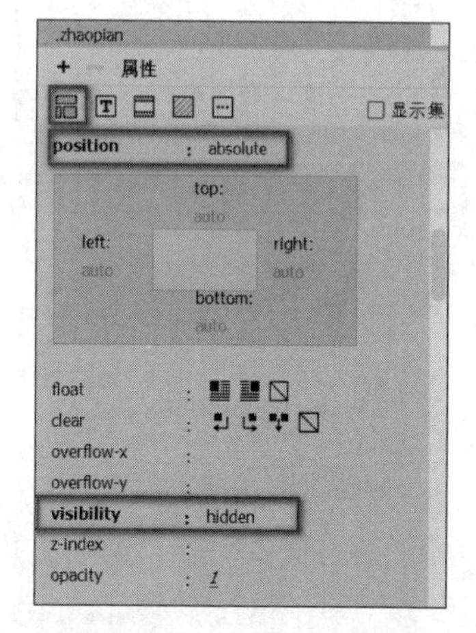

图 2-126　设置 zhaopian 的属性

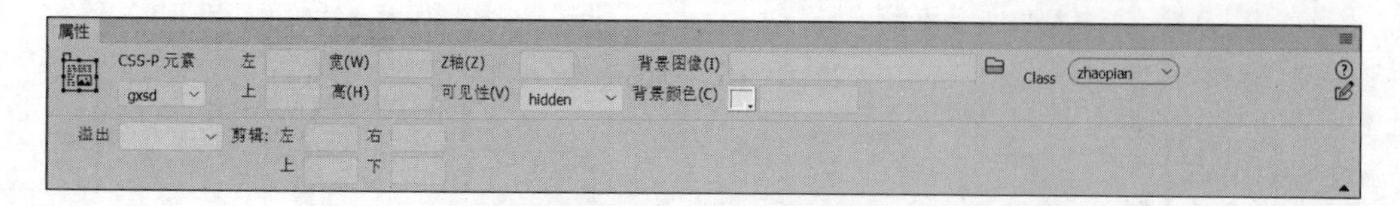

图 2-127　“属性”面板

提示：

<div> 标签设置了隐藏属性后在标签选择器中不容易被选中，可通过代码视图中选择对应的 <div> 标签代码即可选中。

④ 在设计视图中单击“个性时代”图标，依次选择“行为”面板 | +（“添加行为”）按钮 | 在打开的下拉列表框中选择“显示 – 隐藏元素”选项。

⑤ 在弹出的“显示 – 隐藏元素”对话框中依次单击“div"gxsd"”|“显示”按钮 |“确定”按钮，如图 2-128 所示。

⑥ 在“行为”面板中，在事件的名称中选择“onMouseOver”事件，如图 2-129 所示。

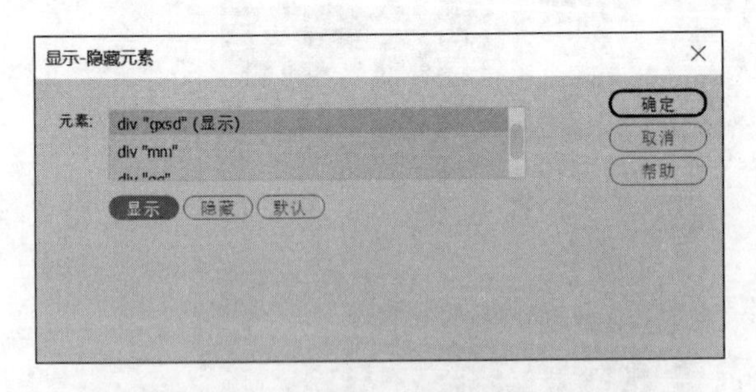

图 2-128 “显示 – 隐藏元素”对话框

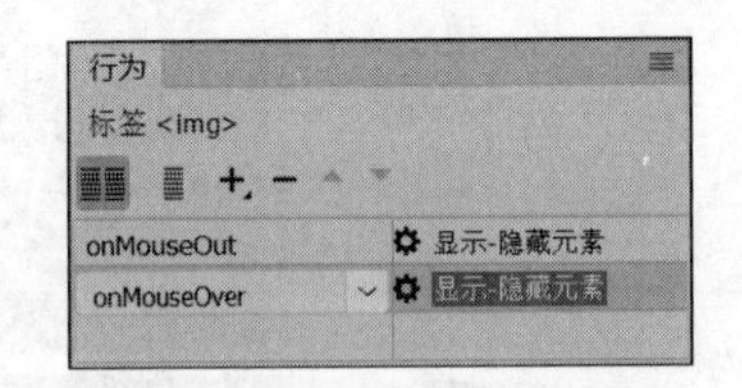

图 2-129 “行为”面板

⑦ 确定“个性时代”图标为选中状态，依次选择“行为”面板 | +（“添加行为”）按钮 | 在打开的下拉列表框中选择“显示 – 隐藏元素”选项。

⑧ 在弹出的“显示 – 隐藏元素”对话框中依次单击“div"gxsd"（显示）”|“隐藏”按钮 |“确定”按钮。同时将事件的名称选择为“onMouseOut”事件。

⑨ 同理，按以上步骤设置其他照片的显示和隐藏。

【操作案例 2-22】用鼠标控制图像的交换。

1）案例要求

当鼠标移动到某个图像 [见图 2-130（a）] 上时，马上变成另外一幅图像 [见图 2-130（b）]，当鼠标移出时，图像复原。同时设置单击图像超链接到首页。

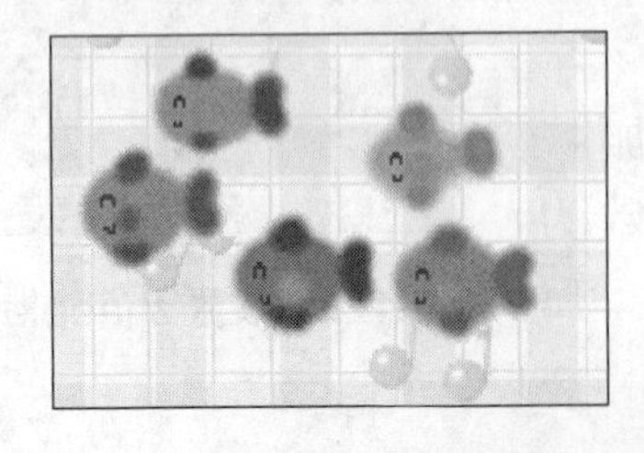

（a）鼠标移入前的原始图像

（b）鼠标移入后的交换图像

图 2-130 交换图像

2）知识点

“交换图像”行为；添加图像名称。

3）操作过程

① 打开 fcindex.html 文件，在网页编辑主窗口中选择 fish.gif 小动画，在“属性”面板中设置 ID 为 fish，链接为 ../index.html，如图 2-131 所示。

图 2-131　“属性”面板

提示：

此处设置图像名称为 fish，主要是为了方便在“交换图像”对话框中正确辨认所需的图像。

② 确保 fish.gif 小动画状态下，依次选择“行为”面板 | +（“添加行为”）按钮 | 在打开的下拉列表框中选择“交换图像”选项。

③ 在弹出的“交换图像”对话框中选择“图像‘fish’”选项，单击“浏览”按钮，添加 pic/class.gif 图像，此时在“图像‘fish’”选项后带有“*”号，单击“确定”按钮，如图 2-132 所示。

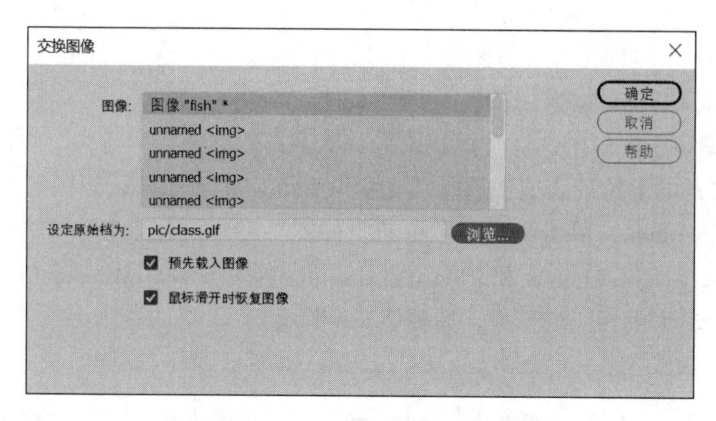

图 2-132　“交换图像”对话框

④ 此时在“行为”面板中将自动生成“恢复交换图像”行为，如图 2-133 所示。

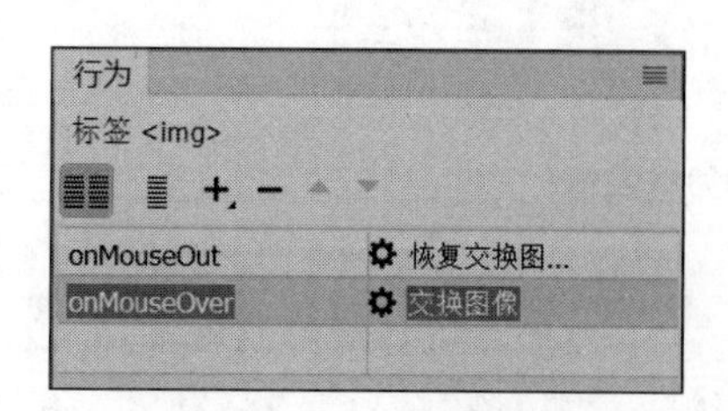

图 2-133　“行为”面板

2. 应用 Spry 特效行为

【操作案例 2-23】 设置渐隐效果。

1）案例要求

当在浏览器中单击标题文字部分，网页 id="top" 的 <div> 标签部分将出现渐隐的动态效果，如图 2-134 所示。

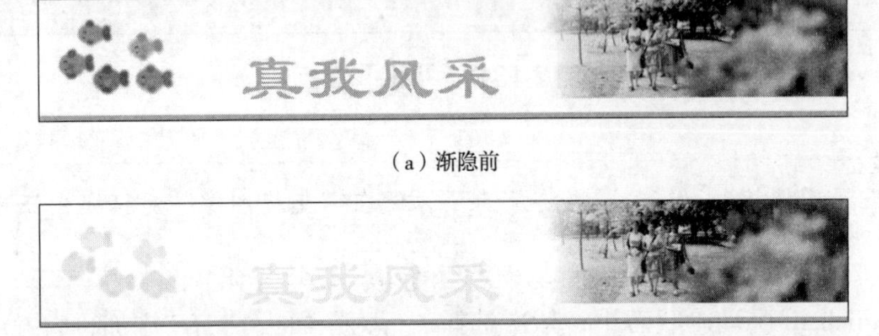

（a）渐隐前

（b）渐隐后

图 2-134 设置渐隐效果

2）知识点

添加 Spry 特效；“显示 / 渐隐”效果。

3）操作过程

① 打开 fcindex.html 文件，打开“行为”面板。

② 在网页编辑主窗口中选择“真我风采”文字，依次选择“行为”面板 | +（“添加行为”）按钮 | 在打开的下拉列表框中选择“效果” | Fade。在弹出的窗口中设置效果持续时间：5 000 ms，可见性：hide，单击“确定”按钮，如图 1-135 所示。此时在站点中将自动生成 jQueryAssets/jquery–1.11.1.min.js 和 jQueryAssets/jquery–ui–effects.custom.min.js 文件。在“行为”面板中将自动生成相应的行为，如图 2-136 所示。

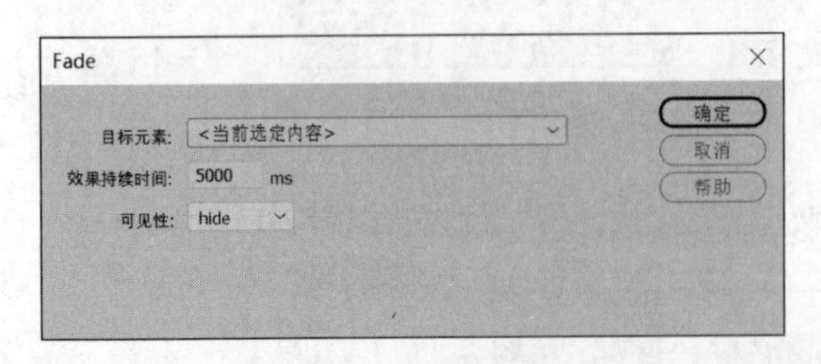

图 2-135 渐隐参数设置

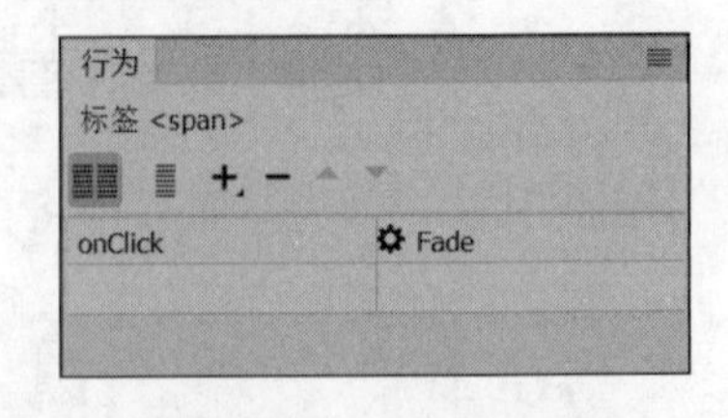

图 2-136 “行为”面板

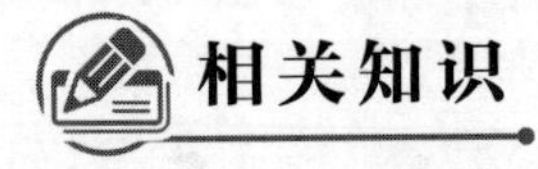

相关知识

1. 行为的概念

行为是 Dreamweaver 具有特色的功能，它能根据用户鼠标的举动让网页执行相应操作，用户不用书写 JavaScript 代码即可实现多种动态网页效果和交互功能。

1）行为、事件和动作

行为是由事件和由该事件触发的动作构成的，通过行为机制在网页中能够自动生成 JavaScript 代码，实现动态网页效果。

每个页面元素（如文本、图片、按钮等）都包含很多事件。例如，单击鼠标 onClick、鼠标进入 onMouseOver、鼠标离开 onMouseOut 等。

动作是指事件发生后所执行的操作。动作实际上对应了一些 JavaScript 代码，只要在事件发生后，该动作就会自动运行。

例如，有一个行为：当鼠标在某幅图像上单击时就会弹出提示框。在这个行为当中，“鼠标单击”是事件，“弹出提示框”是动作。

2）行为面板

Dreamweaver 使用行为的途径主要是通过“行为”面板。要对某个页面元素附加动作，操作如下：

① 依次选择“窗口”面板 | “行为”命令，打开“行为”面板。

② 先在网页编辑主窗口中选择页面元素（如文字、图像、按钮等），然后在“行为”面板中单击 +（“添加行为”）按钮。

③ 在打开的图 2-137 所示的下拉列表框中选择所需的动作，然后配置各动作选项。

提示：

在“行为”面板中，所有当前不可用的选项都是灰色的，只有在满足一定条件转为黑色选项时才能使用。在“显示事件”子菜单中可选择动作适用的浏览器类型。

④ 在“行为”面板中单击下拉按钮以选择所需的“事件”，如图 2-138 所示。

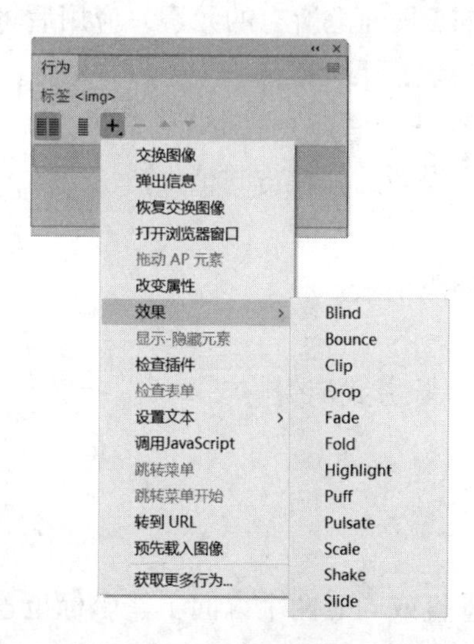

图 2-137　“添加行为”列表

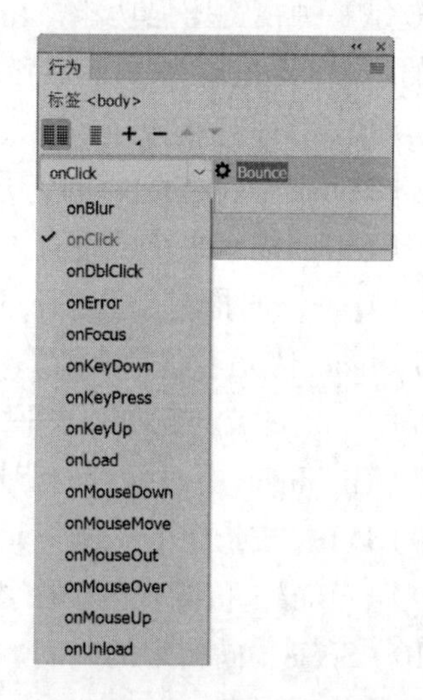

图 2-138　“事件”列表

⑤ 在“行为”面板中选择某个行为，单击 − 按钮可删除该行为，单击 ▲ 按钮或 ▼ 按钮可向上或向下移动所选定的行为。

⑥ 在“行为”面板中单击按钮，可以查看所有事件；单击按钮，展示当前页面所有设置事件。

3）常见的触发行为的事件

不同的浏览器所支持的事件类型不尽相同，表 2-1 列出了一些常见的触发行为事件及其含义。

表 2-1　常见的触发行为事件及其含义

事件（Events）	含　义	事件（Events）	含　义
onAbort	终止下载传输时	onMouseDown	按下光标键时
onAfterUpdate	对象更新之后	onMouseMove	光标在指定对象上移动时
onBeforeUpdate	对象更新之前	onMouseOut	光标离开指定对象时
onBlur	取消选中对象时	onMouseOver	光标刚开始指向指定对象时
onChange	更改页面上的值时	onMouseUp	释放按下的光标键
onClick	单击对象	onMove	移动窗口或框架时
ondblClick	双击对象	onReset	将表单重设为默认值时
onFocus	选中指定对象时	onResize	重调浏览器窗口或框架大小时
onHelp	单击浏览器的帮助按钮时	onScroll	上下拖动浏览器窗口中的滚动条时
onKeyDown	按下任意键盘键时	onSelect	选定文本区中的文本时
onKeyPress	按下并释放任意键盘键时	onStart	选框成分中的内容开始一个循环时
onKeyUp	按下键盘键后释放时	onSubmit	提交表单时
onLoad	图像或页面载入完成时	onUnload	离开页面时

2. 特效

特效是一种视觉增强功能，几乎可应用于 HTML 页面上所有的元素，应用后将自动生成独立的 JavaScript 文件保存其特效代码。特效行为包括下列效果：

（1）Blind：向指定方向（上、下、左、右、水平、垂直）晃动收卷消失。

（2）Bounce：向指定时间、方向、距离、次数设置的弹跳方式消失。

（3）Clip：向水平（或垂直方向）中间收缩。

（4）Drop：向指定（上、下、左、右）方向擦除消失。

（5）fade: 使元素显示或渐隐。

（6）Fold: 向指定方向（水平或垂直）以抖动擦除方式消失。

（7）Highlight: 更改元素的背景颜色方式消失。

（8）Puff：按指定的比例将元素变大或变小消失。

（9）Pulsate：按指定闪动次数后消失。

（10）Scale：向指定的时间、方向（水平、垂直或同时两个方向）、坐标位置、缩小比例等参数收缩消失。

（11）Shake：向指定的时间、方向（上、下、左、右）、距离以及抖动次数抖动。

（12）Slide：向指定方向和距离（单位：像素）滑动后再消失。

小　结

本单元通过操作案例讲解了站点的建立、网页的排版、表格的应用、CSS布局、超链接、表单及行为等的使用。一个优秀的网页设计师在设计网页布局时，会尽量采用CSS布局技术，把各个网页元素的位置固定下来；网页上所有的图像、文字，包括背景颜色、水平线、字体、标题、注脚等，都要统一风格，贯穿全站，给人留下专业网站的印象；在设计链接时，导航要清晰明了，并确保读者不超过三次点击便可进入目的页。

习　题

一、填空题

1. 表单的主要属性中：________表示表单的提交方式是POST还是GET，________告诉表单将收集到的资料送到什么地方。

2. Dreamweaver有六种文字格式：标题1～标题6。其中________的字号最大，________的字号最小。

3. Dreamweaver对网页的样式处理主要是通过________面板实现的。

4. 当超链接的“目标”设置为_blank时，表示________。

5. 可以通过Dreamweaver中的________面板对网站进行上传下载更新等的文件操作与管理。

二、单选题

1. 下面选项说法正确的是（　　）。

A. 在Dreamweaver中所有HTML元素都是不可见的

B. 在Dreamweaver中所有HTML元素都是可见的

C. 在Dreamweaver中有些HTML元素显示出来有利于网页编辑

D. 在Dreamweaver中可见的HTML元素在浏览器中都会显示出来

2. 在Dreamweaver中可以用（　　）精确地控制网页在浏览器中的文字大小、链接颜色等。

A. CSS　　B. “行为”面板

C. 层　　D. “资源”面板

3. 已经在网页中插入一张图片，想替换该图片，那么需要修改图片的（　　）。

A. 链接　　B. 源文件

C. 替代　　D. 无法直接修改

4. 若要插入连续空格，以下方法错误的是（　　）。

A. 依次选择“插入”|HTML|“特殊字符”|“不换行空格”命令

B. 按【Ctrl+Alt+Space】组合键

C. 单击“文本”选项卡中的按钮

D. 把中文输入法切换到全角状态，即可输入多个全角空格

三、多选题

1. 网页制作中符合 W3C 标准的可以使用的文件命名规则是（　　）。
   A. 英文命名　　B. 数字命名　　C. 中文命名　　D. 拼音命名
2. 在 Dreamweaver 中，下面关于查找和替换文字说法正确的是（　　）。
   A. 可以精确地查找标签中的内容
   B. 可以在一个文件夹下替换文本
   C. 可以保存和调入替换条件
   D. 不可以在 HTML 源代码中进行查找与替换
3. Dreamweaver 表单的提交方式有（　　）。
   A. 电子邮件提交　　B. 数据库提交
   C. 文本文件提交　　D. 直接网页提交
4. Dreamweaver 的文字功能，有（　　）。
   A. 沿路径排列文字　　B. 粗体
   C. 繁体　　D. 文字图形混排
5. Dreamweaver 中使用的图片类型有（　　）。
   A. JPG　　B. GIF　　C. PNG　　D. PSD
6. Dreamweaver 中能够直接生成的程序语言有（　　）。
   A. HTML　　B. 有条件的 JavaScript
   C. Java　　D. PHP
7. Dreamweaver 和 Flash 配合能够（　　）。
   A. 在 Dreamweaver 中插入 Flash 的 SWF 文件
   B. 在 Flash 中插入 Dreamweaver 的 HTML 文件
   C. 在 Dreamweaver 中修改 Flash 生成的网页代码文件
   D. Dreamweaver 自身能够实现部分 Flash 的功能
8. Dreamweaver 的表单功能能够实现（　　）。
   A. 登录页面　　B. 留言板界面
   C. 申请表界面　　D. 邮件编写界面

四、判断题

1. 创建图像映射时，理论上可以指定任何形状作为热点。（　　）
2. 框架是一种能在同一个浏览器窗口中显示多个网页的技术。（　　）
3. 一个网页中只能包含一个表单。（　　）
4. Dreamweaver 是一个地道的网页动画制作软件。（　　）
5. Dreamweaver 中的层等同于 Photoshop 中的图层。（　　）

五、简答题

1. 简要说明 CSS 样式在网站中的作用。
2. 什么是行为、事件和动作？
3. 什么是模板？它有什么作用？

六、实训题

1. 启动Dreamweaver,熟悉工作界面。

2. 创建一个“诗词集”网站，在硬盘上创建站点根文件夹“poem”，并在其中创建一个网页文件“index.xhtml”。

单元3 使用 HTML5 编写网页

学习目标

- 了解 HTML5 的基本语法与格式。
- 掌握 HTML5 各种标签的应用。
- 会编写 HTML5 网页。
- 培养学生精益求精的工作态度。

任务1 体验使用 HTML5 编写网页

任务说明

HTML 是 hypertext markup language（超文本标记语言）的缩写，是一种基于 SGML（标准通用标记语言）的标记语言，是 Web 用于编辑网页的主要工具。在网上，如果要向全球范围内出版和发布信息，需要有一种能够被广泛理解的语言，即所有的计算机都能够理解的一种用于出版的"母语"。WWW（World Wide Web）所使用的出版语言就是 HTML 语言。用 HTML 编写的文件的扩展名是 .html 或 .htm，采用标准 ASCII 文件结构存储。

现在我们常常习惯于用数字来描述 HTML 的版本（如 HTML5），HTML 第一版在 1993 年 6 月作为互联网工程工作小组工作草案发布（并非标准）；1995 年 11 月发布 HTML2.0；HTML3.0 规范是由当时刚成立的 W3C 于 1995 年 3 月提出；1997 年 12 月 W3C 开始推荐 HTML4.0 标准，将 HTML 推向了一个新高度，该版本倡导将文档结构和样式分离，并实现了表格更灵活地控制；1999 年提出的 4.01 版本是在 HTML4.0 基础上的微小改进，之后再也没有更新；2000 年 1 月 W3C 发布 XHTML1.0，同年 10 月发布了 XML1.0。

XML 是 Web 上表示结构化信息的一种标准文本格式，它没有复杂的语法和包罗万象的数据定义。XML 最初设计的目的是弥补 HTML 的不足，后来逐渐用于网络数据的转换和描述。XML 虽然数据转换能力强大，但面对成千上万已有的基于 HTML 设计的网站，直接采用 XML 还为时过早。因此，W3C 在 HTML4.0 的基础上用 XML 的规则对其进行扩展，得到了 XHTML1.0。所以，建立 XHTML 的目的之初就是实现 HTML 向 XML 的过渡。而 HTML 标准自 HTML4.01 后，后继的 HTML 版本和其他标准被束之高阁。为了推动

Web 标准化运动的发展，一些公司联合起来，成立了一个叫作 Web 超文本应用技术工作组（WHATWG）的组织。WHATWG 致力于 Web 表单和应用程序，而 W3C 则专注于制定 XHTML2.0 标准。在 2006 年，双方决定进行合作，共同创建 HTML5。

2013 年 5 月，HTML5.1 正式草案公布。草案对 HTML 进行了多达近百项的修改，包括 HTML 和 XHTML 的标签，相关的 API、Canvas 等，同时图像 img 及标签 svg 也进行了改进，性能得到进一步提升。由于 HTML5 能解决实际的问题，所以在规范还未定稿的情况下，各大浏览器厂家已经开始对旗下产品进行升级以支持 HTML5 的新功能。因此，HTML5 得益于浏览器的实验性反馈并且也得到持续的完善，并以这种方式迅速融入对 Web 平台的实质性改进中。2014 年 10 月，W3C 组织宣布历经 8 年努力，HTML5 标准规范终于定稿。

HTML5（简称 H5）在 2008 年发布草案以来，并未引起广泛关注，而是进入了长期的迭代优化周期。直到 2014 年 10 月 W3C 终于宣布，经过长达 8 年的努力，HTML5 标准规范最终制定完成并向全世界开放。H5 标准规范的开放注定成为一个划时代意义的事件，从那一天起 H5 便成为全网最火热的新词。

H5 技术也在普及应用中，目前标准建站使用的主流技术是 XHTML 和 CSS，其新引进的语法特征能够在移动设备上支持多媒体，能更好地适应移动端设备。H5 还引进了新的功能，可以真正改变用户与文档的交互方式，包括：新的解析规则增强了灵活性、新属性、淘汰过时的或冗余的属性、一个 HTML5 文档到另一个文档间的拖放功能、离线编辑、信息传递的增强、详细的解析规则、多用途互联网邮件扩展（MIME）和协议处理程序注册、在 SQL 数据库中存储数据的通用标准（Web SQL）。新的解析规则增强了灵活性、新属性、淘汰过时的或冗余的属性，真正的改变了用户与文档的交互方式，还可以帮助网站制作者去掉表现层代码的恶习，帮助制作者养成检验标签、测试页面的习惯。

H5 仍处于完善之中。然而，大部分现代浏览器已经具备了某些 H5 支持。支持 H5 的浏览器包括 Firefox（火狐浏览器）、Microsoft Edge（微软浏览器）、Chrome（谷歌浏览器）、Safari，Opera 等；国内的傲游浏览器（Maxthon），360 浏览器、搜狗浏览器、QQ 浏览器、猎豹浏览器等国产浏览器同样具备支持 HTML5 的能力。本任务围绕体验 H5 编写网页展开。

任务实施 ——编写网页体验

HTML5 使用标签对的方法编写文件，既简单又方便。它通常使用 < 标签名 >…</ 标签名 > 标记对来表示标签的开始和结束。一般来说有两种方式来产生 HTML 文件：一种是利用 Notepad++ 和 Editplus 等软件自己写 HTML 文件；另一种就是使用 Adobe 公司的 Dreamweaver 和 Visual Studio Code 的 HTML 编辑器辅助编写。对于初学者，建议使用专业的网页编辑软件，因为此类软件通常具备自动生成代码功能和代码提示功能。正如在单元 2 学习的 Dreamweaver 中，只需动动鼠标即可生成格式规整的 HTML 代码，即使需要手工用键盘输入代码，也可以通过代码提示功能快速输入，如图 3-1 所示，这样的方式对编程效率提高是非常明显的。

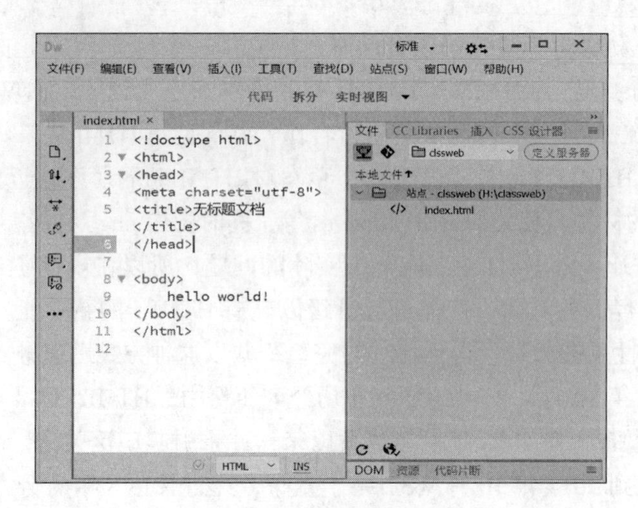

图 3-1 代码提示功能

【操作案例 3-1】观察用 HTML5 编写的网页。

1）案例要求

编辑图 3-2 所示的一个网页，在文本区中显示“hello world!”文字。观察 HTML5 源代码构成。

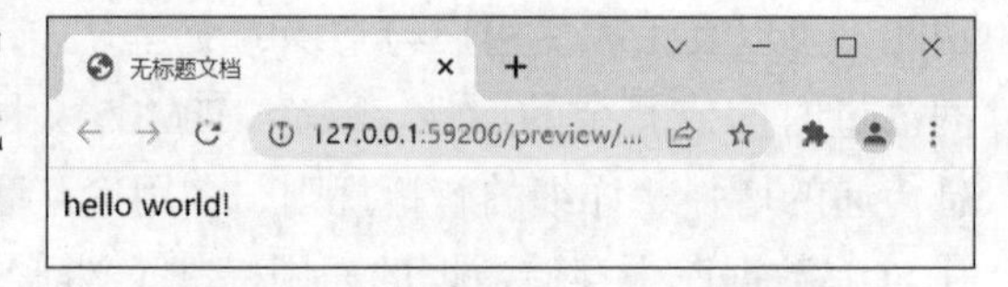

图 3-2 “hello,world!”网页

2）知识点

新建网页；HTML5 源代码构成。

3）操作过程

① 在 Dreamweaver 中依次选择“文件”|“新建文档”命令，在弹出的“新建文档”对话框中选择无布局的 HTML 空白页，此时的文档类型默认为 HTML5，如图 3-3 所示。

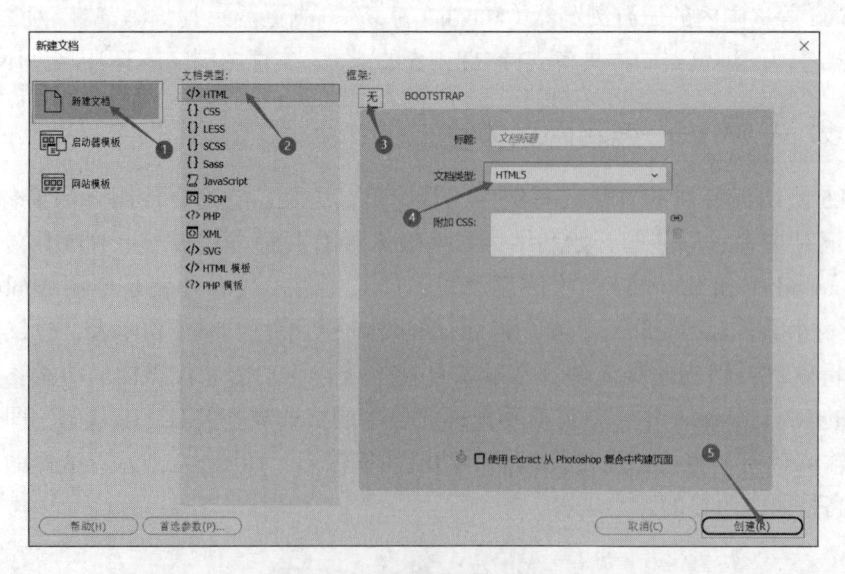

图 3-3 “新建文档”对话框

② 单击“创建”按钮后，将建立一个空白网页文件，输入“hello world!”文字，将其切换到代码视图，观察自动生成的代码，如图 3-4 所示。

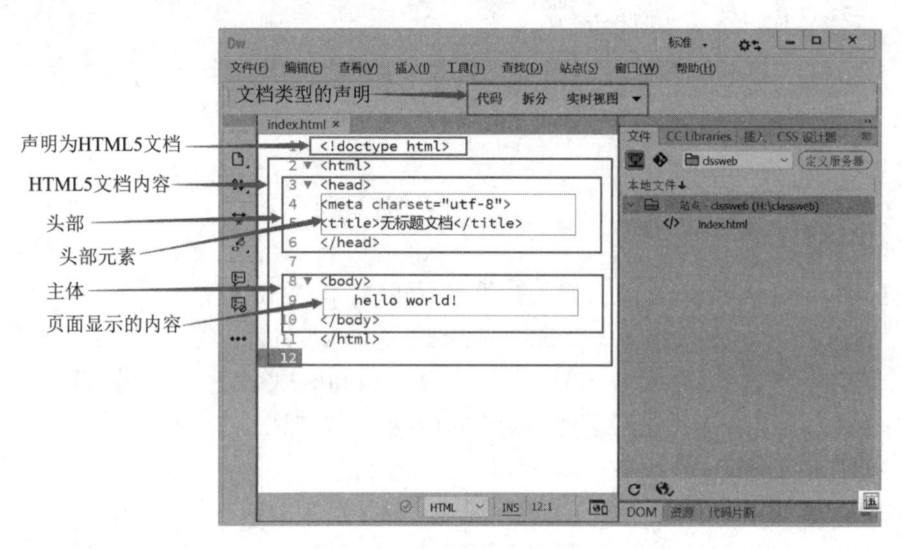

图 3-4　HTML5 文档结构

<!doctype > 声明位于文档中的最前面的位置，处于 <html> 标签之前。<!doctype > 声明不是一个 HTML 标签；它的作用是用来告知 Web 浏览器页面使用了哪种 HTML 版本。

在 HTML 4.01 中，<!doctype> 声明需引用 DTD（文档类型声明），因为 HTML 4.01 是基于 SGML（standard generalized markup language, 标准通用标记语言）。DTD 指定了标记语言的规则，确保了浏览器能够正确的渲染内容。HTML 4.01 规定了三种不同的 <!doctype> 声明，分别是：Strict、Transitional 和 Frameset。文档声明的作用：文档声明是为了告诉浏览器，当前 HTML 文档使用什么版本的 HTML 来写的，这样浏览器才能按照声明的版本来正确的解析。

HTML5 不是基于 SGML，因此不要求引用 DTD。HTML5 中仅规定了一种：<!doctype html>。<!doctype html> 的作用就是让浏览器进入标准模式，使用最新的 HTML5 标准来解析渲染页面；如果不写，浏览器就会进入混杂模式，我们需要避免此类情况发生。<!doctype> 标签没有结束标签，<!doctype> 声明不区分大小写。

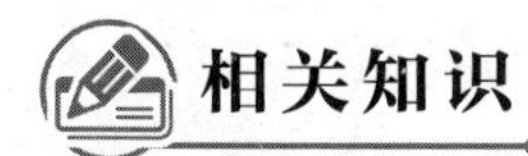

相关知识

1. HTML5 的基本语法与格式

HTML5 文档内容全部包含在 <html>…</html> 标签对之间。中间有两大部分：第一部分是 <head>…</head> 区段，称为头部；第二部分是 <body>…</body> 区段，称为主体部。一般的 HTML 标签具有起始和结束标签，放在它所描述的内容两边，结束标签前要加“/”并且与起始标签成对出现。对于单独的标签，在后面加上空格和“/”进行关闭。

以下是常见的三种 HTML/HTML5 语法格式：

①<标签名>文本</标签名>。例如：

```
<title>我的第一个 XHTML 网页</title>
```

②<标签名 属性名="属性值"…>文本</标签名>。例如：

```
<body bgcolor="red">本网页采用红色背景</body>
```

③<标签名/>。例如：

```
第一行
<br/>
第二行
```

浏览器的功能是对XHTML文档的标签进行解释，显示出文字、图像、动画以及播放声音等。例如，"<title>我的第一个H5网页</title>"就是告诉浏览器本网页的标题为"我的第一个H5网页"，标题是从<title>标签开始到</title>标签结束，解释结束后浏览器会继续解释下个标签，如果浏览器遇到不支持的标签，通常把它忽略掉。

2. XHTML的特点

XHTML 1.0并未定义任何新的元素和属性，而是沿用了所有的HTML 4.0的元素和属性，因此XHTML 1.0与HTML 4.0是完全兼容的。传统的Web开发者或设计师非常容易掌握XHTML 1.0。与HTML 4.0相比，XHTML 1.0文档具有以下特点：

① 必须加DOCTYPE声明，否则浏览器就会按照HTML 4.0的方式来处理页面，而不是当作XHTML处理。

② 所有的标签和属性都必须使用小写。

③ 所有的属性都必须有值，并且加上英文双引号。例如：

```
<input type="checkbox" name="shirt" value="medium" checked="checked"/>
```

④ 所有的标签都必须关闭。例如：

```
<p>这是一个段落</p>
<img src="logo.gif"/>
准备换行了<br/>
加上一根水平线<hr/>
```

⑤ 标签一定要正确地嵌套使用。

在HTML里一些元素不正确嵌套也能正常显示。例如：

```
<b><i>加粗斜体字</b></i>
```

而在XHTML里必须要正确嵌套之后才能正常使用。例如：

```
<b><i>加粗斜体字</i></b>
```

3. HTML5的优势

从HTML4.0、XHTML到HTML5，从某种意义上讲，这是HTML描述性标记语言的一种更加规范的过程。因此，HTML5并没有给开发者带来多大的冲击。但HTML5增加了很多非常实用的新功能和新特性，下面具体介绍HTML5的一些优势。

1）解决了跨浏览器问题

在 HTML5 之前，各大浏览器厂商为了争夺市场占有率，会在各自的浏览器中增加各种各样的功能，并且不具有统一的标准。使用不同的浏览器，常常看到不同的页面效果。在 HTML5 中，纳入了所有合理的扩展功能，具备良好的跨平台性能。针对不支持新标签的老式 IE 浏览器，只需简单地添加 JavaScript 代码就可以使用新的元素。

2）新增了多个新特性

HTML 语言从 1.0 到 5.0 经历了巨大的变化，从单一的文本显示功能到图文并茂的多媒体显示功能，许多特性经过多年的完善，已经发展成为一种非常重要的标记语言。HTML5 新增的特性如下：

- 新的特殊内容元素，如 header、nav、section、article、footer。
- 新的表单控件，如 calendar、date、time、email、url、search。
- 用于绘画的 canvas 元素。
- 用于媒介回放的 video 和 audio 元素。
- 对本地离线存储的更好支持。
- 地理位置、拖动、摄像头等 API。

3）用户优先的原则

HTML5 标准的制定是以用户优先为原则的，一旦遇到无法解决的冲突时，规范会把用户放在第一位。另外，为了增强 HTML5 的使用体验，还加强了以下两方面的设计。

（1）安全机制的设计

为确保 HTML5 的安全，在设计 HTML5 时做了很多针对安全的设计。HTML5 引入了一种新的基于来源的安全模型，该模型不仅易用，而且对不同的 API（application programming interface，应用程序编程接口）都通用。使用这个安全模型，不需要借助于任何不安全的 hack 就能跨域进行安全对话。

（2）表现和内容分离

表现和内容分离是 HTML5 设计中的另一个重要内容。实际上，表现和内容的分离早在 HTML4.0 中就有设计，但是分离的并不彻底。为了避免可访问性差、代码高复杂度、文件过大等问题，HTML5 规范中更细致、清晰地分离了表现和内容。但是考虑到 HTML5 的兼容性问题，一些陈旧的表现和内容的代码还是可以兼容使用的。

4）化繁为简的优势

作为当下流行的通用标记语言，HTML5 尽可能地简化，严格遵循了“简单至上”的原则，主要体现在这几个方面：

- 新的简化的字符集声明。
- 新的简化的 DOCTYPE。
- 简单而强大的 HTML5 API。
- 以浏览器原生能力替代复杂的 JavaScript 代码。 为了实现这些简化操作，HTML5 规范需要比以前更加细致、精确。为了避免造成误解，HTML5 对每一个细节都有着非常明确的规范说明，不允许有任何的歧义和模糊出现。

任务2　创建 HTML5 标签

任务说明

HTML5 作为一种标识性的语言，是由一些特定符号和语法组成的，所以理解和掌握都十分容易。本任务围绕学习创建 HTML5 标签展开。

任务实施——“班级聚会”网页中标签的使用

1．标签的使用

【操作案例 3-2】<p>、<pre> 和
 标签的使用。

1）案例要求

编辑一个网页，实现效果如图 3-5 所示。

2）知识点

<p> 标签；<pre> 标签；
 标签。

3）操作过程

新建一个 HTML5 网页，切换到拆分视图，在 <body>…</body> 标签对之间输入图 3-6 所示的代码。

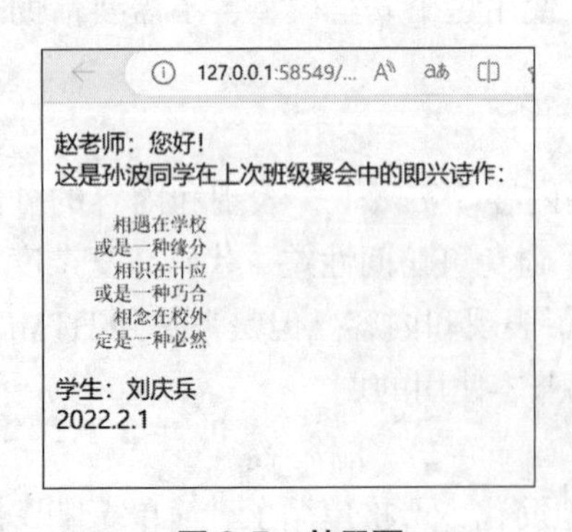

图 3-5　效果图

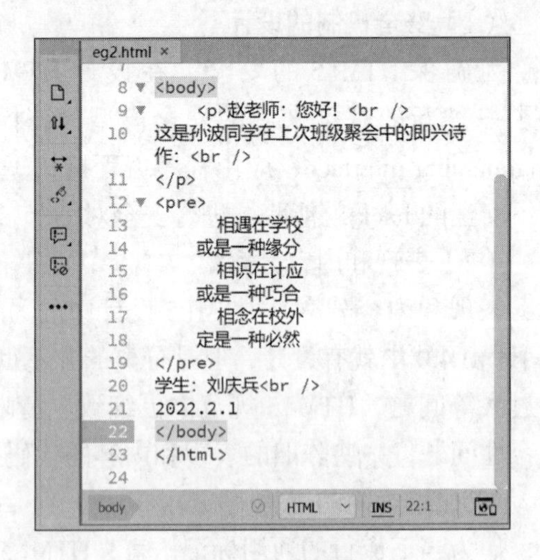

图 3-6　代码图

提示：

 标签的 br 和 / 之间存在一个空格，如果省略这个空格，则较老的浏览器无法正确显示换行；而如果遗漏斜杠 /，只使用
，则属于 HTML 4.0 规则，这在 XHTML 1.0 中属于非标准写法。

相关知识

1．<html>、<head> 和 <title> 标签

1）<html> 标签

一个 XHTML 文档无论简单还是复杂，都以 <html> 标签开头，以 </html> 标签结尾，常称为“根元素”。

2）<head> 标签

<head>…</head> 标签构成 HTML 文档的头部，在此标签对之间可以使用 <title>…</title>、<script>…</script> 等标签元素，常用于描述网页的标题以及设置网页总体风格（如字体等）的默认定义等。< head > 标签可包含的标签元素见表 3-1。

表 3-1　<head> 可包含的标签元素

标签元素	描　述	标签元素	描　述
<title>	定义文档标题	<base>	定义本网页中超链接的基本路径
<meta>	描述一些文档信息	<script>	定义脚本程序内容
<link>	描述当前文档与其他文档之间的链接关系	<style>	定义样式表内容

3）<title> 标签

<title> 标签是 <head> 标签的子标签。编写每个网页时，都应该给其指定一个标题，显示在浏览器窗口标题栏上。例如：

```
<title> 班级网站 </title>
```

2．<meta> 标签

<meta> 标签是 <head> 标签的子标签。提供的信息是用户不可见的，用于包含与文档相关的信息，例如，关键字和文档的描述，它们特别有助于搜索应用程序。下面是 <meta> 常见的两种属性。

1）name 属性

name 属性主要用于描述网页，与之对应的属性值为 content，content 中的内容主要是便于搜索引擎机器人查找信息和分类信息。<meta> 标签的 name 属性语法格式如下：

```
<meta name=" 参数 " content=" 具体的参数值 ">
```

其中 name 属性主要有以下几种参数：

（1）keywords

用来告诉搜索引擎网页的关键字，类似这样的定义可能对于进入搜索引擎有帮助。例如：

```
<meta name="keywords" content=" 大学 , 教育 , 文化 , 科研 ">
```

（2）description

用来告诉搜索引擎网站的主要内容。有时当站点返回作为用户搜索响应时，搜索引擎将显示 description 特性的值。例如：

```
<meta name="description" content="这个页面是关于大学教育，文化，科研的">
```

（3）robots

用来告诉搜索机器人哪些页面需要索引，哪些页面不需要索引。content 的参数有 all、none、index、noindex、follow、nofollow，对应的意义见表 3-2。

表 3-2　content 的参数及其含义

参　数	意　义	参　数	意　义
all	索引所有页面（默认值）	noindex	不索引当前页面
none	不索引所有页面	follow	跟踪这个页面中的链接
index	索引当前页面	nofollow	不跟踪这个页面中的链接

例如：

```
<meta name="robots" content="none">
```

（4）author

标注网页的作者。例如：

```
<meta name="author" content="yaoyi,xdyaoyi@gxu.edu.cn">
```

2）http-equiv 属性

http-equiv 相当于 HTTP 的文件头作用，它可以向浏览器传送回一些有用的信息，以帮助正确和精确地显示网页内容。语法格式如下：

```
<meta http-equiv="参数" content="参数变量值">
```

其中 http-equiv 属性主要有以下几种参数，见表 3-3。

表 3-3　http-equiv 属性的参数及其用途

参　数	用　途
Expires	可以用于设定网页的到期时间。一旦网页过期，必须到服务器上重新传输。例如： < meta http-equiv="Expires" content="Fri, 13 Jan 2023 18:18:18 GMT" >
Pragma	禁止浏览器从本地计算机的缓存中访问页面内容。例如： < meta http-equiv="Pragma" content="no-cache" >
Refresh	自动刷新并指向新页面。例如停留 2 秒后自动刷新指向 URL 网址： < meta http-equiv="Refresh" content="2;URL=http://www.root.net" >
Set-Cookie	如果网页过期，那么保存的 Cookie 将被删除。例如： < meta http-equiv="Set-Cookie" content="cookie value=xxx; expires=Friday, 13-Jan-2023 18:18:18 GMT;path=/" >
Window-target	强制页面在当前窗口以独立页面显示。用来防止别人在框架里调用自己的页面。例如： < meta http-equiv="Window-target" content="_top" >
content-Type	设定页面使用的字符集。例如： < meta http-equiv="content-Type" content="text/html; charset=gb2312" >

3．<link>、<base> 和 <script> 标签

1）<link> 标签

<link> 标签显示该文档和其他文档之间的链接关系，一个应用就是外部层叠样式表的定位。语法格式如下：

```
<link rel="stylesheet" type="text/css" href="style.css">
```

rel 说明两个文档之间的关系，href 说明目标文档名。

2）<base> 标签

<base> 标签用于为页面上所有链接规定默认地址或默认目标。其语法格式如下：

```
<base href="基准地址" target="目标窗口名称">
```

href 指定文档中所有链接的基准 URL 地址。在这里指定 href 的属性，所有相对路径的前面都会加上 href 属性中的值。

target 指定文档中所有链接的默认打开窗口。在一个框架页（frame）中，如果要把 menu 框架中的链接显示到 content 框架中，就可以在 menu 框架中的页面加上 <base target="content">。这样，就省去了在 menu 网页上所有链接的 <a> 标记上添加 target 属性了。

3）<script> 标签

<script> 标签用于在页面中加入脚本程序。其语法格式如下：

```
<script language="JavaScript">…</script>
```

在 language 属性中一定要指定脚本语言的种类，例如，JavaScript、VBScript 等。

4．<style> 标签、<!-- 注释内容 --> 和 <body> 标签

1）<style> 标签

在<head>标签中可以含有任意数量的<style>标签。该标签用于在文档中嵌入样式表单，常称为内部样式（相对于 <link> 标签的外部样式而言）。例如：

```
<head>
  …
  <style type="text/css">
   hr{color:sienna}
   p{margin-left:20px}
   body{background-image:url("images/back40.gif")}
   </style>
   …
</head>
```

2）<!-- 注释内容 -->

<!-- 标签表示注释的开始，--> 标签表示注释的结束。可以将注释放置在 HTML 文档中的任何标签之间。注释的功能是方便设计和供他人阅读，在浏览器处理 HTML 文档时，将忽略注释标签及其注释内容。

经常注释代码是一种良好的习惯，特别是在复杂的文档中，可以向查看代码的人指示文档的各个部分以及其他注意事项，帮助理解代码。例如：

```
<head>
   …
   <style type="text/css">
    <!-- 以下是重新定义<hr>、<p>和<body>的样式规则 -->
    hr{color:sienna}
```

```
    p{margin-left:20px}
    body{background-image:url("images/back40.gif")}
    <!-- 定义结束 -->
  </style>
  …
</head>
```

3）<body> 标签

<body>…</body> 标签对是 HTML 文档的主体部分，在此标签对之间可包含 <p>…</p> 标签对、<h1>…</h1> 标签对、
 标签等，它们所定义的文本、图像等将会在浏览器的框架内显示。<body> 标签中还可以存在一些属性，例如，bgcolor、text、link、vlink、alink、background 等，但是这些属性已经逐渐被 CSS 淘汰。

**5．<p>、<pre>、
 和 <hr> 标签**

网页文字排版时，讲究美观工整，错落有致。第一眼看上去效果要舒服，避免让读者的眼睛产生疲劳感，合理运用排版标签是每位网页设计者都应该掌握的技巧。

1）<p> 标签

在编 HTML 文档时，段落的表示方法是 <p>…</p> 标签对，在该标签对之间加入的文本将按照段落的格式显示在浏览器上。前面的 <p> 标签表示段落的开始，而 </p> 表示段落的结束。

<p> 标签能够附带所有通用属性，例如，class、id、title、dir、lang 等，还有逐渐被淘汰的 style 和 align 属性。其语法格式如下：

```
<p id="aa">这是一段文字</p>
```

2）<pre> 标签

前面提到过，HTML 文档会忽略文本中的空格和换行符，而使用 <pre> 标签可以保留它们，按照原样显示文本，实现“所见即所得”的效果。

3）
 标签

 标签是一个空标签，不需要起始标签和结束标签，主要用于换行或输入一个空行，而不是用来分隔段落。

4）<hr> 标签

使用 <hr> 标签可在 HTML 文档中加入一条水平线，通常用于分隔页面。<hr> 标签中可使用的属性见表 3-4。

表 3-4　<hr> 标签中的属性及其用途

属　性	用　途
color=""	设置水平线的颜色
noshade="noshade"	用来加入一条没有阴影的水平线，不加此属性水平线将有阴影
width=""	设置水平线的宽度，默认单位是像素，也可设为总宽度的百分比
size=""	设置水平线的厚度，默认单位是像素

6. HTML5 新增结构元素

HTML5 新定义了一组定义化的元素，相对旧版本的 HTML 而言，它们可以简化 HTML 页面的设计，无须使用大量的 id 或 class 选择器，现在的搜索引擎也会搜索这些元素。目前的主流浏览器中已经可以这些元素了。新增加的结构元素见表 3-5。

表 3-5　HTML5 新增的结构元素

元　素	说　明
header	用于定义页面或区域的页眉，可以包含站点名称、logo、导航等
nav	表示页面导航链接的区域
section	定义一个内容片段的区域，例如章节、页眉、页脚等
article	定义页面独立的内容区域，可以被单独分发或复用
aside	表示与主要内容相关但可以独立于其存在的内容，如侧边栏、提示或注释
footer	用于定义页面或区域的页脚，可以包含联系信息、版权声明、帮助链接等
figure	用于规定独立的流内容（图像、图表、照片、代码等）
figcaption	标签定义 <figure> 元素的标题

1）header 元素

在 HTML 出现之前，开发人员习惯使用 div 元素布局网页，HTML5 在 div 元素的基础上新增了 header 元素，也叫 <header> 头部元素，以前设计 HTML 布局时习惯把网页大致分为头部、内容、底部，再使用 <div> 加 id 进行布局。头部一般使用 <div id= "header"></div> 或 <div class= "header"></div> 进行布局。HTML5 将公认的头部布局中常用的命名 header 提升为元素。除了直接使用 header 元素外，也可以对 header 元素设置 id 或 class 属性。例如：

```
<header>
    <h1> 网站标题 </h1>
    <h2> 网站导航 </h2>
</header>
```

2）nav 元素

nav 元素代表页面的一部分，是一个可以作为页面导航的链接组。其中的导航元素链接到其他页面或者当前页面的其他部分，使 HTML 代码在语义化方面更加精确，同时对于屏幕阅读器等设备的支持也更好。

Nav 元素是与导航相关的，一般用于网站导航布局，就像使用 div 元素、span 元素一样。但 nav 元素与 div 元素又有不同之处，此元素一般只用于导航，所以在一个 HTML 网页布局中，nav 元素可能就使用在导航条处或导航条相关的地方，它通常与 ul、li 元素配合使用。例如：

```
<nav>
    <ul>
        <li> 主页 </li>
        <li> 班级通讯录 </li>
```

```
            <li>班级简介</li>
            <li>班级荣誉</li>
        </ul>
    </nav>
```

3）section 元素

section 元素定义文档中的节（区段），如章节、页眉、页脚或文档中的其他部分。它不只是一个普通的容器元素，它主要用于表示一般专题性的内容，通常用于带有标题和内容的区域，如文章的章节，对话框中的标签页，或者论文中有编号的部分。

一般来说，当一个元素只是为了样式化方便脚本使用时，应该使用 div 元素；当元素内容明确地出现在文档大纲中时，应用使用 section 元素。例如：

```
    <section>
        <h1>中国铁道出版社有限公司</h1>
        <p>中国铁道出版社有限公司是中国国家铁路集团有限公司主管的专业出版社，成立于 1951 年
8 月。……</p>
    </section>
```

4）article 元素

article 元素是一个特殊的 section 元素，它比 section 元素具有更明确的语义，它代表一个独立的、完整的相关内容块。通常 article 元素会有标题部分（包含 header 内），有时也会包含 footer 元素。虽然 section 元素也是带有主题性的一块内容，但是无论从结构上还是内容上来说，其独立性和完整性都没有 section 元素强。例如：

```
    <acticle>
        <h1>《中华人民共和国民法典》</h1>
        <p>《中华人民共和国民法典》共 7 编、1260 条，各编依次为总则……</p>
    </acticle>
```

5）aside 元素

aside 元素在网站制作中主要有以下两种使用方法。

① 包含在 aside 元素中作为主要内容的附属信息，其中的内容可以是与当前文章有关的相关资料、名词解释等。例如：

```
    <acticle>
        <h1>《中华人民共和国民法典》</h1>
        <p>《中华人民共和国民法典》共 7 编、1260 条，各编依次为总则……</p>
        <aside>《中华人民共和国民法典》被称为“社会生活的百科全书”，是……</aside>
    </acticle>
```

② 在 aside 元素之外使用，作为页面或站点全局的附属信息。最典型的应用是侧边栏。例如：

```
    <aside>
        <h2>…</h2>
        <ul>
            <li>…</li>
```

```
        <li>…</li>
    </ul>
    <h2>…</h2>
    <ul>
        <li>…</li>
        <li>…</li>
    </ul>
</aside>
```

6）footer 元素

footer 元素一般用于页面或区域的底部，通常包含文档的作者、版权信息，使用条款链接等。页面底部通常使用 footer 元素来布局。例如：

7）figure 元素

figure 元素规定独立的流内容（图像、图表、照片、代码等）。figure 元素的内容应该与主内容相关，同时元素的位置相对于主内容是独立的。如果被删除，则不应对文档流产生影响。

8）figcaption 元素

figcaption 元素的作用是为 <figure> 元素定义标题。<figcaption> 元素应该被置于 <figure> 元素的第一个或最后一个子元素的位置。例如：

```
<figure>
    <img decoding="async" src="img_1.jpg" alt=" 图片文字说明 " width="300" height="240">
    <figcaption> 图片 img_1 说明 </figcaption>
</figure>
```

任务3　使用 HML5 设置格式

任务说明

在由 HTML 过渡到 XHTML 的过程中，添加了一些新的元素和属性，并删除了一些陈旧的标签和属性，样式和内容的分离及 CSS 的引入是其改变的主要原因。应当注意到，目前 Web 页面上很多都是逐渐淘汰的标签，而且代码没有严格按照标准编写，例如，标签名以大写形式书写、属性值遗漏引号、页面没有 DOCTYPE 声明等，但这些代码能被浏览器正常显示。当然我们不提倡学习其他人的不良编程习惯，但是有必要在新旧技术共存的时期了解各种标签。本任务围绕设置格式任务展开。

任务实施——标签的使用

1. <hn> 标签的使用

在由 HTML 过渡到 HTML5 的过程中，添加了一些新的元素和属性，并删除了一些陈旧的标签和属性，样式和内容的分离及 CSS 的引入是其改变的主要原因。应当注意到，目前 Web 页面上很多都是逐渐淘汰的标签，而且代码没有严格按照标准编写，例如标签名以大写形式书写、属性值遗漏引号、页面没有 DOCTYPE 声明等，但这些代码能被浏览器正常显示。当然我们不提倡学习其他人的不良编程习惯，但是有必要在新旧技术共存的时期了解各种标签。

【操作案例 3-3】<hn> 标签的使用。

1）案例要求

编辑一个网页，利用 <hn> 标签实现标题字体逐级减小的效果，如图 3-7 所示。

2）知识点

<h1> 标签～ <h6> 标签。

3）操作过程

新建一个 HTML5 网页，在 <body>…</body> 标签对之间输入图 3-7 所示的代码。

```
8 ▼ <body>
9      <h1>一级标题文字</h1>
10     <h2>二级标题文字</h2>
11     <h3>三级标题文字</h3>
12     <h4>四级标题文字</h4>
13     <h5>五级标题文字</h5>
14     <h6>六级标题文字</h6>
15     </body>
```

图 3-7 标题字体示例

2. <div> 和 <span> 标签的使用

利用 <div> 和 <span> 标签可以分组多个元素，以创建页面的某些部分或者子部分。这些标签自身不会影响页面外观，但通常与 CSS 一起使用，以允许用户添加样式到页面的某个部分。有关 CSS 部分内容在单元 4 中将详细介绍。

【操作案例 3-4】<div> 标签的应用。

1）案例要求

编辑一个网页，把一个算式放入 <div> 标签中，如图 3-8 所示。

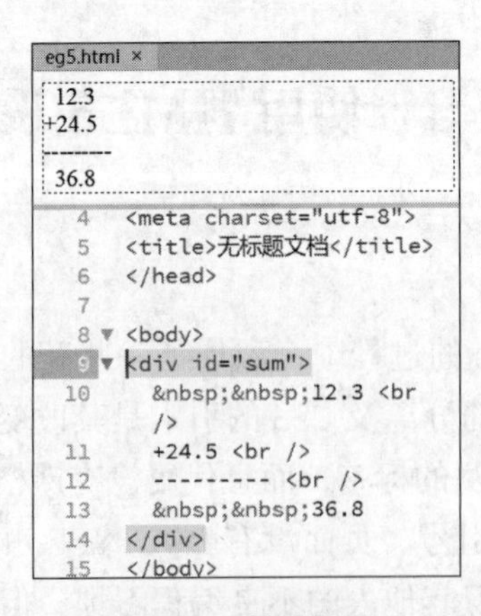

图 3-8 算式效果

2）知识点

<div> 标签；添加空格。

3）操作过程

新建一个 HTML5 网页，在 <body>…</body> 标签对之间输入图 3-8 所示的代码。

提示：

设置标识符 id 的目的是以后可用 CSS 或 JavaScript 来控制它，如移动它或改变它的一些属性等。

3．<span> 标签的应用

【操作案例 3-5】<span> 标签的应用。

1）案例要求

编辑一个网页，采用 <span> 标签强调某部分文字，如图 3-9 所示。

2）知识点

<span> 标签；CSS 样式。

3）操作过程

新建一个 HTML5 网页，在 <head>…</head> 标签对之间输入 CSS 代码，在 <body>…</body> 标签对之间输入 HTM5L 代码，如图 3-9 所示。

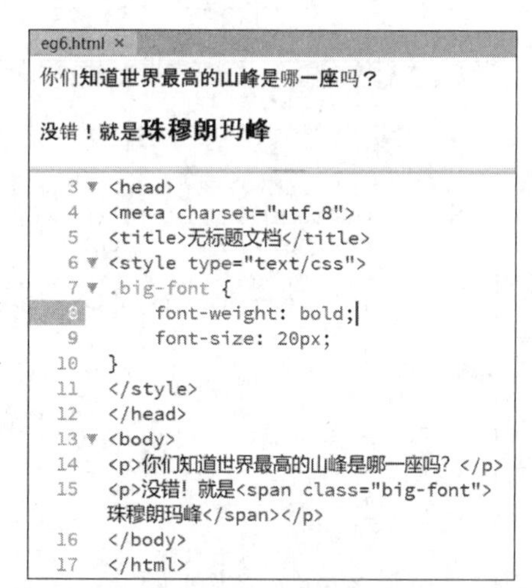

图 3-9　强调效果

4．<marquee> 标签创建滚动效果

【操作案例 3-6】<marquee> 标签的应用。

1）案例要求

编辑一个网页，采用 <marquee> 标签实现各种字幕滚动效果，如图 3-10 所示。

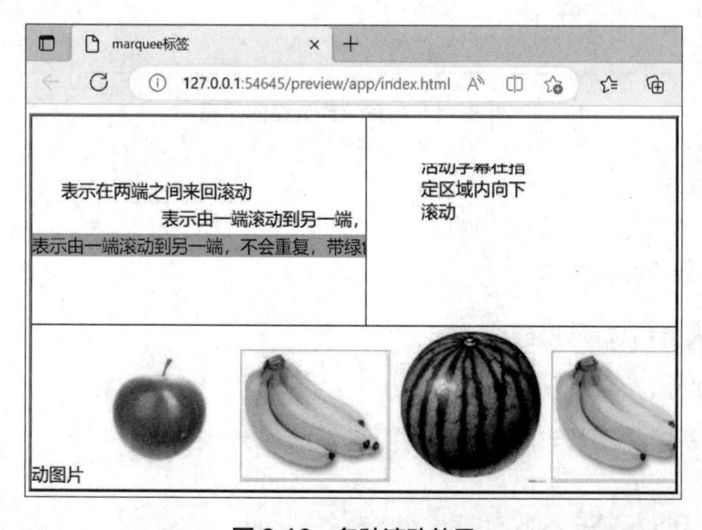

图 3-10　各种滚动效果

2）知识点

<marquee> 标签；字幕滚动效果设置。

3）操作过程

新建一个 HTML5 网页，在 <body>…</body> 标签对之间输入图 3-11 所示的代码。

提示：

<marquee> 标签是微软公司自己定义的标签，目前大量运用于 IE 浏览器，由于不符合 W3C 国际标准的定义，所以 Netscape、火狐等浏览器不支持该标签的正确显示。其实，创建字幕滚动效果也可采用 CSS+Div+JavaScript 的方式实现，而且符合现代内容与格式分离的网页设计理念，互联网上常提供多种字幕滚动 JavaScript 代码段供用户下载。

```
eg7.html ×
8  <body>
9  <table width="600" border="2" cellspacing="0" cellpadding="0">
10   <tr>
11    <td width="386" height="185">
12    <marquee behavior="alternate">表示在两端之间来回滚动</marquee>
13    <marquee behavior="scroll" scrollamount="20">表示由一端滚动到另一端，会重复，滚动速度
      20</marquee>
14    <marquee behavior="slide" bgcolor="#00ff00"> 表示由一端滚动到另一端，不会重复，带绿色背景
      </marquee>
15    </td>
16    <td width="308">
17    <marquee direction="down" height="100" width="100" hspace="50">活动字幕在指定区域内向下滚动
      </marquee>
18    </td>
19   </tr>
20   <tr>
21     <td colspan="2">
22     <marquee>滚动图片<img src="eg11/pic/apple.jpg" width="139" height="139" />
23     <img src="eg11/pic/banana.jpg" width="139" height="118" />
24     <img src="eg11/pic/watermelon.jpg" width="139" height="139" />
25     <img src="eg11/pic/banana.jpg" width="139" height="118" /></marquee>
26     </td>
27   </tr>
28 </table>
29 </body>
30 </html>
```

图 3-11　各种滚动效果的代码

5. 列表的使用

某些场合，列表是组织信息的最好方式，可以很清晰地罗列要点内容。HTML5 支持有序列表、无序列表和定义列表。

【操作案例 3-7】列表的嵌套。

1）案例要求

编辑一个网页，实现列表嵌套效果，如图 3-12 所示。

2）知识点

<ul> 标签；<li> 标签；<dl> 标签；<dt> 标签；<dd> 标签。

3）操作过程

新建一个 HTML5 网页，在 <body>…</body> 标签对之间输入图 3-12 所示的代码。

```
eg4.html ×
8  <body>
9  <ul>
10   <li>男生宿舍
11     <dl>
12       <dt>西区宿舍12栋301室</dt>
13         <dd>彭章超、刘庆兵、田在福</dd>
14         <dd>杨振、黄斌、孙波、蒋敏灵</dd>
15       <dt>西区宿舍12栋402</dt>
16         <dd>阮秀智、王永亮、何叶</dd>
17         <dd>张泽彬、焦岳宏、曾悦、韦环</dd>
18     </dl>
19   </li>
20   <li>女生宿舍
21      <dl>
22       <dt>中区宿舍5栋202室</dt>
23         <dd>欧菊华、阳玉华、蒋婧</dd>
24         <dd>卢丽妍、杨丽娜、韦园园、王静</dd>
25     </dl>
26   </li>
27 </ul>
28 </body>
29 </html>
```

```
无标题文档
127.0.0.1:54645/preview/app

• 男生宿舍

  西区宿舍12栋301室
        彭章超、刘庆兵、田在福
        杨振、黄斌、孙波、蒋敏灵
  西区宿舍12栋402
        阮秀智、王永亮、何叶
        张泽彬、焦岳宏、曾悦、韦环

• 女生宿舍

  中区宿舍5栋202室
        欧菊华、阳玉华、蒋婧
        卢丽妍、杨丽娜、韦园园、王静
```

图 3-12　嵌套列表示例

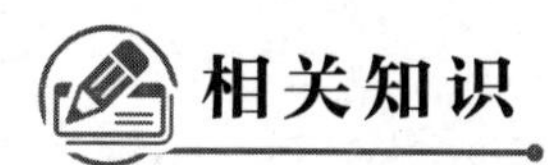

相关知识

1. 字体格式的设置

1）<hn> 标签

HTML5 语言提供了一系列对文本中的标题进行操作的标签对：<h1></h1> ～ <h6></h6>，即一共有六对标题的标签对。标题字体是一种比正文醒目一些的粗体文字。<h1>…</h1> 是最大的标题，而 <h6>…</h6> 则是最小的标题。

2）<font> 标签

在 HTML 3.2 中开始引入 <font> 标签，用户可使用它控制文本的外观，如对输出文本的字体大小、颜色进行随意地改变。例如：

```
<font face= 隶书 size=3 color="red">这是红色 3 号字隶书字体 </font>
```

在 HTML 4.0 中，该标签逐渐被淘汰，并且已经从 HTML5 中移除，目前已被 CSS 样式替代。但在 <font> 标签短暂的一生中，获得了大量的使用，很多老网页的许多位置都使用了该标签。

3）其他文字格式标签

为了让文字富有变化，或者为了着重强调某一部分，HTML5 提供了一些标签可以使文字以特定的格式显示，见表 3-6。

表 3-6　常用的文字标签

标　记	功　能	备　注
<b>…</b>（逐渐淘汰）	粗体	可使用 CSS 规则代替：font-weight: bold;
<i>…</i>（逐渐淘汰）	斜体	可使用 CSS 规则代替：font-weight: italic;
<u>…</u>（已淘汰）	加下画线	可使用 CSS 规则代替：text-decoration: underline;
_…	下标文本	
[…]	上标文本	

续表

标　记	功　能	备　注
<em>…</em>	表示强调，一般为斜体	
<strong>…</strong>	表示特别强调，一般为粗体	
<address>…</address >	用于电子邮件和网址，一般为缩小斜体字	例如，<address> 南宁市大学路 100 号 6 栋 301 室 </address>
<code>…</code>	用于程序代码的引用	<var> 通常与 <code> 一起使用，例如表明它的内容可以是由用户提供的一个变量：<p><code>document.write(" <var>username </var> " </code></p>
<var>…</var>	用于定义变量和参数	
<cite>…</cite>	用斜体显示标明引用内容	例如，<p> 本网页内容引用自 <cite> 百度文库 </cite></P>

4）特殊字符

在 HTML5 中，<、>、& 等字符已被保留为特殊字符使用，要与文本一起显示这些字符，需要使用对应的字符串格式（也称转义字符）来表达，表 3-7 列出了部分转义字符的书写方法。

表 3-7　HTML5 转义字符

转义字符	代表字符	描　述	转义字符	代表字符	描　述
		非换行空格符	<	<	小于字符
"	"	双引号	>	>	大于字符
©	©	版权符号	&	&	and 符号
®	®	注册符号	˜	~	颚化符号

2. <div> 标签、<span> 标签

1）<div> 标签

div 全称 division，意为分区。<div>…</div> 标签对用来设置字、图、表格等的摆放位置。它有 id、class 等属性。

2）<span> 标签

<span> 标签主要用来分组子元素。例如，要在一个句子或一个段落的某个部分分组，可以使用 <span> 标签。

创建一个滚动的字幕，字幕内容除了文字之外，也可包含图像等多媒体对象。<marquee> 标签中可使用的属性见表 3-8。

表 3-8　<marquee> 标签中的属性及其用途

属　性	用　途
direction	表示滚动的方向，值可以是 left、right、up、down、默认值为 left
behavior	表示滚动的方式，值可以是 scroll（连续滚动）、slide（滑动一次）、alternate（来回滚动）
loop	表示循环的次数，值是正整数，默认为无限循环
scrollamount	表示移动速度，值是正整数，默认值为 6
scrolldelay	表示停顿时间，值是正整数，默认值为 0，单位是 ms

续表

属　　性	用　　途
valign	表示元素的垂直对齐方式，值可以是top、middle、bottom，默认值为middle
align	表示元素的水平对齐方式，值可以是left、center、right，默认值为left
bgcolor	表示运动区域的背景色，值是十六进制的RGB颜色，默认值为白色
height、width	表示运动区域的高度和宽度，值是正整数（单位是像素）或百分数，默认width=100%，height为标签内元素的高度
hspace、vspace	表示元素到区域边界的水平距离和垂直距离，值是正整数，单位是像素
onmouseover=this.stop()	表示当鼠标移来时滚动停止
onmouseout=this.start()	当鼠标移开时继续滚动

3．<marquee>标签

4．表格

1）有序列表

有序列表中，每个列表项前标有数字，表示顺序。它以<ol>标签表示有序列表开始，以<li>…</li>标签对罗列列表项，如图3-13所示。

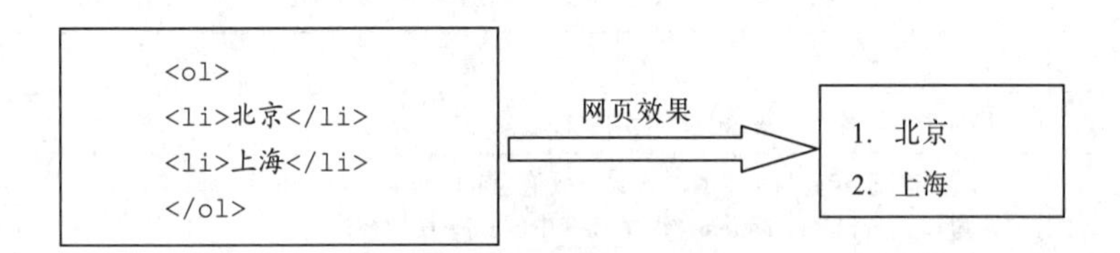

图3-13　有序列表示例

2）无序列表

无序列表不用数字标记列表项，而采用某个项目符号，如圆黑点。它以<ul>标签表示无序列表开始，以<li>…</li>标签对罗列列表项，如图3-14所示。

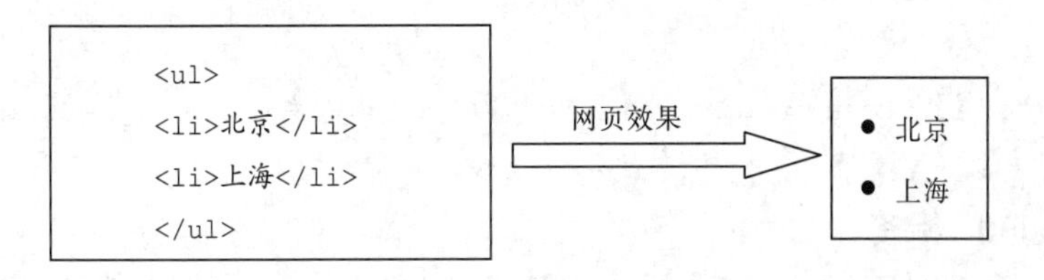

图3-14　无序列表示例

3）定义列表

定义列表通常用于术语的定义。以<dl>标签表示定义列表开始，列表中的每一个术语都以<dt>标签开始，每一项解释都以<dd>标签开始。<dd>…</dd>标签对里的文字缩进显示，如图3-15所示。

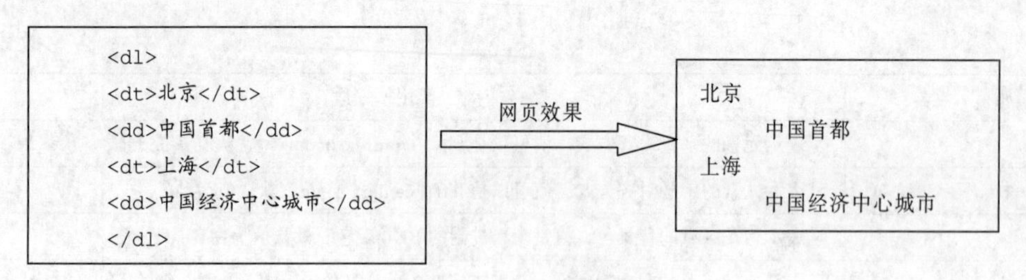

图 3-15 定义列表示例

4）列表的嵌套

列表中能够嵌套其他列表，也可以混合使用。

5. <img> 标签

要将图像放到网页中，通常使用 <img> 标签，其格式为：

```
<img src="filename">
```

src 属性在 <img> 标签中是必须赋值的，这个值可以是图像文件的路径及文件名，也可以是网址。除此之外，<img> 标签中的属性见表 3-9。

表 3-9 <img> 标签中的属性及其用途

属　性	用　途
alt	设置当鼠标移动到图像上时显示的文本
align（逐渐淘汰）	图像相对于网页的水平对齐方式，取值为 left、center、right；图像相对于周围文字的对齐方式，取值为 top、middle、bottom。可用 CSS 中的 float 属性替代
border（逐渐淘汰）	设置图像的边框，可以取大于或者等于 0 的整数，默认单位是像素。可用 CSS 中的 border 属性替代
width	设置图像的宽，默认单位是像素
height	设置图像的高，默认单位是像素
hspace（逐渐淘汰）	设置图像的左右边距，默认单位是像素。可用 CSS 中的 padding-left 和 padding-right 属性替代
vspace（逐渐淘汰）	设置图像的上下边距，默认单位是像素。可用 CSS 中的 padding-top 和 padding-bottom 属性替代

例如：

```
<img src="image/banner.gif" alt="计算机应用班级主页" align="right" border=2
width="468" height="60">
```

6. <bgsound> 标签

<bgsound> 标签用以插入背景音乐，但只适用于 IE 浏览器，在 Netscape 浏览器和 Firefox 浏览器中并不适用，其使用方法如下：

```
<bgsound src="mysong.mp3" autostart=true loop=infinite>
```

该行代码表示自动循环播放 mysong.mp3 音乐文件。

使用 bgsound 设置背景音乐，当窗口最小化时就自动暂停播放，窗口恢复时继续播放。<bgsound> 标签中的属性见表 3-10。

表 3-10　<bgsound> 标签中的属性及其用途

属　性	用　途
src	设定背景音乐文件及路径，可以是相对路径或绝对路径（不能播放列表文件）
autostart	是否在音乐传完后自动播放音乐。true 是，false 否（默认值）
loop	是否自动重复播放，loop=2 表示重复两次，Infinite 表示重复无限次，也可以用 -1 表示无限重复

提示：

设置网页背景音乐时还可使用 <embed> 标签和 <object> 标签。

7．<object> 和 <param> 标签

<object> 标签主要用于定义一个嵌入的多媒体对象，比如图像、音频、视频、Java Applet、ActiveX、PDF 以及 Flash 等。它允许设定插入 HTML 文档中的对象的数据和参数，以及可用来显示和操作数据的代码。<object> 标签中一般会包含 <param> 标签，<param> 标签可用来定义播放参数。如果插入一个 Flash 文件，则将生成类似以下代码：

```
<object id="FlashID" classid="clsid:D27CDB6E-AE6D-11cf-96B8-444553540000" width="300" height="200">
    <param name="movie" value="../hudie.swf"/>
    <param name="quality" value="high"/>
    <param name="wmode" value="opaque"/>
    <param name="swfversion" value="9.0.45.0"/>
    …
</object>
```

保存时将自动生成两个文件 expressInstall.swf 和 swfobject_modified.js。前者是 Flash Player 检查程序，作用是如果没有安装浏览器 Flash 插件，则提示安装；后者是一个用于在 HTML5 中插入 Flash 文件的独立、敏捷的 JavaScript 模块，该模块中的 JavaScript 脚本能够自动检测 PC、Mac 机器上各种主流浏览器对 Flash 插件的支持情况，它使得插入 Flash 媒体资源尽量简捷、安全，而且它是非常符合搜索引擎优化原则的。swfobject_modified.js 文件的调用代码以如下形式自动生成于 <head> 标签中：

```
<script src="scripts/swfobject_modified.js" type="text/javascript"></script>
```

任务 4　使用 HTML5 制作表格

任务说明

表格通常用于显示各种样式的数据，例如，课程表、财务报告和比赛得分表等。有些网页设计人员也经常利用表格来控制页面布局。本任务围绕制作表格——班委民意测评表任务展开。

任务实施——制作班委民意测评表

【操作案例 3-8】 制作班委民意测评表。

1）目标

单纯使用 HTML5 编辑一个网页，建立一个 4 行 6 列表格，如图 3-16 所示。

```
 8 <body>
 9 <table width="300" border="2" cellspacing="0" cellpadding="0">
10   <tr>
11     <th colspan="6" scope="col">班委民意测评</th>
12   </tr>
13   <tr>
14     <td colspan="2">满意</td>
15     <td colspan="2">不满意</td>
16     <td colspan="2">弃权</td>
17   </tr>
18   <tr>
19     <td>男</td>
20     <td>女</td>
21     <td>男</td>
22     <td>女</td>
23     <td>男</td>
24     <td>女</td>
25   </tr>
26   <tr>
27     <td>10</td>
28     <td>5</td>
29     <td>4</td>
30     <td>1</td>
31     <td>0</td>
32     <td>1</td>
33   </tr>
34 </table>
35 </body>
```

班委民意测评					
满意		不满意		弃权	
男	女	男	女	男	女
10	5	4	1	0	1

图 3-16　4 行 6 列表格的非严格标准的 HTML5 代码

2）知识点

<table> 标签；<tr> 标签；<th> 标签；<td> 标签；表格属性。

3）操作过程

新建一个 HTML5 网页，在 <body>…</body> 标签对之间输入图 3-16 所示的代码。

图 3-16 所示是一个 4 行 6 列表格的非严格标准的 HTML5 代码。在标准建站原则下，<table> 标签中不应涉及外观设置，不应使用逐渐淘汰的标签。因此，网页编辑主窗口中 <table width="300" border="2" cellspacing="0" cellpadding="0"> 语句，实际上是不符合现代网页设计理念的，应该转用 CSS 样式表示。表格主要作用是罗列数据，尽量使表格简单，单元格跨越多行和多列并不是一个好主意，这会使表格变得复杂。

相关知识

1. <table> 标签

表格主要由表、格行和单元格三部分组成。<table>…</table> 标签对可用来创建一个表格，它的属性见表 3-11。

表 3-11　<table> 标签中的属性及其用途

属　性	用　途
align	设置表格相对周围元素的对齐方式
aria	增强网页在残障辅助阅读设备上的识别读取
border	设置边框的宽度，若不设置此属性，则边框宽度默认为 0
bgcolor	设置表格的背景颜色
border-spacing（逐渐淘汰）	设置单元格之间的间距
border-collapse（逐渐淘汰）	定义折叠单元格边框的属性
bordercolor（逐渐淘汰）	设置边框的颜色
bordercolorlight（逐渐淘汰）	设置边框明亮部分的颜色（当 border 的值大于等于 1 时才有用）
bordercolordark（逐渐淘汰）	设置边框昏暗部分的颜色（当 border 的值大于等于 1 时才有用）
cellspacing（逐渐淘汰）	设置表格格子之间空间的大小
cellpadding（逐渐淘汰）	设置表格格子边框与其内部内容之间空间的大小
colspan	使单元格跨越多个列
padding	添加到单元格中的填充
rowspan	使单元格跨越多行
id	唯一表示一个表格
width	设置表格的宽度，单位用绝对像素值或总宽度的百分比
height	设置表格的高度
rules	设置表格中的表格线显示方式，默认是 all
frame	设置表格外部边框的显示方式

2．<tr>、<td> 和 <th> 标签

1）<tr>…</tr> 标签对

<tr>…</tr> 标签对用来创建表格中的每一行。此标签对只能放在 <table>…</table> 标签对之间使用，而在此标签对之间加入文本是不规范的，因为在 <tr>…</tr> 之间只能紧跟 <td>…</td> 标签对才是有效的语法。

2）<td>…</td> 标签对

<td>…</td> 标签对用来创建表格中每一行中的每一格，此标签对也只有放在 <tr>…</tr> 标签对之间才是有效的，想要输入的文本也只有放在 <td>…</td> 标签对中才有效。

3）<th>…</th> 标签对

<th>…</th> 标签对用来设置表格头部单元格，大多数浏览器将其显示为粗体居中文字。格行和单元格标签属性见表 3-12。

表 3-12　格行和单元格标签的属性及其用途

属　性	用　途
<tr align="">（逐渐淘汰）	水平对齐方式，取值为 left（左对齐）、center（居中）、right（右对齐）
<tr valign="">（逐渐淘汰）	垂直对齐方式，取值为 top（靠顶端对齐）、middle（中间对齐）、bottom（靠底部对齐）
<td height="">（逐渐淘汰）	格子的高度，单位用绝对像素值或总宽度的百分比

续表

属　性	用　途
<td colspan="">	设置一个表格格子跨占的列数（默认值为 1）
<td rowspan="">	设置一个表格格子跨占的行数（默认值为 1）
<td nowrap="">（逐渐淘汰）	禁止表格格子内的内容自动断行

3. 超链接

超链接是 HTML 最吸引人的优点之一。一个超链接指针由两部分组成：一部分是指向目标的链接指针；另一部分是被指向的目标，它可以是同一网页的不同部分，也可以是其他网页，还可以是动画或音乐。

1）<a> 标签

利用 <a> 标签可以指定链接，在起始标签 <a> 和结束标签 </a> 之间的文本或图像组成链接的内容，用户通过在浏览器中单击它们触发超链接。<a> 标签中可使用的属性见表 3-13。在浏览器中，链接的默认外观如下：

① 未被访问的链接：带有下画线而且是蓝色的。

② 已被访问的链接：带有下画线而且是紫色的。

③ 活动链接：带有下画线而且是红色的。

表 3-13　<a> 标签的属性

属　性	用　途
charset	规定目标 URL 的字符编码
coords	规定图像热点链接区域的 X 和 Y 坐标
href	URL 链接的目标
hreflang	规定目标 URL 的基准语言
name	规定锚的名称
rel	规定当前文档与目标 URL 之间的关系
rev	规定目标 URL 与当前文档之间的关系
shape	规定热点区域链接的形状，有四种属性值：default、rect、circle、poly
target	指定超链接中的文档在哪一个窗口或框架打开，有四种属性值：_blank 、_parent 、_self 、_top
type	规定目标 URL 的 MIME 类型

2）文本链接 <a href=” URL” >…</a> 标签

文本链接使用网页上的文字串做链接点，用户单击文字就可以跳转到别处。href 的值可以是网址或相对路径。例如：

```
<a href="http://www.gxu.edu.cn/"> 欢迎访问学校网站 </a>
```

href 的值也可以是 mailto: 形式，即发送 Email 形式。例如：

```
<a href="mailto:yaoyi@263.net"> 联系我 </a>
```

3）图像链接 <a href="URL"><img src="" > </a> 标签

图像链接指的是用户单击网页上的图像或图像的某一部分就可以跳转到别处去。例如:

```
<a href="http://www.gxu.edu.cn/"><img src="school.jpg"></a>
```

4．锚点链接

前面提到的链接指针可以使用户在整个 Internet 上方便地建立链接。但如果用户编写了一个很长的 HTML 文档，从头到尾地读很浪费时间，要解决这个问题，可以在文件的不同部分做记号（锚点），通过记号建立起链接，使用户方便地在上下文之间跳转。

1）建立锚点 <a name="">…</a> 标签

<a name="">…</a> 标签对用于在 HTML 文档中创建一个锚点（即做一个记号），属性 name 是不可缺少的，它的值即为锚点名。例如：

```
<a name="锚点名">此处创建了一个锚点</a>
```

2）通过锚点链接 <a href="#锚点名">…</a> 标签

创建锚点链接是为了在 HTML 文档中实现页内跳转，方便找到同一文档中标有锚点的地方。要跳转到锚点所在地，需编写如下代码：

```
<a href="#锚点名">点击此处将使浏览器跳到"锚点名"处</a>
```

5．热点链接

热点链接也称图像映射，属于另一种形式的超链接。它是一个能对链接指示做出反应的图形或文本框，单击该图形或文本框的已定义区域，可跳转到与该区域相链接的目标（URL）。在图像内划分的不同区域称为“热点”，单击这些“热点”便可实现目标跟踪、访问。

存在两种创建图像映射的方法：

① 在 <img> 标签中使用 <map> 标签和 <area> 标签。

② 在 <object> 标签中使用 <map> 标签。

提示：

<object> 标签的初衷是取代 <img> 和 <applet> 标签。不过由于漏洞以及缺乏浏览器支持，这一点尚未实现，因此目前最好采用第一种方法。

通常使用 <img> 标签将形成映射的图像插入到页面中，附带一个 usemap 属性。usemap 的值与 <map> 标签中 name 属性的值相同，前面加一个“#”符号。

<map> 标签负责为图像创建映射，它紧跟在 <img> 标签之后，是 <area> 标签的容器。<area> 标签则负责定义可单击的热点的边界形状和坐标，图 3-17 所示是创建图像映射的示例图。

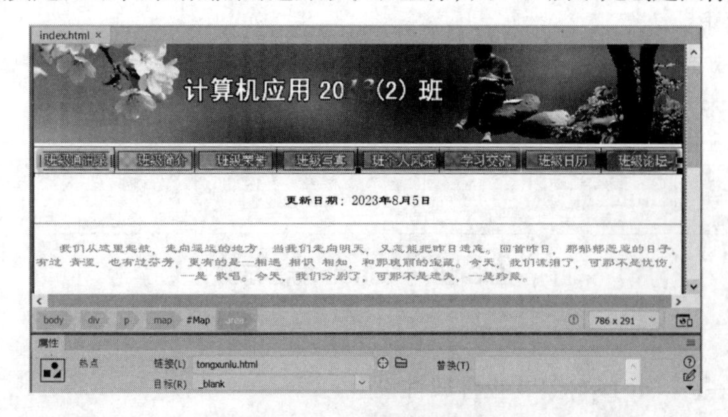

图 3-17　创建图像映射

图 3-17 生成的代码如下所示。

```
<img src="../image/pgxu.jpg" width="780" height="31" usemap="#Map"/>
  <map name="Map" id="Map">
    <area shape="rect" coords="9,5,91,26" href="../tongxunlu.html"/>
    <area shape="rect" coords="115,6,189,26" href="#"/>
    <area shape="rect" coords="207,6,287,26" href="../rongyu.html"/>
    <area shape="rect" coords="307,7,382,26" href="../qinshi/301.html"/>
    <area shape="rect" coords="400,7,483,26" href="../fengcai/fcindex.html"/>
    <area shape="rect" coords="499,7,577,26" href="../xuexi/xxindex.html"/>
    <area shape="rect" coords="594,7,671,26" href="#"/>
    <area shape="rect" coords="691,6,766,26" href="#"/>
</map>
```

任务 5　使用 HTML5 设计表单

任务说明

表单使网页具有交互的功能，使用户不再单纯地接收和阅读来自 Web 服务器的信息，也可以把自己的要求发送给服务器，经过服务器上的 ASP、PHP 或 JSP 等脚本程序的处理后，再将用户所需信息传送回客户端的浏览器上，这样网页就具有了交互性。本任务只介绍怎样使用 HTML 的标签设计表单，至于收集表单数据的服务器处理程序的编制请参看相关书籍。本任务围绕使用 HTML5 设计表单展开。

任务实施——使用 <label> 标签设计表单

<label> 标签不会向用户呈现任何特殊效果，不过它为鼠标用户改进了可用性。如果在 <label> 标签内单击文本，就会触发此控件。就是说，当用户选择该标签时，浏览器就会自动将焦点跳转到和标签相关的表单控件上。

【操作案例 3-9】使用 <label> 标签设计表单。

1）案例要求

编辑一个网页，在表单中插入两个文本框和一个提交按钮，属性的设置及生成的界面效果如图 3-18 所示。

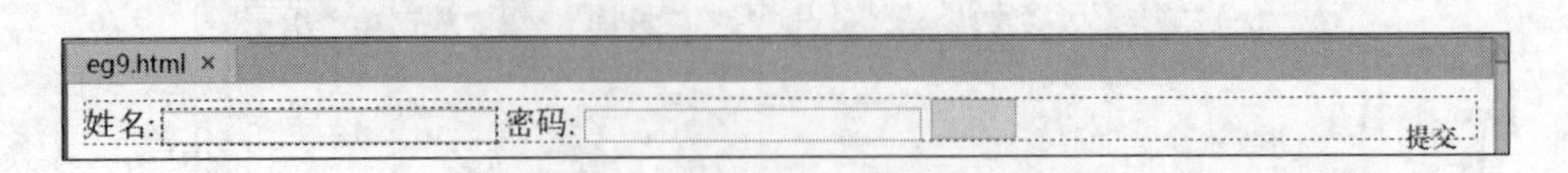

图 3-18　<label> 标签示例

2）知识点

<form> 标签；<label> 标签；控件属性设置。

3）操作过程

新建一个 HTML5 网页，在设计视图中插入一个表单，然后在红色表单框中先后添加一个文本、一个密码和一个“提交”按钮，分别修改文本和密码的显示文字，形成图 3-18 所示的界面。此时，切换到代码视图，将发现在 <body>…</body> 标签对之间出现以下代码。

```
<form id="form1" name="form1" method="post">
  <label for="textfield">姓名 :</label>
  <input type="text" name="textfield" id="textfield">
  <label for="password">密码 :</label>
  <input type="password" name="password" id="password">
  <input type="submit" name="submit" id="submit" value="提交">
</form>
```

从代码中可看出，<label> 标签有一个 for 属性，可把 <label> 标签绑定到另外一个标签。for 属性的值设置应该与相关表单控件的 id 属性的值相同。

提示：

即使没有 <label> 标签，<input> 标签也一样起作用，但是需要说明的是，尽量为用户提供优秀的标签，以便他们知道在何处应该输入什么样的数据。

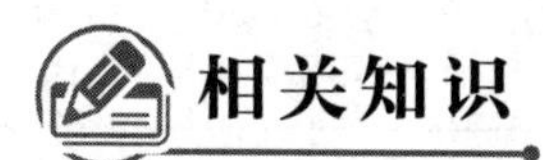

相关知识

1. <form> 标签

一个网页可以包含任意数量的表单，例如，一个页面可同时存在登录表单、搜索表单、调查表单等，但是用户一次只能向服务器发送一个表单的数据。表单由 <form> 标签和 <input> 等标签组合而成。表单的基本语法格式如下：

```
<form  action="" method="" target="">        /*定义表单*/
<label for="">…</label>                      /*定义表单控件的标记*/
<input type="" id=""/>                       /*定义表单控件*/
…
<input type="submit"/>                       /*提交表单*/
</form>                                      /*表单结尾*/
```

<form>…</form> 标签对用于创建表单，即定义表单的开始和结束位置，在该标签对之间的一切都属于表单的内容。<form> 标签中的属性见表 3-14。<input> 标签的作用是为用户提供输入信息的手段，如文本框、单选按钮等。

表 3-14　<form> 标签中的属性及其用途

属　性	用　途
action	action 的值是数据处理程序的程序名，如 <form action="http://yaoyi.gxu.edu.cn/sendme.asp">，当用户提交表单时，服务器将执行名为 sendme.asp 的 ASP 程序
method	指定数据传送到服务器的方式。有两种主要的方式，当 method=get 时，将输入数据作为 URL 的一部分进行发送；当 method=post 时，将输入数据隐藏在 HTTP 头中，用电子邮件接收用户信息采用这种方式，用该方式传送的数据量要比使用 get 方式的大得多

续表

属　性	用　途
id	用于设定表单的名称（替代以前的 name 属性）
target	用来指定目标窗口或目标帧，如 <form target="window">
onsubmit	单击表单中的提交按钮发送数据前触发的事件，如 <form onsubmit ="check_form()">
onreset	单击表单中的重设按钮发送数据前触发的事件

提示：

当浏览器遇到 <form> 标签时，通常在该标签的周围创建一些额外的空白，这些空白有时并不受设计者欢迎，而且利用 CSS 也无法很好地解决这个问题，因此要仔细考虑 <form> 标签的放置位置。

2．<input> 和 <textarea> 标签

1）<input> 标签

<input> 标签用来定义一个用户输入区，用户可在其中输入信息，此标签必须放在 <form>…</form> 标签对之间，表 3-15 为 <input> 标签中的属性。<input> 标签提供了多种类型的输入区域，具体是哪一种类型由 type 属性决定。

表 3-15　< input > 标签中的属性及其用途

属　性	用　途
id	定义当前 input 元素的标识号
name	定义当前 input 元素的控件名称，用于发送给服务器的“名 / 值”对中
type	决定了输入数据的类型
value	用于设置输入默认值，即如果用户不输入的话，就采用此默认值
src	是针对 type=image 的情况来说的，定义以提交按钮形式显示图像的 URL
checked	表示复选框中此项被默认选中
maxlength	表示在输入单行文本时，输入字符的最大个数
size	用于设定在输入多行文本时的最大输入字符数，采用 width、height 方式
onclick	表示在单击时调用指定的子程序
onselect	表示当前项被选择时调用指定的子程序

① type="text"：表示输入单行文本。

② type="password"：表示输入数据为密码，用星号表示。

③ type="checkbox"：表示复选框。

④ type="radio"：表示单选按钮。

⑤ type="submit"：表示提交按钮，数据将被送到服务器。

⑥ type="reset"：表示清除表单数据，以便重新输入。

⑦ type="button"：表示普通按钮。

⑧ type="file"：表示插入一个文件。

⑨ type="hidden"：表示隐藏按钮。

⑩ type="image"：表示插入一个图像。

表3-15中的id和name属性的区别主要体现在调用方式上。例如，表单form1中某个按钮代码是：

```
<input type="button" name="submit" id="tijiao" value="提交"/>
```

则设置该按钮为灰色不可用的JavaScript调用代码如下：

① 用name调用：

```
document.form1.submit.disabled="disabled"
```

② 用id调用：

```
tijiao.disabled="disabled"
```

提示：

通常，编写网页程序代码时，都会把属性id和name的值设置为相同，方便自己记忆。

2）<textarea>标签

<textarea>…</textarea>标签对用来创建一个可以输入多行的文本框。<textarea>标签具有name、cols、rows等属性，cols和rows属性分别用来设置文本框的列数和行数，这里列与行是以字符数为单位的。不过更好的办法是使用CSS的height和width属性规定textarea的尺寸。<textarea>…</textarea>标签对之间可设定文本框中默认文字。例如：

```
<textarea name="jianyi" id="jianyi" cols="45" rows="5">请在此处输入您的建议
</textarea>
```

3．<select>和<option>标签

<select>标签可用于创建单选或多选菜单，供用户从列表的各数据项中选择一项或多项数据输入。列表标签中的属性见表3-16。当提交表单时，浏览器会提交选定的项目，或者收集用逗号分隔的多个选项，将其合成一个单独的参数列表，并且在将<select>表单数据提交给服务器时包括name属性。在<select>标签中至少包含一个<option>标签以创建选项，格式代码如下：

```
<select name="color" id="color">
      <option value="red" selected="selected">红</option>
      <option value="green">绿</option>
      <option value="blue">蓝</option>
</select>
```

表3-16 列表标签中的属性及其用途

属　性	用　途
<select name="">	表示此列表框的名称
<select size="">	用来设置列表的高度，默认值为1
<select multiple="">	加入了multiple属性值后列表框就成了可多选的了；若没有加入multiple属性，显示的将是一个弹出式的列表框

续表

属　性	用　途
<option selected="">	值为 selected 时表示该项默认已选中
<option value="">	value 属性用来给 <option> 指定的那一个选项赋值，该值是要传送到服务器上的，服务器正是通过调用 <select> 区域的名字的 value 属性来获得该区域选中数据项的

任务 6　使用 HTML5 定义框架集

任务说明

框架集的主要优点之一是用户利用它能够加载或重新加载单个框架，而不需要重新加载整个浏览器窗口的全部内容。本任务围绕使用 HTML5 定义框架集展开。

任务实施——使用标签定义框架集

1. 使用 <frameset> 标签定义框架集

<frameset> 标签可定义一个框架集。它用于组织多个框架，每个框架存有独立的文档。

【操作案例 3-10】定义一个框架集。

1）案例要求

定义一个框架集，包含左边一个子框架和右边一个子框架集结构，如图 3-19 所示。

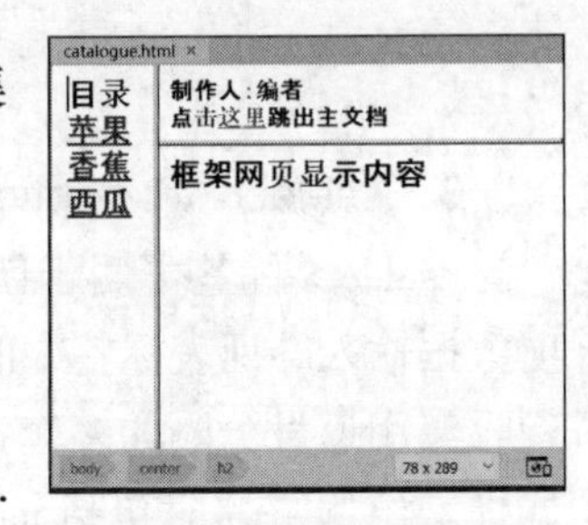

图 3-19　框架集示例

2）知识点

<frameset> 标签；<frame> 标签；rows 属性；cols 属性。

3）操作过程

① 建立三个网页文件，命名分别为 watermelon.html、banana.html 和 apple.html，内容自定。

② 建立三个框架文件，分别为 catalogue.html、info.html、content.html。其中 catalogue.html 显示目录的 HTML 文档，共有三个网页，通过超链接的方式均显示在名称为 show 的子窗口；info.html 显示网站信息的网页，还可以跳出该主文档；content.html 用于显示 catalogue.html 文件中的三个网页内容。各个网页代码分别如图 3-20、图 3-21、图 3-22 所示。

```
8 ▼ <body>
9 ▼     <center> <h1> 目录 <br></h1><h2>
10        <a href="apple.html" target="show">苹果</a><br>
11        <a href="banana.html" target="show">香蕉</a><br>
12        <a href="watermelon.html" target="show">西瓜</a> <br>
13        </h2> </center>
14    </body>
```

图 3-20　网页 catalogue.html 的代码

```
8 ▼ <body>
9 ▼ <h3> 制作人：编者 <br>
10    点击<a href="../egl1/egl1.html" target="_parent">这里</a>跳出主文档
11      </h3>
12  </body>
```

图 3-21　网页 info.html 的代码

```
8 ▼ <body>
9       <h2> 框架网页显示内容 </h2>
10  </body>
```

图 3-22　网页 content.html 的代码

③ 创建框架集网页文件 frameset.html。网页代码如图 3-23 所示。

```
1   <!doctype html>
2 ▼ <html>
3 ▼ <head>
4   <meta charset="utf-8">
5   <title>frameset.html </title>
6   </head>
7 ▼ <frameset cols="12%, *" rows="100%">
8       <frame frameborder="1" src="catalogue.html" name="catalogue">
9 ▼     <frameset cols="100" rows="15%,*">
10          <frame frameborder="1" scrolling="no" src="info.html" name="info">
11          <frame frameborder="1" src="content.html" name="show">
12      </frameset>
13  </frameset>
14  <noframes><body></body></noframes>
15  </html>
```

图 3-23　框架集 frameset.html 的代码

框架集的代码说明如下：

第 7 行：<frameset cols="12%,*" rows="100%"> 表示框架集是左右结构的两个子窗口，高度都占 100%，左边子窗口宽度占 15%，右边子窗口占剩余部分，用“*”表示。

第 8 行：框架中左边子窗口的边框以及连接网页文件，边界线宽度 1。

第 9 ～ 12 行：<frameset cols="100" rows="15%,*"> 右边子窗口中加入一个上下结构的两个窗口框架集，宽度都占 100%，上窗口占高度 15%，下窗口高度占剩余部分。

然后又在第二个子窗口加入了一个框架，这个框架里有两个子窗口，宽度都占 100%，第一个子窗口高度占 10%，第二个子窗口占剩余部分，也就是说此时浏览器共可以显示三个 HTML 文档。三个子窗口都指定了初始 HTML 文档。

分为两列框架，左边宽度占网页 12%，右边是面剩余部分的高度，用“*”表示。

第 14 行：<noframes> 标签的用途是如果用户的浏览器不支持框架，则显示该标签中的 <body> 标签的内容。

2．定义一个内框架

【操作案例 3-11】定义一个内框架。

1）案例要求

定义一个内框架，使得超链接指向的网页在指定内框架中打开，如图 3-24 所示。

2）知识点

<iframe> 标签；超链接。

3）操作过程

① 事先建立三个网页文件待用：watermelon.html、banana.html 和 apple.html，内容自定。

② 新建一个网页，插入四行两列的表格，合并右列的单元格，输入相关文字。

③ 在合并后的单元格内建立一个内联框架，在该单元格 <th>…</th> 标签对中添加如下代码：

```
<tr>
  <th width="179" height="72" scope="col">请选择您喜欢的水果</th>
  <th width="441" rowspan="4" scope="col">
     <iframe name="photo" src="apple.html" width="400" height="300" ></iframe>
  </th>
</tr>
```

④ 设置页面内的超链接，如图 3-24 所示。

创建好内框架后，如果要建立页面内的超链接，使指定链接网页在内框架中打开，则需要在建立超链接时指定链接目标名，此处要与内框架的 name 属性值一致，如图 3-25 所示。

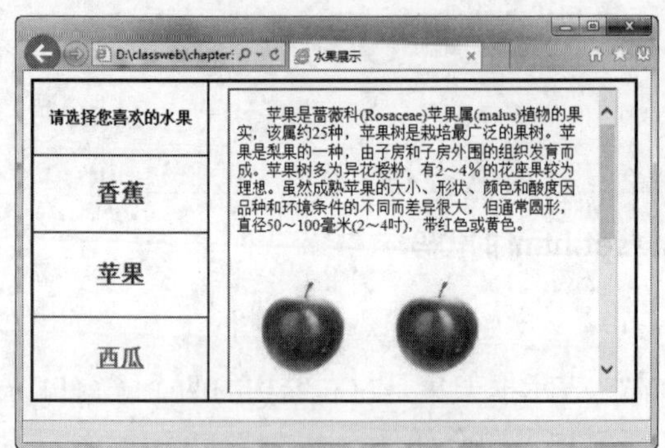

图 3-24　内联框架效果图

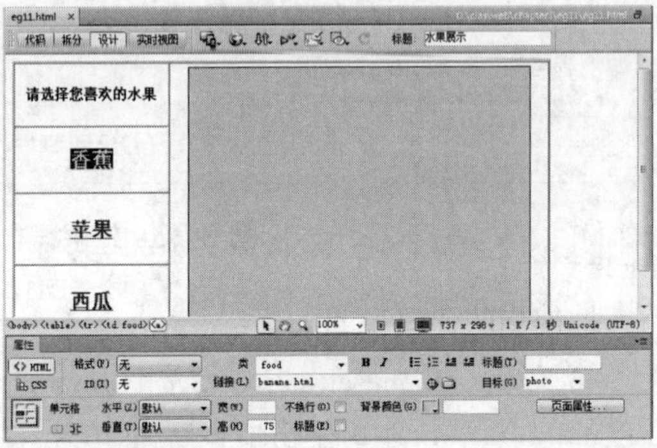

图 3-25　内框架超链接设置

提示：

可以把需要的文本放置在 <iframe>…</iframe> 标签对之间，这样就可以应对不支持 <iframe> 标签的浏览器。

<iframe> 标签在某些场合非常有用，因为它允许仅刷新页面的一部分，而不用重新加载整个页面。但是需要说明的是，由于不存在特定于 <iframe > 标签的 CSS 样式或者事件，因此在较严谨的 HTML5 1.0 Strict DTD 版本中，不支持 <iframe> 标签。

相关知识

1. <frameset> 标签

<frameset> 标签定义一个框架集。其作用是指定一个框架集，用于组织多个框架（窗口）和嵌套框架集。每个框架存有独立的文档（HTML 文件）。框架通常的使用方法是在

一个框架中放置目录（即加入一系列链接），当单击链接以后在另一个框架中显示被链接的HTML文件。在其最简单的应用中，frameset元素仅仅会规定在框架集中存在多少列或多少行。必须使用cols或rows属性。

FRAMESET元素是FRAME元素的容器。HTML文档可包含FRAMESET元素或BODY元素之一，而不能同时包含两者。不能与<frameset></frameset>标签一起使用<body></body>标签。不过，如果需要为不支持框架的浏览器添加一个<noframes>标签，请务必在<noframes>标签内紧跟<body></body>标签对，然后才可以使用我们熟悉的任何标签。<frameset>中的属性见表3-17。

表3-17　<frameset>标签中的属性及其用途

属　性	用　途
cols	设置或返回框架集中列的数目
Id	设置或返回框架集的id
Rows	设置或返回框架集中行的数目
className	设置或返回元素的class属性
Dir	设置或返回文本的方向
Lang	设置或返回元素的语言代码
title	设置或返回元素的title属性
src	规定在框架中显示的文档的URL

通过<a href=""target="_parent">方式可以跳出框架到href指定页面。

2．<frame>标签

<frame>标签用于指定框架集中每一个框架页的内容，必须附带一个src属性，指示默认超链接到哪一个网页。<frame>标签中的属性见表3-18。

表3-18　<frame>标签中的属性及其用途

属　性	用　途
frameborder	是否显示框架周围的边框
longdesc	规定一个包含有关框架内容的描述的页面
marginheight	定义框架的上方和下方的边距
marginwidth	定义框架的左侧和右侧的边距
name	规定框架的名称
noresize	规定无法调整框架的大小
scrolling	规定是否在框架中显示滚动条，有三种选择：yes、no和auto
src	规定在框架中显示的文档的URL

框架集常用做法是在其中一个框架中放置导航栏，然后指定链接网页在另一个框架中打开。这就需要在链接代码中加上target属性。例如，要在主框架页面中打开链接网页banana.html，则链接代码为：

```
<a href="banana.html" target="show">香蕉</a>
```

3. <iframe> 标签

<iframe> 标签用于创建包含另外一个文档的内框架。内框架是一种特殊框架，它可以出现在页面内的任意位置，而且不需要框架集 <frameset> 的支持，也不需要特殊的 DOCTYPE 声明。<iframe> 标签中的属性见表 3-19。

表 3-19 <iframe> 标签中的属性及其用途

属　性	用　途
align	规定如何根据周围的元素来对齐此框架，有五个选项：left、right、top、middle 和 bottom
frameborder	规定是否显示框架周围的边框
height	规定 iframe 的高度
width	规定 iframe 的宽度
longdesc	规定一个页面，该页面包含了有关 iframe 的较长描述
marginheight	定义 iframe 的顶部和底部的边距
marginwidth	定义 iframe 的左侧和右侧的边距
name	规定 iframe 的名称
scrolling	规定是否在 iframe 中显示滚动条，有三个选项：yes、no 和 auto
src	规定在 iframe 中默认显示的文档 URL

小　结

本单元主要介绍HTML的基本语法与编程格式，并对其未来发展方向进行了简单描述。虽然市面上有很多“所见即所得”的网页制作工具，如 FontPage、Dreamweaver 等，使用户在没有 HTML5 基础的情况下，依然可以编写出 HTML5 网页，但这种方式编写出的网页容易产生大量垃圾代码而且不易修改。所以一个明智的网页编写者除了要掌握图形化网页编辑工具之外，还应学会 HTML 语言，从而知道哪些是可消除的垃圾代码，以达到快速制作高质量网页的目的。

习　题

一、填空题

1. <title> 标签应位于________标签之间。<head> 标签应位于________标签之间。
2. 如果要创建一个指向电子邮件 someone@mail.com 的超链接，代码应该为：

```
<a________>指向 someone@mail.com 的超链接 </a>
```

3. 换行符在 HTML5 中用________标签表示。
4. 在 <img> 标签中最基本的、必须要赋值的是________属性。
5. 要在表单中添加一个默认时为选中状态的复选框，应使用如下语句。

```
<input name="aa" type="checkbox" value="aa" checked="________" />
```

二、单选题

1. 下面说法中错误的是（　　）。

A. 网页的本质通常就是 HTML 源代码

B. 网页就是主页

C. 使用记事本编辑网页时，应将其保存为 .htm 或 .html 等网页文件扩展名

D. 本地网站通常就是一个完整的文件夹

2. 以下说法中正确的是（　　）。

A. <p> 标签与
 标签的作用一样

B. 多个 <p> 标签可以产生多个空行

C. 多个
 标签可以产生多个空行

D. <p> 标签的结束标签绝对不可以省略

3. 下面有关表单的说明中错误的是（　　）。

A. 表单通常用于搜集用户信息

B. 在 <form> 标签中使用 action 属性指定表单处理程序的位置

C. 表单中只能包含表单控件，而不能包含其他诸如图片之类的内容

D. 在 <form> 标签中使用 method 属性指定提交表单数据的方法

4. 在输出时，列表条目用数字标示需要用到的标签是（　　）。

A. <dd>　　B. <ul>　　C. <dl>　　D. <ol>

5. 下面属性不是放在 <bgsound> 标签里面的是（　　）。

A. src　　B. delay　　C. loop　　D. align

6. 下面不是 HTML5 1.0 对于 HTML 4.0 的改进的项为（　　）。

A. 必须在页面最顶部加上 DOCTYPE 声明

B. HTML5 元素一定要被正确地嵌套使用

C. HTML5 允许某些属性值省略双引号

D. 所有的标签都必须关闭

7. 下面不是规范 HTML 语句的是（　　）。

A. <img src="/files/gxdx.gif" name="picture1" />

B. This is a break

C. <p>This is
a section </p>

D. <input type="checkbox" name="shirt" value="medium" checked="checked" />

8. 下面对 HTML5 描述有误的是（　　）。

A. 所有的属性都必须有值

B. HTML5 规范是由微软公司发布的

C. 每个标准的 HTML5 文档都应当从一个 DOCTYPE 声明开始

D. 标签一定要被正确地嵌套使用

9. 下面不是合法超链接的是（　　）。

A. <a href="http://www.gxu.edu.cn/"><img src=" school.jpg" ></a>

B. <a href="http://www.ccie.gxu.edu.cn/" target="_blank"> 这是我的网站 </a>

C. <a href="yaoyi@263.net"> 这是我的电子信箱 </a>

D. <a href= "../image/window.jpg"> 单击看大图 </a>

10. 下面属性不是放在表单的 <form> 标签里面的是（　　）。

A. action=""　　B. method=""　　C. type=""　　D. target=""

三、简答题

1. 简述 HTML 文档的基本结构。
2. 简述 <form> 标签中可以设置哪些属性？这些属性的用途是什么？
3. 简单描述 <p>、<pre>、
 这三个标签的不同之处。

四、实训题——制作学校主页

1. 启动 Dreamweaver，熟悉工作界面。
2. 创建一个“学校”网站，在硬盘上创建站点根文件夹“school”，并在其中创建一个首页网页文件“index.html”。
3. 制作图 3-24 所示的学校网站首页网页。

实训素材：chapter3\ 素材 \images。

效果文件：chapter3\ 素材 \index.html。

图 3-24　效果图

单元 4
构建 CSS3 样式与网页布局

学习目标

- 了解 CSS3 的基本语法与格式。
- 掌握 CSS3 在网页布局中的应用。
- 熟悉 CSS3 各种属性的设置。
- 学习一丝不苟的工作态度。

任务 1　体验 CSS3 样式应用

任务说明

CSS（cascading style sheet，层叠样式表）是一组格式设置规则，用于控制 Web 页面的外观。CSS 是能够真正做到网页表现与内容分离的一种样式设计语言。相对于传统 HTML 的格式表现而言，CSS 能够对网页对象的位置排版进行像素级的精确控制，支持几乎所有的字体字号样式，拥有对网页对象和模型样式编辑的能力，并能够进行初步交互设计，是目前基于文本展示最优秀的表现设计语言。

任务实施——体验 CSS 外部样式表

【操作案例 4-1】CSS 外部样式表的建立和使用。

1）案例要求

建立一个 CSS 外部样式表 css01.css，使之应用到网页 example01.html 中。

2）知识点

创建 CSS 文件；HTML 文件链接 CSS 文件。

3）操作过程

① 在 Dreamweaver 中依次选择“文件”|“新建”命令，在弹出的“新建文档”对话框中选择“新建文档”|“文档类型：CSS”，单击“创建”按钮，创建 CSS 文件，输入以下内容后保存为 css01.css：

```
body{background-color:#F00}
```

② 在 Dreamweaver 中新建一个 HTML 网页 example01.html，单击“CSS 样式”面板下方的“附加 CSS”附加样式表按钮，在弹出的“链接外部样式表”对话框中选择 css01.css 文件，如图 4-1 所示，单击“确定”按钮。

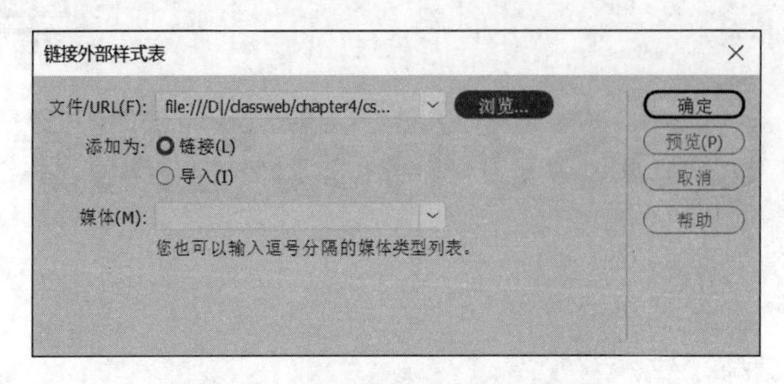

图 4-1　“链接外部样式表”对话框

链接成功后网页的背景色变为红色，文件类型显示分为：“源代码”和“*.css”，切换到代码视图，看到在 <head>…</head> 标签对中出现一行链接代码：

```
<link href="css01.css" rel="stylesheet" type="text/css"/>
```

提示：

比较外部样式表和内部样式表，发现其内容实际上就是内部样式表中除去 <style>…</style> 等标签对后的内容。

相关知识

1. CSS 的语法结构

CSS 也是一种语言，这种语言要和 HTML 或 XML 相结合才起作用。CSS 简单来说就是用于美化网页和控制网页的外观。通过使用 CSS 样式设置，可将页面内容存放在 HTML 文档中，而用于定义表现形式的 CSS 规则存放在另一个文件中或 HTML 文档的某一部分（通常为文件头部分）。将内容与表现形式分离，不仅可以使站点外观的维护更加容易，而且还可以使 HTML 文档代码更加简练，缩短浏览器的加载时间。所有的主流浏览器均支持层叠样式表。CSS 可以用任意文本工具进行开发，如 Dreamweaver 等。

所有样式表的基础都是 CSS 规则。每一条规则都是一条单独的语句，它确定应该如何设计样式以及如何应用这些样式。浏览器用它来确定页面的显示效果。CSS 定义由三部分构成：

```
选择器 { 属性 : 值 ;}
```

例如：

```
body{background:#000000;}      /* 设置页面背景为黑色 */
```

CSS 采用 /*…*/ 表示注释，注释有利于以后编辑和更改代码时理解代码的含义。在浏览器中，注释是不显示、不解释的。

2. 选择器

选择器是指样式编码所要针对的对象。它可以是一个HTML标签，例如，<body>、<p>、<table>等标签；也可以是定义了id或class的标签，例如，#box选择器表示选择了一个名称为box的id对象。浏览器将对CSS选择器进行严格的解析，每一组样式均会被浏览器应用到对应的对象上。

1）选择器的书写格式和使用方法

① 当需要对一个选择器指定多个属性时，可以使用分号将不同属性和值隔开，例如：

```
p{text-align:center;color:red}        /*段落居中排列；并且段落中的文字为红色*/
```

② 可以把相同属性和值的选择器组合起来书写，用逗号将选择器隔开，这样可以减少样式重复定义。例如：

```
h1,h2,h3,h4,h5,h6{color:green}        /*六种标签的文字均为绿色*/
```

③ 用类选择器能够把相同的元素分类定义为不同的样式，定义类选择器时，在自定义类的名称前面加一个点号。

假如想要两个不同的段落，一个段落向右对齐，一个段落居中，则可以先定义两个类：

```
p.right{text-align:right}
p.center{text-align:center}
```

然后在不同段落的HTML标签中加入class参数：

```
<p class="right">这个段落是向右对齐的</p>
<p class="center">这个段落是居中排列的</p>
```

④ 类选择器的另外一种用法是在选择器中省略HTML标签，这样可以把几个不同的元素定义成相同的样式。

例如，有CSS规则如下：

```
.center{text-align:center}        /*定义.center的类选择器为文字居中排列*/
```

使h1元素（标题1）和p元素（段落）都归为center类：

```
<h1 class="center">这个标题是居中排列的</h1>
<p class="center">这个段落也是居中排列的</p>
```

提示：

这种省略HTML标签的类选择器是比较常用的CSS方法，使用这种方法可以很方便地在任意元素上套用预先定义好的类样式。

⑤ 先在HTML页面中为某个元素指定id参数，然后采用id选择器对这个元素定义单独的样式。id选择器的应用和类选择器类似，只要把class换成id即可。id在一个页面中只能出现一次，而class可以多次运用。

定义id选择器要在id名称前加上一个“#”号。和类选择器相同，定义id选择器的属性也有如下两种方法：

例如，id属性将匹配id="intro"的元素：

```
#intro{font-size:110%;font-weight:bold;}    /* 字体尺寸为默认尺寸的 110%; 粗体 */
```

例如，id 属性只匹配 id="intro" 的段落元素：

```
p#intro{font-size:110%;font-weight:bold;}
```

提示：

在 Web 标准中是不容许重复 id 的，例如 div id="a" 不容许重复两次；而 class 所定义的是类，理论上可以无限重复，可根据需要多次引用。

⑥ 可以单独对某种元素定义包含选择器，即假设元素 1 里包含元素 2，这种方式只对在元素 1 里的元素 2 定义，对单独的元素 1 或元素 2 无定义。例如，要改变表格内的链接样式，而表格外的链接样式不变，代码如下：

```
table a{font-size:12px}
```

2）选择器的优先级别

不同的选择器定义相同的元素时，要考虑到它们之间的优先级。相比之下，id 选择器优先级最高，其次是类选择器，HTML 标签选择器级别最低。如果想超越这三者之间的关系，可以用 !important 提升样式表的优先权，例如：

```
p{color:#FF0000!important}
.blue{color:#0000FF}
#id1{color:#FFFF00}
```

当同时对页面中的一个段落加上这三种样式，它最后会依照被 !important 声明的 HTML 标签选择器样式为红色文字。如果去掉 !important，则依照优先权最高的 id 选择器为黄色文字。

3）样式表的层叠性

层叠性就是继承性，样式表的继承规则是外部元素的样式会保留下来继承给这个元素所包含的其他元素。事实上，所有在元素中嵌套的元素都会继承其外层元素所指定的属性值，有时会把很多层嵌套的样式叠加在一起，除非另外更改。当样式表继承遇到冲突时，总是以最后定义的样式为准。

3．应用 CSS 样式到网页中

CSS 样式可以以多种方式灵活地应用到所设计的页面中，根据设计不同的要求选择不同的方式。

1）行内样式表

行内样式表将 CSS 样式所定义的内容写在 HTML 代码行内，例如：

```
<body style="background-color:#F00">页面背景色为红色</body>
```

style="background-color:#F00" 代码就是行内样式表的书写方式，它出现在要控制其格式的标签内部，以 style="" 开始，引号中间则是样式控制的命令。

提示：

行内样式表的应用范围很小，只对具有 style 属性的标签元素有效，而且优先级是最高的，但其有悖于结构与表现分离的原则，因此一般只在特殊情况下使用。

2）内部样式表

内部样式表将 CSS 样式统一放置在页面的一个固定位置，与 HTML 的具体标签分离开，从而可以实现对整个页面范围内的内容显示进行统一的控制与管理，一般将其放置在 <head>…</head> 区段中。图 4-2 所示为一个应用了内部样式表的网页代码。

```
example1.html ×
1  <!doctype html>
2  <html>
3  <head>
4  <meta charset="utf-8">
5  <title>无标题文档</title>
6  <style type="text/css">
7      body{background-color:#F00}
8  </style>
9  </head>
10
11 <body>
12     这个网页应用了内部样式
13 </body>
14 </html>
```

图 4-2　应用了内部样式表的网页代码

提示：

部样式表不一定必须写在 HTML 文件的 <head>…</head> 标签对之间。它可以在页面的任何位置，只要样式表本身的语法正确，同时 <style> 和 </style> 标签能够一一对应，则其对整个页面的样式设置就可以生效。

3）外部样式表

外部样式表是相对于内部样式表而言的，它实际上是一个扩展名为 .css 的文件，独立于 HTML 页面，放置于网站文件夹内某个位置，外部样式表也称样式表文件。外部样式表的内容和内部样式表类似，都是样式的定义。

外部样式表通过在某个 HTML 页面中添加链接的方式生效。同一个外部样式表可以被多个网页甚至是整个网站的所有网页所采用，这就是它最大的优点。如果说内部样式表在总体上定义了一个网页的显示方式，那么外部样式表可以说在总体上定义了一个网站的显示方式。

4）三种样式表的比较

由于行内样式表只针对当前所在的标签，内部样式表只针对当前所在的 HTML 文件。因此，如果一个 HTML 文件中包含行内样式表的标签很多，或者一个网站中包含内部样式表的 HTML 文件很多，都会增加文件的大小，从而使服务器接受用户请求并反馈网页回来的传输速度受到影响。更重要的一个问题就是维护，网站投入使用后可能要经常修改，如果有大量网页需要修改样式，则这三种样式表修改效率高低依次是：外部样式表 > 内部样式表 > 行内样式表。

在实际应用中，往往是三种样式表同时运用：网站的总体风格依靠外部样式表来定义，每个网站的网页都链接一个或几个固定的 CSS 文件；当某个页面需要特别的样式时，则在该页面上采用内部样式表；当页面的某个标签需要特别的样式时，在该标签上应用行内样式表。通过这样的方法，做到了共性与个性的统一，在变化与固定之间建立了比较好的平衡。

5）三种样式表的优先级别

假设一个网页拥有多个样式表，那么浏览器该如何决定最终用什么效果来显示呢？这就需要排定次序，浏览器默认显示从低到高的优先级别为：外部样式表 < 内部样式表 < 行内样式表。

这样的排序实际上也很好理解，如果格式离内容越近，自然是该段内容需要这样的格式，因此浏览器要优先按照这样的样式规则来显示。

任务2 设置CSS样式

任务说明

在使用CSS样式之前要先定义好CSS样式，这样才能对网页中的内容进行CSS样式的应用。在Dreamweaver中，即使不懂CSS代码，也可以轻松地创建与使用CSS样式表。本任务围绕设置CSS样式开展。

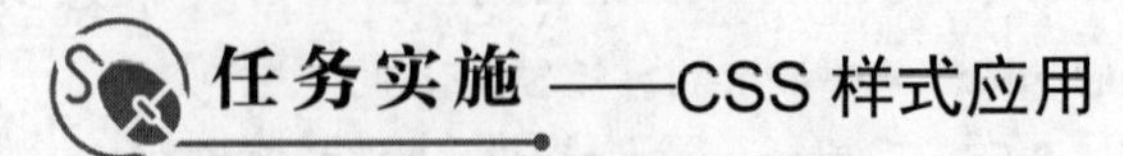

任务实施——CSS样式应用

1. 使用CSS创建个性化鼠标

【操作案例4-2】使用CSS创建个性化鼠标。

1）案例要求

利用Cursor样式创建多种鼠标效果，使之移动到指定位置时显示出不同的鼠标形态。

2）知识点

<span>标签；Cursor样式。

3）操作过程

① 在Dreamweaver中新建空白文档，输入图4-3所示的代码。

```
8 ▼ <body>
9   <p>请把鼠标移动到单词上，可以看到鼠标指针发生变化：</p>
10  <span style="cursor:auto">Auto</span><br />
11  <span style="cursor:crosshair">Crosshair</span><br />
12  <span style="cursor:default">Default</span><br />
13  <span style="cursor:pointer">Pointer</span><br />
14  <span style="cursor:move">Move</span><br />
15  <span style="cursor:e-resize">e-resize</span><br />
16  <span style="cursor:ne-resize">ne-resize</span><br />
17  <span style="cursor:nw-resize">nw-resize</span><br />
18  <span style="cursor:n-resize">n-resize</span><br />
19  <span style="cursor:se-resize">se-resize</span><br />
20  <span style="cursor:sw-resize">sw-resize</span><br />
21  <span style="cursor:s-resize">s-resize</span><br />
22  <span style="cursor:w-resize">w-resize</span><br />
23  <span style="cursor:text">text</span><br />
24  <span style="cursor:wait">wait</span><br />
25  <span style="cursor:help">help</span><br />
26  <span style="cursor:url('../pic/dinosaur.ani')">自定义光标</span>
27  </body>
```

图4-3 使用CSS创建个性化鼠标

②保存网页后，在浏览器中观看鼠标效果。

2. 使用 CSS3 滤镜

【操作案例 4-3】使用 CSS3 滤镜。

1）案例要求

利用 CSS3 滤镜创建多种文字和图像滤镜特效效果，如图 4-4 所示。

滤镜/特效	效果
drop-shadow（阴影）滤镜	
text-shadow（文本阴影）	文本阴影效果
Blur（模糊）滤镜	
grayscale(灰度图像)滤镜	
border-radius(圆角边框)	
opacity（透明）滤镜	

图 4-4　使用 CSS 创建滤镜效果

2）知识点

"CSS 样式"面板；CSS 滤镜效果。

3）操作过程

① 在 Dreamweaver 中新建空白文档，插入一个 6 行 2 列的表格，并输入图 4-4 所示的文字和图像。

② 在"CSS 设计器"面板中单击"源"的（添加 CSS 源）按钮，在弹出的内容中选择"在页面中定义"选项。单击"选择器"的（添加选择器）按钮，在文本框中输入".drop-shadowcss"。接着在属性项中单击（添加 CSS 属性）按钮，在更多中输入属性名：Filter 和属性值 drop-shadow(3px 3px 3px #999)，如图 4-5 所示。

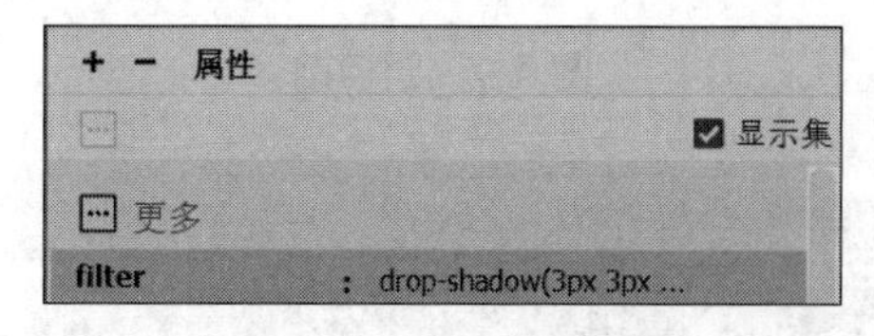

图 4-5　filter 属性设置

③ 同理添加其他的滤镜效果，设置的滤镜参数如图 4-6 所示。

④ 保存网页后，在浏览器中观看效果。需要指出的是，由于 CSS 滤镜只在 IE 浏览器中才能够正常显示，而在其他的非 IE 核心的浏览器中大多不能观看效果。

```
 6 ▼ <style type="text/css">
 7 ▼ .drop-shadowcss {
 8        filter: drop-shadow(3px 3px 3px #999);
 9   }
10 ▼ .text-shadowcss{
11        text-shadow: 2px 2px #aaa;
12        }
13 ▼ .bluecss {
14        -webkit-filter:blur(2px);
15        /*Chrome, Safari, Opera */
16        filter:blur(2px) ;
17   }
18 ▼ .grayscalecss {
19        filter:grayscale(1);
20   }
21 ▼ .saturatecss img {
22         border: 2px solid red;
23         border-radius: 45px;
24   }
25 ▼ .opacitycss{
26        filter:opacity(0.3);
27   }
28   </style>
```

图 4-6　添加滤镜效果后的代码

3. 设置 CSS 样式的过渡属性

【操作案例 4-4】创建并应用 CSS3 过渡效果。

1）案例要求

CSS3 中，为了添加某种效果可以从一种样式转变到另一个的时候，无需使用 Flash 动画或 JavaScript。利用 CSS 规则创建一个当鼠标悬浮其上时，自动改变 <div> 宽度属性值的过渡效果，过渡前后效果如图 4-7 和图 4-8 所示。

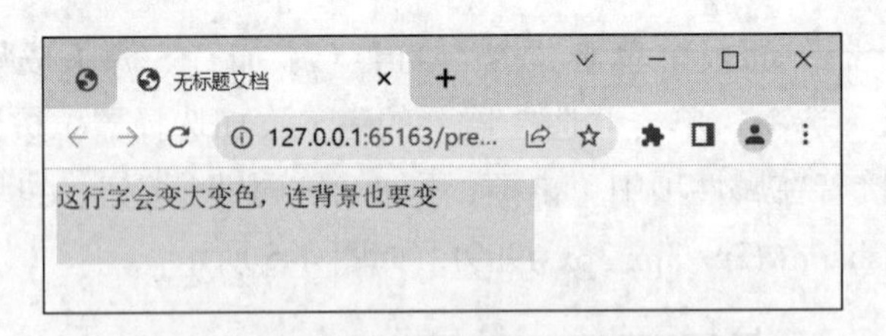

图 4-7　过渡前

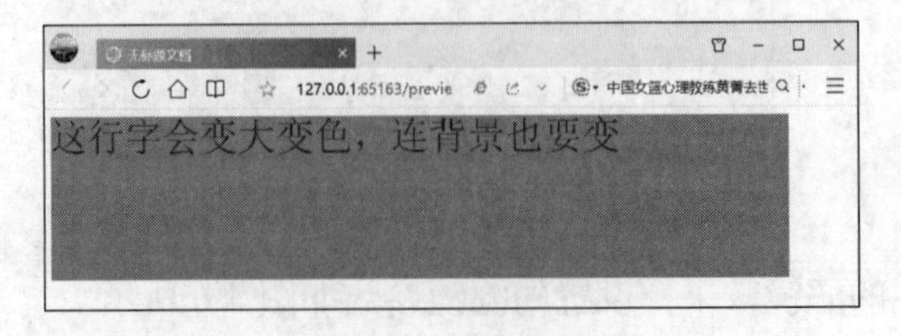

图 4-8　过渡后

2）知识点

<div> 标签；添加 CSS3 过渡效果。

3）操作过程

① 在站点的 chapter4 目录中新建空白文档 example04.html，依次选择“插入”菜单 |“Div(D)”命令，在弹出的“插入 Div”对话框中设置 ID 为 change 后单击“确定”按钮，如图 4-9 所示。在创建的 Div 方框中输入文字“这行字会变大变色，连背景也要变”。

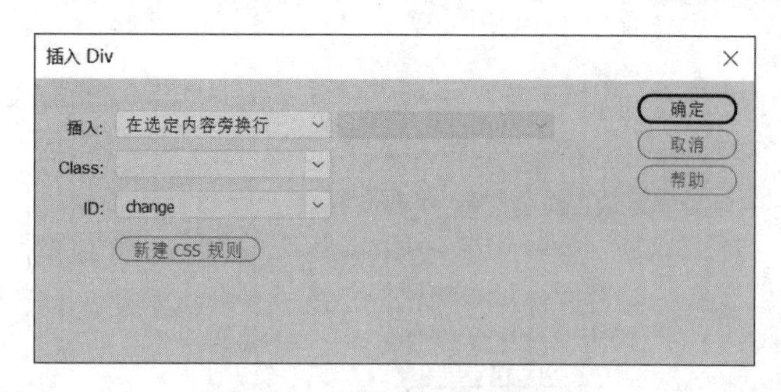

图 4-9　“插入 Div”对话框

② 选中 Div 方框，在其属性面板中依次选择“CSS”|“编辑规则”按钮，弹出“#change 的 CSS 规则定义”对话框，在分类中选择“类型”属性，设置 Font-size 为 16px，Font-weight 为 100，Color 为 #009；选择“背景”属性，设置 Background-color 为 #FF9；选择“方框”属性，设置 Height 为 50 px，Width 为 300 px；如图 4-10 所示。

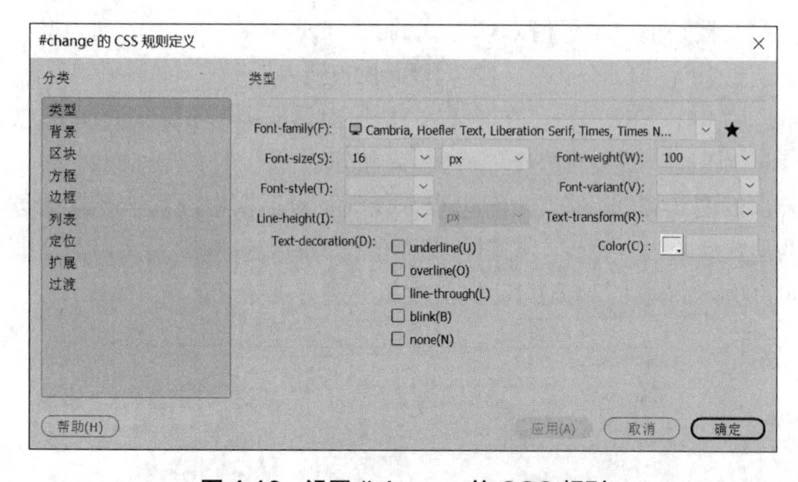

图 4-10　设置 #change 的 CSS 规则

③ 依次选择“窗口”菜单 |“CSS 过渡效果”命令，在弹出的“CSS 过渡效果”面板中单击“新建过渡效果”按钮+。

④ 在弹出的“新建过渡效果”对话框中设置“目标规则”为 #change，“过渡效果开启”为 active，“持续时间”为 2s，单击“属性”列表框下方的添加按钮+，设置过渡后的属性值：font-size 为 36px，color 为 #F00，background-color 为 #999，height 为 150px，width 为 700px，如图 4-11 所示。单击“创建过渡效果”按钮后即可在浏览器中观看过渡效果。生成的代码如图 4-12 所示。

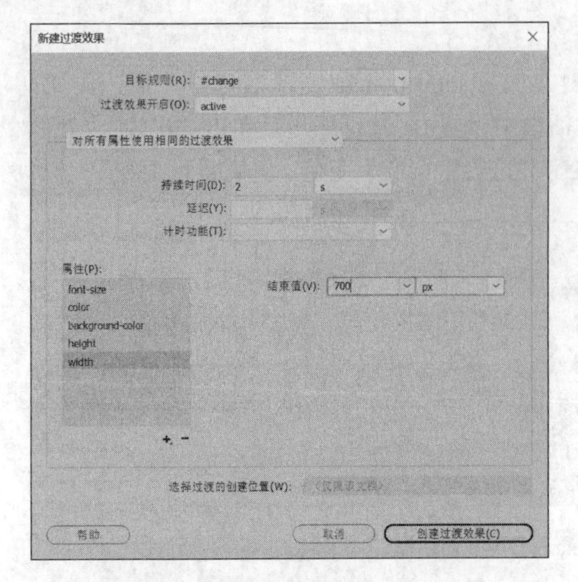

图 4-11 “新建过渡效果”对话框

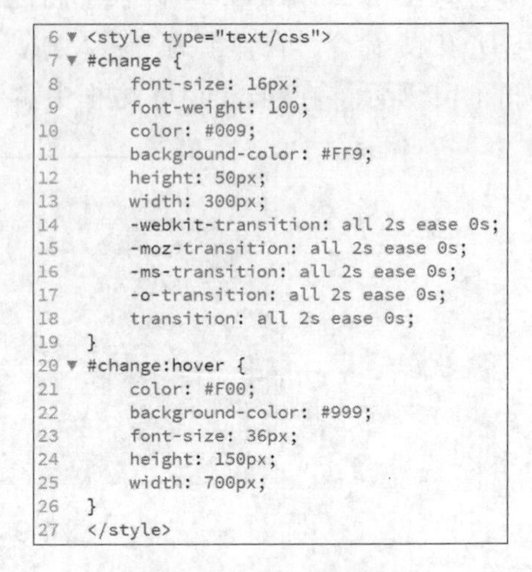

```
6 ▼ <style type="text/css">
7 ▼ #change {
8       font-size: 16px;
9       font-weight: 100;
10      color: #009;
11      background-color: #FF9;
12      height: 50px;
13      width: 300px;
14      -webkit-transition: all 2s ease 0s;
15      -moz-transition: all 2s ease 0s;
16      -ms-transition: all 2s ease 0s;
17      -o-transition: all 2s ease 0s;
18      transition: all 2s ease 0s;
19   }
20 ▼ #change:hover {
21      color: #F00;
22      background-color: #999;
23      font-size: 36px;
24      height: 150px;
25      width: 700px;
26   }
27   </style>
```

图 4-12 过渡效果代码

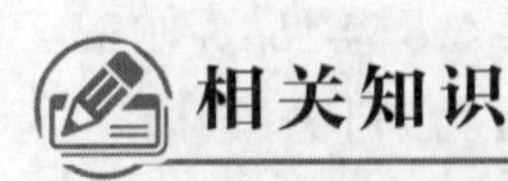

相关知识

1. 新建 CSS 样式

新建的空白文档是不包含任何 CSS 样式的，“CSS 样式”面板的列表框中显示“未定义样式”文字。要想新建 CSS 样式，有以下两种方法：

① “插入”菜单 | “Div(D)”，在“插入 Div”对话框中单击 新建 CSS 规则 按钮。

② 打开 Div“属性”面板 |CSS| 编辑规则 按钮。

在随后弹出的图 4-13 所示的“新建 CSS 规则”对话框中设置选择器的类型、名称以及定义规则的位置后单击“确定”按钮，将弹出“…的 CSS 规则定义”对话框（如图 4-14 所示的“.mytxt 的 CSS 规则定义”对话框）供用户进行具体设置。

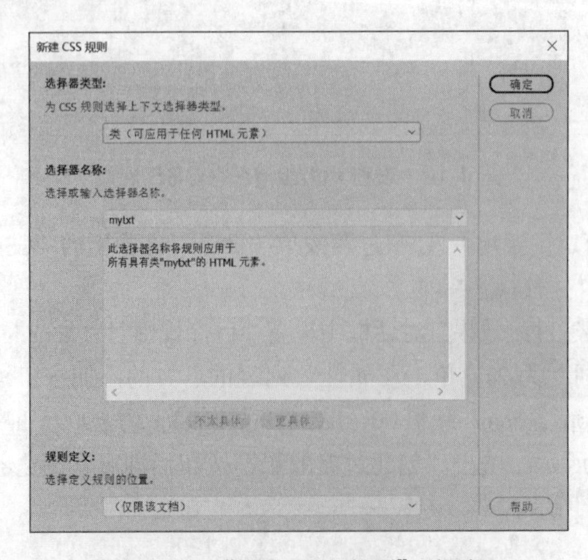

图 4-13 “新建 CSS 规则”对话框

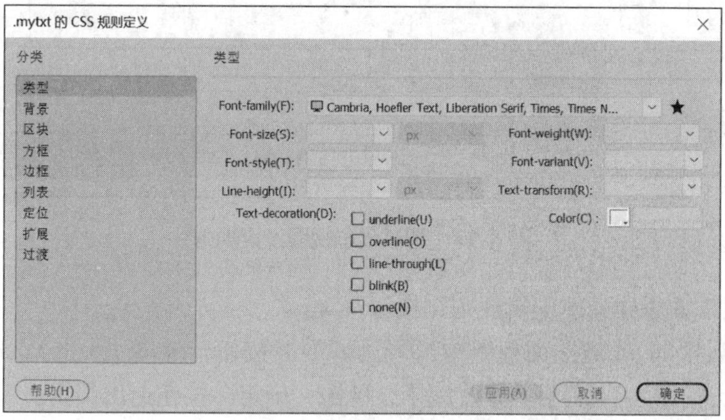

图 4-14　“.mytxt 的 CSS 规则定义”对话框

规则定义的位置有两种：一种是仅限该文档；另一种是新建样式表文件。如果选择后者，将弹出“将样式表文件另存为”对话框生成外部样式表文件，同时在当前 HTML 文档中自动生成链接语句。

CSS 选择器分为四种类型：类、ID、标签和复合内容，如图 4-15 所示。

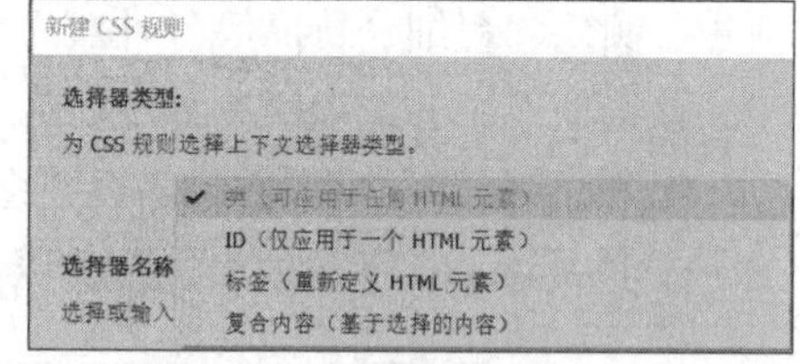

图 4-15　选择器的四种类型

① 类选择器：即通常说的 class 选择器，可应用于任何 HTML 元素，定义的时候要在名称前加“.”，例如：

```
.one{color:red;font-size:25pt;}
```

② ID 选择器：仅应用于一个 HTML 元素，定义的时候要在前面加“#”，例如：

```
#box{color:red;font-size:25pt;}
```

③ 标签选择器：利用 HTML 的标签直接定义标签内容的样式，例如：

```
h1{color:red;font-size:25pt;}
```

④ 复合内容选择器：根据所选内容的情况，由两个或多个基本选择器通过不同方式连接而成的选择器。

2．编辑 CSS 样式

当已创建的 CSS 样式没有达到预期效果时，可以对其进行编辑以满足需求。编辑的方法有如下三种：

1）通过“CSS 设计器”面板

在图 4-16 所示的“CSS 设计器”面板中，在选择器项单击选中相应的选择器名，在属性项中对属性值进行编辑。

2）在代码视图中直接编辑

切换到代码视图，直接修改 CSS 样式代码，如果要增加样式，只需在代码行输入首字符后系统自动打开代码提示列表，如图 4-17 所示。

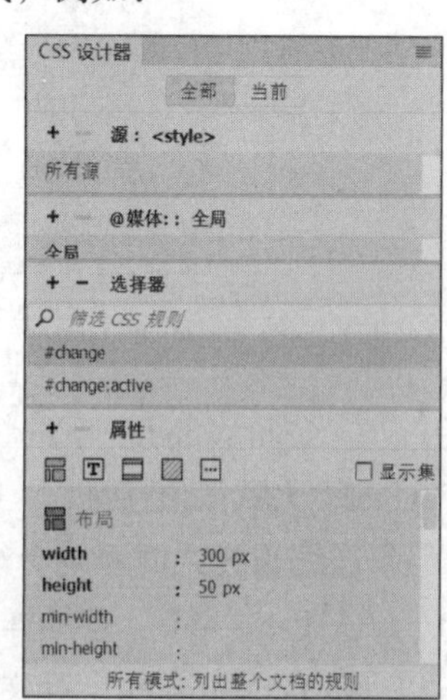

图 4-16　通过“CSS 样式”面板设置规则

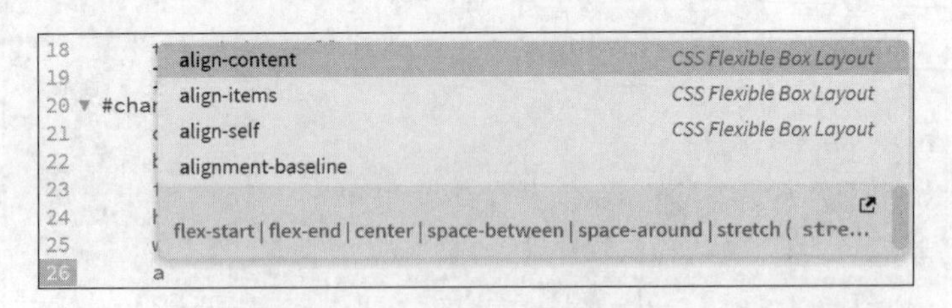

图 4-17　通过代码视图设置规则

3）通过属性面板中的“编辑规则”按钮

在属性面板中的“CSS”面板中单击 编辑规则 按钮，弹出“…的 CSS 规则定义”对话框进行修改，如图 4-14 所示。修改完毕，单击“确定”按钮退出编辑。

在“…的 CSS 规则定义”对话框中，可以通过类型、背景、区块、方框、边框、列表、定位、扩展和过渡项的配置，来美化页面。

3. 设置 CSS 样式的类型属性

“…的CSS规则定义”对话框中“类型”选项卡的主要功能是定义文字的格式，包括字体、字号、颜色、粗细、行高等各种对文字进行修饰的 CSS 规则，如图 4-18 所示。

该选项卡中各选项说明如下：

① Font-family：字体。如需要更多字体，可选择下拉列表框中的“编辑字体列表”选项。

② Font-size：字的大小，默认以像素（px）为单位。

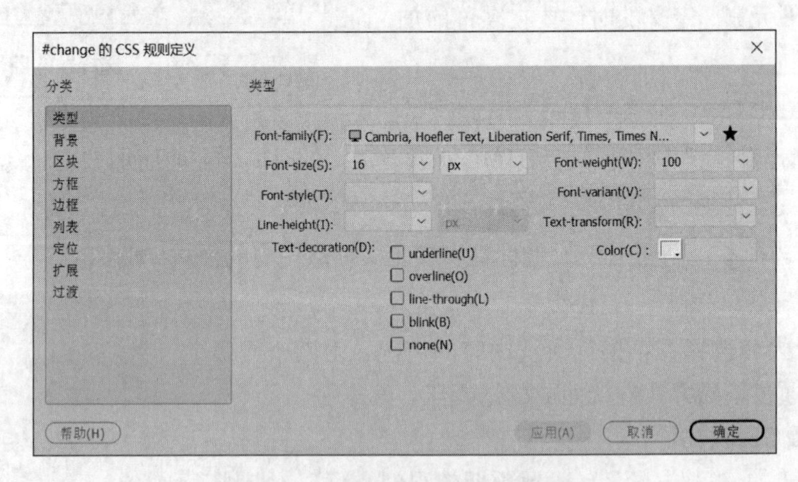

图 4-18　设置 CSS 样式的类型属性

③ Font-weight：字的粗细，包括 normal（正常值）、bold（粗体）、bolder（比粗体还粗）、lighter（比默认值还细）、100 ～ 900（100 ～ 900 九个级别，也可以输入任何一个有效数字，但每次编辑样式时系统会给出提示，一般没有必要另外设置）。

④ Font-style：字的样式，包括 normal（普通）、italic（斜体）、oblique（倾斜）。

⑤ Font-variant：英文大小写转换，包括 normal（正常值）、small-caps（将小写英文字母转换成大写英文字母）。

⑥ Line-height：行高设置，可选择 normal 选项，表示让计算机自动调整行高，也能够

使用数值和单位结合的形式自行配置。需要注意的是，单位应该和文字的单位一致。例如，文字配置为 12 像素，假如要创建一倍行距，则行高应该为 24 像素。

⑦ Text-transform：控制英文文字大小写，包括 capitalize（将每个英文单字的首字大写）、uppercase（全部转换成大写）、lowercase（全部转换成小写）、none（默认值）。

⑧ Text-decoration：文本修饰，包括 underline（加下画线）、overline（加上画线）、line-through（加删除线）、blink（闪烁文字，只有 Netscape 浏览器支持）、none（默认值）。

⑨ Color：文本颜色。

4．设置 CSS 样式的背景属性

"…的 CSS 规则定义"对话框中"背景"选项卡的主要功能是定义所选对象的背景，包括背景颜色、背景图像以及图像的摆放位置等 CSS 规则，如图 4-19 所示。

该选项卡中各选项说明如下：

① Background-color：背景颜色。

② Background-image：背景图像，直接填写背景图像的路径。

③ Background-repeat：背景图像平铺属性，包括 repeat（背景图像平铺）、repeat-x（背景图像以 X 轴方向平铺）、repeat-y（背景图像以 Y 轴方向平铺）、no-repeat（背景图像不平铺）。

④ Background-attachment：背景图像是否跟随网页一同滚动，包括 fixed（固定）、scroll（滚动）。

⑤ Background-position（X）：背景图像水平方向的对齐方式，包括 left（水平居左）、right（水平居右）、center（水平居中），以及数值形式表示的相对页面窗口的 X 轴位置。

⑥ Background-position（Y）：背景图像垂直方向的对齐方式，包括 top（垂直居顶）、center（垂直居中）、bottom（垂直居底），以及数值形式表示的相对页面窗口的 Y 轴位置。

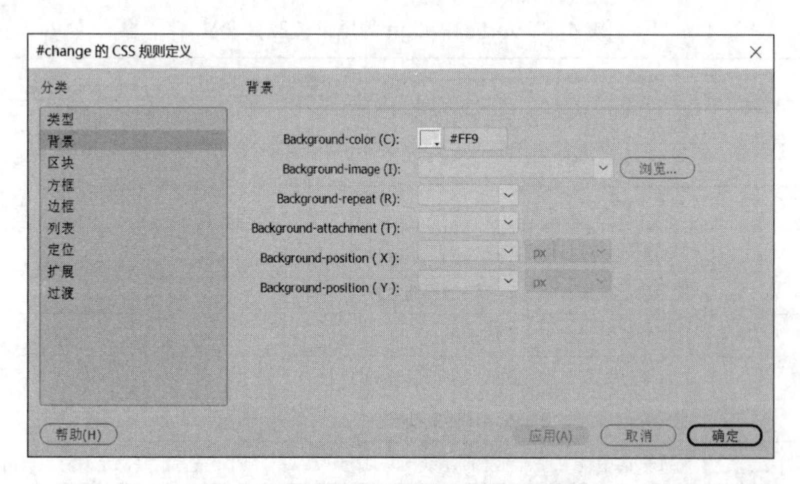

图 4-19　设置 CSS 样式的背景属性

5．设置 CSS 样式的区块属性

"…的 CSS 规则定义"对话框中"区块"选项卡的主要功能是定义区块与区块之间的关系，包括文字间距、对齐、首行缩进以及区块之间的继承关系等 CSS 规则，如图 4-20 所示。

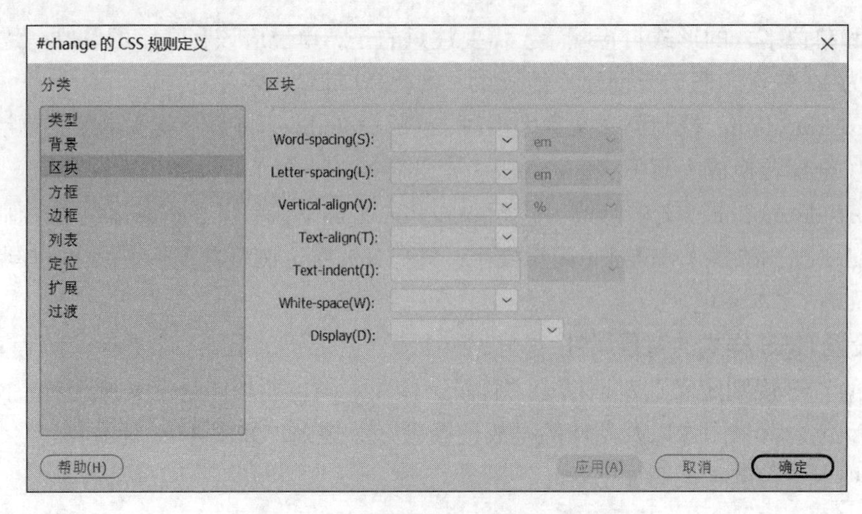

图 4-20 设置 CSS 样式的区块属性

该选项卡中各选项说明如下：

① Word-spacing：英文单词之间的间距，可选择 normal 选项，表示让计算机自动调整，也能够使用数值和单位结合的形式自动配置。该选项设置在编辑界面中是看不到效果的，需要在浏览器界面才能看到最终效果。

② Letter-spacing：汉字字符之间的间距，可选择 normal 选项，表示让计算机自动调整，也能够使用数值和单位结合的形式自动配置。

③ Vertical-align：元素相对于其父级元素在垂直方向的对齐方式，各属性值含义见表 4-1。

表 4-1 Vertical-align 的属性值及其含义

值	含 义
baseline	默认值。元素放置在父元素的基线上
sub	垂直对齐文本的下标
super	垂直对齐文本的上标
top	把元素的顶端与行中最高元素的顶端对齐
text-top	把元素的顶端与父元素字体的顶端对齐
middle	把此元素放置在父元素的中部
bottom	把元素的底端与行中最低元素的底端对齐
text-bottom	把元素的底端与父元素字体的底端对齐
length / %	将元素的基线 在基准元素的基线的基础上升高 / 下降固定的像素值，允许使用负值

④ Text-align：文本对齐方式，包括 left（左对齐）、right（右对齐）、center（居中对齐）、justify（两端对齐）。

⑤ Text-indent：首行缩进，可以用负值创建凸出，但显示效果取决于浏览器。

⑥ White-space：声明建立布局过程中如何处理元素中的空白符，包括 normal（默认值，

空白会被忽略）、pre（空白会被保留）、nowrap（文本不换行，直到遇到
 标签为止）。

⑦ Display：定义建立布局时元素生成的显示框类型。

提示：

对于 HTML 等文档类型，如果使用 display 不谨慎会很危险，因为可能违反 HTML 中已经定义的显示层次结构。

6．设置 CSS 样式的方框属性

“…的 CSS 规则定义”对话框中的“方框”选项卡在网页布局中的使用频率很高，主要功能是定义方框的格式以及形态，包括方框大小、浮动状况、补白、边界距离等 CSS 规则，如图 4-21 所示。

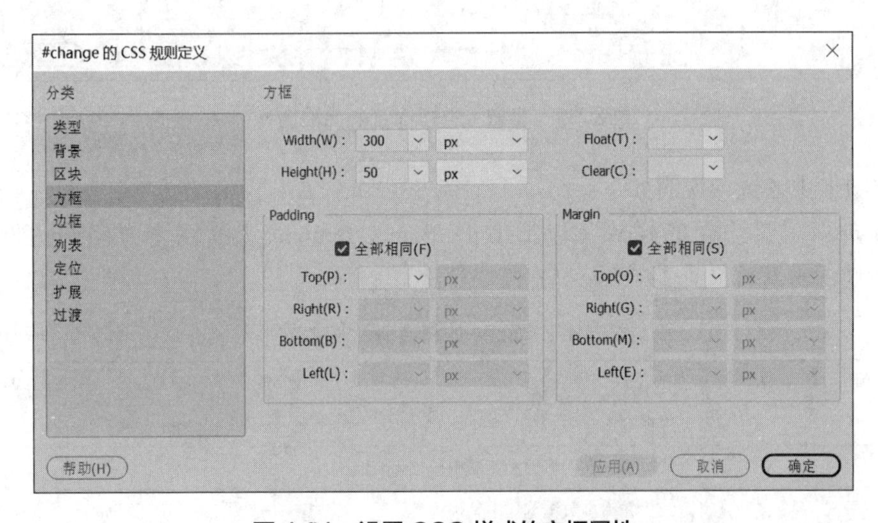

图 4-21　设置 CSS 样式的方框属性

该选项卡中各选项说明如下：

① Width：设置元素的宽度。

② Height：设置元素的高度。

③ Float：设置元素的浮动位置，包括 left（左对齐）、right（右对齐）、none（无）。

④ Clear：规定元素的一侧不许有层，包括 left（左侧）、right（右侧）、both（两侧）、none（不限制）。

⑤ Padding：内容与边框的距离，简称补白或填充，包括 Top、Bottom、Left、Right 四个方向的距离。

⑥ Margin：与窗口边界或上一级元素的边界的距离，包括 Top、Bottom、Left、Right 四个方向的边界距离。

7．设置 CSS 样式的边框属性

“…的 CSS 规则定义”对话框中“边框”选项卡的主要功能是定义边框的格式，包括边框颜色、粗细、样式等 CSS 规则，如图 4-22 所示。

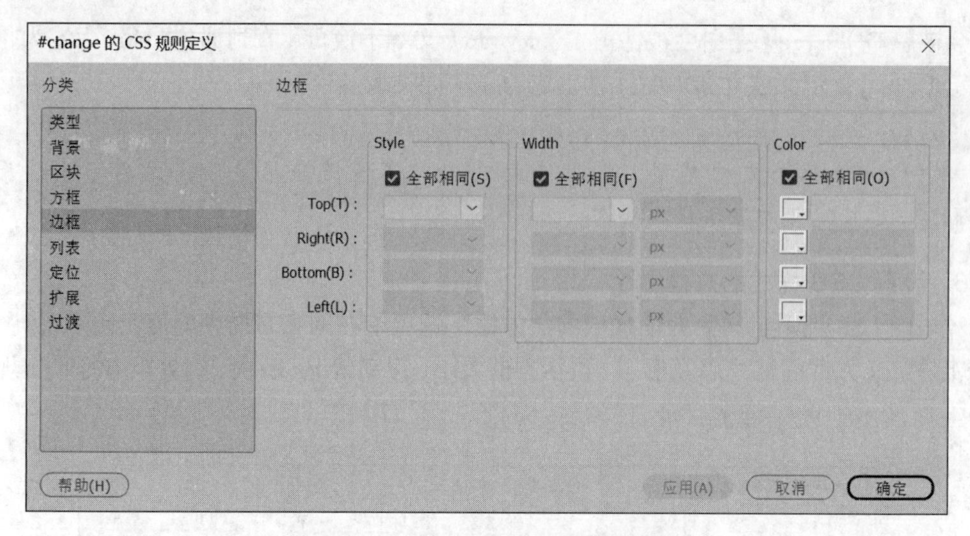

图 4-22　设置 CSS 样式的边框属性

该选项卡中各选项说明如下：

① Style：定义边框的样式，包括 Top、Right、Bottom、Left 四个方向的边框样式，Style 的属性值及其含义见表 4-2。

表 4-2　Style 的属性值及其含义

值	含　义
none	定义无边框
dotted	定义点状边框。在大多数浏览器中呈现为实线
dashed	定义虚线。在大多数浏览器中呈现为实线
solid	定义实线
double	定义双线。双线的宽度等于 border-width 的值
groove	定义 3D 凹槽边框。其效果取决于 border-color 的值
ridge	定义 3D 垄状边框。其效果取决于 border-color 的值
inset	定义 3D inset 边框。其效果取决于 border-color 的值
outset	定义 3D outset 边框。其效果取决于 border-color 的值

② Width：配置四个方向边框的宽度，包括 thin（细）、medium（中）、thick（粗），也能够配置边框的宽度值和单位。

③ Color：配置四个方向边框对应的颜色。

8. 设置 CSS 样式的列表属性

“…的 CSS 规则定义”对话框中“列表”选项卡的主要功能是定义列表的格式，包括列表符号类型、图像以及缩进程度等 CSS 规则，如图 4-23 所示。

该选项卡中各选项说明如下：

① List-style-type：引导列表项目的符号类型，包括九种选项，见表 4-3。

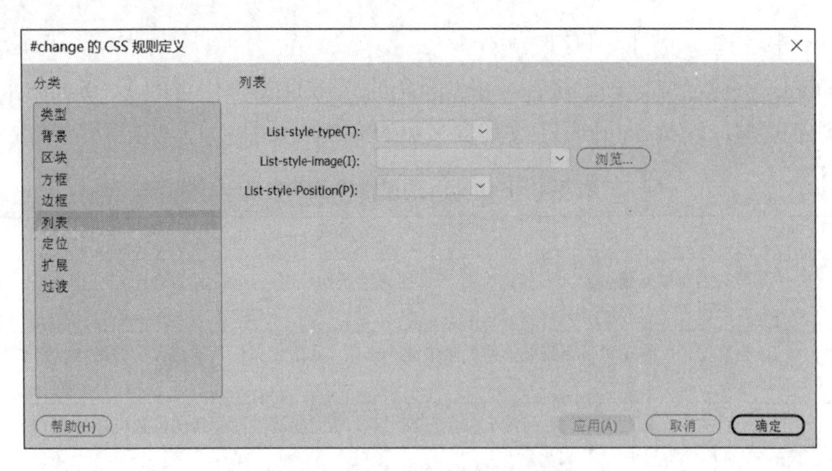

图 4-23　设置 CSS 样式的列表属性

表 4-3　List-style-type 的属性值及其含义

值	含　义	值	含　义
disc	实心圆	upper-roman	大写罗马数字
circle	空心圆	lower-alpha	小写英文字母
square	实心方块	upper-alpha	大写英文字母
lower-roman	小写罗马数字	none	不显示任何项目编号或符号
decimal	普通阿拉伯数字	—	—

② List-style-image：选择图像作为项目的引导符号，输入图像路径。

③ List-style-position：决定列表项目缩进的程度，包括 outside（列表贴近左侧边框）、inside（列表缩进）。

9. 设置 CSS 样式的定位属性

“…的 CSS 规则定义”对话框中“定位”选项卡的主要功能是定义所选对象的定位状况，包括各对象位置的相对定位、位置偏移、堆叠顺序、溢出状态等 CSS 规则，如图 4-24 所示。

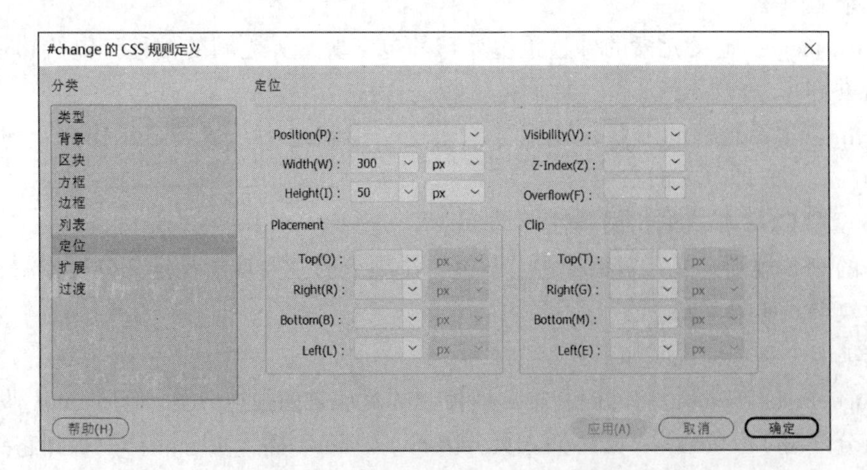

图 4-24　设置 CSS 样式的定位属性

该选项卡中各选项说明如下：

① Position：元素定位方式，包括 static（静态的）、relative（相对的）、absolute（绝对的）、或 fixed（固定的），Position 的属性及其含义见表 4-4。

表 4-4 Position 的属性值及其含义

值	含 义
static	静态的（默认值）。元素始终会处于页面流给予的位置（static 元素会忽略任何 top、bottom、left 或 right 声明）
relative	相对的。可将元素移至相对于其正常位置的地方，元素仍保持其未定位前的形状，它原本所占的空间仍保留
absolute	绝对的。可将元素定位在相对于包含它的元素的指定坐标。此元素的位置可通过 left、top、right 以及 bottom 属性来规定
fixed	固定的。可将元素定位在相对于浏览器窗口的指定坐标。此元素的位置可通过 left、top、right 以及 bottom 属性来规定。不论窗口滚动与否，元素都会留在那个位置。工作于 IE 7（strict 模式）

② Visibility：用来确定元素是显示还是隐藏，包括 inherit（继承）、visible（显示）、hidden（隐藏）。

提示：

当 Visibility 被设置为 hidden 的时候，元素虽然被隐藏了，但仍然占据它原来所在的位置。

③ Width：设定元素的宽度，与方框设置相同。

④ Height：设定元素的高度，与方框设置相同。

⑤ Z-Index：设置元素的堆叠顺序，拥有更高堆叠顺序的元素总是会处于堆叠顺序较低的元素的前面。

⑥ Overflow：设置当元素的内容溢出其区域时发生的事情。包括 visible（默认值，内容不会被修剪，将呈现在元素之外）、hidden（内容会被修剪，并且其余内容是不可见的）、scroll（内容会被修剪，显示滚动条）、auto（如果内容被修剪，则浏览器会显示滚动条以便查看其余的内容）。

⑦ Placement：定义元素的外边距边界与其包含块边界之间的偏移，包括 top、right、bottom、left 四个方向。

⑧ Clip：设置元素的形状。元素被剪入这个形状之中，然后显示出来，包括 top、right、bottom、left 四个方向。

10. 设置 CSS 样式的扩展属性

"…的 CSS 规则定义"对话框中"扩展"选项卡的主要功能是定义分页控制、光标形状和滤镜效果，如图 4-25 所示。

该选项卡中各选项说明如下：

① Page-break-before：打印时在样式所控制的对象之前强行分页，包括 auto（假如需要，则插入页分隔符）、always（始终插入页分隔符）、left（插入页分隔符，直到它到达一个空白的左页边）、right（插入页分隔符，直到它到达一个空白的右页边）。

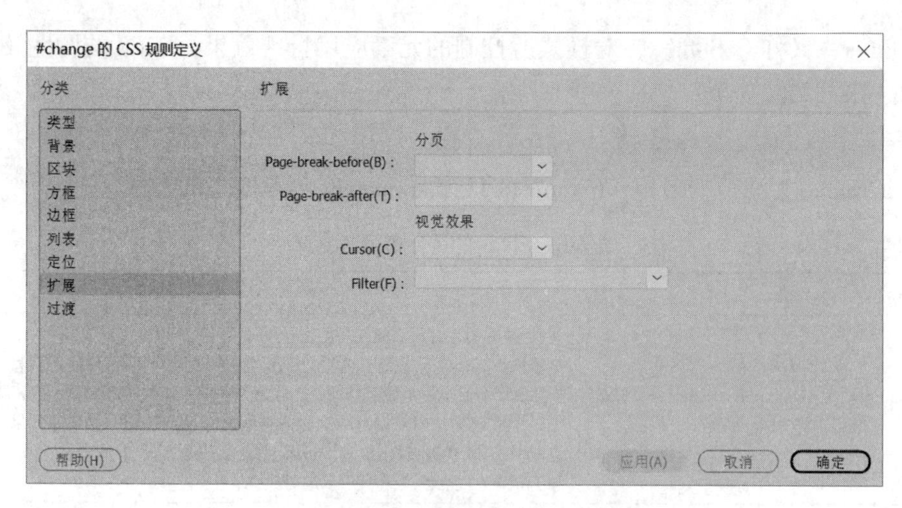

图 4-25　设置 CSS 样式的扩展属性

② Page-break-after：打印时在样式所控制的对象之后强行分页，选项设置同 Page-break-before。

③ Cursor：定义鼠标指针放在一个元素边界范围内时所用的光标形状，Cursor 的属性及其含义见表 4-5。

表 4-5　Cursor 的属性值及其含义

值	含　义
URL	须自行输入自定义光标的 URL
crosshair	光标呈现为十字线十
text	此光标指示文本 I
wait	此光标指示程序正忙（通常是一只表或沙漏）⌛
pointer	光标呈现为指示链接的手型指针（一只手）👆
default	默认光标（通常是一个箭头）↖
help	此光标指示可用的帮助（通常是一个问号或一个气球）↖?
e-resize	此光标指示矩形框的边缘可被向右（东）移动↔
ne-resize	此光标指示矩形框的边缘可被向上及向右移动（北 / 东）⤢
n-resize	此光标指示矩形框的边缘可被向上（北）移动↕
nw-resize	此光标指示矩形框的边缘可被向上及向左移动（北 / 西）↘
w-resize	此光标指示矩形框的边缘可被向左移动（西）↔
sw-resize	此光标指示矩形框的边缘可被向下及向左移动（南 / 西）⤢
s-resize	此光标指示矩形框的边缘可被向下移动（北 / 西）↕
se-resize	此光标指示矩形框的边缘可被向下及向右移动（南 / 东）↘
auto	默认值，浏览器设置的光标

④ Filter：又称 CSS 滤镜，对样式所控制的元素应用特殊效果，Filter 的属性及其含义见表 4-6。书写语法如下：

```
filter:filtername(fparameter1,fparameter2…)
```

其中，filtername 为滤镜的名称，fparameter1、fparameter2 等是滤镜的参数。

表 4-6　Filter 的属性值及其含义

值	含　义
Alpha(Opacity=?,Finishopacity=?,Style=?,StartX=?,StartY=?,FinishX=?,FinshY=?)	设置透明层次。Opacity 代表透明度等级，可选值从 0 到 100，0 代表完全透明，100 代表完全不透明；Style 参数指定了透明区域的形状特征，其中 0 代表统一形状，1 代表线形，2 代表放射状，3 代表长方形；FinishOpacity 是一个可选项，用来设置结束时的透明度，从而达到一种渐变效果，它的值也是从 0 到 100；StartX 和 StartY 代表渐变透明效果的开始坐标；FinishX 和 FinishY 代表渐变透明效果的结束坐标
BlendTrans(Duration=?)	实现淡入淡出的滤镜，Duration 指变换时间
Blur(Add=?,Direction=?,Strength=?)	创建高速度移动效果，即模糊效果。Add 参数是一个布尔值，指定是否被改变成模糊效果，一般来说，当滤镜用于图片的时候取 0，用于文字的时候取 1；Direction 代表模糊方向，单位是角度，其中 0 度代表垂直向上，每 45 度一个单位，默认值是向左的 270 度；Strength 代表模糊移动值，单位为像素
Chroma(color=?)	设置一个对象中指定的颜色为透明色
DropShadow(Color=?,OffX=?,offY=?,Positive=?)	创建对象的固定影子。Color 表示投射阴影的颜色，用十六进制数来表示；OffX、OffY 分别代表阴影偏离文字位置的量，单位为像素；Positive 为一个逻辑值，1 代表为所有不透明元素建立阴影，0 代表为所有透明元素建立可见阴影
FlipH	创建水平镜像图片
FlipV	创建垂直镜像图片
Glow(Color=?,Strength=?)	使文字产生边缘发光的效果。Color 决定光晕的颜色；Strength 表示发光强度，范围从 0 ～ 255
Gray	把图片灰度化
Invert	反色
Light	创建光源在对象上
Mask(Color=?)	创建透明掩膜在对象上。Color 表示掩膜的颜色
RevealTrans(Duration=?,Transition=?)	此滤镜能产生 24 种动态效果。Duration 和 Transition 两个参数，分别是持续时间和变换效果代号（0 ～ 23），其中 Duration 是浮点数。代号 23 的 Transition 比较特别，是随机效果，程序默认值
Shadow(Color=?,Direction=?)	创建偏移固定影子。Color 采用 #rrggbb 格式；Direction 表示角度，0 ～ 315 度，步长为 45 度
Wave(Add=?,Freq=?,LightStrength=?,Phase=?,Strength=?)	波纹效果。Add 一般为 1 或 0；Freq 表示变形值；LightStrength 表示变形百分比；Phase 表示角度变形百分比；Strength 表示变形强度
Xray	使对象变得像被 X 光照射一样

11．设置 CSS 样式的过渡属性

通过 CSS3 过渡效果可轻松制作平滑过渡效果，以响应如悬停、单击和聚焦等触发器事件，而不需要编写复杂的脚本程序代码。“…的 CSS 规则定义”对话框中“过渡”选项

卡的主要功能是显示和设置（而不是定义）当前对象所附带的过渡参数，如图 4-26 所示。要定义完整的带交互功能的过渡效果，建议利用“窗口”|“CSS 过渡效果”命令进行创建。

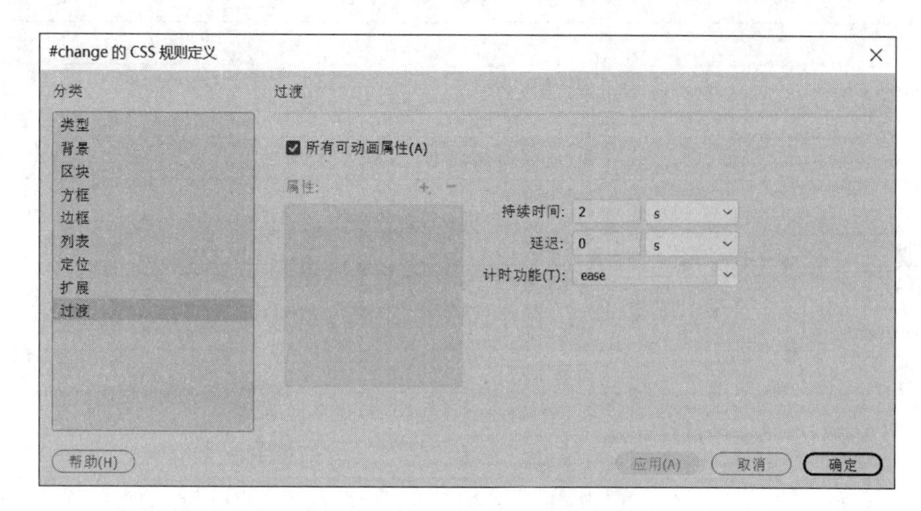

图 4-26　设置 CSS 样式的过渡属性

该选项卡中各选项说明如下：

① 所有可动画属性：选中该复选框可对所有属性使用相同的过渡效果。

② 属性：单击⊞按钮可向过渡效果添加 CSS 属性。

③ 持续时间：以秒（s）或毫秒（ms）为单位输入过渡效果的持续时间。

④ 延迟：时间以秒或毫秒为单位，在过渡效果开始之前。

⑤ 计时功能：从可用选项中选择过渡效果样式。

要创建 CSS3 过渡效果，应通过为元素的过渡效果属性指定值来创建过渡效果类。如果在创建过渡效果类之前选择元素，则过渡效果类会自动应用于选定的元素。目前只有 Chrome、Internet Explorer 10/Edge、Firefox、Safari 以及 Opera 浏览器支持过渡属性。

12．CSS 和 CSS3 的异同

CSS3 是 CSS 的最新版本，二者最主要的不同在于 CSS3 比 CSS 多了一些样式设置，可以说，CSS3 是 CSS 的现在和未来。

CSS 是一种用来表现 HTML（标准通用标记语言的一个应用）或 XML（标准通用标记语言的一个子集）等文件样式的计算机语言。不仅可以静态地修饰网页，还可以配合各种脚本语言动态地对网页各元素进行格式化。能够对网页中元素位置的排版进行像素级精确控制，支持几乎所有的字体字号样式，拥有对网页对象和模型样式编辑的能力。支持低版本 Windows IE8。

CSS3 是 CSS（层叠样式表）技术的升级版本，于 1999 年开始制订，2001 年 5 月 23 日 W3C 完成了 CSS3 的工作草案。主要包括盒子模型、列表模块、超链接方式、语言模块、背景和边框、文字特效、多栏布局等模块。新特征有很多，例如，圆角效果、图形化边界、块阴影与文字阴影、使用 RGBA 实现透明效果、渐变效果、使用 @Font-Face 实现定制字体、多背景图、文字或图像的变形处理（旋转、缩放、倾斜、移动）、多栏布局、媒体查询等。

低版本 Windows IE8 以下不支持。CSS3 新增属性见表 4-7。

表 4-7　CSS3 新增属性

值	含　义
box-shadow（offset-x offset-y blur spresd color position）	创建阴影效果
border-color	为边框设置多种颜色
boder-image	设置图片边框
text-shadow	文本阴影
text-overflow	文本截断
border-radius	圆角边框
opacity	不透明度
box-sizing	控制盒模型的组成模式：指定两个 boxes 接壤
resize	元素缩放：指定一个 div 元素，允许用户调整大小
outline	外边框
background-origin	指定背景图片从哪里开始显示
background-clip	指定背景图片从什么位置开始裁切
background	为一个元素指定多个背景

任务 3　应用 CSS+Div 布局技术

任务说明

CSS 布局技术依赖于三个基本概念：定位、浮动和空白边操纵。不同的技术其实没有什么本质的差异，只是实现手段不同。同一种布局让 100 个网页设计师来做，可能就有 100 种方法。此任务围绕应用 Css+Div 布局技术展开。

任务实施——班级简历网页布局

1. 基于浮动的固宽布局

基于浮动的固宽布局是网页布局设计中常使用的方法，它需要设置希望定位的元素的宽度，然后将它们向左或向右浮动。

【操作案例 4-5】3 行 2 列的浮动布局。

1）案例要求

建立一个如图 4-27 所示的 3 行 2 列的浮动布局，采用 CSS 外部样式链接表形式实现。首先需要一个基本的 XHTML 框架，使整个设计包含在页面总容

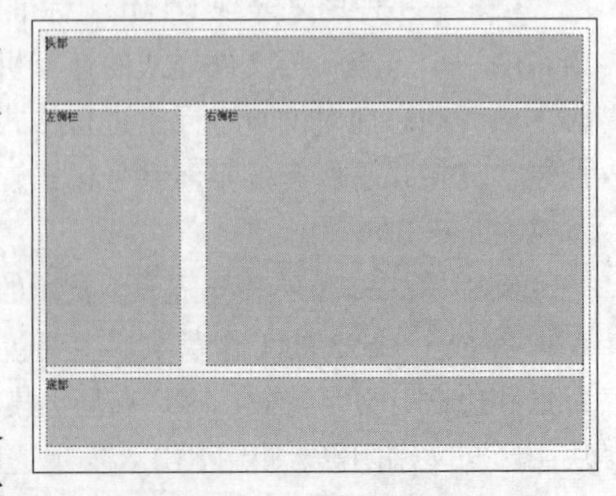

图 4-27　3 行 2 列的浮动布局

器 container 中，并采用上述方法使整体布局居中，布局主要由头部 Header、主体 Main（包括左侧栏 Left 和右侧栏 Right）和底部 Footer 组成。

2）知识点

<div> 标签；CSS 外部样式表；CSS 浮动布局。

3）操作过程

① 在 chapter4 目录中新建一个空白的 XHTML 文件 example05.html，在 <head> 区段输入链接语句：

```
<link href="css05.css" rel="stylesheet" type="text/css" />
```

② 在代码视图中输入六个方框容器的语句（注意嵌套关系），如图 4-28 所示。

③ 新建一个空白的 CSS 文件 css05.css，输入图 4-29 所示的语句。

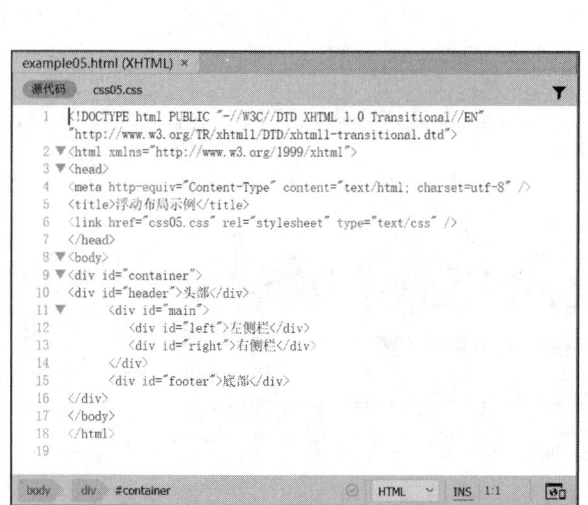

图 4-28　六个方框的嵌套关系

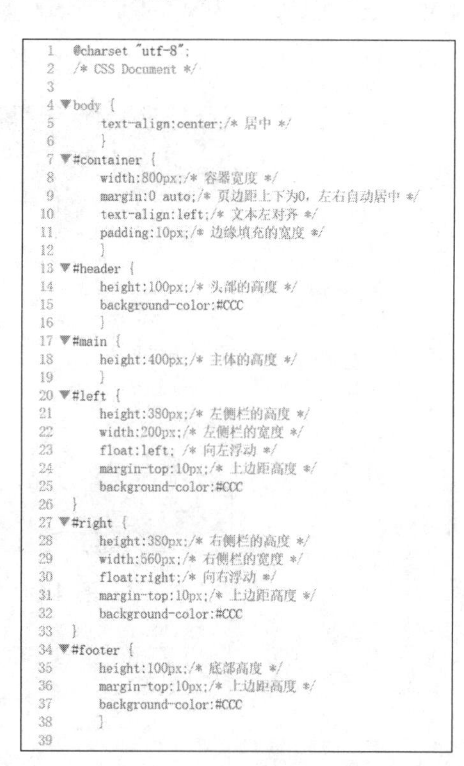

图 4-29　CSS 文件内容

2. 班级简介网页布局

在固宽和流动布局之间如何选择呢？这主要取决于站点的类型。在决定之前权衡它们的两面性，找出适合的方案。例如，目录类型的站点最好选择固宽布局，以便能够更好地控制设计。它不但能控制设计中独立的布局元素，还能更好地使用固宽控制目录列表中的图片。不只是目录站点，许多设计师更喜欢固宽布局是因为它易于使用而且更有保证。

追求 100% 兼容性的设计师应该建立流动布局。在这种布局下，主要的问题不是在大分辨率下页面两边多余的空白，而是在少数使用小分辨率的用户。对于大访问量的站点来说，适应甚至是最小分辨率的用户或许也很重要。不过大访问量的站点设计简洁，可以有效地使用流动布局。如果仍然不能决定，那么弹性布局或者部分弹性的布局也是一个选择。只要使用恰当，弹性布局会同时拥有上面两种布局的优点。设计师利用弹性布局的原则，字体和容器大小使用 em 为单位，然后巧妙地混合使用百分比和像素设置余下的布局元素。

如果网站面对的设备类型较多，可选择响应式 Web 设计，比如 Dreamweaver 2020 的 Bootstrap 设计响应式网站，使页面有能力去自动响应用户的设备环境。无论用户正在使用笔记本计算机还是手机，页面都应该能够自动切换分辨率、图片尺寸及相关脚本功能等。

【操作案例 4-6】使用 CSS+Div 布局创建网页。

1）案例要求

利用 CSS+Div 布局创建班级简介网页，如图 4-30 所示。根据图像及文字素材的大小，网页布局总规划大小为 800 像素 ×600 像素，选用基于浮动的固宽布局进行设计，如图 4-31 所示。

图 4-30　班级简介网页效果图

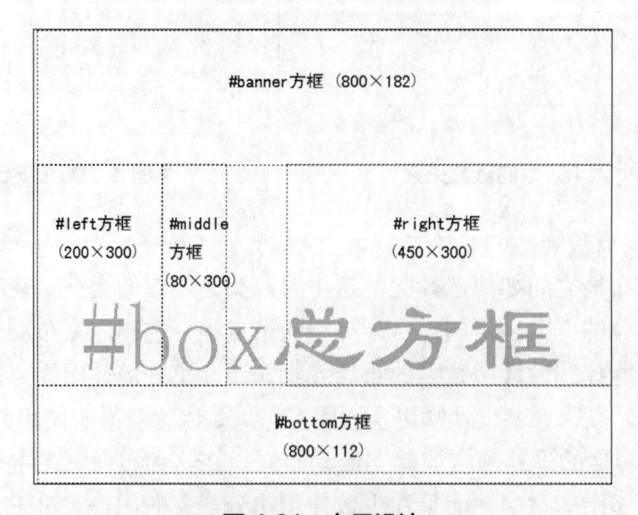

图 4-31　布局设计

2）知识点

CSS 网页布局规划；<Div> 方框定位；CSS 规则定义。

3）操作过程

① 在 chapter4 目录中新建空白文档 jianjie.html。

② 依次选择“插入”面板 |HTML| “Div”命令，在弹出的图 4-32 所示的“插入 Div”对话框中设置 ID 为 box，单击“新建CSS规则”按钮。在弹出图 4-33 所示的“新建 CSS 规则”对话框中单击“确定”按钮，弹出“#box 的 CSS 规则定义”对话框，设置如图 4-34 所示。

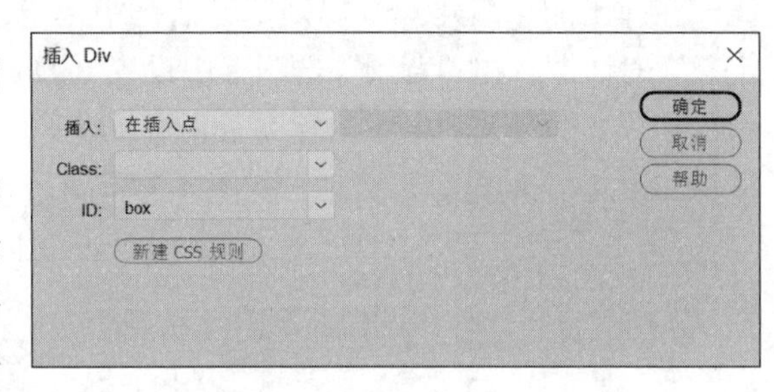

图 4-32　“插入 Div”对话框

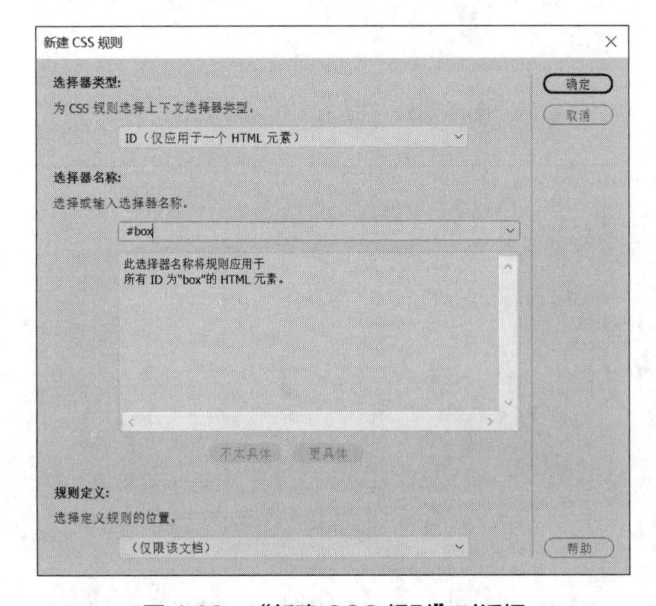

图 4-33　“新建 CSS 规则”对话框

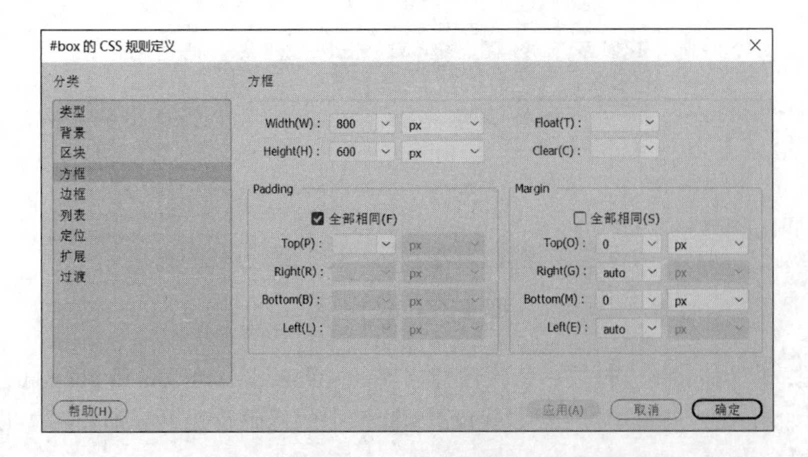

图 4-34　“#box 的 CSS 规则定义”对话框

③ 依次选择“插入”面板 |HTML|“Div”命令，在弹出的“插入 Div”对话框中设置 ID 为 banner，选择在 #box 开始标签之后插入，如图 4-35 所示。单击“新建 CSS 规则”按钮，在弹出的“新建 CSS 规则”对话框中单击“确定”按钮，弹出“#banner 的 CSS 规则定义”对话框，在“背景”选项卡中设置 Background-image 为 pic/banner.jpg，如图 4-36 所示；在“方框”选项卡中设置 Width 为 800px，Height 为 182px。在设计视图中删除“此处显示 id‘box’的内容”文字，如图 4-37 所示。

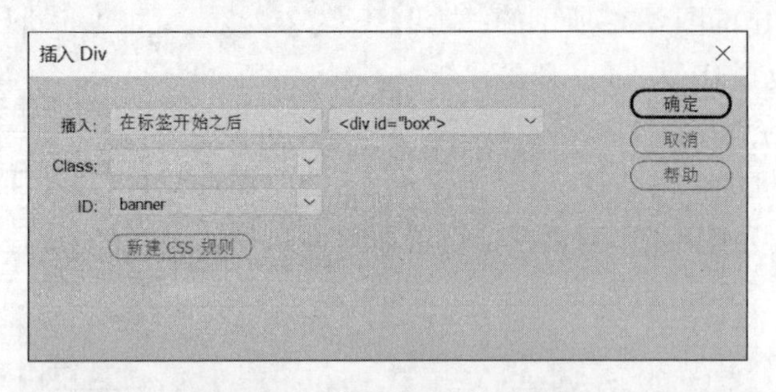

图 4-35 “插入 Div”对话框

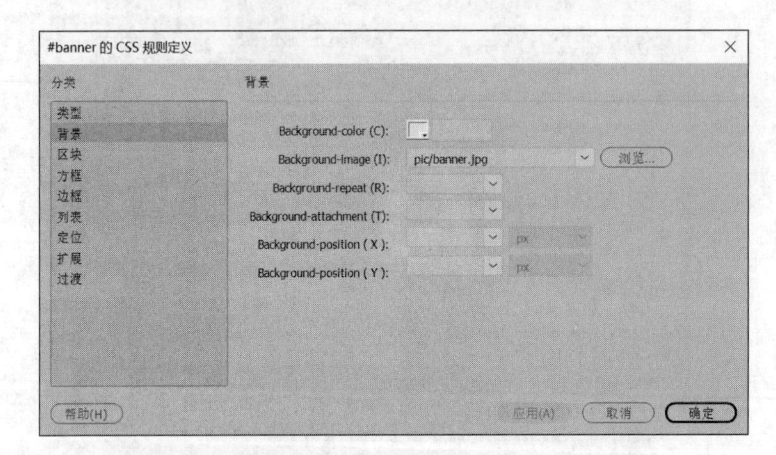

图 4-36 “#banner 的 CSS 规则定义”对话框

图 4-37 设计视图

④ 同理，在 #banner 方框之后依次序建立 #left、#middle、#right 和 #bottom 方框，各方框设置分别如图 4-38 至图 4-41 所示。<body> 标签中的代码及效果分别如图 4-42 和图 4-43 所示。

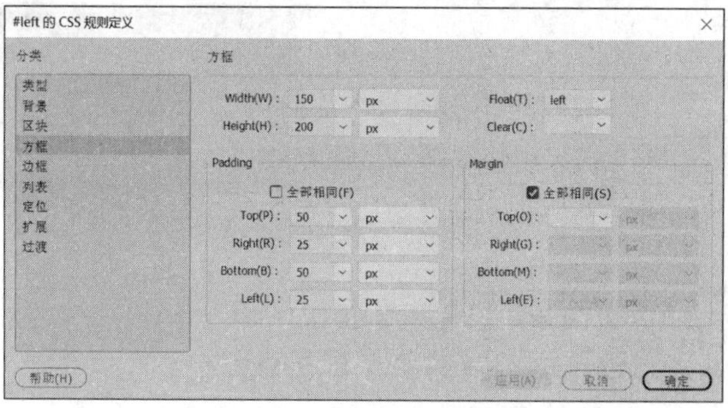

图 4-38 “#left 的 CSS 规则定义”对话框

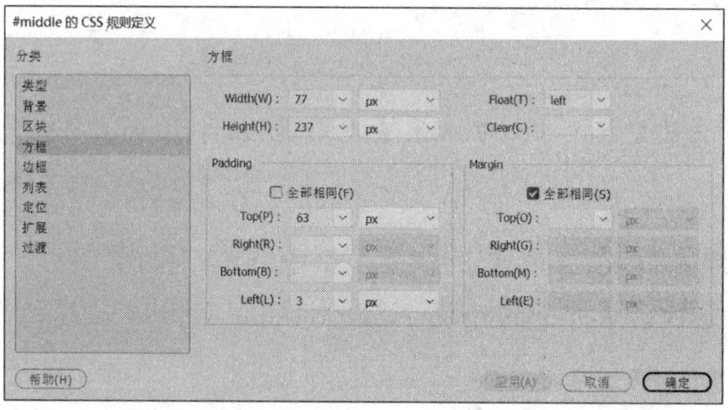

图 4-39 “#middle 的 CSS 规则定义”对话框

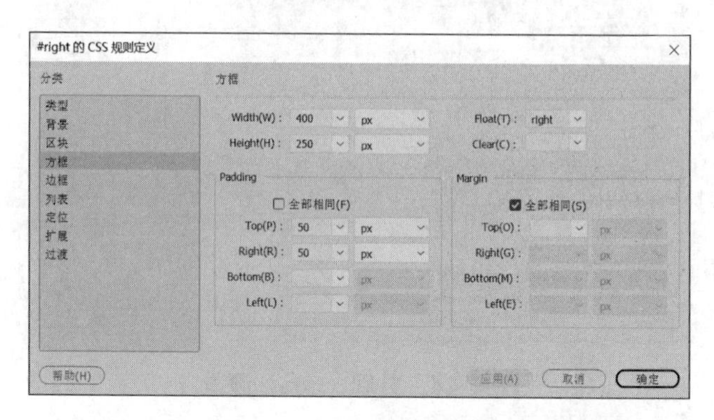

图 4-40 “#right 的 CSS 规则定义”对话框

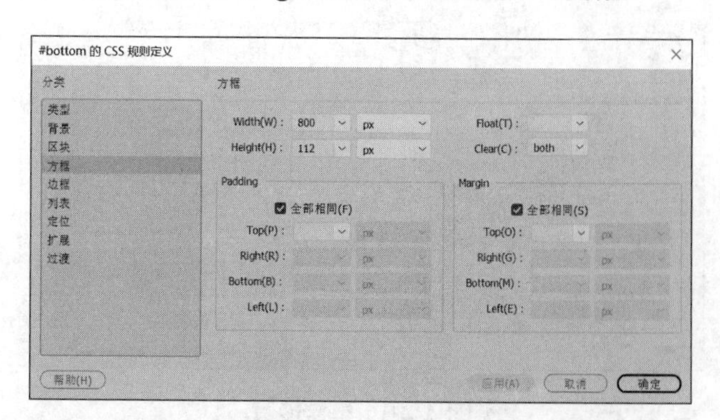

图 4-41 “#bottom 的 CSS 规则定义”对话框

```
60 ▼<body>
61 ▼<div id="box">
62     <div id="banner">此处显示  id "banner" 的内容</div>
63     <div id="left">此处显示  id "left" 的内容</div>
64     <div id="middle">此处显示  id "middle" 的内容</div>
65     <div id="right">此处显示  id "right" 的内容</div>
66     <div id="bottom">此处显示  id "bottom" 的内容</div>
67  </div>
68  </body>
```

图 4-42　代码视图

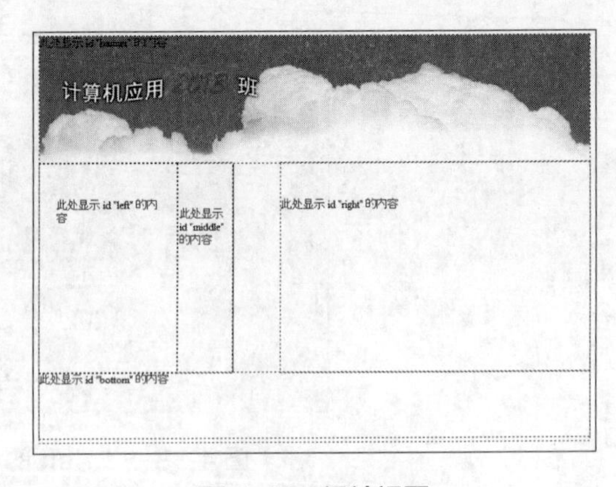

图 4-43　设计视图

提示：

#bottom 方框设置 Clear 属性为 both 是为了防止 #bottom 方框被夹在 #middle 和 #right 方框之间。

⑤ 在页面空白地方右击，在弹出的快捷菜单中选择“页面属性”命令，在打开的“页面属性”对话框中分别设置页面中的外观（CSS）和链接（CSS），设置分别如图 4-44 和图 4-45 所示。

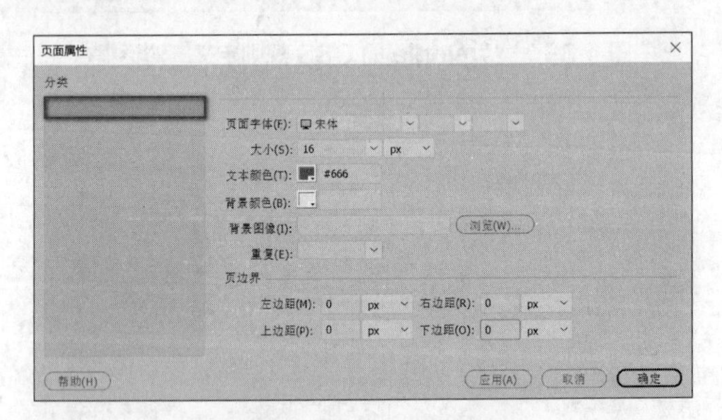

图 4-44　外观（CSS）设置

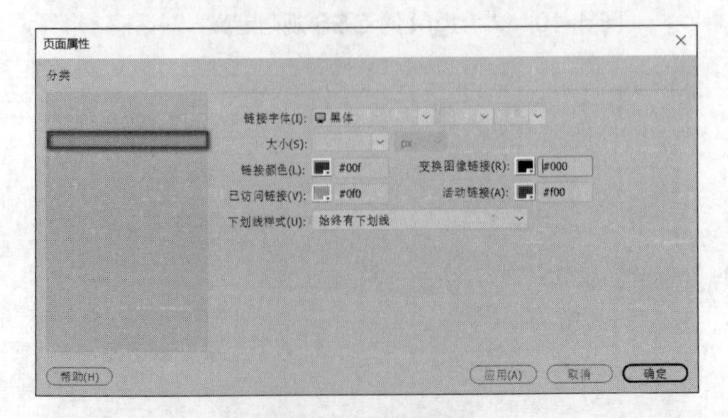

图 4-45　链接设置

⑥ 在设计视图中删除多处“此处显示 id‘***’的内容”文字，分别在 #middle、#bottom 中添加图片 pic/board.jpg 和 pic/bottom.jpg，并在相应位置输入对应文字。其中，选中 #left 方框中的文字后，在“属性”面板 |HTML|“无序列表”，然后选定每一项，在“属性”面板 |HTML|“列表项”，将选定内容设置为项目列表格式。

⑦ 在 CSS 设计器中添加 li 选择器，将鼠标定在列表项中，打开属性面板如图 4-46 所示，依次选择 CSS|“编辑规则”按钮。在弹出的“li 的 CSS 规则定义”对话框中设置背景、方框和列表，设置分别如图 4-47 ～图 4-49 所示。

图 4-46　选择 <li> 标签

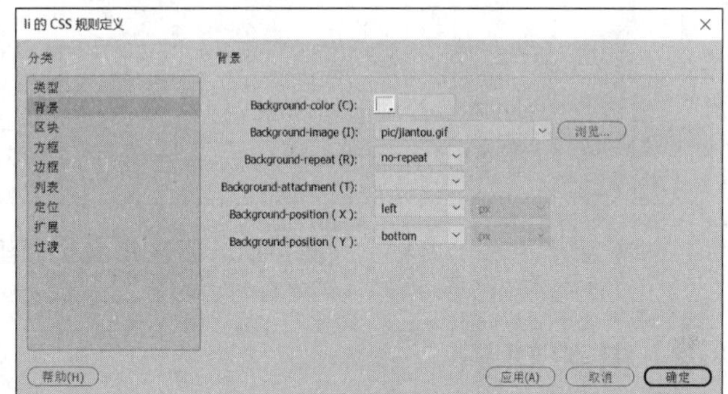

图 4-47　设置背景

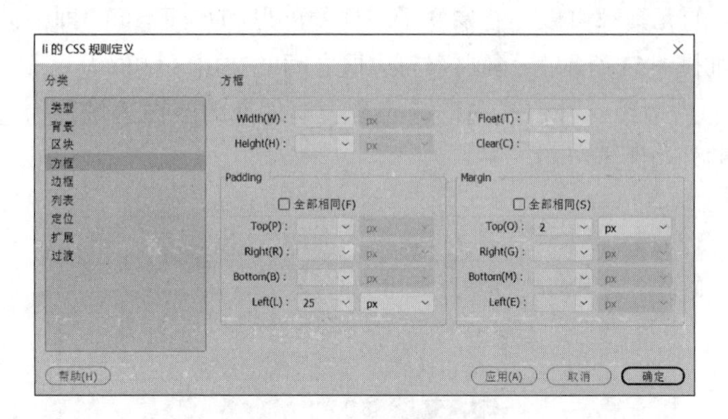

图 4-48　设置方框

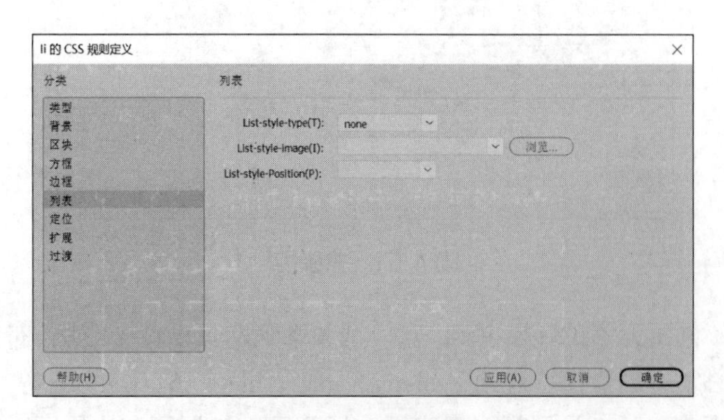

图 4-49　设置列表

提示：

如果要更改列表前的项目编号图像，可直接设置 List-style-image 属性值，但是这种方法产生的编号图像很难调整图形与文字的距离，所以本例采用设置 <li> 标签背景图像的方式，方便调整。

⑧ 光标定位在 #banner 方框中，依次选择“插入”面板 |HTML|Flash SWF 命令，添加 Flash 动画文件 pic/top.swf 并在“属性”面板中双击“编辑”按钮，展开编辑项进行设置透明属性，如图 4-50 所示。

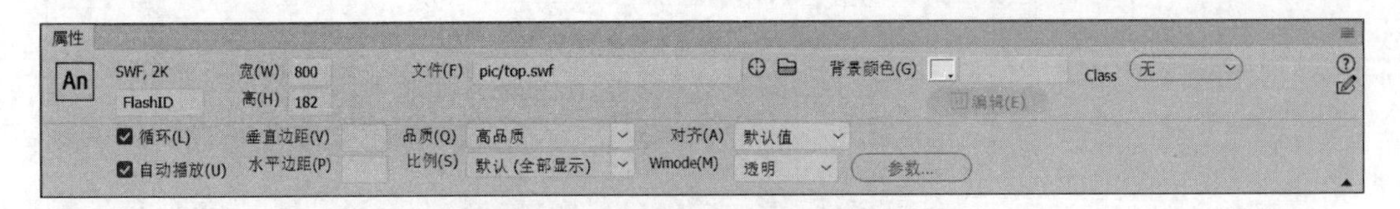

图 4-50 设置 Flash 动画透明属性

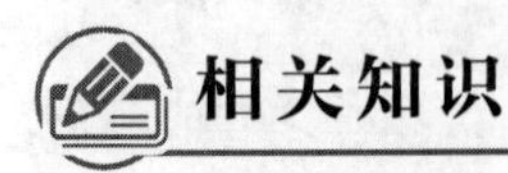

相关知识

1. CSS 盒模型

CSS 定义所有的元素都可以拥有像盒子一样的外形和平面空间，即都包含边界、边框、填充、内容区域，如图 4-51 所示。元素内容与边框之间的空白区域称为元素的填充（padding），也有人称为元素的内边距、补白或内框；元素边框外部的空白区域称为边界（margin），也有人称为元素的外边距或外框。

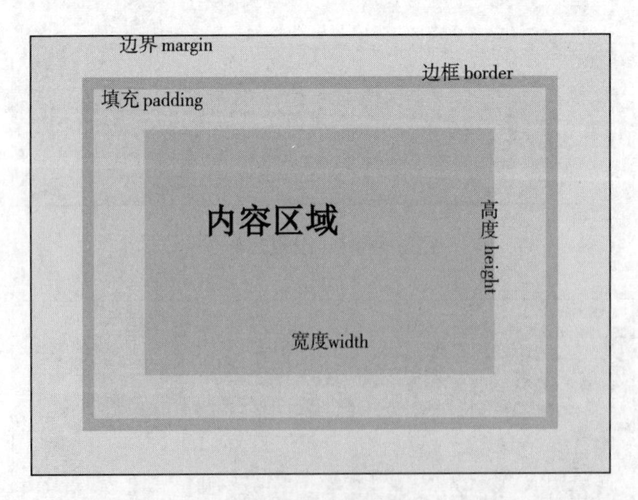

图 4-51 盒模型

盒模型规范了网页元素的显示基础。盒模型关系到网页设计中排版、布局、定位等操作，任何一个元素都必须遵循盒模型规则，如 div、span、hl ～ h6、p.strong 等。

所有网页元素都包括四个区域：内容区、填充区、边框区和边界区。在 CSS 中，增加填充、边框和边界的区域大小，不会影响内容区域的宽和高，但会增加元素方框的总尺寸。

整个文档都是由大量方框组成。同时，在一定约束条件下，这些方框会占用尽可能少的空间，而且保留足够的空间以区分内容属于哪个元素。盒模型中，盒子（去掉边界后）本身的大小是这样计算的：

盒的宽度 = width + padding-left + padding-right + border-left + border-right

盒的高度 = height + padding-top + padding-bottom + border-top + border-bottom

提示：

如果未声明 padding 或者 border，则它们或者值为零，或者为浏览器的默认值。

2. 让布局居中

在表格布局时代，align 和 valign 属性可让表格布局快速居中，而在 CSS 中却没有简单实现的方法，所以在 Web 标准化刚刚开始推广的时候，很多重构项目中居中问题变成了标准化的绊脚石。为此，介绍在 CSS 中让布局居中的两个主要方法：一个方法是使用自动空白边；另一个方法是使用定位和负值的空白边。

1）使用自动空白边让布局居中

假设有个宽度为 1 000 像素的 div 方框，希望它居中显示，则代码如图 4-52 所示。该代码说明 box 背景颜色为红色，上下边距为 0 像素，左右边距自动调整。图 4-52 中的关于 margin 的规则也可采用图 4-53 所示的简写格式。

```
juzhong01.html ×
1   <!doctype html>
2 ▼ <html>
3 ▼ <head>
4   <meta charset="utf-8">
5   <title>无标题文档</title>
6 ▼ <style type="text/css">
7 ▼ #box {
8       background-color: #F00;
9       width: 1000px;
10      margin-top: 0px;
11      margin-bottom: 0px;
12      margin-right: auto;
13      margin-left: auto;
14  }
15  </style>
16  </head>
17
18 ▼ <body>
19  <div id="box">让红色背景的box方框居中显示
    </div>
20  </body>
21  </html>
```

图 4-52 使用自动空白边让布局居中

```
juzhong02.html ×
1   <!doctype html>
2 ▼ <html>
3 ▼ <head>
4   <meta charset="utf-8">
5   <title>无标题文档</title>
6 ▼ <style type="text/css">
7   body {text-align:center}
8 ▼ #box {
9       background-color: #F00;
10      width: 1000px;
11      margin: 0 auto;
12      text-align:left
13  }
14  </style>
15  </head>
16
17 ▼ <body>
18  <div id="box">让红色背景的box方框居中显示
    </div>
19  </body>
20  </html>
```

图 4-53 margin 规则的简写格式

这种 CSS 样式的定义方法在所有浏览器中都是有效的，但是 IE 5.x 和 IE 6 浏览器不支持自动空白边，上述写法可能导致所有元素居中。鉴于 IE 浏览器将 text-align:left 理解为所有东西左对齐，可以利用这一点把上述 CSS 样式稍做修改，如图 4-54 所示。这样一来，不管是哪一个版本的 IE 浏览器都会把布局居中显示。

2）使用定位和负值的空白边让布局居中

首先定义方框的宽度，然后将方框的 position 属性设置为 relative，将 left 属性设置为 50%，就会把方框的左边缘定位在页面的中间。最后对方框应用一个负值的空白边，宽度等于方框宽度的一半，从而让它在屏幕居中显示，代码如图 4-55 所示。

```
juzhong02.html (XHTML)*
<!DOCTYPE html PUBLIC "-//W3C//DTD XHTML 1.0 Transitional//EN" "http://www.w3.org/TR/xhtml1/DTD/xhtml1-transitional.dtd">
<html xmlns="http://www.w3.org/1999/xhtml">
<head>
<meta http-equiv="Content-Type" content="text/html; charset=utf-8" />
<title>无标题文档</title>
<style type="text/css">
body {text-align:center}
#box {
    background-color: #F00;
    width: 1000px;
    margin: 0 auto;
    text-align:left
}
</style>
</head>
```

图 4-54　修改后的居中代码

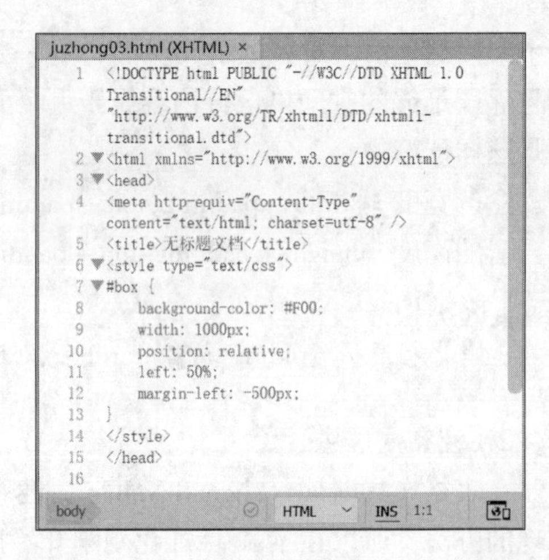

```
juzhong03.html (XHTML)
<!DOCTYPE html PUBLIC "-//W3C//DTD XHTML 1.0 Transitional//EN" "http://www.w3.org/TR/xhtml1/DTD/xhtml1-transitional.dtd">
<html xmlns="http://www.w3.org/1999/xhtml">
<head>
<meta http-equiv="Content-Type" content="text/html; charset=utf-8" />
<title>无标题文档</title>
<style type="text/css">
#box {
    background-color: #F00;
    width: 1000px;
    position: relative;
    left: 50%;
    margin-left: -500px;
}
</style>
</head>
```

图 4-55　使用定位和负值的空白边让布局居中

3．流体布局和弹性布局

1）流体布局

由于用户的显示器有越来越大的趋势，有些网页设计师认为之前的固定宽度布局越来越不合时宜，对大屏幕用户而言，两侧空空的留白给人第一眼的印象是严重的屏幕浪费。采用流体布局可充分利用空间，因为它的尺寸采用的是百分数而不是像素设置。如果要将操作实例 4-4 中的固宽布局修改为流体布局，只需更改 CSS 样式表中的三行语句即可，修改后的代码和效果分别如图 4-56 和图 4-57 所示。

```
@charset "utf-8";
/* CSS Document */

body {
    text-align:center;/* 居中 */
    }
#container {
    width:85%;/* 容器宽度 */
    margin:0 auto;/* 页边距上下为0，左右自动居中 */
    text-align:left;/* 文本左对齐 */
    padding:10px;/* 边缘填充的宽度 */
    }
#header {
    height:100px;/* 头部的高度 */
    background-color:#CCC
    }
#main {
    height:400px;/* 主体的高度 */
    }
#left {
    height:380px;/* 左侧栏的高度 */
    width:25%;/* 左侧栏的宽度 */
    float:left; /* 向左浮动 */
    margin-top:10px;/* 上边距高度 */
    background-color:#CCC
}
#right {
    height:380px;/* 右侧栏的高度 */
    width:70%;/* 右侧栏的宽度 */
    float:right;/* 向右浮动 */
    margin-top:10px;/* 上边距高度 */
    background-color:#CCC
}
#footer {
    height:100px;/* 底部高度 */
    margin-top:10px;/* 上边距高度 */
    background-color:#CCC
    }
```

图 4-56　流体布局的代码（画框表示与图 4-29 不同之处）

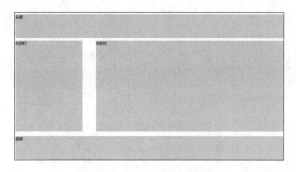

图 4-57　流体布局的效果图

虽然流体布局可最大限度地利用空间，但是也有许多缺点，例如，在大分辨率显示器上行会显得过长，让用户不舒服；相反，在窄的窗口中或者在增加文本字号时，行会变得非常短，内容很零碎。对于这个问题弹性布局是一种解决方案。

2）弹性布局

弹性布局是相对于字号设置元素宽度的，通过以 em 为单位设置宽度，可以确保字号增大时整个布局将随之扩大。这可以将行保持在可阅读范围之内，对于视力弱或有认知障碍的人尤其有用。

如果要将操作实例 4-4 中的固宽布局修改为弹性布局，需要设置基字号，建立 em 和 px 的关系，然后以 em 作为宽度单位进行设置。大多数浏览器的默认字号是 16 像素，12 像素大约是 16 像素的 75%，所以将页面上的字号设置为 75%，如图 4-58 所示。当用户更改浏览器的文字显示尺寸时，布局的宽度也随之更改，如图 4-59 所示。

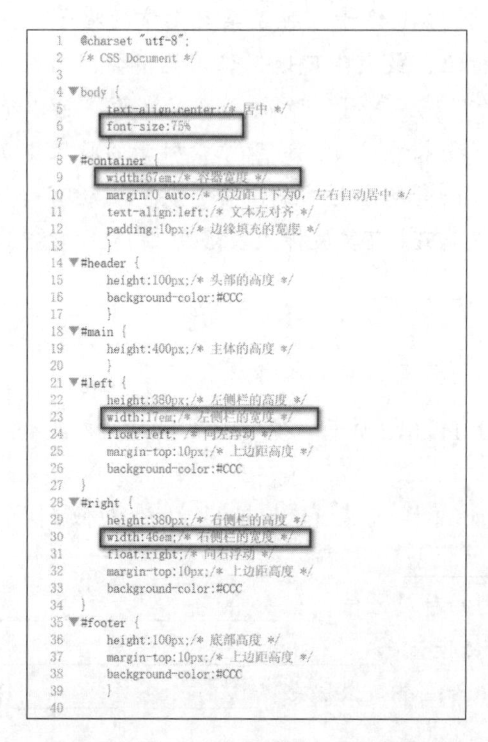

```
1   @charset "utf-8";
2   /* CSS Document */
3
4 ▼body {
5       text-align:center;/* 居中 */
6       font-size:75%
7       }
8 ▼#container {
9       width:67em;/* 容器宽度 */
10      margin:0 auto;/* 页边距上下为0, 左右自动居中 */
11      text-align:left;/* 文本左对齐 */
12      padding:10px;/* 边缘填充的宽度 */
13      }
14 ▼#header {
15      height:100px;/* 头部的高度 */
16      background-color:#CCC
17      }
18 ▼#main {
19      height:400px;/* 主体的高度 */
20      }
21 ▼#left {
22      height:380px;/* 左侧栏的高度 */
23      width:17em;/* 左侧栏的宽度 */
24      float:left; /* 向左浮动 */
25      margin-top:10px;/* 上边距高度 */
26      background-color:#CCC
27  }
28 ▼#right {
29      height:380px;/* 右侧栏的高度 */
30      width:46em;/* 右侧栏的宽度 */
31      float:right;/* 向右浮动 */
32      margin-top:10px;/* 上边距高度 */
33      background-color:#CCC
34  }
35 ▼#footer {
36      height:100px;/* 底部高度 */
37      margin-top:10px;/* 上边距高度 */
38      background-color:#CCC
39      }
40
```

图 4-58　弹性布局的代码（画框表示与图 4-29 不同之处）

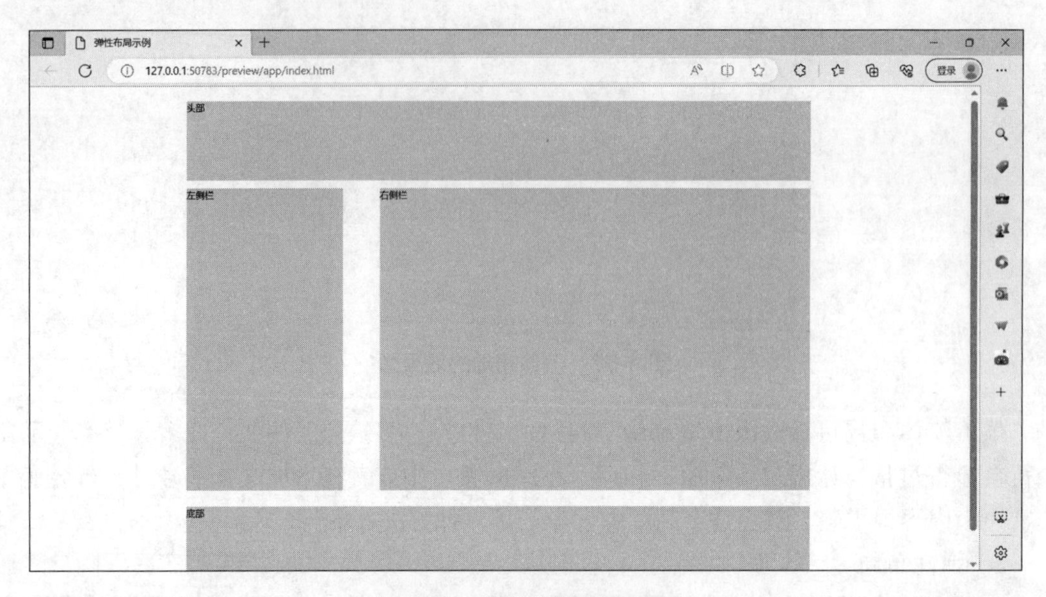

图 4-59　弹性布局的效果图

与其他布局技术一样，弹性布局也有问题，例如，不能充分利用可用空间，有时还因为文本字号选择过大而导致布局超出浏览器窗口，从而出现水平滚动条。为了防止这种状况出现，需要在主体标签上添加 max-width 属性，设置其值为 100%。

小　结

自从 CSS 出现之后，HTML 终于摆脱了杂乱无章的描述手法，开始将页面内容与样式分离。CSS 符合 W3C 标准，最大限度地保证网站不会因为网络应用的升级而被淘汰。其极大优势表现在简洁的代码，对于一个大型网站来说，可以节省大量带宽。相对于传统的 table，采用 CSS+Div 技术的网页，对于搜索引擎的收录更加友好。CSS 的关键在于其与 HTML 技术及 JavaScript 等脚本语言的融合，实际上还有一种融合方式可供选择，即 XML+XSL+JavaScript，但是 XSL（可扩展样式表语言）相较于 CSS 过于复杂，不太容易上手。

习　题

一、填空题

1. 外部样式表独立于 HTML 页面，通常放置于网站内某个位置，它实际上是一个扩展名为________的文件。

2. 内部样式表、行内样式表和外部样式表从低到高的优先级别顺序为：________、________、________。

3. 写出 Text-align 的四种属性值：________、________、________和________。

4. 写出 Float 的三种属性值：________、________和________。

5. CSS 布局技术依赖于三个基本概念：________、________和________。

二、单选题

1. CSS 的全称是（　　）。
   A. Cascading Sheet Style　　B. Cascading System Sheet
   C. Cascading Style Sheet　　D. Cascading Style System
2. 下面不属于 CSS 插入形式的是（　　）。
   A. 索引样式　　B. 行内样式　　C. 内部样式　　D. 链接外部样式
3. 链接到外部样式表应该使用的标记是（　　）。
   A. <link>　　B. <object>　　C. <style>　　D. <head>
4. 当对一条CSS定义进行单一选择符的复合样式声明时，不同属性应该用(　　)分隔。
   A. #　　B. ，　　C. ；　　D. ：
5. 下面 CSS 写法会产生错误的是（　　）。
   A. h3,h4&h5{color:red}　　B. body{font-size:12pt;text-indent:3em}
   C. a{color:red}　　D. font.html{color:#191970}
6. CSS 中设置文字大小写的字体属性是（　　）。
   A. font-style　　B. font-weight
   C. text-transform　　D. text-decoration
7. 使用 CSS 对文本进行修饰，若使文本闪烁，text-decoration 的取值为（　　）。
   A. none　　B. underline　　C. overline　　D. blink
8. Dreamweaver 利用（　　）标签构建分层。
   A. <dir>　　B. <div>　　C. <dif>　　D. <dis>
9. 以下 CSS 长度单位中属于相对长度单位的是（　　）。
   A. pt　　B. in　　C. em　　D. cm
10. 以下方法中不属于 CSS 定义颜色方法的是（　　）。
    A. 用十六进制数方式表示颜色值　　B. 用八进制数方式表示颜色值
    C. 用 RGB 函数方式表示颜色值　　D. 用颜色名称方式表示颜色值
11. CSS 中设置文本属性的 Text-indent 设置的是（　　）。
    A. 字间距　　B. 字母间距　　C. 文字对齐　　D. 文字缩行
12. 不同的选择符定义相同的元素时，优先级别的关系是（　　）。
    A. 类选择符最高，id 选择符其次， HTML 标记选择符最低
    B. 类选择符最高，HTML 标记选择符其次，id 选择符最低
    C. id 选择符最高，HTML 标记选择符其次，类选择符最低
    D. id 选择符最高，类选择符其次， HTML 标记选择符最低

三、简答题

1. 怎样使一个 Div 层居中于浏览器中？写出两种代码。
2. 简单描述 CSS 盒模型的构造。
3. 简单描述如何选择布局方案。

四、实训题

在D盘建立一个站点根目录文件夹，以“学号＋姓名”命名。把chapter4\上机练习\images文件夹复制到“学号＋姓名”文件夹中，并将该文件夹定义为站点。

（一）主页制作——index.html

1. 在站点根目录新建网页index.html。
2. 利用div完成界面布局，利用CSS控制各网页元素。
3. 相册中的图像采取从左到右的滚动方式显示图片。
4. 制作完成后的效果如图4-60所示。

图4-60　首页——index.html

（二）二级子网页制作——日志网页log.html

1. 在站点根目录新建网页log.html。
2. 利用Div完成界面布局，利用CSS控制各网页元素且编写格式风格一致的网页，复制 index.html 文件中的 CSS 格式要求。

3. 制作完成后的效果如图 4-61 所示。

图 4-61　日志网页效果图——log.html

（三）三级网页制作——大学军训 militaryTraining.html

1. 在站点根目录新建网页 militaryTraining.html。

2. 利用 Div 完成界面布局，利用 CSS 控制各网页元素且编写格式风格一致的网页，复制 index.html 文件中的 CSS 格式要求。

3. 制作完成后的效果如图 4-62 所示。

图 4-62 大学军训网页——militaryTraining.html

（四）完成各网页链接

1. 在主页中链接二级网页。在 index.html 中的"日志"链接到 log.html。

2. 在二级网页中链接三级网页。在 log.html 中的"大学军训"链接到 militaryTraining.html。

3. 完成各级网页的链接。在 log.html 的导航条中将"首页"链接 index.html；在 militaryTraining.html 的导航中将"首页"链接 index.html，"日志"链接 log.html。

实训素材：chapter4\素材\images，chapter4\素材\日志.txt，chapter4\素材\大学军训.txt。

单元 5 JavaScript 语言编程

学习目标

- 了解什么是脚本语言。
- 了解文档对象模型 DOM。
- 掌握 JavaScript 脚本的基本语法。
- 理解 JavaScript 的常用函数。
- 学会在网页中添加 JavaScript 脚本。
- 学会吃苦耐劳的工匠精神。

任务 1　JavaScript 语言编程

任务说明

脚本语言（script language）是为了缩短传统的编写 - 编译 - 连接 - 运行（edit-compile-link-run）过程而创建的计算机编程语言。几乎所有计算机系统的各个层次都有一种脚本语言，包括操作系统层，如计算机游戏、网络应用程序、文字处理文档、网络软件等。在许多方面，高级编程语言和脚本语言之间互相交叉，二者之间没有明确的界限。常见的脚本语言有 JavaScript、VBScript、Perl、PHP、Python、Ruby、Lua 等。其中，JavaScript 等网页脚本语言目前被广泛地应用于网页设计中，通常可以由应用程序临时调用并执行，网页脚本不仅可以减小网页的规模和提高网页浏览速度，而且可以丰富网页的表现，如动画、声音等。网页脚本语言按应用场合划分，可分为服务器端的脚本语言和浏览器端的脚本语言。本任务围绕 JavaScript 语言编程展开。

任务实施——JavaScript 语言编程

1．JavaScript 如何写入

1）在 HTML 网页内部引用

【操作案例 5-1】在网页内部引用 JavaScript 脚本。

（1）案例要求

使用 Dreamweaver 在网页内部引用 JavaScript 脚本，使其显示“hello,world!”并弹出一

个提示框，效果如图 5-1 所示。

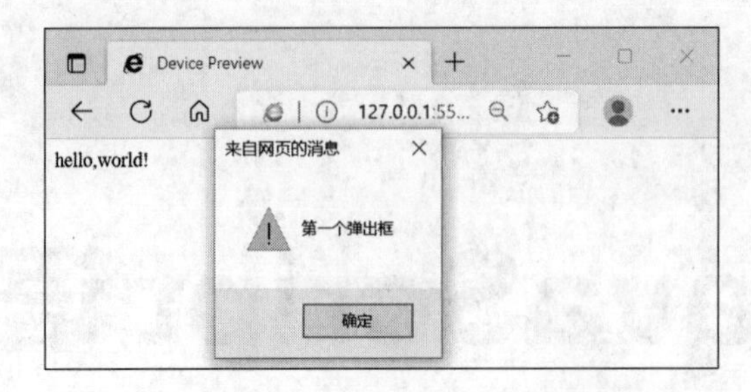

图 5-1 显示“hello,world!”并弹出提示框

（2）知识点

插入 JavaScript 内部脚本；在 IE 中观看脚本效果。

（3）操作过程

① 右击 chapter5 目录，在弹出的快捷菜单中选择“新建文件”命令，输入文件名 eg1.html，然后双击打开。

② 在该文档的设计视图中插入 JavaScript 脚本：依次选择“插入”面板 |HTML| “Script”命令。

③ 在弹出“选择文件”的对话框窗口中选择脚本文件，如图 5-2 所示，需要选择脚本文件（见案例 5-2），若没有脚本文件，在“文件名”框内随意输入内容，单击“确定”按钮。单击“确定”按钮后，在弹出的图 5-3 所示的提示框中选中“不要再显示该消息”复选框，单击“确定”按钮。

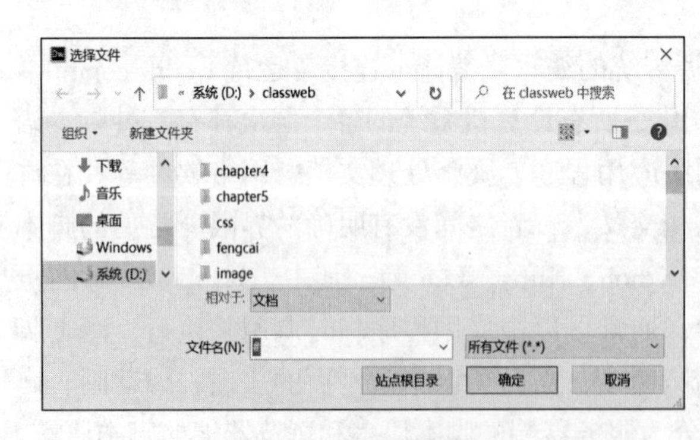

图 5-2 选择脚本文件

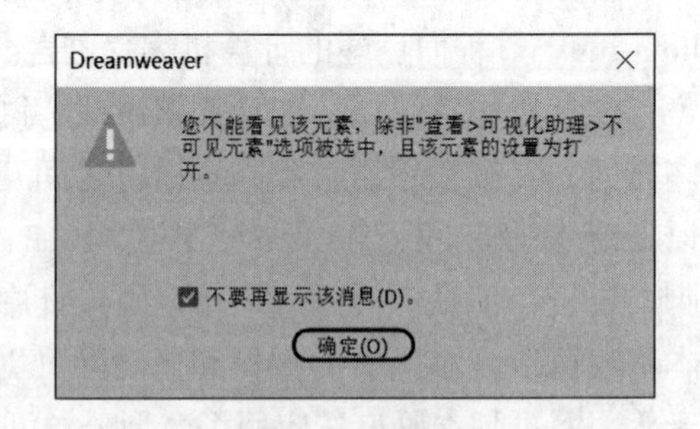

图 5-3 提示框

④ 切换到代码视图，可以看到 Dreamweaver 在网页文件中添加的 JavaScript 脚本的基本格式，如图 5-4 所示。输入脚本内容（第 10、11 行），如图 5-5 所示。

```
8 ▼ <body>
9     <script type="text/javascript" src="egl.html">
10    </script>
11    </body>
```

图 5-4 JavaScript 基本框架

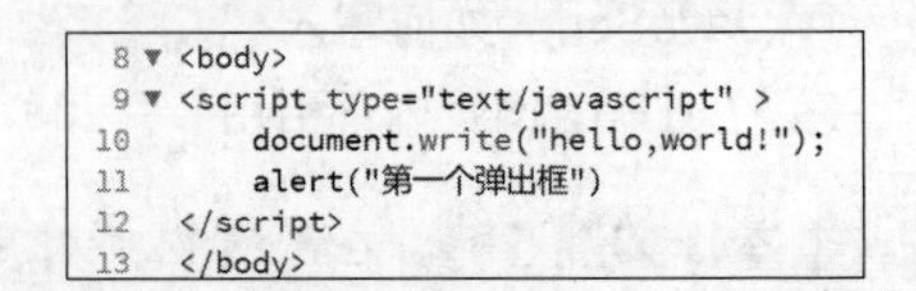

图 5-5 网页中的 JavaScript 脚本

提示：

JavaScript 脚本的 document.write 和 alert 代码代表的含义参见 5.3 节。如果依次选择“编辑”|“首选参数”命令，在弹出的“首选参数”对话框中选择“不可见元素”选项卡，在右侧窗格中选中“脚本”复选框 脚本，单击“确定”按钮，则在文档的设计视图中将会出现脚本图标。

⑤ 依次选择“文件”|“保存”命令，保存网页。按【F12】键，可看到网页显示的内容和弹出的提示框。

由于 IE 浏览器的安全性设置等原因，在观看包含 JavaScript 脚本的网页时，常会弹出类似图 5-6 所示的提示框，单击“允许阻止的内容”按钮，以观看 JavaScript 脚本的效果。

操作实例 5-1 把 JavaScript 脚本放置在 <body>…</body> 标签对之间。事实上，很多网页设计师更喜欢将其放置在 <head>…</head> 标签对之间，如图 5-7 所示。那么这两种放置方式有什么区别呢？

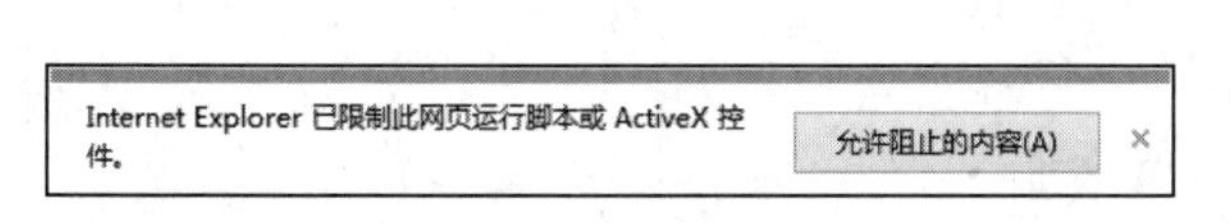

图 5-6　提示框

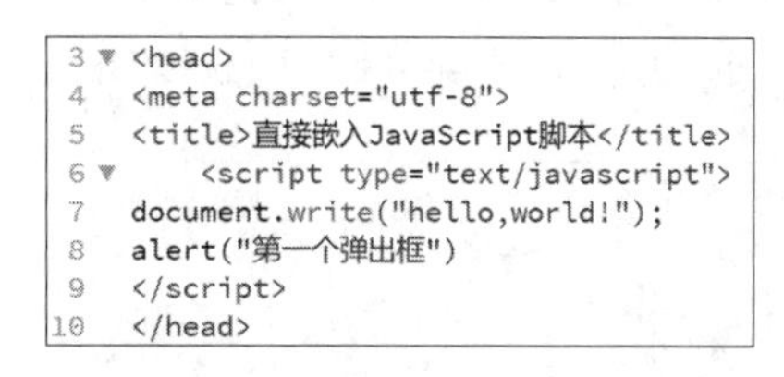

图 5-7　JavaScript 脚本放置在 <head>…</head> 标签对之间

① 位于 <head>…</head> 标签对中的脚本：当脚本被调用时，或者当事件被触发时，脚本就会被执行。当把脚本放置到 <head>…</head> 标签对中后，可以确保在使用脚本之前，它就已经被载入了。

② 位于 <body>…</body> 标签对中的脚本：在页面载入时脚本就会被执行。当把脚本放置于 <body>…</body> 标签对中后，它就会生成页面的内容。

对于 JavaScript 应该什么时候包含在 <head>…</head> 标签对中，什么时候包含在 <body>…</body> 标签对中，人们有着不同的看法。但下面的规则是适用的：当 JavaScript 要在页面加载过程中动态建立一些 Web 页面的内容时，应将 JavaScript 放在 <body>…</body> 标签对中；而定义为函数并用于页面事件的 JavaScript 应当放在 <head>…</head> 标签对中，因为它会在 <body> 标签之前加载。

2）在 HTML 外部引用

【操作案例 5-2】 建立外部链接 JavaScript 文件。

（1）案例要求

把操作案例 5-1 改造为外部链接 JavaScript 文件的形式，浏览效果不变。分别生成一个 JavaScript 脚本文件和一个 HTML 网页文件，在网页文件中链接这个 JavaScript 文件并查看代码的基本格式。

（2）知识点

新建外部 JavaScript 文件；在 HTML 网页中链接 js 文件。

（3）操作过程

① 打开 eg1.html 文件，选择 <script>…</script> 标签对之间的内容（第 10、11 行），并将其复制到剪贴板，关闭 eg1.html 文件。

② 右击 chapter5 目录，在弹出的快捷菜单中选择“新建文件”命令，输入文件名 eg2_js.js，然后双击打开。

③ 在文档的代码视图中粘贴代码，保存文件，如图 5-8 所示。

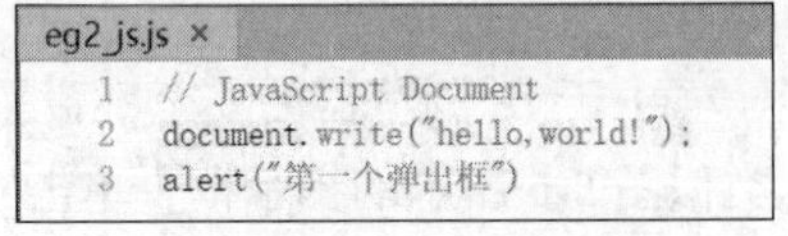

图 5-8　代码视图

④ 右击 chapter5 目录，在弹出的快捷菜单中选择“新建文件”命令，输入文件名 eg2.html，然后双击打开。

⑤ 依次选择“插入”面板 |HTML| “Script” 命令，选择 eg2_js.js 后出现在“文件名”框内，如图 5-9 所示。添加脚本文件后，脚本文件名显示在文件名下面，如图 5-10 所示。单击“确定”按钮后在 IE 浏览器中观看效果。

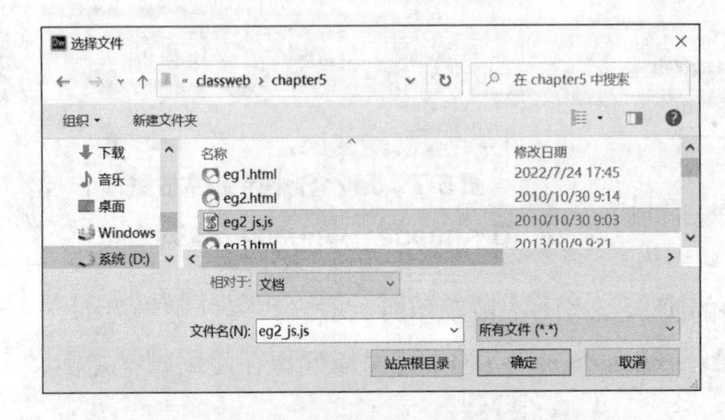

图 5-9　导入外部 JavaScript 文件源

图 5-10　添加 JS 文件

3）在 HTML 代码行中直接嵌入脚本

【操作案例 5-3】在网页中设置“按钮单击”事件和“返回上一页”功能。

（1）案例要求

单击按钮弹出提示框；使用 history 对象的方法设置通过单击“返回上一页”超链接显示刚访问过的网页的功能。效果如图 5-11 所示。

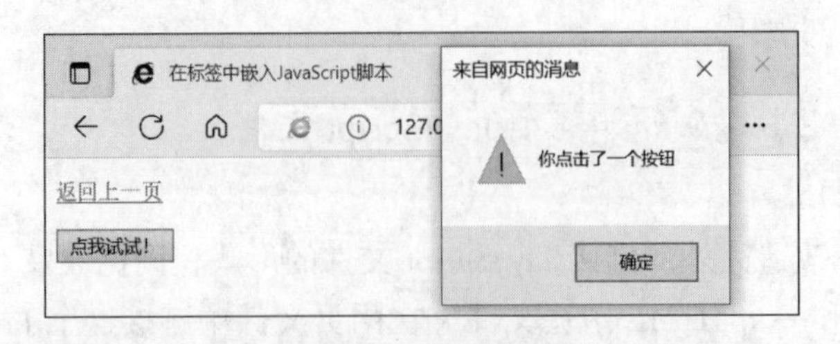

图 5-11　浏览效果

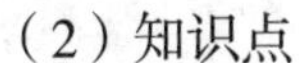

（2）知识点

添加行内 JavaScript 脚本；onClick 事件。

（3）操作过程

① 在 chapter5 目录中新建 eg3_f.html 文件，在代码视图输入第 9 行内容，如图 5-12 所示。

```
8 ▼ <body>
9   <a href="eg3.html">超链接到eg3.html网页</a>
10  </body>
```

图 5-12　HTML 属性面板

② 在 chapter5 目录中新建 eg3.html 文件，并双击打开。在设计视图中输入“返回上一页”文字，并选中该文本，在“属性”面板 |HTML 面板 |“链接”组合框中输入“JavaScript:history.back();”，如图 5-13 所示。

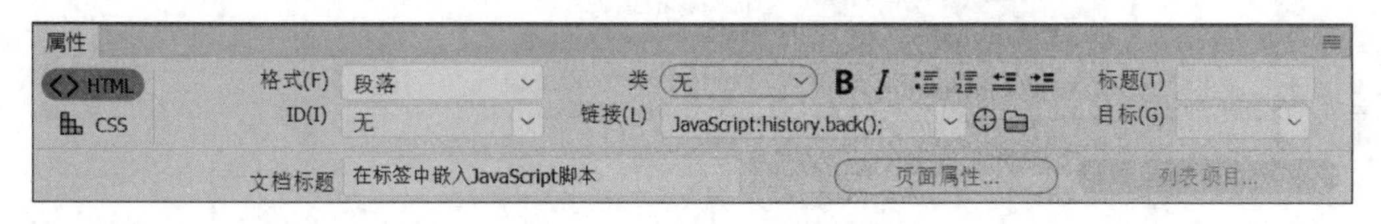

图 5-13　HTML 属性面板

③ 添加一个“点我试试！”按钮，切换到代码视图，在 <input> 标签中输入 onclick= "JavaScript:alert('你点击了一个按钮');"，如图 5-14 所示。

```
1    <!doctype html>
2 ▼  <html>
3 ▼  <head>
4    <meta charset="utf-8">
5    <title>在标签中嵌入JavaScript脚本</title>
6    </head>
7
8 ▼  <body>
9    <p><a href="JavaScript:history.back();">返回上一页</a></p>
10 ▼ <p>
11     <input type="button" name="button" id="button" value="点我试试! "
       onclick="JavaScript:alert('你点击了一个按钮');" />
12   </p>
13   </body>
14   </html>
```

图 5-14　代码视图

④ 依次选择“文件”|“保存”命令，按【F12】键，浏览效果如图 5-11 所示。在网页中单击“返回上一页”超链接，效果等同于单击 IE 浏览器中的“后退”按钮。

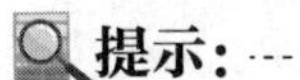

提示：

以 eg3.html 文件为起点观看“返回上一页”效果是无法实现的，应该先建立一个“前一页”文件 eg3_f.html，然后设置一个超链接到 eg3.html，即可看到想要的效果。

2．JavaScript 如何输出显示

【操作案例 5-4】在不同的地方输出 JavaScript 内容。

1）案例要求

采用不同的方法，在指定的页面、单元格、<div> 方框、文本框、提示框中输出文字内容，效果如图 5-15 所示。

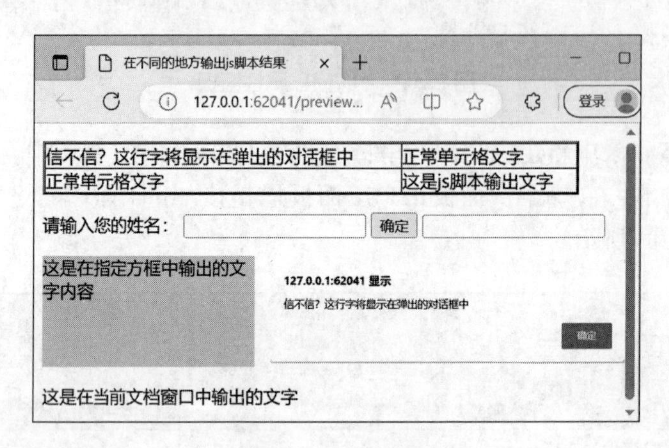

图 5-15　效果图

2）知识点

在页面中输出脚本内容；在指定 ID 的元素内输出脚本内容；在表单控件中输出脚本内容。

3）操作过程

① 在 chapter5 目录中新建一个文件 eg4.html，并双击打开。

② 在设计视图中插入一个 2 行 2 列的表格；插入一个表单，包含两个文本框，一个按钮；在表单后定义一个宽 200 像素、高 100 像素的灰色背景的 <div> 方框，如图 5-16 所示。

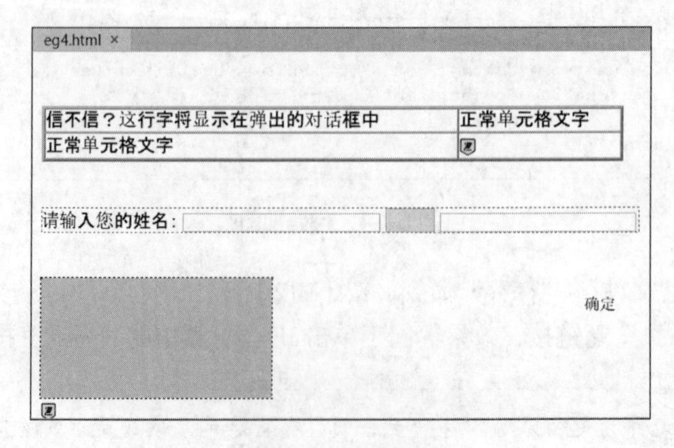

图 5-16　设计图

③ 切换到代码视图，添加 JavaScript 脚本，如图 5-17 所示。

```
1    <!doctype html>
2 ▼ <html>
3 ▼ <head>
4    <meta charset="utf-8">
5    <title>在不同的地方输出js脚本结果</title>
6 ▼ <style type="text/css">
7    #mybox {background-color: #CCC; height: 100px;  width: 200px;}
8    </style>
9    </head>
10 ▼ <body><p></p>
11 ▼ <table width="500" border="2" cellspacing="0" cellpadding="0">
12 ▼   <tr>
13       <td id="show">信不信？这行字将显示在弹出的对话框中</td>
14       <td>正常单元格文字</td>
15     </tr>
16 ▼   <tr>
17       <td>正常单元格文字</td>
18       <td><script type="text/javascript">document.write("这是js脚本输出文字");</script></td>
19     </tr>
20   </table><p></p>
21 ▼ <form id="form1" name="form1" method="post" action="">请输入您的姓名:
22     <input type="text" name="textfield" id="textfield" />
23     <input type="button" name="button" id="button" value="确定"
       onclick="javascript:textfield2.value=textfield.value+'您好！';"/>
24     <input name="textfield2" type="text" id="textfield2" />
25   </form><p></p>
26   <div id="mybox"> </div>
27 ▼ <script type="text/javascript">
28     mybox.innerHTML="这是在指定方框中输出的文字内容";
29     document.write("<p></p>这是在当前文档窗口中输出的文字");
30     alert(document.getElementById("show").innerHTML);
31   </script>
32   <p></p></body>
33   </html>
```

图 5-17　代码图

3. 应用 JavaScript 函数

1）计算圆柱体体积

【操作案例 5-5】 计算圆柱体体积。

（1）案例要求

定义一个计算圆柱体体积的函数，该函数包括两个参数（圆半径 r 及高 h）。效果如图 5-18 所示。

（2）知识点

表单控件属性设置；onClick 事件；定义函数；函数的调用。

（3）操作过程

① 在 chapter5 目录中新建一个文件 eg5.html，并双击打开。

② 切换到拆分视图。

③ 在右侧的设计窗格中插入一个表单，在表单中插入表单元素：三个文本框和一个按钮，如图 5-18 所示。

④ 在“属性”面板中依次设置表单及文本框的 name 属性为 frm、txtr、txth、txtresult；设置按钮的属性：“值”为“计算体积”，“动作”为“无”。

eg5.html ×

请输入圆柱体的半径：
高　　　　度：
结　果：
计算体积

```
2  <html>
3  <head>
4  <meta charset="utf-8">
5  <title>function函数的使用</title>
6  <script type="text/javascript">
7    function  cubage(r,h)
8    {
9      pi=3.14;
10     area=pi*r*r;
11     document.frm.txtresult.value=area*h;
12   }
13 </script>
14 </head>
15
16 <body>
17 <form id="frm" name="frm" method="post">
18   <label for="textfield">请输入圆柱体的半径：</label>
19   <input type="text" name="txtr" id="textfield" size="8"><br>
20     <label for="textfield2">高              度：</label>
21     <input type="text" name="txth" id="textfield2" size="8"><br>
22     <label for="textfield3">
23       <input name="button" type="button" id="button" value="计算体积"
24           onClick="cubage(this.form.txtr.value,this.form.txth.value)">
25     结 果：</label>
26     <input type="text" name="txtresult" id="txtresult" size="12">
27 </form>
28 </body>
29 </html>
```

图 5-18　网页代码及实时浏览效果

⑤ 单击“计算体积”按钮，代码窗格中对应的代码将被选中，加入 onClick 事件后代码变成：

```
<input type="button" name="Submit" value="计算体积" onClick="cubage(this.
form.txtr. value,this.form. txth.value)">
```

⑥ 在 <head>…</head> 标签对之间加入第 6 ～ 13 行的代码，效果如图 5-18 所示。

程序说明：该脚本中定义了一个含有 r 和 h 两个参数的函数 cubage，在浏览器网页中输入圆柱体的半径和高，单击“计算体积”按钮，触发 onClick 事件，输入 5 和 8 传给第 7 行代码的 r 和 h，然后执行函数体的语句，通过第 11 行代码将计算所得体积 628 填入到计算结果文本框中。

2）使用 if...else 语句

【操作案例 5-6】使用 if...else 语句。

（1）案例要求

使用 if...else 语句，根据输入的每天工作时间，得出不同的评价。效果如图 5-19 所示。

（2）知识点

表单的建立；if...else 语句；函数的使用。

（3）操作过程

① 在 chapter5 目录中新建一个文件 eg6.html，并双击打开。

② 切换到拆分视图。

③ 在设计窗格中插入一个表单，在表单中输入相应的文本；接着插入一个文本框，设置其 name 属性为 workhour；然后插入一个按钮，设置按钮的属性：“值”为“评价”。

④ 在代码窗口的 </head> 标签之前加入第 6 ～ 12 行代码，给“评价”按钮添加第 18 行的 onclick 事件代码，如图 5-20 所示。

图 5-19　脚本执行结果

```
5   <title>if-else</title>
6   <script language="JavaScript" type="text/javascript">
7   function work(workhour)
8   {
9     if (workhour>=8){alert("你很敬业！")}
10    else { alert("你工作还不够勤奋！")}
11  }
12  </script>
13  </head>
14  <body>
15  <form id="form1" name="form1" method="post" action="">
16      每天的工作时间(小时):
17      <input name="workhour" type="text" size="6" />
18      <input name="pingjia" type="button"
        onclick="work(form1.workhour.value)" value="评价" />
19  </form>
20  </body>
21  </html>
```

图 5-20　脚本代码

⑤ 依次选择“文件”|“保存”命令，按【F12】键，预览效果如图 5-18 所示。

程序说明：当浏览该网页时，在文本框中输入数字“9”，单击“评价”按钮，即触发第 18 行的 onClick 事件，将值“9”传递给第 7 行的函数变量 workhour，在第 9 行将输入的值与 8 进行比较，9 大于 8，结果为 true（真），所以弹出一个信息为“你很敬业！”的提示框。

3）使用 for 循环语句

【操作案例 5-7】使用 for 循环语句。

（1）案例要求

从文本框中输入 n 的值，然后输出从 1 加到 n 的求和结果，效果如图 5-21 所示。

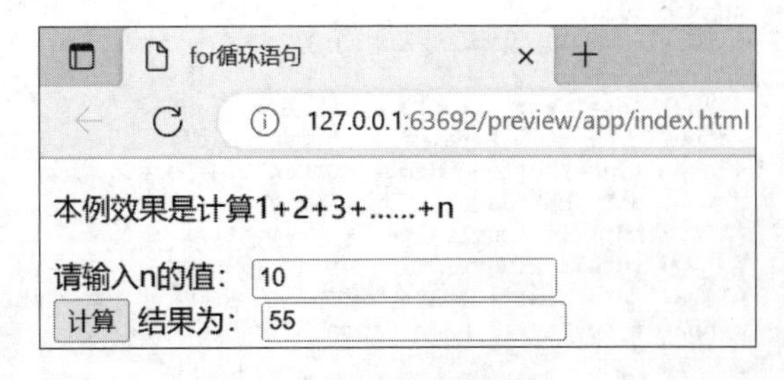

图 5-21　网页计算效果

（2）知识点

for 循环；行内 JavaScript 语句。

（3）操作过程

① 在 chapter5 目录中新建一个文件 eg7.html，并双击打开。

② 输入图 5-21 所示的文字和表单控件。

③ 切换到代码视图，在 <input> 标签中添加第 15 ～ 17 行的代码，代码如图 5-22 所示。

```
8 ▼ <body>
9 ▼ <form id="form1" name="form1" method="post">
10      <p><label>本例效果是计算1+2+3+......+n</label></p>
11 ▼    <p>
12        <label for="textfield">请输入n的值: </label>
13        <input type="text" name="num" id="textfield"><br>
14 ▼      <input type="button" name="button" id="button" value="计算"
15               onClick="JavaScript: y=0;
16 ▼             for (var i =1; i <=num.value; i++) { y=y+i }
17               total.value=y ">
18        <label for="textfield2"> 结果为: </label>
19        <input type="text" name="total" id="textfield2">
20     </p>
21   </form>
22   </body>
```

图 5-22　for 循环语句

4）使用 while 循环语句

【操作案例 5-8】使用 while 循环语句。

（1）案例要求

改造操作案例 5-7，改用 while 循环语句，从文本框中输入 *n* 的值，然后输出从 1 加到 *n* 的求和结果。

（2）知识点

while 循环；行内 JavaScript 语句。

（3）操作过程

① 打开 eg7.html 文件，另存为 eg8.html 文件。

② 切换到代码视图，修改第 15 ～ 17 行的代码，如图 5-23 所示。

```
8 ▼ <body>
9 ▼ <form id="form1" name="form1" method="post">
10      <p><label>本例效果是计算1+2+3+......+n</label></p>
11 ▼    <p>
12        <label for="textfield">请输入n的值: </label>
13        <input type="text" name="num" id="textfield"><br>
14 ▼      <input type="button" name="button" id="button" value="提交"
15               onClick="JavaScript: i=1;y=0;
16 ▼             while(i<=num.value) { y=y+i; i++ ;}
17               total.value=y ">
18        <label for="textfield2"> 结果为: </label>
19        <input type="text" name="total" id="textfield2">
20     </p>
21   </form>
22   </body>
```

图 5-23　while 循环语句

5）使用 switch 分支语句

【操作案例 5-9】使用 switch 分支语句实现变换网页背景色。

（1）案例要求

网页的背景根据不同的选项变换颜色，效果如图 5-24 所示。

（2）知识点

switch 分支语句；单选项表单控件。

（3）操作过程

① 在 chapter5 目录中新建一个文件 eg9.html，并双击打开。

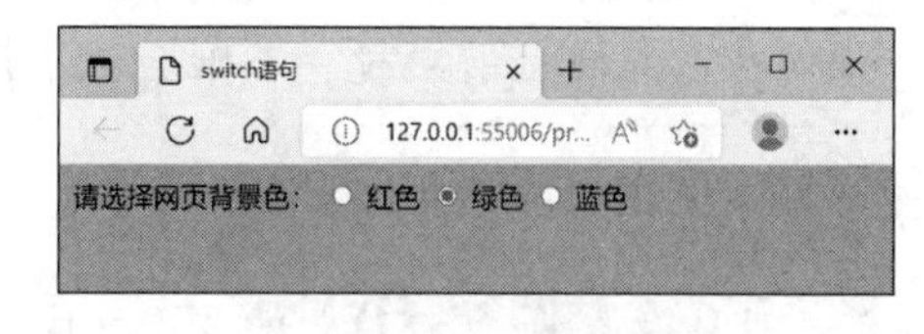

图 5-24　脚本执行效果

② 切换到拆分视图。

③ 在设计窗格中插入一个表单，在表单中输入“请选择网页背景色：”文字，插入三个单选按钮及输入按钮名。

提示：

三个单选按钮的 name 名称要一样，否则会出现多选现象。

④ 在代码窗格中 <head>…</head> 标签对之间加入第 6 ～ 21 行的代码；在第 26 ～ 30 行的代码中，分别加入 onClick 事件的代码，如图 5-25 所示。按【F12】键，预览效果如图 5-25 所示。

```
5   <title>switch语句</title>
6   <script type="text/javascript">
7   <!--
8    function set_bgcolor(getcolor)
9     {
10             switch (getcolor)
11             {
12                 case 'red': document.bgColor = '#ff0000';
13                 break;
14                 case 'green': document.bgColor = '#00ff00';
15                 break;
16                 case 'blue': document.bgColor = '#0000ff';
17                 break;
18             }
19       }
20  -->
21  </script>
22  </head>
23  <body>
24  <form id="form1" name="form1" method="post">
25    请选择网页背景色:
26    <input type="radio" name="radio" id="radio" value="radio" onclick="set_bgcolor('red')"/>
27    红色
28    <input type="radio" name="radio" id="radio2" value="radio2" onclick="set_bgcolor('green')"/>
29    绿色
30    <input type="radio" name="radio" id="radio3" value="radio3"  onclick="set_bgcolor('blue')"/>
31    蓝色
32  </form>
33  </body>
```

图 5-25　脚本代码

程序说明：当浏览该网页时，若选择“绿色”单选按钮，即触发第 28 行的 onClick 事件，将 green 值传给第 8 行的 getcolor 变量，第 10 行的 getcolor 变量的值等于字符串 green，它与第 14 行的情况匹配，使网页的背景色设置成 #00ff00（绿色）。

提示：

前绝大多数浏览器都支持JavaScript脚本，对于不支持JavaScript 的浏览器，使用 <!-- 和 --> 标记可让其跳过，否则会把不该显示的内容显示到网页上。

6）使用 break 和 continue 语句

【操作案例 5-10】使用 continue 语句。

（1）案例要求

输出 1 ～ 100 以内的奇数，代码和效果如图 5-26 所示。

```
7  <body>
8  <script type="text/javascript">
9  <!--
10         document.write("1-100以内的奇数为：");
11         for (i=1; i <100; i++)
12         {
13            if (i%2==0)  continue;
14            document.write(i,"  ");
15         }
16 -->
17 </script>
18 </body>
```

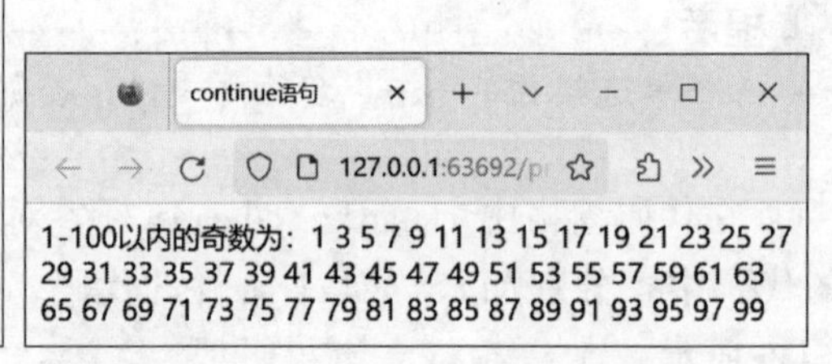

图 5-26 代码和效果

（2）知识点

continue 语句；for 循环语句。

（3）操作过程

① 在 chapter5 目录中新建一个文件 eg10.html，并双击打开。

② 切换到代码视图。

③ 在 <body>…</body> 标签对之间加入第 8 ～ 17 行的代码。

④ 依次选择“文件”|“保存”命令，按【F12】键，预览效果如图 5-26 所示。

程序说明：第 11 ～ 15 行是 for 循环语句，其中第 13 行是条件语句，它的功能是：如果 i 能被 2 整除，中止本次循环（第 14 行语句不被执行）；如果 i 不能被 2 整除，则执行第 14 行语句输出变量 i 的值，然后继续执行下一次循环。试一试，如果将 continue 语句修改为 break 语句，效果会如何？

4．应用 JavaScript 对象

【操作案例 5-11】自定义对象的应用。

1）案例要求

自定义对象 person，定义该对象的三个属性（fullname、age、height）和一个方法 disp()，并应用到表单中，使得当在表单中选择某一对象时，在下方的文本框中显示该对象的属性值，如图 5-27 所示。

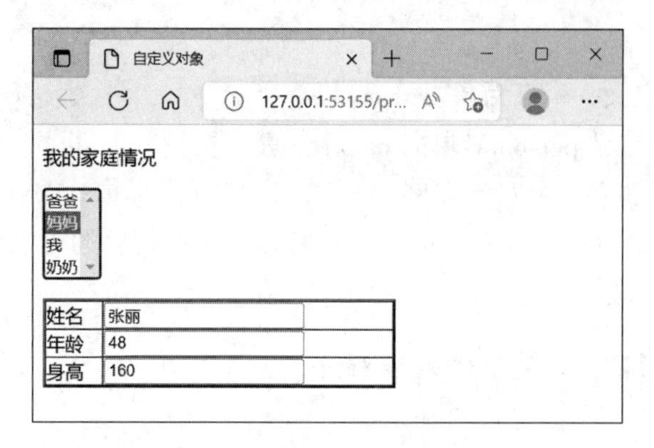

图 5-27　自定义对象的应用

2）知识点

自定义对象；定义属性；定义方法；eval 函数。

3）操作过程

① 在 chapter5 目录中新建一个文件 eg11.html，并双击打开。

② 插入一个表单，在表单内添加一个列表框与三个文本框，输入相应的提示文字。

③ 切换到代码视图，在 <head>…</head> 标签对之间加入第 6 ～ 22 行的代码。

④ 在第 26 行代码的 <select> 标签中添加行为 onchange= "eval(select.value).disp()"，如图 5-28 所示。

```
5    <title>自定义对象</title>
6 ▼  <script type="text/javascript">
7      function person(fullname,age,height)
8 ▼    { this.fullname=fullname
9        this.age=age
10       this.height=height
11       this.disp=disp
12         }
13     function disp()
14 ▼   { form1.textfield1.value=this.fullname
15       form1.textfield2.value=this.age
16       form1.textfield3.value=this.height
17         }
18     dad=new person("李明",50,"175")
19     mom=new person("张丽",48,"160")
20     me=new person("李响",20,"170")
21     grandma=new person("梁英",72,"160")
22   </script>
23   </head>
24 ▼ <body>
25 ▼ <form id="form1" name="form1" method="post" action=""><p>我的家庭情况</p><p>
26 ▼       <select name="select" size="4" id="select" onchange="eval(select.value).disp()">
27           <option value="dad">爸爸</option>
28           <option value="mom">妈妈</option>
29           <option value="me">我</option>
30           <option value="grandma">奶奶</option>
31         </select></p>
32 ▼   <table width="300" border="2" cellspacing="0" cellpadding="0">
33 ▼     <tr> <td>姓名</td>
34         <td><input type="text" name="textfield1" id="textfield1" /></td>
35       </tr> <tr><td>年龄</td>
36         <td><input type="text" name="textfield2" id="textfield2" /></td>
37       </tr><tr> <td>身高</td>
38         <td> <input type="text" name="textfield3" id="textfield3" /></td>
39    </tr></table></form></body></html>
```

图 5-28　在 <select> 标签中添加行为

4）程序说明

① 第 7 ～ 12 行定义一个新对象 person。

② 第 13 ～ 17 行定义 person 对象的 disp() 方法。

③ 第 18 ～ 21 行建立 4 个对象实例。

④ 第 26 行的 eval(select.value) 表示提取 select.value 执行后的对象名。

5．事件及事件处理

【操作案例 5-12】定义事件处理程序。

1）案例要求

实现两种效果，一是当文本框得到焦点时显示一串字符，当文本框失去焦点时显示另一串字符；二是通过在列表框中选择不同的年龄段显示不同的语句。本例执行前和执行后的效果如图 5-29 和图 5-30 所示。

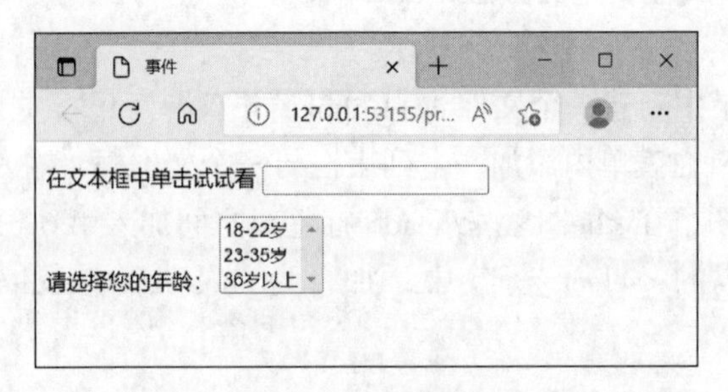

图 5-29　执行前

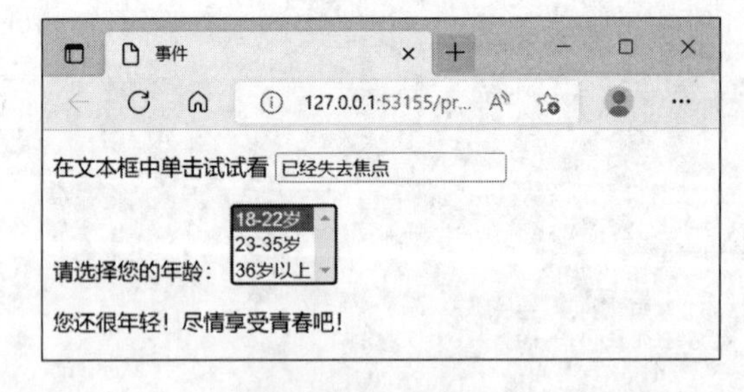

图 5-30　执行后

2）知识点

定义事件处理程序；onfocus 事件；onblur 事件；onchange 事件。

3）操作过程

① 在 chapter5 目录中新建一个文件 eg12.html，并双击打开。

② 切换到设计视图，输入图 5-29 所示的提示性文字。

③ 插入一个表单，在表单内插入一个文本框和一个列表框。

④ 切换到代码视图，在 </head> 标签之前加入第 6 ～ 13 行的代码；在第 18 行的 <input> 标签中添加 onfocus 和 onblur 事件，在第 21 行的 <select> 标签中加入 onchange 事件，如图 5-31 所示。

```
5   <title>事件</title>
6   <script type="text/javascript">
7   function at()
8     {form1.textfield.value="正在获取焦点"}
9   function off()
10    {form1.textfield.value="已经失去焦点"}
11  function show()
12    {txt.innerHTML=form1.select.value }
13  </script>
14  </head>
15  <body>
16  <form  name="form1" action="" method="get">
17    <p>在文本框中单击试试看
18      <input type="text" name="textfield" id="textfield"  onfocus="at()" onblur="off()"/>
19    </p>
20    <p>请选择您的年龄:
21      <select name="select" size="3" id="select" onchange="show()">
22        <option value="您还很年轻！尽情享受青春吧！">18-22岁</option>
23        <option value="您正处于为事业而奋斗的阶段，加油！">23-35岁</option>
24        <option value="您正变得更成熟更稳重也更成功！">36岁以上</option>
25      </select>
26     </p>
27    <div id="txt"></div>
28  </form>
29  </body>
```

图 5-31　代码图

【操作案例 5-13】 限制输入文本框的字符及显示鼠标单击处的坐标。

1）案例要求

限制文本框中分别只能输入字母和数字，并弹出提示框显示鼠标单击指定图像时的位置坐标，效果如图 5-32 所示。

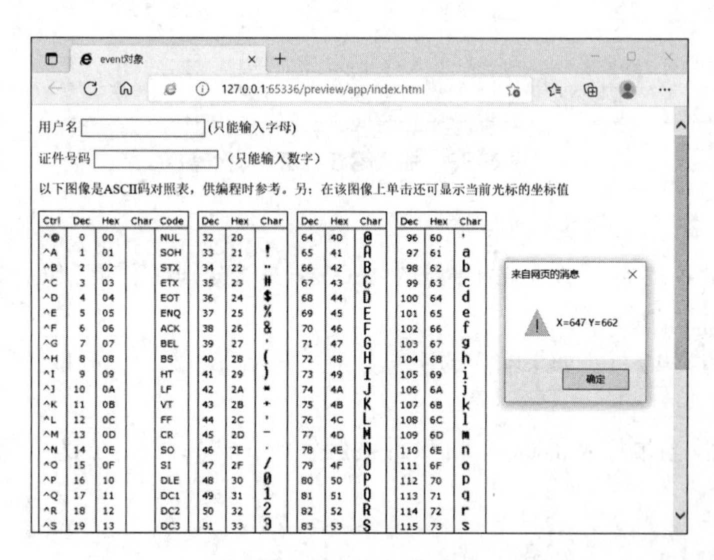

图 5-32　网页效果

2）知识点

onkeypress 事件；onmousedown 事件；event 对象。

3）操作过程

① 在 chapter5 目录中新建一个文件 eg13.html，并双击打开。

② 插入一个表单，在表单中插入两个文本框，在相应位置输入对应文本。分别选中两个文本框，在文本框代码中添加 onkeypress 事件代码：onkeypress="EOne()"、onkeypress="ETwo()"。

③ 插入一个图像，在图像代码中添加 onmousedown 事件代码。

④ 在 </head> 标签之前加入第 6～21 行代码，如图 5-33 所示。依次选择“文件”|“保存”命令，按【F12】键预览。当在第一个文本框中输入的不是字母时，文本框将不接受该字符；同样的，当在第二个文本框中输入的不是数字时，文本框将不接受该字符。

```
6  <script type="text/javascript">
7  function EOne(){
8      if ((event.keyCode > 90 && event.keyCode < 97) || (event.keyCode <65) || (event.keyCode >122))
9          event.returnValue = false;
10     }
11 function ETwo(){
12     if (event.keyCode < 48 || event.keyCode > 57)
13         event.returnValue = false;
14     }
15 function coordinates(e)
16   {
17     x=e.screenX
18     y=e.screenY
19     alert("X=" + x + " Y=" + y)
20   }
21 </script>
22 </head>
23
24 <body >
25 <form id="form1" name="form1" method="post" action="">
26   <p><label for="textfield"> 用户名</label>
27     <input type="text" name="textfield" id="textfield" onkeypress="EOne()" />
28     (只能输入字母)  </p>
29   <p><label for="textfield2">证件号码</label>
30     <input type="text" name="textfield2" id="textfield2"  onkeypress="ETwo()"/>
31    (只能输入数字) </p>
32 </form>
33 <p>以下图像是ASCII码对照表，供编程时参考。另：在该图像上单击还可显示当前光标的坐标值</p>
34 <p><img src="pic/ascii.gif" width="548" height="653" onmousedown="coordinates(event)" /></p>
35 </body>
```

图 5-33　加入第 6～21 行代码

4）程序分析

①第 8 行和第 12 行：判断输入字符的 ASCII 码是否分别在字母（包括大写字母和小写字母）、数字所在的编码段。

②第 9 行和第 13 行：如果输入的字符分别不是字母、数字，则取消事件处理，即不接受该字符。

③第 34 行：当鼠标 onmousedown 事件被触发时，该 event 对象送给函数 coordinates() 进行处理。

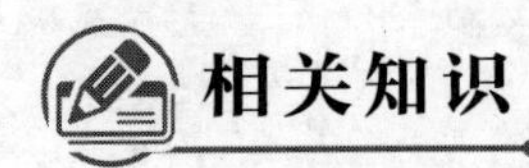

相关知识

1. 脚本语言的种类

1）服务器端的脚本语言

服务器端脚本语言的运行机制是：改变网页显示的数据或页面需要在服务器端进行，由 Web 服务器将来自客户端浏览器的请求按一定的规则翻译成 HTML 标记，然后送回浏览器，由浏览器来解释执行。服务器端脚本语言有很多种，目前常用的有 ASP、PHP、JSP、ASP.NET 和 Java/J2EE 等。

2）浏览器端的脚本语言

每个浏览器都提供一组事件，当用户通过浏览器访问 Web 页面时（例如单击某个图像），浏览器生成事件，调用引起动作发生的脚本函数，从而更改 HTML 元素的样式或定位属性，使网页“动起来”。这就是浏览器端的动态脚本技术，也称 DHTML（Dynamic HTML）。DHTML 是多项技术的综合，包括文档对象模型（DOM）、脚本、事件等。其中用得最多的网页编程脚本语言有三种：VBScript、JavaScript、JScript。VBScript 是微软开发的一种脚本语言，与 VBA 的关系非常密切，具有易学易用的特性；JavaScript 是 Sun（现已被甲骨文公司收购）和 Netscape 公司共同开发的产品；JScript 是微软推出的对抗 JavaScript 的脚本语言。本单元将具体介绍 JavaScript 脚本技术。

2. JavaScript 简介

JavaScript 是世界上最流行的脚本编程语言之一，是可插入 HTML 页面的编程代码，广泛用于服务器、PC、笔记本式计算机、平板计算机和智能手机等设备。JavaScript 很容易学习，它与 HTML 代码一样都是纯文本形式，通过使用标签对将代码直接写到 HTML 文档中，用 IE 浏览器可以立即查看 JavaScript 脚本的运行结果。JavaScript 是动态的，它可以直接对用户的输入做出响应。JavaScript 既可以用在客户端，也可以用在服务器端，但主要是用在客户端动态地改变网页的显示。JavaScript 的出现使得网页和用户之间实现了一种实时性的、动态的、交互性的关系，使得网页包含更多活跃的元素和更加精彩的内容。

任何能编写 HTML 文档的软件都可以用来编写 JavaScript 代码。本单元的操作实例均使用带有代码提示功能的 Dreamweaver 进行编辑。使用这种可视化的 IDE 工具进行编程，有时只需输入几个字符或按空格，就会智能地给出一系列可选的函数或者变量供选择输入，给编程者带来很大的方便。

使用 <script>…</script> 标签对可以在 HTML 文档的任意地方插入 JavaScript，甚至允许在 <html> 标签之前或 </html> 标签之后插入 JavaScript。

提示：

如果要在声明框架的网页（框架网页）中使用，就一定要在 <frameset> 标签之前插入，否则将导致代码无法运行。

3. 如何写入 JavaScript

1）在 HTML 内部引用

大部分网页都采用在 HTML 内部引用 JavaScript 脚本的方式，其基本格式如下：

```
<script type="text/javascript">
JavaScript 语句
</script>
```

其中：

① <script>…</script> 标签对表示脚本语言的开始和结束。

② <script> 标签具有 type 属性，它说明脚本使用的语言。对于 JavaScript，用 type="text/ javascript" 表示。

提示：

如果不写该属性或用 language="VBScript" 表示，则表明标签中使用的脚本语言是 VBScript。

JavaScript 可以应用于客户端，也可以应用于服务器端。如果应用于服务器端，则通过使用 <server>…</server> 标签对或 <script type="text/javascript" Runat="server">…</script> 标记的方式嵌入到服务器端的脚本或程序中。本单元着重介绍应用于客户端的 JavaScript 脚本。

2）在 HTML 外部引用

外部 JavaScript 脚本文件不能包含独立的 HTML 标记，只包含 JavaScript 语句和函数定义。该文件必须以 .js 为扩展名。在 HTML 外部引用 JavaScript 文件的语法如下：

```
<script type="text/javascript" src="URL"></script>
```

3）在 HTML 代码行中直接嵌入脚本

这种方式是通过 <html> 标签中的“事件”属性实现的

4. JavaScript 如何输出显示

1）在页面中输出

document.write() 语句是 JavaScript 向客户端输出的方法。图 5-34 所示的代码表示在当前文档中输出指定文字。

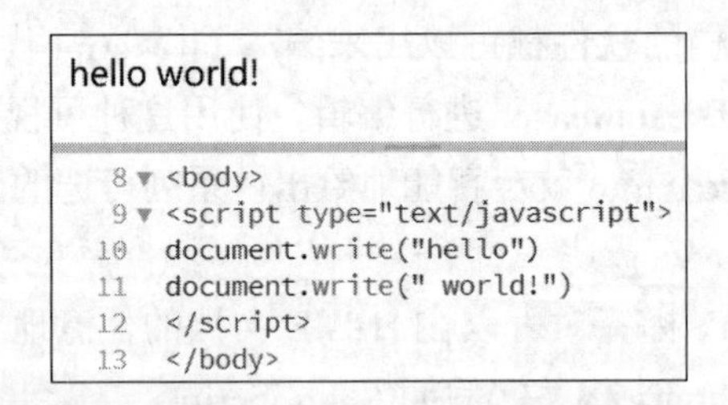

图 5-34　利用 document.write() 在页面中输出

但是，如果在网页元素中调用 document.write() 方法，例如，单击某按钮后输出指定文字，则执行该语句时，原有网页元素将消失，相当于在页面上重新输出内容，而不管之前这个页面是否有其他元素。例如，有图 5-35 所示的代码，在 IE 浏览器中单击指定按钮，执行了 document.write() 语句后当前文档的按钮将消失，单击前和单击后的效果分别如图 5-36 和图 5-37 所示。因为在载入页面后，浏览器输出流自动关闭，在此之后，任何一个对当前页面进行操作的 document.write() 方法将打开一个新的输出流，它将清除当前页面内容。

```
8 ▼ <body>
9   <input type="button" name="button" id="button" value="单击按钮输出文字"
10         onclick="javascript:document.write('hello world!')" />
11  </body>
```

图 5-35　代码图

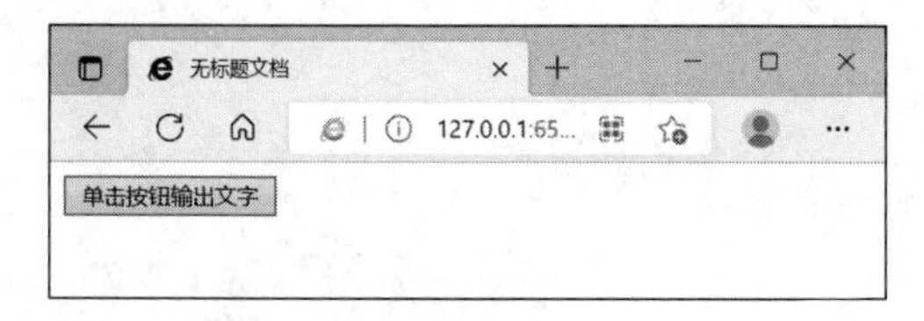

图 5-36　单击前

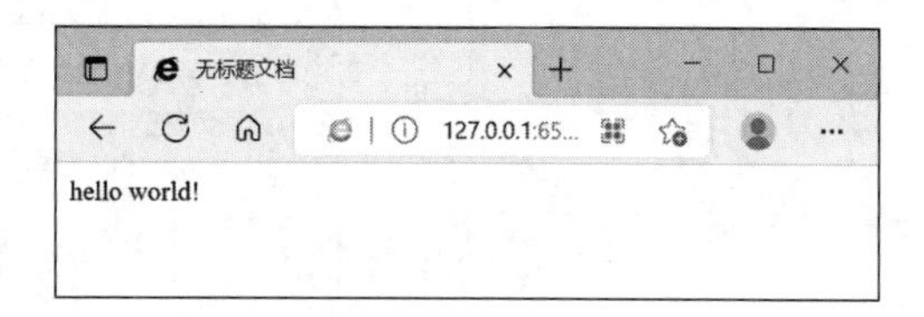

图 5-37　单击后

2）在指定 ID 的元素内输出

如果希望 JavaScript 输出的内容出现在指定的网页元素内，例如，单元格、<div> 方框等地方。则应事先定义元素的 ID 号，然后使用 innerHTML 或 innerText 属性指定输出内容。例如，修改图 5-35 所示的代码，使输出结果直接出现在按钮后。修改后的代码如图 5-38 所示，单击前和单击后的效果分别如图 5-39 和图 5-40 所示。

```
 8 ▼ <body>
 9   <input type="button" name="button" id="button" value="单击按钮输出文字"
     onclick="javascript:mybox.innerText='hello world!'" />
10   <div id="mybox"></div>
11   </body>
```

图 5-38　修改后的代码

图 5-39　单击前

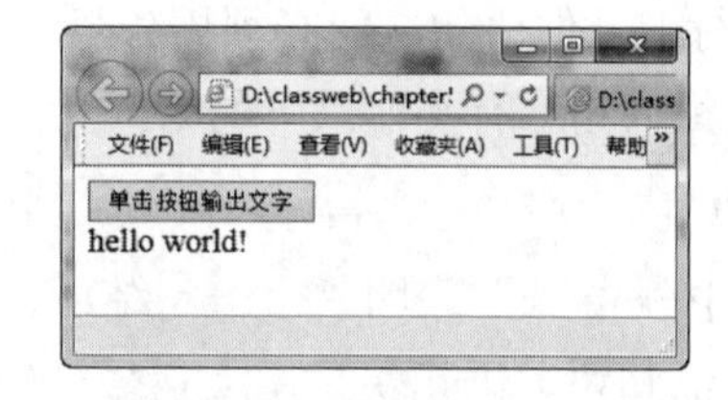

图 5-40　单击后

mybox.innerHTML 和 mybox.innerText 的区别在于，前者表示 ID 为 mybox 的标签中包含的所有代码内容；后者表示 ID 为 mybox 的标签中包含的代码解释出来之后所有显示的内容。例如：

```
<div id='mybox'><a href='#'>wait</a></div>
```

那么 document.write(mybox.innerHTML) 就是 <a href='#'> wait </a>，而 mybox. innerText 就是 wait。

3）在表单控件中输出

许多表单控件拥有 value 属性，通过 JavaScript 语句给 value 属性赋值，可实现在表单元素中输出内容的目的。表单选择效果如图 5-41 所示，其代码如图 5-42 所示。

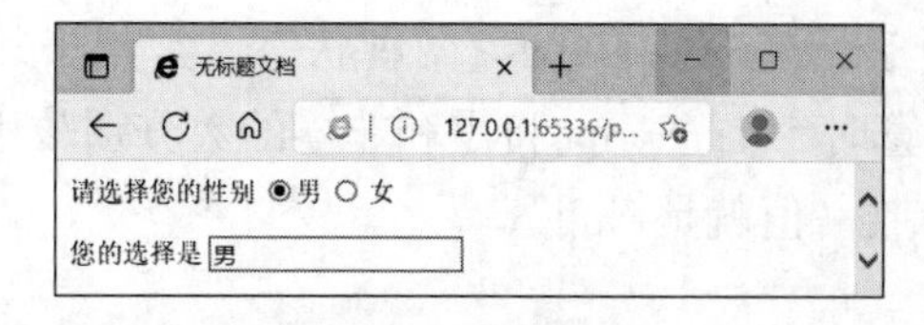

图 5-41　表单界面

```
 8 ▼ <body>
 9 ▼ <form id="form1" name="form1" method="post" action="">
10 ▼     <label>请选择您的性别
11          <input type="radio" name="rg1" value="男" id="rg1_0"
12                 onclick="txt1.value=rg1_0.value"/>男
13       </label>
14 ▼     <label>
15         <input type="radio" name="rg1" value="女" id="rg1_1"
16                onclick="txt1.value=rg1_1.value"/> 女
17       </label>
18 ▼   <p>您的选择是
19       <label for="lab"></label>
20       <input type="text" name="txt1" id="lab" />
21     </p>
22 </form>
23 </body>
```

图 5-42 代码示例

5．JavaScript 的语法书写格式

JavaScript 脚本语言是由控制语句、函数、对象、方法、属性等来组成，在该脚本代码中，还可以使用 DOM 文档对象模型所提供的浏览器对象的属性方法来编程。JavaScript 的语法与 C、C++ 很相似，只是前者在使用过程中没有那么严格。

1）单个语句和语句块

JavaScript 语句由关键字和相应的语法构成。单个语句可以写在多行上；多个语句也可写在一行上，但语句之间必须用分号“;”隔开。

① 每一句都有类似以下的格式：

```
语句；
```

其中分号“;”表明一个语句结束，如果一行只写一个语句，分号“;”可以不写。

② 语句块。语句块是用大括号“{ }”括起来的一个或多个语句。在大括号外边，语句块被当作一个语句。语句块可以嵌套，一个语句块里边可以再包含一个或多个语句块。

2）注释

注释在运行时被忽略，是方便编程人员阅读和理解程序用的，JavaScript 中注释有两种：

① 单行注释：单行注释用双斜杠“//”表示。

② 多行注释：用“/*”和“*/”括起来的一行或多行文字。

6．JavaScript 的基本数据结构

1）基本数据类型

JavaScript 有以下几种基本的数据类型：

① 数值型（number）：整数和浮点数。整数可以为正数、0 或负数；浮点数可以包含小数点。

② 字符串型（string）：使用单引号（'）或双引号（"）括起来的一个或一串字符。

③ 布尔型（boolean）：只有 true 和 false 两种状态。常用于判断，以控制操作流程。在进行条件运算或逻辑运算时，JavaScript 将零和非零的数分别转化成 false 和 true。

④ Null 值：空值，有唯一值就是 Null。

2）常量

① 整型常量：如 110、120 等。

② 实型常量：如 1.5、–5E10、8E–3 等。

③ 布尔常量：只有 true 与 false。

④ 字符常量：如 "hello"、"How are you" 等。

⑤ 特殊常量：如 \' 表示单引号本身；\" 表示双引号本身。

⑥ Null 常量：Null 可以与任何类型的数据进行转换，当数据类型为数值型时，Null 表示 0；当数据类型为字符型时，Null 表示空字符串。

3）变量

（1）变量的定义

变量是可变的量，变量的主要作用是存取数据、提供存放信息的容器。

（2）变量的命名

变量名是区分大小写的，如 bc 和 Bc 是两个不同的变量。给变量命名时，最好能与其代表的意思对应起来。变量的命名必须遵循以下规则：

① 第一个字符必须是字母（大小写均可）、下画线（_）或美元符号（$）。

② 后续字符可以是字母、数字、下画线或美元符号。

③ 变量名不能是关键字。

（3）变量的声明

JavaScript 的变量是弱变量类型，也就是变量可以不进行声明，在赋值时给它什么类型的值，这个变量就会是什么类型。如果要声明变量，其基本格式为：

```
var 变量 [= 值 ];
```

（4）变量的赋值

变量声明后，可以在任何时候对其赋值。赋值的语法是：

```
变量 = 表达式 ;
```

（5）变量的作用域

变量的作用域也就是变量的有效范围。全局变量定义在所有函数体之外，其值的有效范围是包含该变量的整个文件；而局部变量定义在函数体之内，只对该函数是有效的，而对其他函数是无效的，所以定义变量时一定要注意其适用范围。

4）运算符和表达式

运算符是完成运算操作的一系列符号，表达式是运算符和操作数的组合。在 JavaScript 中有算术、逻辑、比较、赋值、位等运算符。

假设有 a、b、c、d 四个操作数，各变量的值分别是：a=9，b=2，c="Hi!"，d="Jim"。

（1）算术运算符（见表 5-1）

表 5-1　算术运算符

运算符及其功能	用法举例	返 回 值
+（加法）	$a+b$，$c+d$	11，"Hi!Jim"
-（减法）	$a-b$	7
*（乘法）	$a*b$	18

续表

运算符及其功能	用法举例	返 回 值
/（除法）	a/b	4.5
%（取余数）	a%b	1
++（自增）	a++，++a	10，10
--（自减）	a--，--a	8，8

（2）比较运算符（见表 5-2）

表 5-2 比较运算符

运算符及其功能	用法举例	返 回 值
>（大于）	a>b	true
>=（大于或等于）	a*b>=20	false
<（小于）	a<b	false
<=（小于或等于）	a-b<a+b	true
==（相等）	a%b==1	true
!=（不等）	a%b!=1	false

（3）逻辑运算符（见表 5-3）

表 5-3 逻辑运算符

运算符及其功能	用法举例	返 回 值
&&（逻辑与）	a==9&&b==2	true
||（逻辑或）	a>9||d=="Jim"	true
!（逻辑非）	!(a==9&&b==2)	false

提示：

false&&exp，永远返回 false；true||exp，永远返回 true。

（4）位运算符

将每个操作数转换为整型数并用二进制表示；按位数从右向左一一对应；对应位运算操作符，最终结果按位组合起来，用十进制表示，见表 5-4。a=9 的二进制形式为 1001；b=2 的二进制形式为 0010。

表 5-4 位运算符

运算符及其功能	用法举例	返回值（十进制）
&（按位与）	a&b，对应位都是 1 则返回 1，否则返回 0	0
|（按位或）	a|b，对应位都是 0 则返回 0，否则返回 1	11
^（按位异或）	a^b，对应位相同则返回 0，不同则返回 1	11
～（求反）	～a，该位如果是 0，则返回 1，否则返回 0	-10
<<（左移）	a<<b，将 a 的二进制形式左移 b 位，右边空位补零	36

续表

运算符及其功能	用法举例	返回值（十进制）
>>（算术右移）	*a*>>*b*，将 *a* 的二进制形式右移 *b* 位，舍弃被移出的位	2
>>>（逻辑右移）	*a*>>>*b*，将 *a* 的二进制形式右移 *b* 位，舍弃被移出的位，左边补 0	2

提示：

对于非负数，算术右移和逻辑右移的结果是相同的，如果操作数是负数，位运算就比较复杂。

（5）赋值运算符（见表 5-5）

表 5-5 赋值运算符

<table>
<tr><th>运算符用法</th><th>等效表达式</th><th>运算符用法</th><th>等效表达式</th></tr>
<tr><td>a=b</td><td>将 b 的值赋给变量 a</td><td>a+=b</td><td>a=a+b</td></tr>
<tr><td>a-=b</td><td>a=a-b</td><td>a*=b</td><td>a=a*b</td></tr>
<tr><td>a/=b</td><td>a=a/b</td><td>a%=b</td><td>a=a%b</td></tr>
<tr><td>a&=b</td><td>a=a&b</td><td>a|=b</td><td>a=a|b</td></tr>
<tr><td>a^=b</td><td>a=a^b</td><td>a<<=b</td><td>a=a<<b</td></tr>
<tr><td>a>>=b</td><td>a=a>>b</td><td>a>>>=b</td><td>a=a>>>b</td></tr>
</table>

（6）条件运算符

条件运算符（?:）的语法格式为 condition?exp1:exp2，它表示当 condition 为 true 时，返回 exp1 的值，否则返回 exp2 的值。例如，s=(3>2)? "Of course":"what?no!" 语句执行后，s 的值为 "Of course"。

5）运算符的优先级

当一个表达式由多个运算符与操作数组合而成时，就会引起运算符的优先执行问题。这个问题由运算符的优先级规则解决，它在计算表达式时控制运算符执行的顺序：优先级别高的运算符比优先级别低的运算符先执行。

表 5-6 列出了在表达式中常用运算符的优先级，优先级别由高到低，具有相同优先级的运算符按从左到右的顺序求值。

表 5-6 运算符的优先级

<table>
<tr><th rowspan="9">优先级由高到低</th><th colspan="2">运 算 符</th><th colspan="2">运 算 符</th></tr>
<tr><td>1</td><td>字段访问、[ ] 数组下标、( ) 函数调用及表达式分组</td><td>9</td><td>^ 按位异或</td></tr>
<tr><td>2</td><td>算术运算符（++、--、-、~）、new 创建对象</td><td>10</td><td>| 按位或</td></tr>
<tr><td>3</td><td>* 乘法、/ 除法、% 取模</td><td>11</td><td>&& 逻辑与</td></tr>
<tr><td>4</td><td>+ 加法、- 减法、+ 字符串连接</td><td>12</td><td>|| 逻辑或</td></tr>
<tr><td>5</td><td><<、>>、>>> 移位运算符</td><td>13</td><td>?: 条件运算符</td></tr>
<tr><td>6</td><td><、<=、>、>= 比较运算符</td><td>14</td><td>= 赋值、op= 运算赋值</td></tr>
<tr><td>7</td><td>== 等于、!= 不等于</td><td>15</td><td>, 多重求值</td></tr>
<tr><td>8</td><td>& 按位与</td><td>—</td><td>—</td></tr>
</table>

提示：

编程时如果忘记运算符的优先级，可以使用括号“()”改变运算符的执行顺序，如 (a+b)*(c−d)。

7. JavaScript 的函数

函数就是把在程序中要多次用到的、能实现一定功能的、相对独立的程序段封装起来，减少程序代码，使得程序清晰、便于维护，并可作为事件驱动的结果而调用，从而实现函数与事件驱动相关联。

1）JavaScript 的全局函数

JavaScript 为脚本开发人员提供了一些函数，这些函数不与任何对象关联，所以称为全局函数，并且在程序中可以直接使用。全局函数包括客户端的和服务器端的，要使用服务器端的函数，则必须把它们放在 <server>…</server> 标签对中。常见的客户端全局函数的功能及用法见表 5-7。

表 5-7 客户端全局函数的功能及用法

函数名语法	功能	用法
String(obj)	将一个对象的值转换成字符串	String(Date())
unescape(string)	对由 escape() 编码的值进行解码	unescape("var1%3Dvalue1%26var2%3Dvalue2")
isNaN(testValue)	判断测试值是否是一个数值，返回布尔值	isNaN(checkedValue)
Number(obj)	转换一个对象的值为一个数字	Number(Date())
parseFloat(string)	将字符串处理后返回一个浮点数	parseFloat("3.2e5")
parseInt(string,radix)	将字符串处理后返回一个整数	parseInt("A", 16) 将返回 10
escape("string")	返回在 ISO-Latin-1 字符集中的参数的十六进制编码	escape("var1=value1&var2=value2") 将返回值：var1%3Dvalue1%26var2%3Dvalue2
eval(string)	执行 JavaScript 代码的字符串：如果字符串是一个表达式，则求表达式的值；如果是一条或者多条 JavaScript 语句，则执行这些语句	eval("2*3") eval("welcome")

2）自定义 JavaScript 函数

JavaScript 所提供的函数很少，在具体编程中，用户要经常自定义一些函数，用于进行事件处理。

（1）函数的定义

定义函数的基本格式如下：

```
function 函数名 ([ 参数表 ]){
    函数体 ;
    [return 表达式 ;]
}
```

功能说明：

① 函数名与变量名的命名规则相同。

② 参数表是函数外部向函数内部传递信息的桥梁。参数可以是字符串、数值和对象，参数表可有可无，一个函数最多可以有 255 个参数，参数之间用逗号“,”分隔。

③ 在函数的内部，参数可以直接当作变量来使用，并可以用 var 语句来新建一些变量，但这些变量都不能被函数外部的过程调用。要使函数内部的信息能被外部调用，要么使用 return 语句返回值，要么使用全局变量。

④ 不能在其他语句或自身中嵌套 function 语句。

（2）函数的调用

调用函数的基本格式如下：

```
函数名([实参表])
```

功能说明：函数内部的语句并不会立即执行，只有在调用时才执行。在执行一个函数时，如果碰到 return 语句，函数立刻停止执行，并返回到调用它的程序中；如果 return 语句带有表达式，则退出函数的同时返回该表达式的值。

（3）函数调用方式

① 语句调用：把函数调用作为一个语句来执行，该函数不返回确定值。

② 表达式调用：函数出现在表达式中。

③ 参数调用：函数作为一个实参参加调用。

提示：

在表达式调用和参数调用方式中，函数使用 return 语句返回一个确定值参加调用。

在任何一种语言中，控制程序的流程都是必需的。它能使得整个程序减少混乱，按一定的方式顺利执行。下面是 JavaScript 常用的程序控制流结构及语句。

3）if 条件语句

提示：

为了讲解的需要，约定方括号“[]”内的内容表示可选。{语句段}代表一个语句块，可由单个语句或多个语句组成。

基本格式：

```
if(条件){
    语句段1}
[else{
    语句段2}]
```

功能说明：

首先计算条件表达式，如果值为 true，则执行语句段1；否则执行语句段2。如果 else 块缺省，则顺序执行 if 语句的下一条语句。

4）for 循环语句

基本格式：

```
for(初值表达式;[条件表达式];增量表达式)
    {语句段};
```

功能说明：

① 初值表达式：初始化循环控制变量。

② 条件表达式：每次循环开始之前计算该表达式。如果该表达式值为 true，就执行语句段，否则顺序执行 for 语句的下一条语句。该项如果省略，则条件永远为 true，此时必须在循环体内使用 break 语句中止循环。

③ 增量表达式：用于更新循环控制变量。

5）while 循环语句

基本格式：

```
while(条件表达式)
        {语句段}
```

功能说明：条件表达式，每次循环开始之前计算该表达式，如果该表达式值为 true，就执行语句段；否则顺序执行 while 语句的下一条语句。

6）switch 分支语句

基本格式：

```
switch(表达式)
{
    case 标签1:
         [语句段1;]
         [break;]
    case 标签2:
         [语句段2;]
         [break;]
         …
    [default: 语句段n;]
}
```

功能说明：首先计算表达式的值，看与哪个 case 标签的值相符，如果找到其中一个相匹配的，则执行相应的语句段，执行完毕后，由 break 中止；否则执行 default 下的语句段 *n*，如果没有 default 块，则 switch 语句结束。

7）使用 break 和 continue 语句

（1）break 语句

本语句放在循环体内，作用是立即跳出循环，执行循环体后面的语句。

（2）continue 语句

本语句放在循环体内，作用是中止本次循环，并执行下一次循环。如果循环的条件已经不符合，就跳出循环。

8. JavaScript 的对象

JavaScript 语言是基于对象的，可以根据需要自己创建对象。JavaScript 的所有编程都以对象为出发点。

1）对象的基础知识

（1）对象的定义

简单来讲，对象就是一组数据与方法的集合，是一种复合数据类型，对象的定义中说明了该对象所具有的属性与方法，定义了对象的结构。让我们用一个例子理解对象的含义：一个人就是一个对象，人的属性包括其姓名、身高、体重、年龄、肤色、眼睛的颜色等，人的方法是吃、睡、工作、玩等。网页中的按钮、网页文档和窗口等都是对象。

（2）对象的基本组成

JavaScript 中的对象由属性和方法两个基本元素组成。

① 属性：反映该对象某些特定的性质，如对象的背景色、长度、名称等。

② 方法：该对象要执行的任务。

（3）对象的种类

在 JavaScript 中，可以使用以下几种对象：

① 由 DOM 对象模型提供的浏览器对象，这些对象可以直接使用。

② JavaScript 的内置对象，如 Date、Math 等。

③ 服务器上的固有对象。

④ 用户自定义的对象。

（4）引用对象属性的格式

在 JavaScript 中引用对象属性的格式有以下三种：

① 基本格式 1：

```
对象名 . 属性名
```

② 基本格式 2：

```
对象名 [ 下标 ]
```

③ 基本格式 3：

```
对象名 [" 属性名 "]
```

（5）引用对象的方法

基本格式：

```
对象名 . 方法名 ( 参数表 )
```

说明：“方法名 (参数表)”实质上就是一个函数。

2）有关对象的操作语句

在 JavaScript 中提供了几个用于操作对象的语句、关键字及运算符。

（1）for...in 语句

基本格式：

```
for( 变量 in 对象 )
      { 语句段 }
```

功能说明：用于遍历一个对象的所有属性和方法。for...in 语句的特点是无须知道对象中属性和方法的个数便可进行操作。

① 变量：指定的变量可以是数组元素，也可以是对象的属性和方法。

② 对象：要遍历的对象。

③ 语句段：指定要对每个属性执行的语句。

例如：

```
for(x in document)
{document.write(x+"<br>")}      //表示罗列 document 对象的所有属性和方法
```

（2）with 语句

基本格式：

```
with(对象名称){
     语句段
}
```

功能说明：

① 对象名称：为一个或一组语句指定默认对象。

② 语句段：在语句段中放的是这个对象的一些属性名和方法名。

例如：

```
with(document){
    write("第一行<br/>")
    write("第二行<br/>")
    write("第三行<br/>")
}
```

（3）this 关键字

基本格式：

```
this[.属性名]
```

功能说明：this 指当前对象。在不同的地方 this 代表的对象不同。在 with 语句块中，this 代表所指定的对象；在 function 定义对象、事件处理程序中，this 代表发生事件的对象；在上述情况以外的 JavaScript 主程序中（不在任何 function 内，不在任何事件处理程序中），this 代表 window 对象。

（4）new 操作符

基本格式：

```
对象实例名=new 对象名(参数1[,参数2]…[,参数n])
```

功能说明：

① 对象实例名：用于创建对象的实例。

② 对象名：必须是已经存在的对象。

③ 参数：对象的属性值。这些属性是对象函数的参数。

3）自定义对象

虽然系统已经提供了很多内建对象，但有时候还是满足不了程序的需要。定义对象的格式如下：

```
function 对象名(属性表){
    this.属性名1=属性值1
    this.属性名2=属性值2
```

```
    …
    this. 方法 1= 函数名 1
    this. 方法 2= 函数名 2
    …
}
```

使用自定义对象需要两个步骤：

① 定义对象：用 function 写一个函数实现。

② 创建对象实例：使用 new 操作符。

以下代码表示创建一个关于 person 的对象。

```
function person(fullname,age,height)
{
    this.fullname=fullname              // 定义属性
    this.age=age                        // 定义属性
    this.height=height                  // 定义属性
    this.newname=newname                // 定义方法
}
```

一旦创建了对象，就可以创建新的对象实例，例如：

```
myFather=new person(" 李明 ",50,"175")
myMother=new person(" 张丽 ",48,"160")
```

提示：

方法只是依附于对象的函数而已。

编写 newname() 函数：

```
function newname(new_name)
{
    this. fullname=new_name
}
```

newname() 函数定义 person 的新的 fullname，并将之分配给 person。通过使用 this 关键字，JavaScript 即可得知 person 指的是谁。因此，现在可以这样写：

```
myMother.newname(" 张青 ")
```

提示：

要定义一个对象，需要为该对象指定名称，设置其属性和方法。一个对象的属性可以是其他类型的对象。

9. 事件与事件处理

1）有关事件的介绍

用户与网页交互时产生的操作称为事件。事件一般是由对窗口、表单对象、鼠标等的操作引起的。浏览器在程序运行的大部分时间都在等待交互事件的发生，并在事件发生时，自动调用事件处理函数，完成事件处理过程。

可以直接在 HTML 标记中指定事件处理程序，方法是：

```
<标记 事件 =" 事件处理程序 " [ 事件 =" 事件处理程序 "…]>
```

2）事件处理程序

浏览器为了响应某个事件而进行的处理过程称为事件处理。事件处理程序可以是任意的 JavaScript 语句，但一般由 function 函数担任。前面介绍的所有函数都可以作为事件处理程序使用。

3）event 对象

event 代表事件的状态，例如，触发 event 对象的元素、鼠标的位置及状态、按下的键等。它只在事件发生的过程中才有效。event 的某些属性只对特定的事件有意义。例如，fromElement 和 toElement 属性只对 onMouseOver 和 onMouseOut 事件有意义。事件通常与函数结合使用，函数不会在事件发生前被执行。

HTML 能够使 HTML 事件触发浏览器中的行为，例如，当用户单击某个 HTML 元素时启动一段 JavaScript。表 5-8 和表 5-9 分别列出 event 常用事件列表和属性列表。可将之插入 HTML 标签以定义事件的行为。

表 5-8　常用事件发生的条件和所适用的对象

事 件 名	事件发生的条件和用途	适用对象
onBlur	发生在一个表单元素、一个窗口或一个框架失去焦点时	Button、Checkbox、FileUpload、Layer、Password、Radio、Reset、Select、Submit、Text、Textarea、Window
onFocus	发生在一个窗口、框架或框架集获得焦点或者一个表单元素获得输入焦点时	同 onBlur
onChange	发生在一个 Select、Text 或 Textarea 域更改值并失去焦点时。主要用于实时检测输入的有效性或立刻改变文档内容	FileUpload、Select、Text、Textarea
onClick	在对象上单击时触发，是 MouseDown 和 MouseUp 事件的结合	Button、document、Checkbox、Link、Radio、Reset、Submit
onLoad	发生在完成一个窗口或一个框架集里的所有框架的装载时	Image、Layer、Window
onUnload	发生在用户退出文档（或者关闭窗口，或者到另一个页面去）的时候	同 onLoad
onSubmit	发生在提交表单时。可用来验证表单的有效性	Form
onReset	“重置”按钮被单击	
onMouseDown	把鼠标放在对象上按下鼠标按键时触发	Button、document、Link
onMouseUp	释放鼠标按键时触发	同 onMouseDown
onMouseOut	发生在鼠标离开对象的时候	Layer、Link
onMouseOver	当鼠标进入对象范围时发生	同 onMouseOut
onSelect	当选择文本或文本区域内的某些文本时发生	Text、Textarea
onKeyDown	某个键盘按键被按下	—
onKeyPress	某个键盘按键被按下并松开	—
onKeyUp	某个键盘按键被松开	—

表 5-9　event 对象的鼠标 / 事件属性

事件名	事件发生的条件和用途
altKey	返回当事件被触发时，【Alt】键是否被按下
button	返回当事件被触发时，哪个鼠标按钮被点击
clientX	返回当事件被触发时，相对于网页的鼠标指针的水平坐标
clientY	返回当事件被触发时，相对于网页的鼠标指针的垂直坐标
ctrlKey	返回当事件被触发时，【Ctrl】键是否被按下
shiftKey	返回当事件被触发时，【Shift】键是否被按下
relatedTarget	返回与事件的目标结点相关的结点
screenX	返回当某个事件被触发时，相对于用户显示器的鼠标指针的水平坐标
screenY	返回当某个事件被触发时，相对于用户显示器的鼠标指针的垂直坐标
keyCode	对于 onKeyPress 事件，该属性声明了被敲击的键生成的 Unicode 字符码。对于 onKeyDown 和 onKeyUp 事件，它指定了被敲击的键的虚拟键盘码。虚拟键盘码可能和使用的键盘的布局相关
returnValue	如果设置了该属性，它的值比事件句柄的返回值优先级高。把这个属性设置为 false，可以取消发生事件的源元素的默认动作
type	返回当前 Event 对象表示的事件的名称
x,y	事件发生的位置的 *x* 坐标和 *y* 坐标，它们相对于用 CSS 动态定位的最内层包容元素

任务 2　应用文档对象模型 DOM

任务说明

DOM（document object model，文档对象模型）是 W3C 制订的标准。DOM 是一个能够使程序和脚本动态访问和更新文档内容、结构及样式的接口，通俗一些讲，DOM 是这样一种规则：它将 HTML 文档中的各个对象按容器级别组织成一种树形访问结构，以便于 JavaScript 等面向对象编程语言可以编程访问文档中所有的对象及其属性方法。DOM 提供了两种标准对象集：HTML 和 XML，并有一个标准接口访问并操纵它们。本任务围绕了解文档对象模型 DOM 展开。

任务实施——应用文档对象模型

1. 使用 window 对象的属性动态改变窗口状态栏的显示

【操作案例 5-14】使用 window 对象的属性动态改变窗口状态栏的显示。

1）案例要求

使用 window 对象的属性在状态栏显示指定的信息，另外为按钮添加一个 onClick 事件，使用 window 的 open 方法打开一个新窗口，效果如图 5-43 所示。

把鼠标放上来，看状态栏

单击按钮打开网页eg1.html

```
6  <script type="text/javascript">
7  function MM_openBrWindow(theURL,winName,features) { //v2.0
8      window.open(theURL,winName,features);
9  }
10 </script>
11 </head>
12
13 <body><p>
14 <a href="http://www.sohu.com"   onmouseover="self.status='链接到搜狐主页';return true">把鼠标
   放上来，看状态栏</a></p>
15 <p>
16     <input name="button" type="button" id="button" onclick="MM_openBrWindow('eg1.html','打开新
   窗显示eg1','status=yes,width=300,height=300')" value="单击按钮打开网页eg1.html" />
17 </p>
18 </body>
```

图 5-43　代码及实时效果图

2）知识点

onmouseover 事件；status 属性；“行为”面板；window 对象；open() 方法。

3）操作过程

① 在 chapter5 目录中新建 eg14.html 文件后双击打开。

② 在该文档的设计视图窗口中，输入文本“把鼠标放上来，看状态栏”，选中该文本，在“属性”面板的“链接”文本框中输入地址 http://www.sohu.com。

③ 切换到代码视图，在 www.sohu.com 后面按【Space】键，在弹出的代码下拉列表框中选择 onMouseOver 选项，如图 5-44 所示。然后输入行为代码“self.status='链接到搜狐主页';return true”。

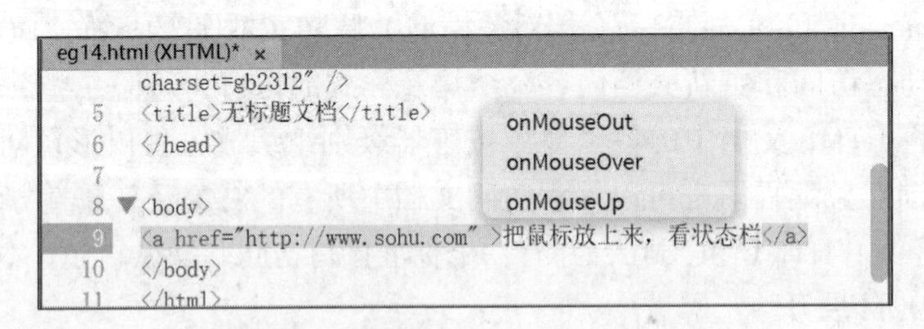

图 5-44　选择 onMouseOver 行为

提示：

return true 的作用是结束程序运行，无论返回 true 或 false，甚至没有返回值都可以，此例如果省略此语句也是允许的。

④ 在该文档的设计视图窗口中添加一个按钮。在“属性”面板中设置值为“单击按钮打开网页 eg1.html”。

⑤ 依次选择“窗口”菜单 |“行为”命令，打开“行为”面板。

⑥ 依次打开“行为”面板 |“添加行为”按钮+，从打开的下拉列表框中选择“打开浏览器窗口”选项，在弹出的图 5-45 所示的“打开浏览器窗口”对话框中填入相应的信息，

单击“确定”按钮，此时的“行为”面板如图 5-46 所示。

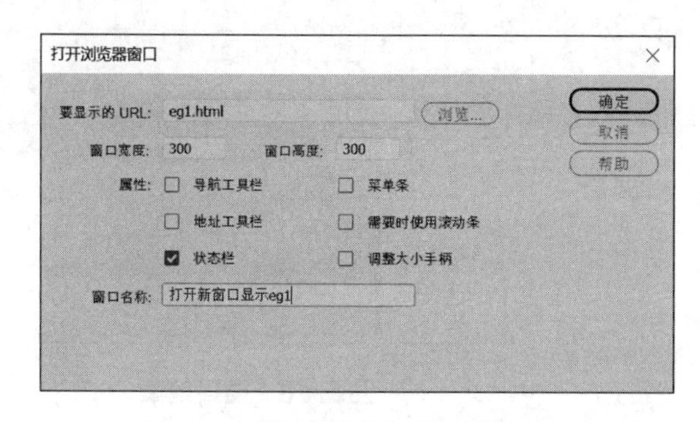

图 5-45 “打开浏览器窗口”对话框

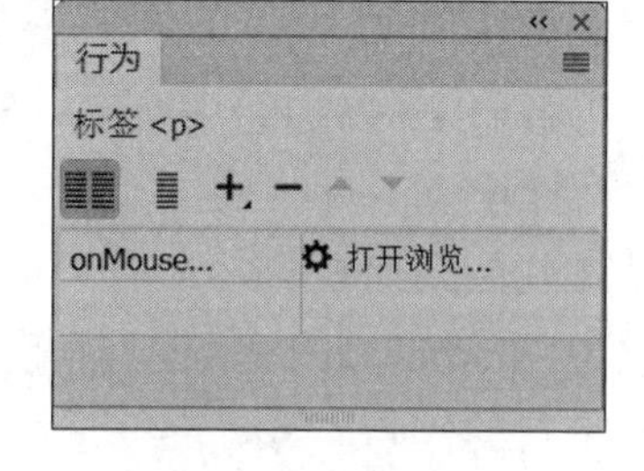

图 5-46 添加行为

⑦ 切换到代码视图，可看到相应的代码将自动添加到文件的相应位置，如图 5-43 所示。按【F12】键预览网页。当鼠标放到文本上时，便可看到状态栏显示用 status 属性设置的文本；当单击按钮时，将弹出新窗口显示 eg1.html 网页。

提示：

Dreamweaver 将 window 对象的 open 方法放在 JavaScript 的函数中，通过将值传递给函数打开新窗口。也可以直接使用 open 方法实现，将 onclick 后的函数名 MM_openBrWindow 替换成 window.open，也能得到同样的效果。

⑧ 修改自动生成的代码，实现同样的效果：删除 <script>…</script> 标签对之间的脚本，将 onclick 后的函数名 MM_openBrWindow 替换成 window.open，代码如图 5-47 所示。

```
eg14-2.html ×
<!doctype html>
<html>
<head>
<meta charset="utf-8">
<title>无标题文档</title>
</head>

<body>
<p>
<a href="http://www.sohu.com"  onmouseover="self.status='链接到搜狐主页';return true">把鼠标放上来，看状态栏</a></p>
<p>
  <input name="button" type="button" id="button" onclick="window.open('eg1.html','打开新窗显示eg1','status=yes,width=300,height=300')" value="单击按钮打开网页eg1.html" />
</p>
</body>
</html>
```

图 5-47 修改后的代码

2. 使用 document 对象

【操作案例 5-15】使用 document 对象。

1）案例要求

使用 document 对象在当前窗口中打开一个新窗口并在其中写入一些网页内容，效果如图 5-48 所示。

2）知识点

document 对象；建立新窗；write() 方法；writeln() 方法。

3）操作过程

① 在 chapter5 目录中新建一个 eg15.html 文件，并双击打开。

② 切换到代码视图。

③ 在 <body>…</body> 标签对之间加入第 8 ～ 20 行的代码，如图 5-49 所示。

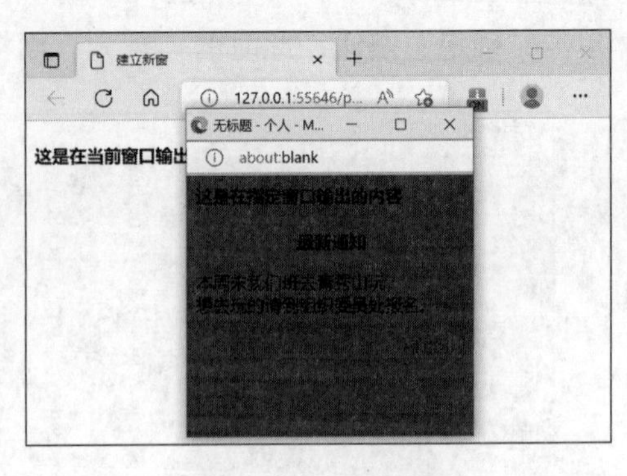

图 5-48　窗口效果

④ 依次选择“文件”|“保存”命令，按【F12】键预览效果，如图 5-48 所示。将同时打开两个浏览器窗口显示两个网页，它们的网页内容都是通过 document 对象写入的。

```
7 ▼ <body>
8 ▼ <script language="javascript" type="text/javascript" >
9     document.write ("<h4>这是在当前窗口输出的内容</h4>");
10    var newwin = open('','mywin','top=150,left=150,width=260,' +
11                  'height=220,menubar=no,toolbar=no,directories=no,' +
12                  'location=no,status=no,resizable=yes,scrollbars=yes');
13    newwin.document.write ("<h4>这是在指定窗口输出的内容</h4>");
14    newwin.document.write('<center><b>最新通知</b></center>');
15    newwin.document.write('<p>本周末我们班去青秀山玩，');
16    newwin.document.writeln('<br />想去玩的请到组织委员处报名。');
17    newwin.document.bgColor="#ff0000";
18    newwin.document.write('<p align="right">' +
19                  '<a href="javascript:self.close()">关闭窗口</a>');
20    </script>
21  </body>
```

图 5-49　加入第 8 ～ 20 行代码

提示：

由于各浏览器参数设置的不同，操作案例 5-15 的浏览效果可能是以打开新选项卡的形式代替弹出新窗口。

3. 应用 Location 对象

【操作案例 5-16】location 对象的应用。

1）案例要求

利用 location 对象显示当前路径和当前时间，并提供一个用于刷新时间的按钮，效果如图 5-50 所示。

2）知识点

location 对象；pathname 属性；reload() 方法。

3）操作过程

① 在 chapter5 目录中新建一个 eg16.html 文件，并双击打开。

② 插入一个 2 行 2 列的表格，切换到代码视图。

图 5-50　网页运行效果

③ 在 <table>…</table> 标签对之间加入图 5-51 所示的第 10 ～ 23 行代码。

```
8  <body>
9  <table width="400" border="2" cellspacing="0" cellpadding="0">
10   <tr>
11     <td>当前路径</td>
12     <td><script type="text/javascript">
13         document.write(location.pathname);
14         </script>
15     </td>
16   </tr>
17   <tr>
18     <td>现在的时间
19     <input type="button" name="button" id="button" value="刷新"
20            onclick="javascript:location.reload()" />
21     </td>
22     <td><script type="text/javascript">
23     document.write(Date())
24     </script></td>
25   </tr>
26 </table>
27 </body>
```

图 5-51　代码图

④ 依次选择“文件”|“保存”命令，用浏览器打开本源文件，如图 5-50 所示。输出浏览器窗口中所显示网页文件的 URL 各项的值。

4．应用 form 对象及 form 元素对象

【操作案例 5-17】 form 对象及 form 元素对象。

1）案例要求

设计一个数学练习界面，当用户单击“开始”按钮时出现欢迎语句；设计三道单项选择题，可以对每道题进行分数统计及显示解题方法。做练习前后的效果如图 5-52 和图 5-53 所示。

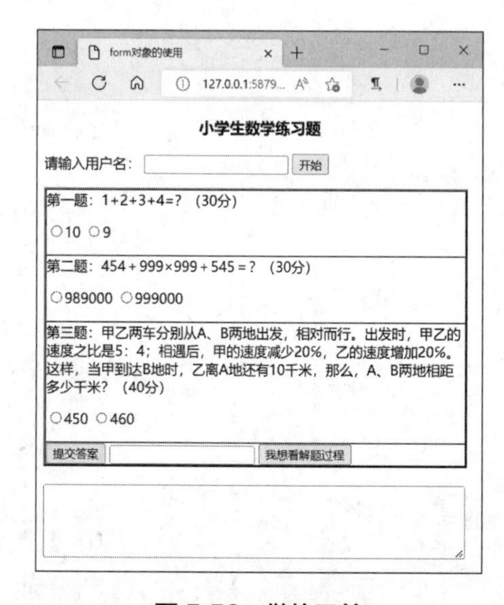

图 5-52　做练习前

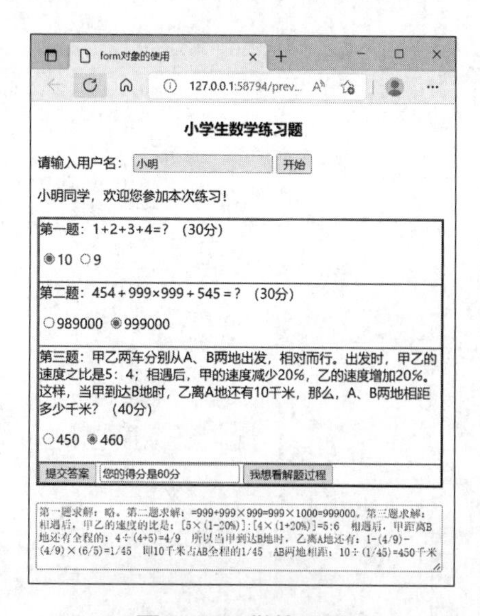

图 5-53　做练习后

2）知识点

函数的定义和调用；建立表单；form 对象的使用；form 元素对象的使用；onClick 事件。

3）操作过程

① 新建网页，添加表单，在表单中添加图 5-52 所示的两个文本框、三个按钮、一个文本区域、三个单选按钮组以及表格。

② 在“开始”按钮后添加 <div id="txt"></div> 代码，用于显示欢迎语句。

③ 切换到代码视图，添加各个表单控件的行为，如图 5-54 所示。

```
5    <title>form对象的使用</title>
6 ▼ <style type="text/css">
7 ▼ #biaoti {
8        font-weight: bold;
9        text-align: center;
10       font-size: 18px;
11   }
12   </style>
13 ▼ <script type="text/javascript">
14   function login()
15   {txt.innerHTML=form1.textfield.value+"同学，欢迎您参加本次练习！"; }
16
17   function check()
18 ▼ {
19       total=0;
20       if(form1.RadioGroup1[0].checked==1)total=total+30;
21         if(form1.RadioGroup2[1].checked==1)total=total+30;
22         if(form1.RadioGroup3[0].checked==1)total=total+40;
23         document.form1.textfield2.value="您的得分是"+total+"分";
24       }
25   function answer()
26 ▼ {
27       form1.textarea.value="第一题求解：略。第二题求解：=999+999×999=999×1000=999000。第三题求解：相遇后，甲乙的速度
     的比是：[5×(1-20%)]:[4×(1+20%)]=5:6  相遇后，甲距离B地还有全程的：4÷(4+5)=4/9  所以当甲到达B地时，乙离A地还
     有：1-(4/9)-(4/9)×(6/5)=1/45  即10千米占AB全程的1/45  AB两地相距：10÷(1/45)=450千米 ";
28       }
29   </script>
30
31   </head>
32 ▼ <body>
33 ▼ <form id="form1" name="form1" method="post" action="">
34     <p id="biaoti">小学生数学练习题</p>
35 ▼   <p>请输入用户名：
36       <input type="text" name="textfield" id="textfield" />
37       <input type="button" value="开始" onclick="login()" />
38       <div id="txt"></div>
39     </p>
40 ▼   <table width="496" border="2" cellspacing="0" cellpadding="0">
41 ▼     <tr>
42 ▼       <td width="490">第一题：1+2+3+4=? (30分) <p>
43                 <input name="RadioGroup1" type="radio" id="RadioGroup1_0" value="a"  />10
44                 <input type="radio" name="RadioGroup1" value="b" id="RadioGroup1_1" />9
45         </p></td>
46       </tr><tr>
47 ▼       <td>第二题：454+999×999+545=? (30分) <p>
48                 <input type="radio" name="RadioGroup2" value="a" id="RadioGroup2_0" />989000
49                 <input type="radio" name="RadioGroup2" value="b" id="RadioGroup2_1" />999000
50         </p></td>
51       </tr><tr>
52 ▼       <td>第三题：甲乙两车分别从A、B两地出发，相对而行。出发时，甲乙的速度之比是5：4；相遇后，甲的速度减少20%，乙
     的速度增加20%。这样，当甲到达B地时，乙离A地还有10千米，那么，A、B两地相距多少千米？（40分）<p>
53                 <input type="radio" name="RadioGroup3" value="a" id="RadioGroup3_0" />450
54                 <input type="radio" name="RadioGroup3" value="b" id="RadioGroup3_1" />460
55         </p></td>
56       </tr><tr>
57 ▼       <td>
58           <input type="button" name="button5" id="button5" value="提交答案"   onclick="check()"/>
59           <input type="text" name="textfield2" id="textfield2" />
60           <input type="button" name="button2" id="button2" value="我想看解题过程"   onclick="answer()"/>
61         </td>
62     </tr>
63     </table><br />
64     <textarea name="textarea" id="textarea" cols="45" rows="5"></textarea>
65   </form>
66   </body></html>
```

图 5-54 代码图

4）程序说明

① 第 15 行的 txt.innerHTML 表示指定第 38 行的 <div id="txt"></div> 的显示内容。

② 第 20 行的 form1.RadioGroup1[0].checked==1 表示选择了第一题的第一个选项。

③ 第 37、58 和 60 行的按钮类型要确保 type="button"，并添加其 onClick 行为。

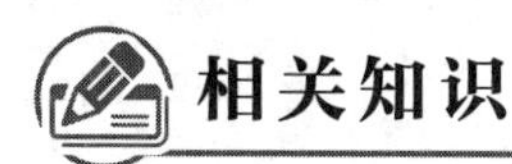

相关知识

1. DOM 文档对象模型简介

在本书中，使用的是 DOM 的 HTML 对象集（有关 HTML DOM 的一切，参见 W3C 技术推广网站）。DOM 将 HTML 文档看作是嵌套其他元素的树形结构元素。所有的元素，包括它们包含的文字以及树形都可以被 DOM 树访问到，它们的内容可以被修改和删除，并且可以通过 DOM 建立新的元素。图 5-55 为 HTML 的 DOM 结构示意图。

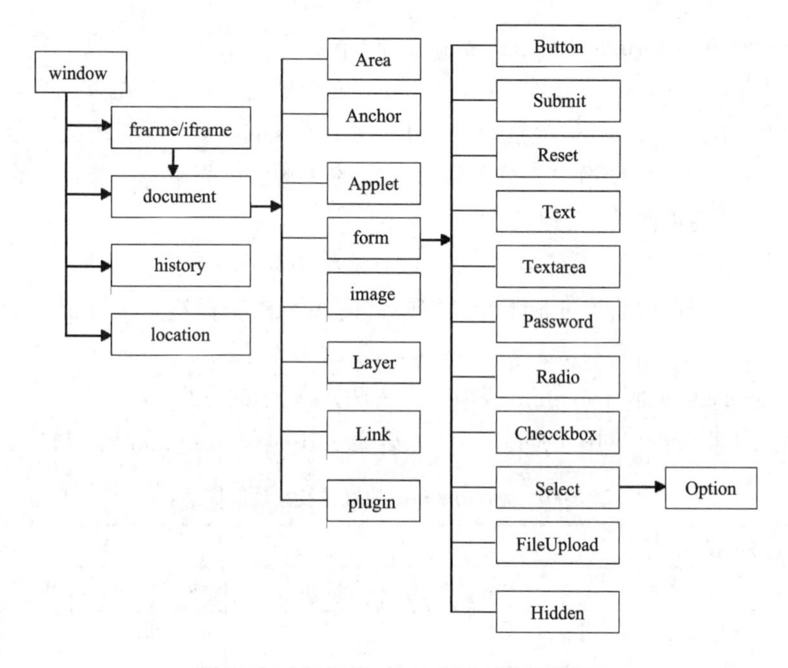

图 5-55　HTML 的 DOM 结构示意图

基于这样的结构化文档对象模型，每个网页元素，如窗口和文档都是一个对象，每个对象（即网页元素）都有自己的属性、方法及事件。JavaScript 可以通过从根结点往下访问对象的属性和方法的方式进行编程，以此实现动态改变网页元素的显示样式或者输出客户端信息，这是 JavaScript 作为前端显示脚本的基础。

在 DOM 中，浏览器会为每一个网页自动创建 window 对象、document 对象、history 对象、location 对象和 navigater 对象。每个对象都具有其父对象的属性和方法，属性用于描述 Web 页面或文档的变量，方法用于操控部分 Web 页面。要在脚本中改变编程、读取某个对象的属性、使用其方法时，需要指定完整的路径。对照图 5-55 所示的层次结构图，完整路径为：从左至右顺着箭头方向，用点号“.”连接，直到指定的对象或对象的属性方法。例如，一个 button 对象的 value 属性的完整路径为 window.document.formname.buttonname.value。

window 对象位于浏览器所有对象的最顶层，其他对象都是该对象的子对象，所以一般来说，可以省略。例如，window.open() 可以写成 open()，window.document.write() 可以写成 document.write()。下面讲解几个常用的浏览器对象。

2. window 对象

只要打开浏览器窗口，就会自动创建 window 对象。

window 对象包括两类窗口：单个网页窗口和窗口框架（frame/iframe）。前者指在一个浏览器窗口中只打开一个网页；后者指在一个浏览器窗口中打开一个框架集，它是由多个网页（每个网页就是一个 frame，也称为帧）组成的一个页面。帧窗口继承窗口对象所有的属性和方法。帧集合非空时，帧的个数由属性 window.frames.length 给出，各帧用 window.frames[0]，window.frames[1],…来表示。对于这两类窗口，相同的属性方法所起的作用会有所不同。

① 对于单个网页，window 对象的 parent 和 top 属性都是指这个网页本身；对于一个帧窗口，top 指的是包含本帧的框架集窗口，而 parent 指的是当前窗口的父窗口。

② 对于单个网页，window 对象的 defaultStatus 或 status 属性设置的文本显示在这个浏览器的状态栏；对于一个帧窗口，这些属性设置的文本仅仅当鼠标的指针放在这个帧窗口上时才显示在这个浏览器的状态栏。

③ 如果是在框架集中使用 close 方法，该方法将不起作用。

④ 如果在一个框架网页的 HTML 文件中，使用了框架标签对（<frame>…</frame> 或者 <iframe>…</iframe> 标签对），而且 <frame> 标签中包括 src 和 name 属性，则可以通过使用 parent.framename 或者 parent.frames[index] 引用其他帧的元素。

下面一起了解 window 对象的常用属性（见表 5-10）和方法（见表 5-11）。

表 5-10 window 对象的属性及其功能描述

属性分类	属性名称	功能描述	用法
与窗口框架集有关	frames	在一个窗口中包含所有帧的一个数组	parent.frames["fra1"]
	length	指定窗口中帧的个数	frames.length

与工具条有关	locationbar	浏览器窗口的地址栏	self.locationbar.visible=false;
			self.menubar.visible=false;
			self.personalbar.visible=false;
			self.scrollbars.visible=true;
			self.statusbar.visible=false;
			self.toolbar.visible=false

	menubar	浏览器窗口的菜单栏	
	personalbar	对应于工具栏的自定义项	
	scrollbars	浏览器窗口的滚动条	
	statusbar	浏览器窗口的状态栏	
	toolbar	浏览器窗口的工具栏	
窗口本身	parent	框架集所包含的当前帧的“父”窗口或帧	parent.frameName
	self	指当前窗口本身	self.close()
	top	指一个文档窗口或一个浏览器窗口	top.frame1.document.bgcolor="blue"
窗口名	name	用于指示这个窗口的唯一名称	win1.name（win1 为窗口对象）

续表

属性分类	属性名称	功能描述	用　法
有关窗口的状态行	defaultStatus、status	浏览器窗口状态行信息	window.defaultStatus="Welcom"
有关窗口的子对象	document、location、history	是 DOM 中的对象	—
有关窗口的打开和关闭	closed	判断一个窗口是否已经关闭	If (Win1.closed)
	opener	假设在窗口 win1 中用 open 方法打开一个新窗口 win2 时，可用 opener 来存储父窗口的名称 win1	win1=win2.opener.
有关窗口的位置边界	innerHeight innerWidth	指定浏览器窗口内容区域的垂直、水平尺寸	Window.innerHeight
	outerHeight outerWidth	指定浏览器窗口外边界的垂直、水平距离	Window.outerHeight
	pageXOffset pageYOffset	提供网页相对窗口内容区域右上角的 x、y 坐标位置	Y=win1.pageYOffset

表 5-11　window 对象的方法及其功能描述

方法分类	语　法	功能描述
与对话框有关	alert("message")	显示一个带一条信息和一个 OK 按钮的对话框
	confirm("message")	显示一个带指定信息、一个 OK 按钮和一个 Cancel 按钮的对话框
	prompt("message", inputDefault)	显示一个包含一条信息和一个输入栏的对话框
打开、关闭窗口	open(URL,windowName[, windowFeatures])	打开一个新的浏览器窗口
	close()	关闭指定窗口
打印网页内容	print()	打印窗口或帧的内容

对于 open 方法中的 windowFeatures 参数，它是一个由逗号（,）分隔的选项列表（不包括任何空格），主要的选项及其所代表的含义见表 5-12。其使用方法如下：

```
window.open("pop.html","newwindow","height=100,width=200,top=0,left=0,
scrollbars=no")
```

表 5-12　窗口特性设置

选　项	含　义	选　项	含　义
toolbar=yes,no	是否显示工具栏	resizable=yes,no	是否可以改变窗口大小
location=yes,no	是否显示地址栏	copyhistory=yes,no	是否显示历史按钮
directories=yes,no	是否显示导航栏	width=300	窗口宽度
status=yes,no	是否显示状态栏	height=200	窗口高度
menubar=yes,no	是否显示菜单	left=100	窗口距离屏幕上方的像素值
scrollbars=yes,no	是否显示滚动条	top=100	窗口距离屏幕左侧的像素值

3. document 对象

document 对象是一个顶层对象，不需要预先实例化就可直接使用。代码所在的 HTML 文档就是它的一个实例，它包含了当前网页的所有信息，并向浏览器提供显示 HTML 的方法，是脚本语言中用来输出结果的必不可少的方法。引用该对象属性和方法的格式如下：

如果是对当前窗口，则用：

```
document.propertyname
```

如果是对指定窗口，则用：

```
windowObjectName.document.propertyname
```

document 对象的常用属性及其功能如表 5-13 所示。

表 5-13　document 对象的常用属性及其功能

属性分类	属性名称	功　能	用　法
与超链接有关的颜色属性	alinkColor	单击超链接时的颜色	颜色值用十六进制表示 document.linkColor="0000FF"
	linkColor	单击超链接前的颜色	
	vlinkColor	已经访问过的超链接的颜色	
存放对象的数组属性	anchors	包含网页中所有内链接的数组	可以使用这些数组来指示数组内具体的对象，方法是： document.propertys[index] 或 document.propertys["name"] 例如： document.links[1] document.images[img3]
	applets	包含网页中所有 applet 的数组	
	embeds	包含网页中所有 embed 对象的数组	
	forms	包含网页中所有表单的数组	
	images	包含网页中所有图片的数组	
	layers	包含网页中所有层的数组	
	links	包含网页中所有链接的数组	
	plugins	包含网页中所有插件程序的数组	
网页的背景色和前景色	bgColor	设置网页背景色	document.bgColor="00FEFA" 颜色值用十六进制表示
	fgColor	设置网页前景（文本）色	
其他	cookie	设置一个 cookie	newWindow.document.title
	domain	指定网页所在的服务器的域名	
	lastModified	最后一次修改网页的日期	
	referrer	指定调用该网页的 URL	
	title	title 标记的内容	
	URL	网页的完整路径	

document 对象的常用方法及其功能见表 5-14。

表 5-14　document 对象的常用方法及功能

方法分类	方法名称	功　能	用　法
关闭和打开网页	close()	完成当前网页的编写并显示其内容	通常，在用 write 方法前 open 文档，在写完后 close 文档
	open(mimeType,replace)	打开一个网页	

续表

方法分类	方法名称	功　能	用　法
向网页输出信息	write(expr1,…,exprN)	写一条或多条HTML表达式到指定窗口的文档	win1.document.write("使用write方法")
	writeln(expr1,…,exprN)	同write方法，但写完之后换行	
查找页面对象	getElementById(sID)	根据指定的id属性值得到对象。假如对应的为一组对象，则返回该组对象中的第一个	document.getElementById("box")

4．history对象

history对象包含一组用户在浏览器中访问过的URL信息。history对象的属性及其功能见表5-15。

表5-15　history对象的属性及其功能

属性名称	功　能	用　法
current	指定当前历史记录的URL	history.current
length	反映历史记录的条数	history.length
next	指定下一个历史记录的URL	history.next
previous	指定前一个历史记录的URL	history. previous

history对象的方法见表5-16。

表5-16　history对象的方法及其功能

方法名称	功　能	用　法
back()	在历史列表中重载在当前网页之前的URL	history.back() 后退一页，与单击浏览器的“后退”按钮等效
forward()	在历史列表中重载在当前网页之后的URL	前进一页（在后退过后才有效），与单击浏览器的“前进”按钮等效
go(n)	从历史清单中重载一个URL	*n*如果为正数，表示访问当前页之后第*n*页；如果为负数，表示访问当前页之前第*n*页；如果为0，则刷新当前页

5．location对象

location对象提供了浏览器窗口中文件的来源、URL、主机名、路径等信息。通常情况下，一个URL的格式如下：

```
协议//主机：端口/路径名称#哈希标识？搜索条件
```

例如：

```
http://210.47.56.29:8008/map1/individual.asp#A?uName=Mary
```

各部分说明如下：

①协议：URL的起始部分，包含两个斜杠//。如http，还可以是ftp、file。

②主机：主机域名，或者一个网络主机的IP地址。如210.47.56.29。

③端口：服务器用于通信的通信端口。如8008。

④ 路径名称：URL 的路径方面的信息。如 map1/individual.asp。

⑤ 哈希标识：URL 中的锚名称，包括哈希掩码（#）。只应用于 HTTP 的 URL。

⑥ 搜索条件：URL 中的任何查询信息，包括问号。只应用于 HTTP 的 URL。

location 对象的属性及其功能见表 5-17。

表 5-17 location 对象的属性及其功能

属性名称	功 能	用 法
protocol	返回协议，如 http 或 ftp	newwin.location.protocol
hostname	返回主机名或 IP 地址，如 210.47.56.29	newwin.location.hostname
port	返回端口号，一般 http 的端口号是 80	newwin.location.port
host	返回主机名和端口号，如 210.47.56.29:8008	newwin.location.host
pathname	返回路径名，如 /map1/individual.asp	newwin.location.pathname
search	返回“?”及后面的内容，如 ?uName=Mary	newwin.location.search
href	返回地址栏上显示的整个地址。要在一个窗口中打开某地址，可用 location.href='...' 或 location='...' 来实现	newwin.location.href
hash	指明了一个从 # 开始的锚的名称，如 #A	newwin.location.hash

location 对象的方法及其功能见表 5-18。

表 5-18 location 对象的方法及其功能

方法名称	功能描述	用 法
reload()	相当于单击浏览器上的“刷新”或“Reload”图标	location.reload()
replace("URL")	打开一个 URL，并取代历史对象中当前位置的地址。用这个方法打开一个 URL 后，单击浏览器的“后退”图标将不能返回到刚才的页面	replace(filename) location

6. form 对象和 form 元素对象

form 对象是 document 对象的一个元素，表示表单对角。from 对象代表一个 HTML 表单，在 HTML 文档中 <form> 每出现一次，就有一个 form 对象被创建。

forms[] 是一个数组，下标从 0 开始，它包含了文档中所有的表单；form 元素对象则是 form 对象的子对象。form 及 form 元素是开发动态网站必不可少的网页元素，它们是用户与 Web 服务器交互的桥梁。详细了解 form 对象和 form 元素对象对动态网页编程是有很大好处的。

1）form 对象

引用某个 form 对象的语法是：

```
document.forms[index]
```

或

```
document.formname
```

假设有一个 form 对象的名称为 frm，form 对象的属性及其功能见表 5-19。

表 5-19　form 对象的属性及其功能描述

属性名称	功　　能	用　　法
action	指明 HTML 表单数据所要提交的目标 URL。对应于 form 标签中的 action 属性	document.frm.action="add.asp"
elements	对应于表单元素（如复选框、单选按钮等）的数组对象	frm.elements[i]
encoding	指明表单的 MIME 编码。对应于 form 标签中的 enctype 属性	document.frm.encoding
length	指明表单中表单元素的个数	frm.elements.length 或 frm.length
method	指明表单提交数据的方法。对应于 form 标签中的 method 属性：get 或 post	document.frm.method
name	对应于 form 标签中的 name 属性	newwin.document.frm.elements[2].name
target	对应于 form 标签中的 target 属性	document.frm.target

form 对象的方法及其功能见表 5-20。

表 5-20　form 对象的方法及其功能描述

方法名称	功　　能	用　　法
reset()	模拟单击 reset 按钮重置表单。等同于单击“重置”按钮	document.frm.reset()
submit()	模拟单击 submit 按钮提交表单。等同于单击“提交”按钮	document.forms[i].submit()

2）form 元素对象

引用 form 元素对象的语法如下：

```
documentname.formname.elementname 或 document.formname.elements[index].type
```

form 元素对象的属性及其功能见表 5-21。

表 5-21　form 元素对象的属性及其功能

form 元素对象	属　　性	功　　能	用　　法
Button、Checkbox、FileUpload、hidden、Password、Radio、Select、Submit、text、Textarea	form	指定包含该表单元素对象的表单名	this.form.name
Button、Checkbox、FileUpload、hidden、Password、Radio、Select、Submit、text、Textarea	name	对应于表单元素的 name 属性。该属性不显示到屏幕上，是为编程上引用对象而提供的	newwin.document.frm.elements[i].name
Button、Checkbox、FileUpload、hidden、Password、Radio、Select、Submit、text、Textarea	type	对应于表单元素的 type 属性	document.frm.elements[i].type
Button、Checkbox、FileUpload、hidden、option、Password、RadioReset、Submit、text、Textarea	value	对应于表单元素的 value 属性值	Document.frm.bObj.value
Checkbox、Radio	checked	指明当前复选框的状态：选中为 true；没选中为 false	Document.frm.chk.checked
Checkbox、Radio	defaultChecked	检查框、单选按钮的默认状态（true or false）	document.frm.chk.defaultChecked

续表

form 元素对象	属　性	功　能	用　法
option（select 对象的一个选项对象）	defaultSelected	指明初始选择状态（true or false）	document.frm.sel.options[i].defaultSelected
option	selected	指明当前选中状态（true or false）	document.frm.options[i].selected
option	text	为选项指明文本	Document.frm.op1.options[i].text
Password、text、Textarea	defaultValue	指明 value 属性	document.frm.txta.defaultValue
Select	length	指明选择列表中选项个数	—
Select	options	指明 option 标记	—
Select	selectedIndex	返回被选中的选项的索引值（如果有多个被选中，则指选中的第一个）	document.frm.sel.selectedIndex

form 元素对象的方法及其功能见表 5-22。

表 5-22　form 元素对象的方法及其功能

form 元素对象	方　法	功　能	用　法
Button、Checkbox、FileUpload、Password、Radio、Select、Submit、text、Textarea	blur()	从按钮上移除焦点	btn.blur()
Button、Checkbox、Radio、Submit	click()	模拟对按钮的单击，但不触发按钮的 onClick 事件	btn.click()
Button、Checkbox、FileUpload、Password、Radio、Select、Submit、text、Textarea	focus()	将焦点移至按钮	txt.focus()
Button、Checkbox、FileUpload、Password、RadioReset、Select、Submit、Textarea	handleEvent (event)	调用指定事件。参数 event 可选值见表 5-23	btn.handleEvent(onclick)
FileUpload、Password、text、Textarea	select()	选中输入区域	—

各 form 元素可以发生的事件见表 5-23。

表 5-23　各 form 元素的事件

form 元素	event 的可选值，即 form 元素可以发生的事件
Checkbox、Radio	onBlur、onClick、onFocus
Button	onBlur、onClick、onFocus、onMouseDown、onMouseUp
FileUpload	onBlur、onChange、onFocus
Password	onBlur、onFocus
Text	onBlur、onChange、onFocus、onSelect
Submit、reset	onBlur、onClick、onFocus
textarea	onBlur、onChange、onFocus、onKeyDown、onKeyPress、onKeyUp、onSelect

任务 3　应用 JavaScript 内置对象

任务说明

JavaScript 提供了很多非常有用的内置对象，常用的有数学对象、字符串对象、日期对象和数组对象等。本任务围绕应用 JavaScript 内置对象展开。

任务实施——应用 JavaScript 内置对象

1. 利用 Math 对象实现抽奖效果

【操作案例 5-18】利用 Math 对象实现抽奖效果。

1）案例要求

产生十个 1 ～ 10 之间的随机整数，对应十个小球图片，每单击一次“抽奖”按钮，就抽取一个小球，抽中 6 号或 8 号球即可中奖，如图 5-56 所示。

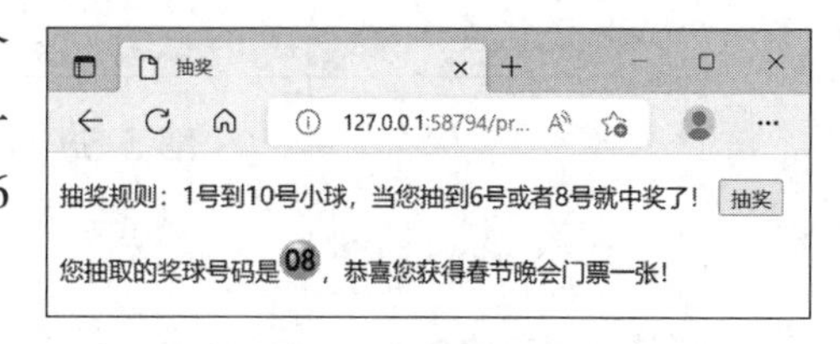

图 5-56　抽奖效果

2）知识点

Math 对象；random() 方法；函数定义。

3）操作过程

① 在 chapter5 目录中新建一个文件夹 pic，在这个文件夹下放入十个 gif 格式的图像文件，如图 5-57 所示，并分别命名为 1.gif，2.gif，…，10.gif。

01 02 03 04 05 06 07 08 09 10

图 5-57　十个彩色球图像

② 在 chapter5 目录中新建一个文件 eg18.html，并双击打开。添加一个按钮并设置 onClick 行为，添加一个方框 <div id="txt"></div>。

③ 切换到代码视图，在 <head>…</head> 标签对之间加入第 6 ～ 19 行的代码，如图 5-58 所示。

4）程序说明

① 第 9 行的 Math.random()*10 表示生成 0 ～ 10 之间的随机数。

② 第 10 行的 while 循环语句是为了避免产生 0 数字，因为没有 0 号小球。

③ 第 11 ～ 13 行表示用变量 s 控制生成指定小球图片的 HTML 代码，在此之前要确保小球图片的文件名是阿拉伯数字形式。

④ 第 15、17 行指定第 26 行的 <div id="txt"></div> 的显示内容。

```
 5   <title>抽奖</title>
 6 ▼ <script language="javascript" type="text/javascript">
 7   function ball()
 8 ▼ {
 9     s=Math.round(Math.random()*10)
10     while (s==0){s=Math.round(Math.random()*10)}
11     pic1='<img src="pic/'
12     pic2='.gif" />'
13     x=pic1+s+pic2
14     if(s==8 || s==6)
15       {txt.innerHTML="您抽取的奖球号码是"+x+"，恭喜您获得春节晚会门票一张！"}
16     else
17       {txt.innerHTML="您抽取的奖球号码是"+x+"，欢迎再次参与抽奖！"}
18   }
19   </script>
20   </head>
21 ▼ <body>
22 ▼ <p>抽奖规则：1号到10号小球，当您抽到6号或者8号就中奖了！
23     <input type="button" name="button" id="button" value="抽奖"
24            onclick="ball()"/>
25   </p>
26   <div id="txt"></div>
```

图 5-58　加入第 6 ～ 19 行代码

2．使用 String 对象

【操作案例 5-19】String 对象的使用方法。

1）案例要求

将文本框中的字符串指定其以大写或小写字母形式输出，如图 5-59 所示。

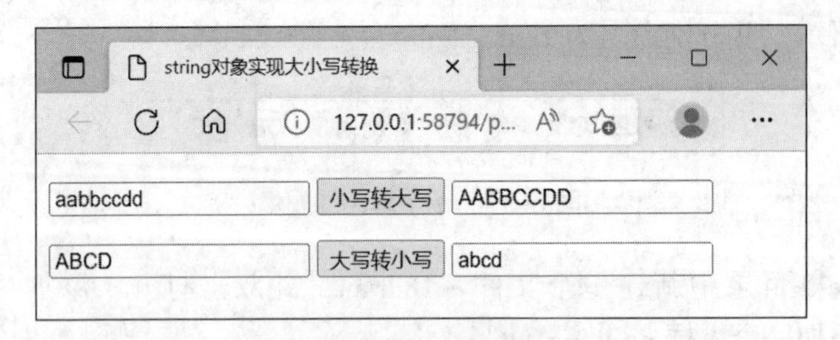

图 5-59　大小写转换效果

2）知识点

String 对象；toLowerCase() 方法；toUpperCase() 方法；onClick 事件。

3）操作过程

① 在 chapter5 目录中新建一个文件 eg19.html，并双击打开。

② 在设计视图窗口中插入一个表单，在表单中分别插入四个文本框及两个按钮。

③ 切换到代码视图窗口中，在按钮对应的代码中加入 onClick 事件代码，在 </head> 标签之前加入第 6 ～ 11 行的代码，如图 5-60 所示。

```
 5   <title>string对象实现大小写转换</title>
 6 ▼ <script language="JavaScript" type="text/javascript">
 7     function dx(str1)
 8      {document.form1.textfield2.value=str1.toUpperCase();   }
 9     function xx(str2)
10      {document.form1.textfield4.value=str2.toLowerCase();   }
11   </script>
12   </head>
13 ▼ <body>
14 ▼ <form id="form1" name="form1" method="post" action="">
15 ▼   <p>
16       <input type="text" name="textfield" id="textfield" />
17       <input type="button" name="button" id="button" value="小写转大写"
18              onclick="dx(form1.textfield.value)" />
19       <input type="text" name="textfield2" id="textfield2" />
20     </p>
21 ▼   <p>
22       <input type="text" name="textfield3" id="textfield3" />
23       <input type="button" name="button2" id="button2" value="大写转小写"
24              onclick="xx(form1.textfield3.value)" />
25       <input type="text" name="textfield4" id="textfield4" />
26     </p>
27   </form>
28   </body>
29   </html>
```

图 5-60　加入第 6～11 行的代码

3．使用 Date 对象制作倒计时牌、显示时钟

1）制作倒计时牌

【操作案例 5-20】 制作倒计时牌。

（1）案例要求

将当前日期与指定日期进行比较，根据它们的差值输出倒计时信息。效果如图 5-61 所示。

（2）知识点

Date 对象；Date() 方法；getTime() 方法；小数取整。

（3）操作过程

① 在 chapter5 目录中新建一个文件 eg20.html，并双击打开。

② 切换到代码视图，在 <body>…</body> 标签对之间加入第 9～15 行的代码，如图 5-62 所示。

③ 依次选择“文件”|“保存”命令，按【F12】键预览，浏览效果如图 5-61 所示。

（4）程序说明

① 第 10 行：新建一个值为当前日期的对象实例。

② 第 11 行：新建一个自定初始值的日期对象实例。

③ 第 12 行：定义一个变量，将指定日期的时间减去当前时间，把返回的毫秒数转换为天数赋给变量。

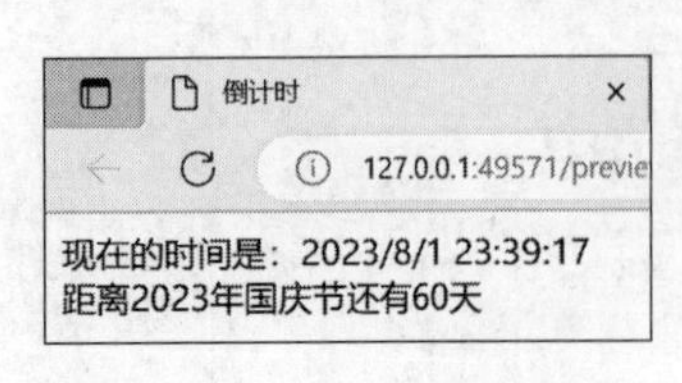

图 5-61 “倒计时”效果图

```
8 ▼ <body>
9 ▼ <script language="javascript" type="text/javascript">
10      today=new Date()
11      line=new Date("10/1/2023")
12      leave=(line.getTime()-today.getTime())/1000/60/60/24
13      document.write("现在的时间是："+today.toLocaleString()+"<br/>")
14      document.write("距离2023年国庆节还有"+Math.round(leave)+"天")
15  </script>
16  </body>
```

图 5-62 加入第 9 ～ 15 行代码

2）显示时钟

【操作案例 5-21】 显示时钟。

（1）案例要求

在网页中显示一个动态的时钟。效果如图 5-63 所示。

图 5-63 “动态时钟”效果图

（2）知识点

新建日期对象；getDay() 方法；getFullYear() 方法；getMonth() 方法；d.getDate() 方法；getHours() 方法；getMinutes() 方法；getSeconds() 方法。

（3）操作过程

① 在 chapter5 目录中新建一个文件 eg21.html，并双击打开。

② 切换到代码视图，加入图 5-64 所示的代码。

```
6 ▼ <script type="text/javascript">
7       var date=new Date();
8       alert(date.toLocaleTimeString()); //返回当前环境下的时间格式
9 ▼     function startTime(){
10          var today=new Date();
11          var week;
12 ▼        switch(today.getDay()){
13              case 1:week="星期一";break;
14              case 2:week="星期二";break;
15              case 3:week="星期三";break;
16              case 4:week="星期四";break;
17              case 5:week="星期五";break;
18              case 6:week="星期六";break;
19              default:week="星期天";
20          }
21          var years=today.getFullYear();   //年份
22          var month=checkTime(today.getMonth()+1); //月份，函数是从0开始，所以加1
23          var days=checkTime(today.getDate()); //日期
24          var h=checkTime(today.getHours());  //小时
25          var m=checkTime(today.getMinutes()); //分钟
26          var s=checkTime(today.getSeconds()); //秒
27          var ndate=years+"年"+month+"月"+days+"日  "+h+":"+m+":"+s+"  "+week;
28          divT.innerHTML=ndate;
29        }
30 ▼    function checkTime(i){
31          if (i<10)
32            {i="0" + i}
33            return i
34        }
35      setInterval("startTime()",1000);
36  </script>
37  </head>
38 ▼ <body onload="startTime()">
39  <div id="divT"></div>
40  </body>
```

图 5-64 代码视图

（4）程序说明

① 第 22 至 26 行调用第 30 行的函数 checkTime(i)，是为了确保 1 ～ 9 的单位数字改用双位数格式来表示，如 01、02、03……

② 第 35 行的作用是每秒调用一次 startTime() 函数，实现动态的时钟效果。

4．使用 Array 对象实现跑马灯特效

跑马灯特效有很多种，它可以出现在浏览器文档窗口中，也可以出现在窗口的标题栏和状态栏里。下面介绍其中一种跑马灯特效的实现方法。

【操作案例 5-22】跑马灯特效。

1）案例要求

在浏览器窗口的文本框中，文字从左到右逐个移动显示，显示完第一条文字，清空文本框内容，照此规律显示第二条文字，不断循环，就像跑马灯一样，效果如图 5-65 所示。

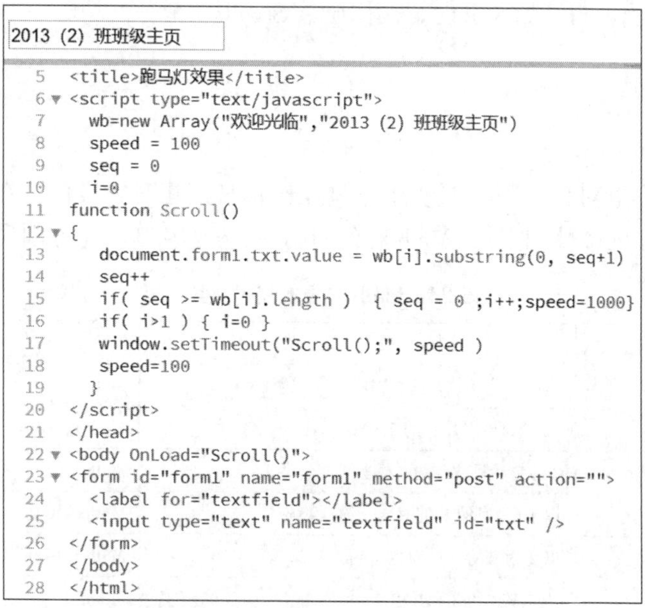

```
2013 (2) 班班级主页

5    <title>跑马灯效果</title>
6 ▼ <script type="text/javascript">
7      wb=new Array("欢迎光临","2013 (2) 班班级主页")
8      speed = 100
9      seq = 0
10     i=0
11   function Scroll()
12 ▼ {
13      document.form1.txt.value = wb[i].substring(0, seq+1)
14      seq++
15      if( seq >= wb[i].length )  { seq = 0 ;i++;speed=1000}
16      if( i>1 ) { i=0 }
17      window.setTimeout("Scroll();", speed )
18      speed=100
19     }
20   </script>
21   </head>
22 ▼ <body OnLoad="Scroll()">
23 ▼ <form id="form1" name="form1" method="post" action="">
24     <label for="textfield"></label>
25     <input type="text" name="textfield" id="txt" />
26   </form>
27   </body>
28   </html>
```

图 5-65　代码及实时效果

2）知识点

Array 数组对象；函数定义；setTimeout() 方法；if 语句。

3）操作过程

① 在 chapter5 目录中新建一个文件 eg22.html，并双击打开。

② 依次选择“插入”|“表单”|“表单”命令，当光标在表单内时依次选择“插入”|“表单”|“文本”命令，并设置属性 ID 为 txt。

③ 切换到代码视图，在 </head> 标签之前加入第 6 ～ 20 行的代码，如图 5-65 所示。

④ 在 <body> 标签中加入代码，使其变为：<body OnLoad="Scroll()">。

⑤ 依次选择“文件”|“保存”命令，按【F12】键预览，可以看到文本框中的文字像

跑马灯一样显示。

4）程序说明

① 第 7 行：定义一个数组 wb，包含两个元素，wb[0]= " 欢迎光临 ", wb[1]="2013（2）班班级主页 "。

② 第 8、9 行：speed 表示前一个字与后一个字间隔出现的时间，seq 表示截取的字符子串的长度。

③ 第 13 行：截取字符子串赋值给文本域。

④ 第 15 行：一组字符串显示完毕之后，间隔时间加长到 1 000 ms，等待下一组字符串显示。

⑤ 第 16 行：确保只显示 wb[0] 和 wb[1] 两个数组元素，防止数组下标越界。

⑥ 第 17 行：每隔 100 ms 重复执行 Scroll() 函数。当显示字符串时，每 100 ms 调用一次 Scroll 函数，即每 100 ms 出一个字；两串字符显示的时间间隔为 1 000 ms。

⑦ 第 22 行：当窗口开始装载时，调用函数 Scroll。

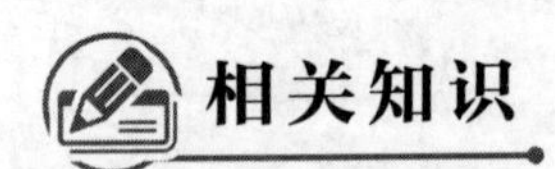

相关知识

1. Math 对象

Math 对象是内置对象，不需要使用 new 操作符来创建对象实例，在 JavaScript 中可以直接调用 Math 对象的属性和方法。Math 对象的属性、方法及其功能分别见表 5-24 和表 5-25。

表 5-24　Math 对象的属性及其功能

属　性	功　能	用　法
E	返回欧拉常数，约 2.718	Math.E
LN10	10 的自然对数，约 2.302	Math.LN10
LN2	2 的自然对数，约 0.693	Math.LN2
LOG10E	以 10 为底的 E 的对数，约 0.434	Math.LOG10E
LOG2E	以 2 为底的 E 的对数，约 1.442	Math.LOG2E
PI	圆周率，约 3.141 59	Math.PI
SQRT1_2	1/2 的平方根，约 0.707	Math.SQRT1_2
SQRT2	2 的平方根，约 1.414	Math.SQRT2

表 5-25　Math 对象的方法及其功能

方　法	功　能	用　法
abs(x)	返回绝对值	Math.abs(−5) 返回 5
ceil(x)	返回大于或等于指定数值的最小整数	Math.ceil(−5.6) 返回 −5
exp(x)	返回 E^x 的值	Math.exp(2) 返回 7.389 056 098 930 65
floor(x)	返回小于或等于指定数值的最大整数	Math.floor(−5.6) 返回 −6
log(x)	返回以 E 为底的自然对数	Math.log(10) 返回 2.302 585 092 994 046
max(x,y)	返回两个数中比较大的那一个	Math.max(2,3) 返回 3

续表

方 法	功 能	用 法
min(x,y)	返回两个数中比较小的那一个	Math.min(2,3) 返回 2
pow(x,y)	返回 x 的 y 次幂	Math.pow(3,2) 返回 9
random()	返回一个 0 ～ 1 之间的随机数	Math.random()
round(x)	返回 x 的四舍五入后取整的值	Math.round(-5.6) 返回 -6
sqrt(x)	返回 x 的平方根	Math.sqrt(4) 返回 2

注：获取对应三角函数值的方法：Math.acos(x) 反余弦；Math.asin(x) 反正弦；Math.atan(x) 反正切；Math.atan2(y,x) 计算 x 和 y 的反正切值；Math.cos(x) 余弦；Math.sin(x) 正弦；Math. tan(x) 正切。

提示：

x、y 都为数值，在三角函数中代表弧度值。

2. String 对象

在 JavaScript 中，有字符串数据类型，也有字符串对象。可以将任何字符串类型数据作为字符串对象处理。当定义了一个字符串后，可以直接将其作为对象使用；也可以通过如下方法定义一个 String 对象：

```
var str=new String("abcdef")
```

String 对象有一个只读属性 length，语法为 str.length，该属性返回字符串的字符个数，当字符串为空时，则返回 0。

假设有两个字符串 str1="Hello,world!" 和 str2="Hello,JavaScript!"，String 对象的方法及其功能见表 5-26。

表 5-26 String 对象的方法及其功能

方 法	功 能	用 法
charAt(index)	返回字符串中指定的字符	str1.charAt(1) 返回 “e”
charCodeAt(index)	返回字符串中指定字符的 ISO-Latin-1 编码	str2.charCodeAt(2) 返回 108
concat(string2)	联合两个字符串的文本返回一个新的字符串	str1.concat(str2)
fromCharCode(num1, ..., numN)	返回一个由使用指定的 ISO-Latin-1 编码值序列创建的字符串	String.fromCharCode(107,108,109) 返回字符串 def
indexOf(searchValue[,fromIndex])	在字符串中由指定位置从前往后找指定的字符串，返回第一次找到匹配的值所在的位置；如果没找到，则返回 -1	str1.indexOf("l") 返回 2
lastIndexOf(searchValue[,fromIndex])	在字符串中由指定位置从后往前找指定的字符串，返回第一次找到匹配的值所在的位置；如果没找到，则返回 -1	str1.lastIndexOf("l") 返回 9
match(regexp)	用于对一个字符串使用正则表达式	str1.match(/o/gi) 返回 o,o
replace(regexp,newSubStr)	用于在一个正则表达式和一个字符串之间找到一个匹配值，并且用一个新的子字符串来代替匹配的子串	str1.replace(/world/i,"john") 返回：Hello,john !
search(regexp)	在一个正则表达式和字符串对象之间进行一个匹配查询：如果查询成功，则返回字符串中正则表达式的索引值；否则返回 -1	—

续表

方　法	功　能	用　法
slice(beginslice[,endSlice])	从字符串中取出一部分，返回一个新的字符串	str1.slice(7,-1) 返回 world
split([separator,][limit])	把一个字符串按照指定的规则分成几个子串	str2.split("a",2) 返回 Hello,J,v
substr(start[,length])	从指定的开始位置取 length 个字符	str2.substr(1,5) 返回 Hello
substring(start, stop)	返回一个字符串的子集，start 是在原字符串检索的开始位置，stop 是检索的终止位置，返回结果中不包括 stop 所指字符	str2.substring(7,11) 返回 Java
toLowerCase()	返回指定字符串的小写	(str2.substr(1,5)).toLowerCase() 返回 hello
toUpperCase()	返回指定字符串的大写	(str2.substr(1,5)).toUpperCase() 返回 HELLO

3. Date 对象

Date 对象可以存储任意一个日期时间。如果不指定时区，都采用 UTC（世界时间）时区，与 GMT（格林尼治标准时间）在数值上是一样的。Date 对象没有提供直接访问的属性。

① 使用 Date 对象之前，必须先使用 New 操作符创建一个实例。

如果要创建一个初始值为当前时间的 Date 对象实例，可用如下格式：

```
var  today=new Date();
```

如果要创建一个自定初始值的 Date 对象实例，可以用以下格式之一：

```
new Date(yr_num,mo_num,day_num)
new Date("mo_num/day_num/yr_num")
new Date("month day,year hours:minutes:seconds")
new Date(yr_num,mo_num,day_num,hr_num,min_num,sec_num)
```

提示：

如果要表示 2023 年 5 月 1 日，则应写为 new Date(“5/1/2023”) 或者 new Date(2023,4,1)，为何要减 1 呢？这是因为表示月份的参数介于 0 到 11 之间。

② 获取日期和时间的方法，设置日期和时间的方法如表 5-27 所示。

假设已经创建了三个日期对象：

```
DateName=new Date("August 19,2023 01:25:30")
CurDate=new Date("May 20,2023")
StrDate=new Date(2023,01,20,97,54,30)
```

表 5-27　Date 对象的方法功能及其用法

方　法	功　能	用　法
Date()	返回当前日期和时间	Date() 返回 Thu Jan 13 09:52:38 2023
getDate()	返回指定日期的那个月的那一天	DateName.getDate() 返回 19
getDay()	返回指定日期的那一周的星期数	DateName.getDay() 返回 5
getHours()	返回指定日期的小时数	DateName.getHours() 返回 1

续表

方 法	功 能	用 法
getMinutes()	返回指定日期的分钟数	DateName. getMinutes() 返回 25
getMonth()	返回指定日期的月份，从 0 开始算起	DateName.getMonth() 返回 7
getSeconds()	返回指定时间的秒数	DateName.getSeconds() 返回 30
getTime()	返回指定时间的相应的毫秒数，相对于日期 1 January 1970 00:00:00 而言	DateName.getTime() 返回 1313688330000
getTimezoneOffset()	返回相对分钟的时区偏移量	DateName.getTimezoneOffset() 返回 -480
getYear()	返回指定日期的年份	DateName.getYear() 返回 2023
Date.parse(dateString)	返回自 January 1, 1970, 00:00:00 以来指定日期的毫秒数	Date.parse(DateName) 返回 1313688330000
setDate(dayValue)	设置另一日，返回该日自 January 1, 1970, 00:00:00 以来指定日期的毫秒数	DateName.setDate(23) 返回 1314033930000
setHours(hoursValue)	设置小时数	DateName.setHours(5)
setMinutes(minutesValue)	设置分钟数	DateName.DateName(5)
setMonth(monthValue)	设置月份	DateName.setMonth(10)
setSeconds(secondsValue)	设置秒数	DateName.setSeconds(25)
setTime(timevalue)	用于设置一个日期时间给另一个日期对象	DateName.setTime(CurDate. getTime())
setYear(yearValue)	设置指定日期的年	DateName. setYear(2023)
setTimeout(code,millisec)	用于在指定的毫秒数后调用函数或计算表达式。	setTimeout("alert('3 seconds!')",3000)
toLocaleString()	将一个日期转换成字符串	StrDate.toLocaleString() 返回 Friday, February 24, 2023 01:54:30

4. Array 对象

Array 对象是一个对象的集合，存储的可以是不同类型的对象，包括数字、字符或其他对象。数组的每一个成员对象都有一个“下标”，用来表示它在数组中的位置。

定义数组的方法有三种：

① var 数组名 =new Array(); 定义元素个数不确定的数组。

② var 数组名 =new Array(n); 定义元素个数为 n（n 为正整数）的数组。

③ var 数组名 =new Array(元素 1, 元素 2,…); 定义时直接初始化数组。

添加数组元素的方法是：

```
数组名 [ 下标 ]= 值
```

数组对象有一个属性 length，返回数组元素的个数，使用方法为：

```
ArrayName.length
```

数组对象的方法及其功能如表 5-28 所示。假设已经创建了一个数组：

```
ArrayName=new Array("A","B","C")
```

表 5-28　数组对象的方法及其功能

方　法	功　能	用　法
concat(arrayName2)	连接两个数组并返回一个新的数组	ArrayName.concat(arrayName2)
join(separator)	连接一个数组的所有元素成为一个字符串，各元素以 separator 为分隔符	ArrayName.join("; ") 返回 A；B；C
pop()	删除数组的最后一个元素并返回该元素	ArrayName.pop() 返回 C 并且改变数组的元素
push(elt1,...,eltN)	增加一个或者多个元素到数组末端，并返回增加的最后的那个元素	ArrayName.push("D","E")
reverse()	变换数组的元素，第一个变成最后一个，最后一个变成第一个	ArrayName.reverse()
shift()	删除数组的第一个元素并返回数组的长度	ArrayName.shift()
slice(begin,end)	取数组的一段并返回一个新的数组	newArray=ArrayName.slice(0,1)
splice(index,howMany [,newElt1,...,newEltN])	从数组中删除旧的元素，增加新的元素到数组中	ArrayName.splice(1,2, "F","G")
sort(compareFunction)	使数组中的元素按照 compareFunction 指定的方法排序，如果缺省则按字母顺序排序	ArrayName.Sort()
unshift(elt1,...,eltN)	增加一个或多个元素到数组首端，并返回数组的长度	ArrayName.unshift("L","M")

提示：

有关数组描述中的方括号“[]”在使用时不可省略，它是数组下标的表示方法；凡是使用下标来引用特定元素的对象和数组，其下标都是从 0 开始的。

小　结

JavaScript 是目前 Web 客户端开发的主要脚本编程语言，许多 JavaScript 爱好者在互联网上提供大量源代码供读者免费下载使用。分析并修改现有的源代码可加快 JavaScript 初学者编程速度。值得一提的是，本单元的编程实例也可采用 VBScript 来编写。VBScript 也是一种主流脚本语言，它是微软开发的一种脚本语言，可以看作 VB 语言的简化版，与 VBA 的关系也非常密切，目前这种语言广泛应用于网页和 ASP 程序制作，有兴趣的读者可参看相关书籍。

习　题

一、填空题

1. 使用 DOM 文档对象模型的________语句，可以打开一个新的浏览器窗口。
2. 在 HTML 源文件中，JavaScript 脚本插入在 <________>…</________> 标签语句中。
3. JavaScript 中的对象是由________和________两个基本元素构成的。
4. ________对象处于对象层次的最顶层，其他浏览器对象是它的子对象。
5. 在 HTML 中插入 JavaScript 有两种方式：________和________。

6. 使用 JavaScript 的 Math 对象提供的方法，可以完成一些数学函数的功能：Math.ceil(−6.8) 的返回值是________；Math.round(−6.8) 的返回值是________。

二、单选题

1. 调用函数的方法正确的是（　　）。

A. <input type="text" name="cs" value=" 测试 " brow()>

B. < input type="text" name="cs" value=" 测试 " onclick=brow()>

C. < input type="text" name="cs" value="brow()">

D. < input type="text" name="cs" value=" 测试 " onclick="brow()">

2. 下面 window 对象的使用方法正确的是（　　）。

A. windows.open("note.html", " 通知 ");

B. window.open("note.html", "");

C. window.open("note.html", " 日期 ");

D. window.Open("note.html", "");

3. 下面语句正确的是（　　）。

A. alert " 禁止使用鼠标右键！ ";

B. alert (禁止使用鼠标右键！);

C. Alert (" 禁止使用鼠标右键！ ")

D. alert (" 禁止使用鼠标右键！ ");

4. today=new Date() 显示的是（　　）。

A. 北京时间　　B. 客户端的时间

C. 服务器端的时间　　D. 格林尼治标准时间

5. 下面对 JavaScript 语言描述不正确的是（　　）。

A. 它是基于对象的语言　　B. 它是面向对象的语言

C. 它是一种脚本语言　　D. 它是一种描述性语言

三、简答题

1. 简要说明引用对象属性的三种方式。

2. 简要说明全局变量与局部变量的区别。

四、上机题

1. 参照操作案例 5-9，实现通过选择列表框的选项改变背景色。

2. 判断两个密码输入框输入的密码是否相同。

3. 参照操作案例 5-22，设计一个在状态栏显示的跑马灯。

4. 运行素材夹中 chapter5\JavaScript 源码学习 .exe，利用“纯 JavaScript 时钟”和“跟随鼠标的彩色字符”这两个现有的 JavaScript 源码，制作图 5-66 所示的特效页面（提示：部分源码不兼容 XHTML1.0 版本，建议删除文档第一行的 <!DOCTYPE>HTML 版本声明语句）。

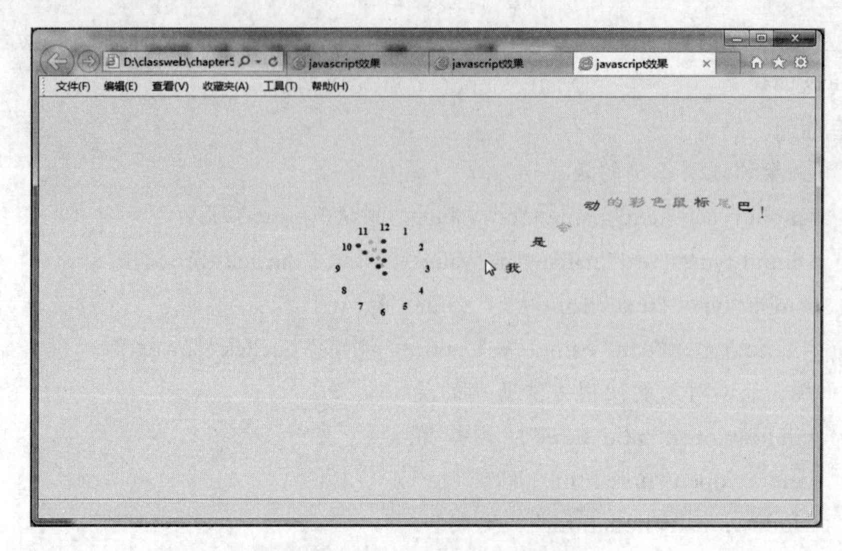

图 5-66　JavaScript 特效练习

单元 6
创建 PHP 应用程序

学习目标

- 了解 PHP 语言的特点。
- 掌握 PHP 开发环境的搭建方法。
- 掌握 Web 服务器的配置方法。
- 培养团队合作及与人合作沟通的能力。

任务 1　配置 PHP 开发环境

任务说明

PHP 是全球网站使用最多的脚本语言之一，全球前 100 万的网站中，有超过 70% 的网站是使用 PHP 开发的。PHP 是一种与 ASP 相类似的技术，也是一种服务器的脚本语言，通过在 HTML 网页中嵌入 PHP 的控制语言，来完成与用户的交互以及访问数据库等功能。本任务将介绍如何搭建 PHP 的开发调试环境及建立简单的 PHP 网页。本任务围绕配置 PHP 开发环境展开。

任务实施——配置 PHP 开发环境

1. 下载 phpStudy

【操作案例 6-1】下载 phpStudy。

1）案例要求

从 phpStudy 官网下载 phpStudy 程序包。

2）知识点

查找官网网址；程序包包含套件；开发环境。

3）操作过程

① 登录 phpStudy 官网下载地址。

② 下载 V8 安装包。在官网找到“phpStudy v8.1 版本（windows）”，单击“下载”按钮，在弹出的窗口选择相应的版本位数。

③ 下载完成后得到安装压缩包文件：phpStudy_64.zip（本案例以 64 位为例）。

2. 安装 phpStudy

【操作案例 6-2】安装 phpStudy。

1）案例要求

安装 phpStudy 程序包。

2）知识点

压缩包解压；安装 phpStudy 需要的硬盘空间；安装的套件、开发环境。

3）操作过程

① 解压压缩包 phpStudy_64.zip，得到文件夹 phpStudy_64。

② 双击打开 phpStudy_64 文件夹，选择“phpstudy_x64_8.1.1.3.exe”，双击打开，如图 6-1（a）所示。

③ 单击“立即安装”按钮并等待安装完成即可。该软件是采用一键方式安装，当然也可以自定义安装路径，安装过程界面分别如图 6-1（b）和图 6-1（c）所示。

（a）开始界面

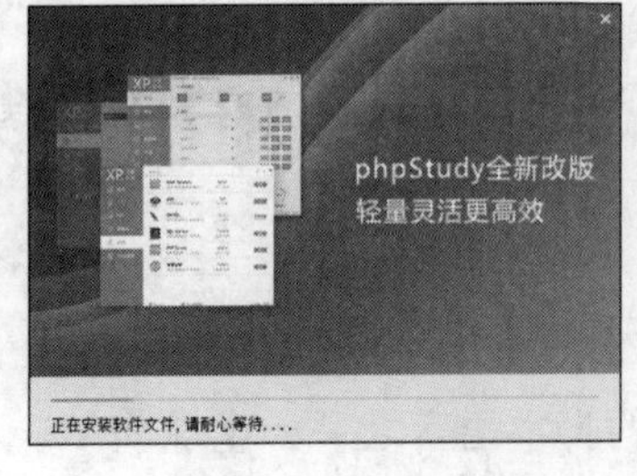

（b）安装过程

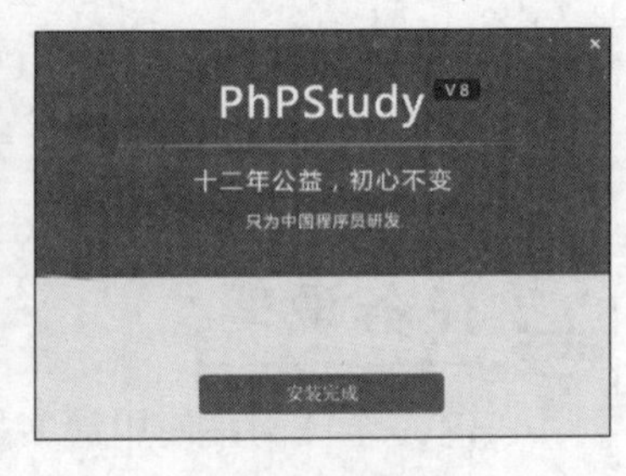

（c）安装完成

图 6-1 安装 phpStudy 过程

提示：

① 安装路径不能包含“中文”或者“空格”，否则会报错（例如错误提示：Can't change dir to 'G:\\x65b0\x5efa\x6587\）。

② 保证安装路径是纯净的，安装路径下不能有已安装的 V8 版本，若重新安装，请选择其他路径。

3. 下载 Notepad++

【操作案例 6-3】下载 Notepad++。

1）案例要求

从 Notepad++ 官网下载 Notepad++ 程序包。

2）知识点

查找官网网址；程序包包含套件；开发环境。

3）操作过程

① 登录 Notepad++ 官网下载地址。

② 下载 Notepad++ 安装包。在官网找到“Notepad++for Window”，单击“Download for Windows”按钮，下载完成后得到安装包文件：notepadplusplus-8-4-2.exe（本案例以 V8.4.2 版本为例）。

4．安装 Notepad++

【操作案例 6-4】安装 Notepad++。

1）案例要求

安装 Notepad++ 软件。

2）知识点

执行可执行文件；语言选择；路径选择；安装的组件。

3）操作过程

① 双击打开 notepadplusplus-8-4-2.exe 可执行文件。

② 选择默认方式安装，出现的安装界面选项均选择默认按钮（默认按钮的边框有别于其他按钮），即一直按回车键直到安装完成。当然也可以自定义安装路径，安装过程部分界面分别如图 6-2（a）～（c）所示。

（a）选择语言

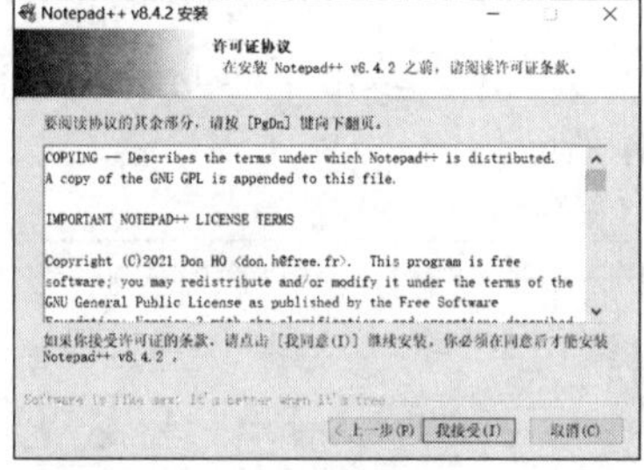

（b）许可证协议

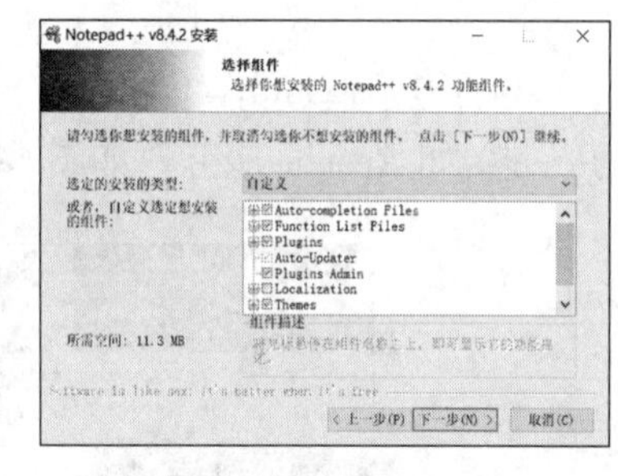

（c）选择组件

图 6-2　notepad++ 安装过程

组件提示：

① Create Shortcut on Desktop：默认没勾选。在桌面创建一个 Notepad++ 的快捷方式。

② Don't use %APPDATA%：默认没勾选。作用是允许配置文件放在 Notepad++ 的安装路径下。以便将 Notepad++ 包含配置文件的全部文件都放到 U 盘中。

5．创建本地站点域名

【操作案例 6-5】phpStudy v8.0 创建本地站点域名。

1）案例要求

phpStudy v8.0 创建本地站点域名。

2）知识点

执行可执行文件；语言选择；路径选择；安装的组件；创建站点；启动 phpStudy 服务；

设置站点域名，端口号以及网站根目录；配置文件 hosts；测试运行 php 文件。

3）操作过程

① 创建网站根目录。打开 www 目录并创建的站点文件夹（作者的 phpStudy 安装位置是：D:\phpstudy_pro\WWW），这里创建的是 classweb 文件夹，如图 6-3 所示，这个文件存放网站程序。

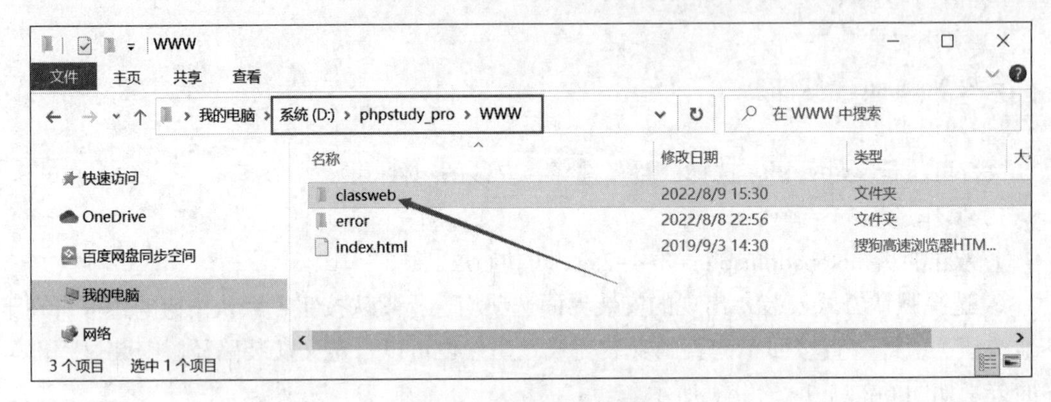

图 6-3 创建网站根目录

② 打开 phpStudy。双击 phpStudy 快捷方式 phpstudy_pro 打开 phpStudy v8.1，并启动相应的服务，如 Apache 服务，如图 6-4 所示。

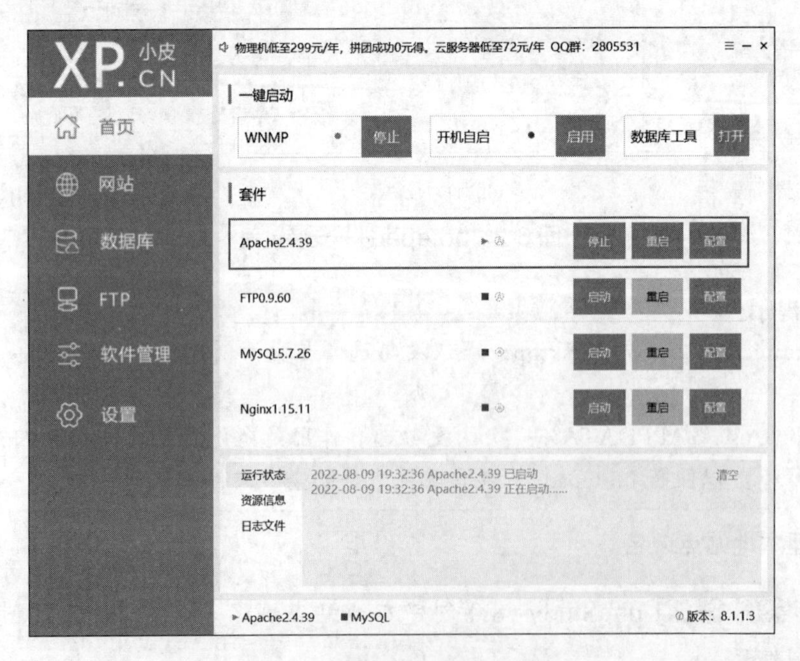

图 6-4 打开 phpStudy v8.1

③ 测试网站。打开浏览器，在地址栏输入 localhost，出现图 6-5 所示的界面，phpStudy 默认的站点测试成功。

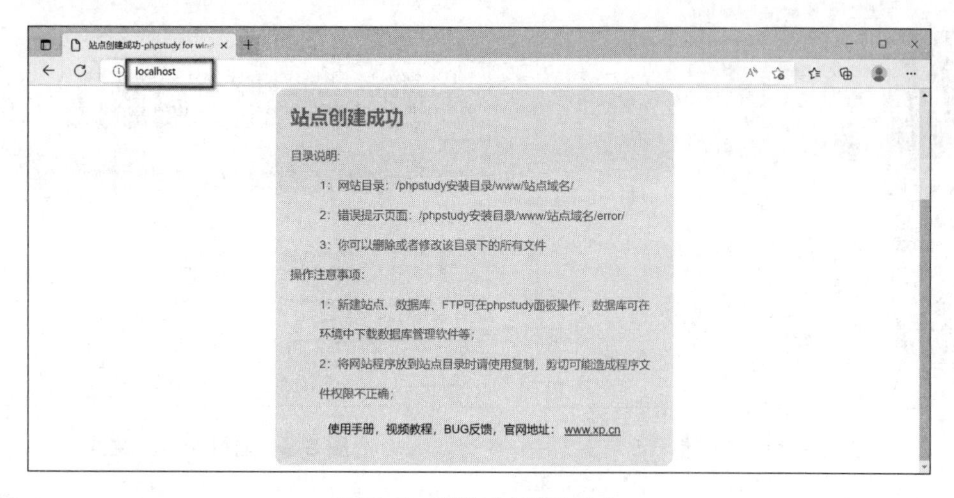

图 6-5　默认站点创建成功

④ 创建网站。单击“网站”|“创建网站”，如图 6-6 所示。弹出图 6-7 所示的界面，设置站点域名，端口号以及网站根目录，最后单击“确认”按钮。

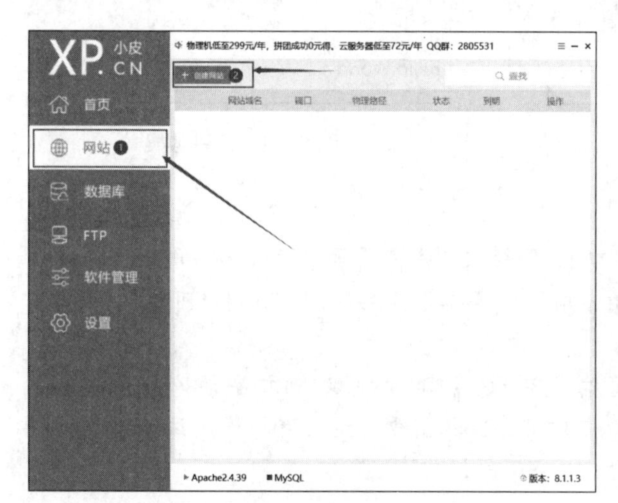

图 6-6　创建网站

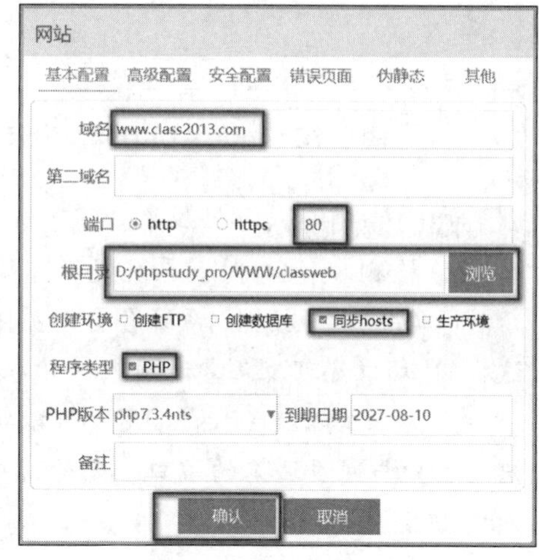

图 6-7　网站基本配置

⑤ 系统设置。依次在面板中单击“设置”|“系统设置”，设置检测启动项，如端口号（与基本配置端口相同），如图 6-8 所示，全部设置好后单击“开始检测”按钮。

⑥ 配置文件。依次在面板中单击“设置”|“配置文件”|“hosts”，以记事本方式打开，在文件末尾添加你的站点，如图 6-9 所示。

⑦ 重启 phpStudy。设置完成后，关闭 phpStudy，重新启动 phpStudy，设置生效。

⑧ 创建 index.php 文件。双击 Notepad++ 的快捷方式 Notepad++，打开 Notepad++，输入图 6-10 所示的内容，将文件存为 index.php，并将文件存放在图 6-7 所在的根目录文件夹内，至此，在根目录中创建一个简单的 index.php 文件。

⑨ 测试。打开浏览器，在地址栏输入创建好的站点 www.class2013.com，结果如图 6-11 所示，表示成功地创建了本地站点域名。

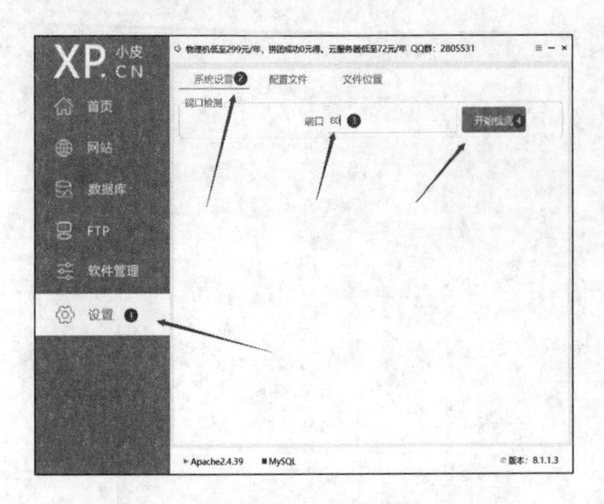

图 6-8　系统设置

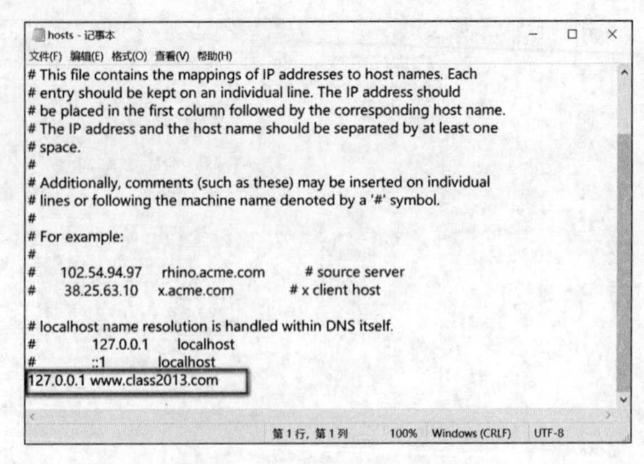

图 6-9　配置 hosts 文件

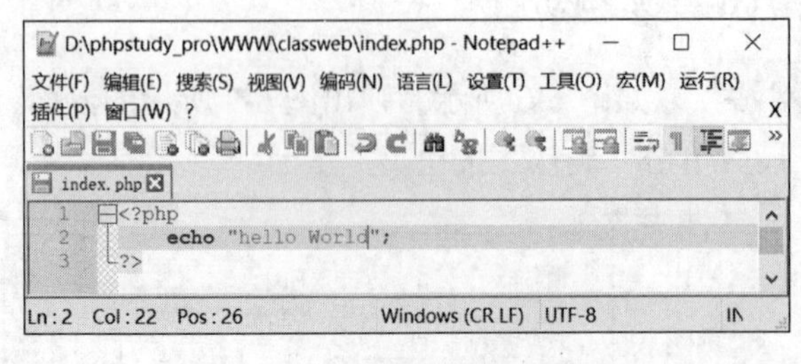

图 6-10　index.php 网页内容

图 6-11　测试效果

端口检测提示：

① 检测 80 端口时，系统提示“端口 80 已经被占用，是否尝试关闭占用进程”提示时，单击“是”按钮，系统会自动关闭占用的 80 端口，并且提示“80 端口可以使用”。这样 80 端口就可以正常使用。

② 检测端口 80 已被占用，可以将端口 80 改为 8080，修改地方首页中 Apache 中启动端口与网页域名的端口。无论端口使用哪个，都需要系统设置中检测该端口是否能被使用。

相关知识

1. PHP 基础知识

1）动态网页技术简介

所谓的动态网页，是指与静态网页相对的一种网页编程技术。静态网页，随着 HTML 代码的生成，页面的内容和显示效果就基本上不会发生变化了——除非修改页面代码。动态网页是与静态网页相对应的，也就是说，网页 URL 不固定，能通过后台与用户交互。显示的内容却是可以随着时间、环境或者数据库操作的结果而发生改变的。目前，最常用的三种动态网页技术有 PHP、ASP、JSP。

① PHP 技术。PHP 即 hypertext preprocessor（超文本预处理器），它是当今 Internet 上最为火热的脚本语言，其语法借鉴了 C、Java、PERL 等语言，但只需要很少的编程知识就

能使用 PHP 建立一个真正交互的 Web 站点。

它与 HTML 语言具有非常好的兼容性，使用者可以直接在脚本代码中加入 HTML 标签，或者在 HTML 标签中加入脚本代码从而更好地实现页面控制。PHP 提供了标准的数据库接口，数据库连接方便，兼容性强，扩展性强，可以进行面向对象编程。PHP 技术的特点则是具有实时性、跨平台性和易移植性，为动态交互的实现创造了便利条件。

② ASP 技术。ASP 即 active server pages（活跃服务器页），它是微软开发的一种类似超文本标识语言（HTML）、脚本（Script）与 CGI（公用网关接口）的结合体，它没有提供自己专门的编程语言，而是允许用户使用许多已有的脚本语言编写 ASP 的应用程序。ASP 的程序编制比 HTML 更方便且更有灵活性。它是在 Web 服务器端运行，运行后再将运行结果以 HTML 格式传送至客户端的浏览器。因此 ASP 与一般的脚本语言相比，要安全得多。

ASP 的最大好处是可以包含 HTML 标签，也可以直接存取数据库及使用无限扩充的 ActiveX 控件，因此在程序编制上要比 HTML 方便而且更富有灵活性。通过使用 ASP 的组件和对象技术，用户可以直接使用 ActiveX 控件，调用对象方法和属性，以简单的方式实现强大的交互功能。

但 ASP 技术也存在很大的局限性，由于它基本上只能运行于微软的操作系统平台之上，主要工作环境是微软的 IIS 应用程序结构，又因 ActiveX 对象具有平台特性，所以 ASP 技术几乎不能在跨平台 Web 服务器上工作，已经不是主流的开发技术。

aspx 是微软在服务器端运行的动态网页文件，通过 IIS 解析执行后可以得到动态页面，是微软推出的一种新的网络编程方法，而不是 ASP 的简单升级，因为它的编程方法和 ASP 有很大的不同，他是在服务器端靠服务器编译执行的程序代码，ASP 使用脚本语言，每次请求的时候，服务器调用脚本解析引擎来解析执行其中的程序代码，而 ASP.NET 则可以使用多种语言编写，而且是全编译执行的，比 ASP 快，而且，不仅仅是快的问题，有很多优点。

③ JSP 技术。JSP 即 Java server pages（Java 服务器页面），它是由 Sun Microsystem 公司于 1999 年 6 月推出的新技术，是基于 Java Servlet 以及整个 Java 体系的 Web 开发技术。

JSP 和 ASP 在技术方面有许多相似之处，不过两者来源于不同的技术规范组织，以至 ASP 一般只应用于 Windows 平台，而 JSP 则可以在 85% 以上的服务器上运行，而且基于 JSP 技术的应用程序比基于 ASP 的应用程序易于维护和管理，所以被许多人认为是未来最有发展前途的动态网站技术。

2）Web 技术简介

Web 的本意是蜘蛛网和网，在网页设计中称为网页。Web 技术指的是开发互联网应用的技术总称，一般包括 Web 服务端技术和 Web 客户端技术。从技术层面看，Web 技术核心有：超文本传输协议（HTTP）；统一资源定位符（URL）；超文本标记语言（HTML）。

① B/S 和 C/S 框架。在进行软件开发时，会有两种基本框架，即 C/S（Client/Server）框架和 B/S（Browser/Server）框架。C/S 框架指的是客户端 / 服务器端的交互；B/S 框架指的是浏览器 / 服务器端的交互。两者的区别是，C/S 框架是客户端软件是专门开发出来的，如 QQ、微信，用户必须安装软件才能使用；而和 B/S 框架是将浏览器作为客户端，用户只需要安装一个浏览器，就可以访问服务器中的资源，如知乎、百度等。

PHP 运行于服务器，既可以在 C/S 框架中为客户端软件提供服务器接口，又可以作为 B/S 框架来搭建动态网站，本书主要基于 B/S 框架进行讲解。

② HTTP。即超文本传输协议（hyper text transfer protocol，HTTP）是一个简单的请求－响应协议，它通常运行在 TCP 之上。它指定了客户端发送给服务器什么样的消息以及得到什么样的响应，绝大多数的 Web 开发，都是构建在 HTTP 之上的 Web 应用。

HTTPS（hypertext transfer protocol secure，超文本传输安全协议），是以安全为目标的 HTTP 通道，在 HTTP 的基础上通过传输加密和身份认证保证了传输过程的安全性。

③ URL 地址。在 WWW 上，每一信息资源都有统一的且在网上唯一的地址，该地址就叫 URL（uniform resource locator，统一资源定位符），它是 WWW 的统一资源定位标志，就是指网络地址。URL 由三部分组成：资源类型、存放资源的主机域名、资源文件名。也可认为由四部分组成：协议、主机、端口、路径。具体示例如下：

```
https://www.daidai.edu.cn:80/index.html
```

上面的 URL 中，“http”表示传输数据所使用的协议，“www.daidai.edu.cn”表示要请求的服务器主机，“80”表示要请求的端口号，“index.html”表示要请的资源名称。由于 80 端口是 Web 服务器的默认端口号，因此 URL 中可以省略“:80”，即“https:// www.daidai.edu.cn/index.html”。

④ HTML。HTML 的全称为超文本标记语言，是一种标记语言。它包括一系列标签。通过这些标签可以将网络上的文档格式统一，使分散的 Internet 资源链接为一个逻辑整体。HTML 文本是由 HTML 命令组成的描述性文本，HTML 命令可以说明文字、图形、动画、声音、表格、链接等。

2．PHP 概述

1）PHP 是什么

PHP 是指超文本预处理器，是一种通用开源脚本语言。PHP 是在服务器端执行的脚本语言，与 C 语言类似，是常用的网站编程语言，它不需要事先编译，在服务器端运行。PHP 独特的语法混合了 C、Java、Perl 以及 PHP 自创的语法。其特点是具有公开的源代码，在程序设计上与通用型语言相似性较高，因此在操作过程中简单易懂，可操作性强。同时，PHP 语言具有较高的数据传送处理水平和输出水平，可以广泛应用在 Windows 操作系统及各类 Web 服务器中。如果数据量较大，PHP 语言还可以拓宽连接面，与各种数据库相连，缓解数据存储、检索及维护压力。

2）PHP 的主要特点

① 开源性和免费性。PHP 的解释器的源代码是公开的，所以安全系数较高的网站可以自己更改 PHP 的解释程序。PHP 运行环境的使用也是免费的。

② 快捷性。PHP 的语法特点类似于 C 语言，但没有 C 语言复杂的地址操作，而且加入了面向对象的概念，加上它具有简洁的语法规则，使得它操作编辑非常简单，实用性强。

③ 数据库连接的广泛性。PHP 可以与很多主流的数据库建立起连接，如 MySQL、ODBC、Oracle 等，PHP 是利用编译的不同函数与这些数据库建立起连接的。

④ 面向过程和面向对象并用。在 PHP 语言的使用中，可以分别使用面向过程和面向对象，

还可以将 PHP 面向过程和面向对象两者一起混用，这是其他很多编程语言是做不到的。

3）PHP 的应用

① PHP 语言作为网站开发的通用语言，简单易行、可移植性好、应用空间广泛，逐渐受到网站开发人员的欢迎。因此，在行业网站建设过程中，具有良好的应用前景。

② 利用 PHP 语言进行行业网站设计，能够实现数据库的实时性更新，网站的日常维护和管理简单易行，进而提高用户的使用效率。

③ PHP 语言应用过程中，要求开发人员熟悉该语言，特别是软件版本、特性等诸多环节，否则容易造成冲突，使配置问题难以处理。因此，在网站开发设计过程中，应避免单独进行环境搭配。

3. phpStudy 简介

phpStudy 是一个 PHP 调试环境的程序集成包。该程序包集成最新的 Apache+PHP+MySQL+phpMyAdmin+ZendOptimizer，一次性安装，无须配置即可使用，是非常方便、好用的 PHP 调试环境。phpStudy 适合多种系统操作，并且支持 IIS 和 Nginx，phpStudy 程序包集中了很多 PHP 版本的编写语言，运行速度也是很快的。目前它是一款国内免费软件。

4. PHP 编辑工具

PHP 常用编辑工具有 SublimeText、Notepad++、PhpStorm、Zend Studio、VSCode 等。

1）Sublime Text

Sublime Text 是一款目前非常流行的代码编辑器，优点是：大小适中，40 MB 左右，运行流畅，有丰富的插件和代码提示功能，建议选择英文版，缺点是：收费。Sublime Text 具有漂亮的用户界面和强大的功能，如代码缩略图、Python 的插件、代码段等。还可自定义键绑定、菜单和工具栏。Sublime Text 的主要功能包括：拼写检查、书签、完整的 Python API、Goto 功能、即时项目切换、多选择、多窗口等。Sublime Text 是一个跨平台的编辑器，同时支持 Windows、Linux、Mac OS X 等操作系统。

2）Notepad++

Notepad++ 是在微软视窗环境之下的一个免费的代码编辑器，其中文版是一款可完美取代 Windows 记事本的编辑器，一般用于代码编辑也可进行文本编辑。Notepad++ 中文版小巧高效且可支持 27 种编程语言，通吃各种 C、C++、Java、C#、XML、HTML、PHP、JS 语言等。可以使用 Notepad++ 打开文本后进行批量替换、查找、代码折叠、语法高亮、自由缩放等。

3）PhpStorm

PhpStorm 是大多数 PHP 程序员们爱不释手的一款编码的集成开发工具。它支持所有 PHP 语言功能，提供最优秀的代码补全、重构、实时错误预防等功能。但是该工具运行的系统环境配置很高，建议选择不错的计算机系统开发项目，另外初学者不建议使用 PhpStorm，两年后再用，不然它的函数参数提示会把你搞崩溃。

4）Zend Studio

Zend Studio 是专业开发人员在使用 PHP 整个开发周期中唯一的集成开发环境 (IDE)，具备功能强大的专业编辑工具和调试工具，支持 PHP 语法加亮显示，支持语法自动填充功能，支持书签功能，支持语法自动缩排和代码复制功能，内置一个强大的 PHP 代码调试工具，支持本地和远程两种调试模式，支持多种高级调试功能。

5）VSCode

Visual Studio Code（简称 VS Code / VSC）是一款免费开源的现代化轻量级代码编辑器，支持几乎所有主流的开发语言的语法高亮、智能代码补全、自定义快捷键、括号匹配和颜色区分、代码片段、代码对比 Diff、GIT 命令 等特性，支持插件扩展，并针对网页开发和云端应用开发做了优化。软件跨平台支持 Windows、Mac 以及 Linux，运行流畅，可谓是微软的良心之作。

任务 2 PHP 的基本语法

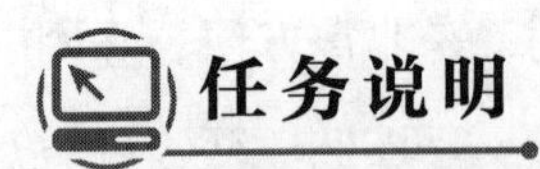

任务说明

掌握 PHP 的基础语法是学好 PHP 的第一步，只有完全掌握 PHP 的基础知识，才能更好地学习后续的内容。本任务围绕 PHP 的基本语法展开。

任务实施——PHP 的基本语法

1. PHP 语法结构

【操作案例 6-6】输出指定内容。

1）案例要求

创建一个 PHP 文件，输入文件的当前路径、当前 PHP 版本信息和当前操作系统。

2）知识点

PHP 的标记；注释；输出语句；预定义常量。

3）操作过程

① 打开 Notepad++ 编辑器，创建 const.php，并将文件保存在根目录文件夹内。

② 输入图 6-12 所示的代码，保存文件。注释语句可以不用录入。

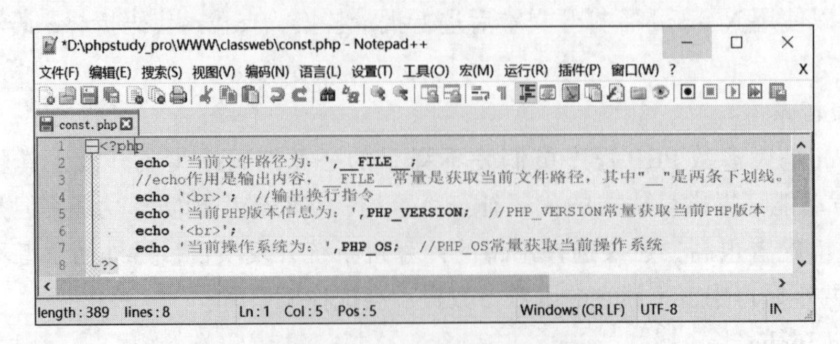

图 6-12 const.php 代码图

③ 打开 phpStudy，并启动相应的服务，如 Apache 服务。

④ 打开浏览器，在地址栏输入："http://localhost/const.php"，效果如图 6-13 所示。

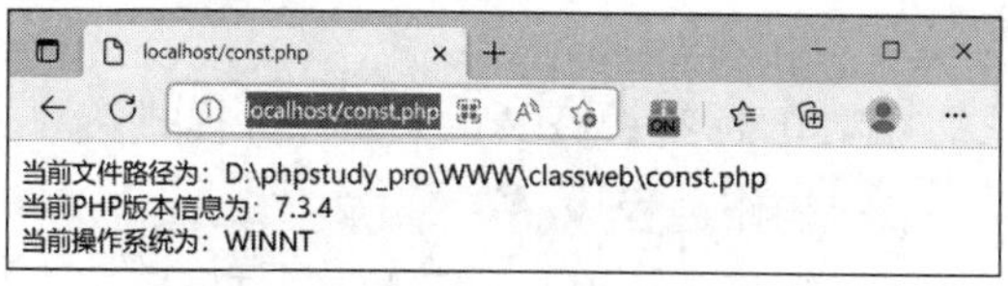

当前文件路径为：D:\phpstudy_pro\WWW\classweb\const.php
当前PHP版本信息为：7.3.4
当前操作系统为：WINNT

图 6-13　const.php 页面效果图

2. PHP 函数的使用

【操作案例 6-7】PHP 制作年历。

1）案例要求

创建一个 PHP 文件，利用 PHP 制作年历。

2）知识点

Html 表格；PHP 的变量；运算符；选择结构语句；循环结构语句；函数。

3）操作过程

① 打开 Notepad++ 编辑器，创建 calendar.php，并将文件保存在根目录文件夹内。

② 输入图 6-14 所示的代码，保存文件。注释语句可以不录入。

```php
<?php
function calendar($y)
{
    $w = date('w', strtotime("$y-1-1"));// 获取指定年份1月1日的星期数值
    for ($m = 1; $m <= 12; ++$m) {//拼接每个月份的表格
        $html .= '<table>';
        $html .= '<tr><th colspan="7">' . $y . ' 年 ' . $m . ' 月</th></tr>';
        $html .= '<tr><td>日</td><td>一</td><td>二</td><td>三</td><td>四</td>
                <td>五</td><td>六</td></tr>';
        $max = date('t', strtotime("$y-$m"));// 获取当前月份$m共有多少天
        $html .= '<tr>';                              // 开始<tr>标签
        for ($d = 1; $d <= $max; ++$d) {              //处理每个月的日期分布排列
            if ($w && $d == 1) {      // 如果该月的第1天不是星期日，则填充空白
                $html .= "<td colspan=\"$w\"> </td>";
            }
            $html .= "<td>$d</td>";
            if ($w == 6 && $d != $max) {//如果星期六不是该月的最后一天，则换行
                $html .= '</tr><tr>';
            } elseif ($d == $max) {                  // 该月的最后一天，闭合<tr>标签
                $html .= '</tr>';
            }
            $w = ($w + 1 > 6) ? 0 : $w + 1;     // 控制星期值在0~6范围内变动
        }
        $html .= '</table>';
    }
    return $html;
}
echo calendar('2022');  //输出2022年日历
?>
```

图 6-14　calendar.php 代码图

③ 打开 phpStudy，并启动相应的服务，如 Apache 服务。

④ 打开浏览器，在地址栏输入："http://localhost/calendar.php"，效果如图 6-15 所示。

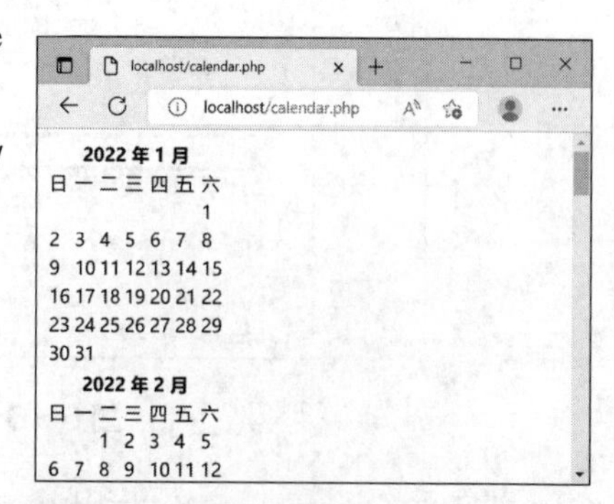

图 6-15　calendar.php 页面效果图

3. HTML 中使用 PHP

【操作案例 6-8】完善年历。

1）案例要求

利用样式完善案例 6-7 中的年历。

2）知识点

HTML 标签；PHP 语句；CSS 样式。

3）操作过程

① 打开 Notepad++ 编辑器，打开 calendar.php，将其另存为 calendar2022.php，并将文件保存在根目录文件夹内。

② 在原有的代码前面加入 HTML 代码，加入 CSS 样式。在 PHP 原代码的前面增加一个“<div>”标签和最后增加“</div>”，以便控制显示范围；在原表的表头行增加一个类，以便显示 CSS 样式。具体代码如图 6-16 所示的代码，保存文件。

```
calendar2022.php
1  <!doctype html>
2  <html>
3  <head>
4  <title>制作年历</title>
5  <style>
6    body{text-align:center;}
7    .box{margin:0 auto;width:880px;}
8    .title{background:#ccc;}
9    table{
10       height:200px;width:200px;font-size:12px;text-align:center;
11       float:left;margin:10px;font-family:arial;}
12 </style>
13 </head>
14 <body>
15 <?php
16 function calendar($y)//定义年历生成函数
17 {
18     $w = date('w', strtotime("$y-1-1")); //获取指定年份1月1日的星期数值
19     $html = '<div class="box">';
20     for ($m = 1; $m <= 12; ++$m) { //拼接每个月份的表格
21         $html .= '<table>';
22         $html .= '<tr class="title"><th colspan="7">'
23                 . $y . ' 年 ' . $m . ' 月</th></tr>';
24         $html .= '<tr><td>日</td><td>一</td><td>二</td><td>三</td>
25                 <td>四</td><td>五</td><td>六</td></tr>';
26         $max = date('t', strtotime("$y-$m"));// 获取当前月份$m共有多少天
27         $html .= '<tr>';                     // 开始<tr>标签
28         for ($d = 1; $d <= $max; ++$d) {
29             if ($w && $d == 1) {  // 如果该月的第1天不是星期日，则填充空白
30                 $html .= "<td colspan=\"$w\"> </td>";
31             }
32             $html .= "<td>$d</td>";
33             if ($w == 6 && $d != $max) { // 如果星期六不是该月的最后一天，
34                 $html .= '</tr><tr>';
35             } elseif ($d == $max) {      // 该月的最后一天，闭合<tr>标签
36                 $html .= '</tr>';
37             }
38             $w = ($w + 1 > 6) ? 0 : $w + 1; // 控制星期值在0~6范围内变动
39         }
40         $html .= '</table>';
41     }
42     $html .= '</div>';
43     return $html;
44 }
45 echo calendar('2022');  //输出2022年日历
46 ?>
47 </body>
48 </html>
```

图 6-16 calendar2022.php 代码图

③ 打开 phpStudy，并启动相应的服务，如 Apache 服务。

④ 打开浏览器，在地址栏输入：“http://localhost/calendar2022.php”，效果如图 6-17 所示。

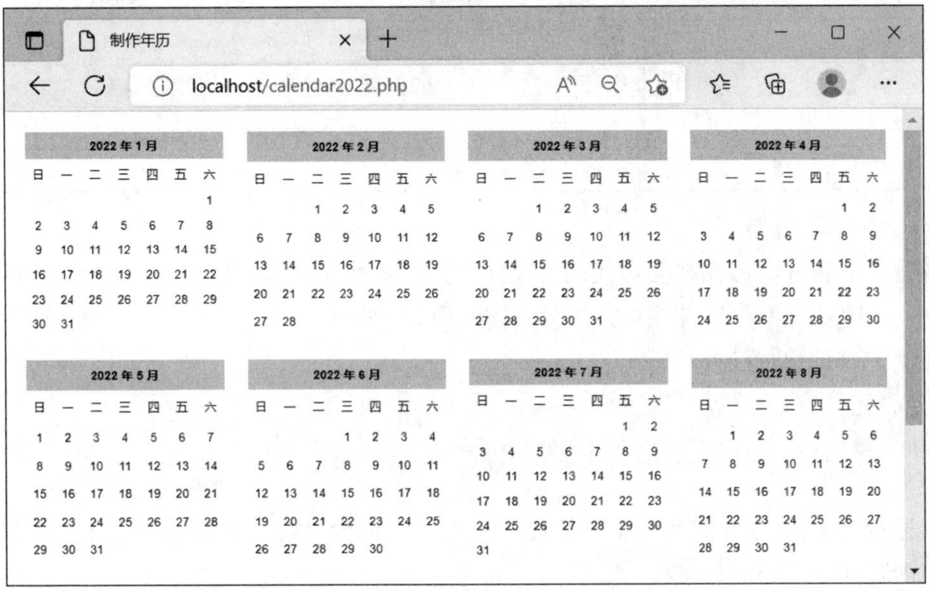

图 6-17　calendar2022.php 页面效果图

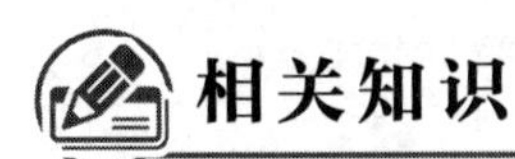

相关知识

1. PHP 语法结构

PHP 文件的默认文件扩展名是“.php”。PHP 文件通常包含 HTML 标签和一些 PHP 脚本代码。

1）基本的 PHP 语法

由于 PHP 是嵌入式脚本语言，它在网站开发中经常会与 HTML 内容混编在一起，所以为了区分 HTML 与 PHP 代码，需要使用标记对 PHP 代码进行标识。一个 PHP 语句段从“<?php”标签开始，到“?>”结束。php 标签用于分割其他 php 语句段和 html，PHP 语句写在两个标签中间，可以写多行 PHP 语句。

如下面的代码所示：

```
<?php
echo "hello World";
?>
```

上述示例中，“<?php”和“?>”是 PHP 标记中的一种，专门来包含 PHP 代码，echo 是 PHP 输出语句。php 语句以分号结尾，如果没有分号，则会继续分析文件，直到下一个分号，并忽略中间的空格和换行。PHP 中，回车换行、空格、制表符都被视为空格，PHP 解析器会当它们不存在。

对于 PHP7 之前的版本，支持四种标签，见表 6-1。而在 PHP7 中，仅支持标准标签和短标签。

表 6-1 PHP 开始和结束标签

标签类型	开始标签	结束标签
标准风格	<?php	?>
短风格	<?	?>
ASP 风格	<%	%>
长风格	<script language="php">	</script>

2）PHP 中的注释

编写代码良好的习惯都会对代码使用注释进行解释和说明，以便于大家对代码的阅读和维护。PHP 中一共有三种注释方法，具体使用如下所示。

① C 风格的单行注释“//”。

```
<?php
echo "hello World"; // echo是输出语句。
?>
```

上述示例中，“//”右面的文本都被视为注释，因为 PHP 解析器忽略该行“//”右面的所有内容。

② shell 脚本风格的单行注释“#”。

```
<?php
echo "hello World"; # echo是输出语句。
?>
```

注释“#”和注释"//"作用相同，只是风格不同而已，“//”是来自 C 风格，“#”来自 shell 脚本风格。

③ C 风格的多行注释块“/* */”。

```
<?php
/*
```

在这里 PHP 解析器是不解释，代码在这里不起作用。

```
echo "hello World";
*/
?>
```

上述示例中，“/*”和“*/”之间的内容为多行注释，多行注释以“/*”开始，以“*/”结束。同时，多行注释中可以嵌套单行注释，但不能再嵌套多行注释。

3）输出语句

PHP 提供一系列输出语句，其中常用的有 echo、print、print_r()、var_dump()。下面将对这几种常用输出语句进行详细的介绍。

① echo。echo 是一个语言结构，使用的时候可以不用加括号，也可以加上括号：echo 或 echo()。echo 常用的输出语句，可以输出一个或多个字符串、表达式、变量和常量的值的输出到页面中，多个数据之间使用“,”分隔。示例如下：

```
echo ("Hello world!<br>"); //输出结果：Hello world!并换行
```

```
echo "result=",5+10*2;      //输出结果：result=25
```

② print。print 是一个语言结构，可以使用括号，也可以不使用括号：print 或 print()。print 与 echo 的用法相同，唯一区别的是 print 只能输出一个值。例 6_1 示例如下：

```
<?php
$str1="Learn PHP";                 //定义变量 str1，并赋值为 :Learn PHP
$str2="my school ";                //定义变量 str2，并赋值为 : my school
$cars=array("大众","比亚迪","红旗");  //定义数组 cars，并赋值
print($str1);                      // print() 输出变量 txt1 的值
print '<br>';                      // print 输出字符串
print "Study PHP at $str2<br>";//这里用的是双引号，在 php 里，双引号是可以解析变量的
print "My car is a {$cars[0]}"; //{$cars[0]} 输出数组中第一个序号的值
?>
```

输出结果：

```
Learn PHP
Study PHP at my school
My car is a 大众
```

③ print_r()。print_r() 是 PHP 内置函数，它可以是任意类型数据，如数组、对象等复合数据类型。示例如下：

```
print_r("Hello World!");  //输出结果：Hello World!
```

④ var_dump()。var_dump() 可以判断一个变量的类型与长度，并输出变量的数值。此函数显示关于一个或多个表达式的结构信息，包括表达式的类型与值。示例如下：

```
var_dump(3);                     //输出结果：float(3.1)
var_dump(true, 'python');        //输出结果：bool(true) string(6) "python"
```

2. PHP 语法基础

1）PHP 标识符

在 PHP 程序开发中经常需要自定义一些符号来标记一些名称，如变量名、函数名和类名等，这些符号被称为标识符。而标识符的定义需要遵循一定的规则：

① 标识符只能由 26 个英文字母字符大小写（a ～ z，A ～ Z）、数字（0 ～ 9）、下画线（_）组成且不能包含空格。

② 标识符只能以字母或下画线开头的任意长度的字符组成。

③ 标识符用作变量名时，区分大小写。

④ 如果标识符由多个单词组成，那么应使用下画线进行分隔。

⑤ 不可用 PHP 中预定义的关键字。

按照 PHP 对标识符的定义规则，标识符 it、It、it88、_it 是合法的，而 8it 和 i–t 则是非法的标识符。

2）PHP 变量的命名规则

变量以 $ 符号开头，其后是变量的名称，其他与“PHP 标识符”规则相同。

3）PHP 关键字

关键字是编程语言中事先定义并赋予特殊含义的单词，也称为保留字。表 6-2 是 PHP 常用的关键字。

表 6-2　PHP 常用的关键字

关 键 字	关 键 字	关 键 字	关 键 字
and	echo	if	__CLASS__
or	else	include	__METHOD__
xor	elseif	include_once	final(PHP 5)
__FILE__	empty()	isset()	php_user_filter(PHP 5)
extends	enddeclare	list()	interface(PHP 5)
__LINE__	endfor	new	implements(PHP 5)
array()	endforeach	print	exception(PHP 5)
as	endif	require	public(PHP 5)
break	endswitch	require_once	private(PHP 5)
case	endwhile	return	protected(PHP 5)
class	eval()	static	abstract(PHP 5)
const	exit()	switch	clone(PHP 5)
continue	extends	unset()	try(PHP 5)
declare	for	use	catch(PHP 5)
default	foreach	var	throw(PHP 5)
die()	function	while	cfunction(PHP 4 only)
do	global	__FUNCTION__	this(PHP 5 only)

上述列举的关键字中，每个关键字都有特殊的作用。例如，关键字 self 是用来访问当前类中内容的关键字，关键字 const 是用来定义类中的常量，关键字 extends 继承父类中的所有属性和方法。

4）PHP 预定义常量

PHP 提供了很多预定义常量，这些预定义常量专门用于获取 PHP 中的信息，并且不允许开发人员随意修改。PHP 常用的预定义常量见表 6-3。

表 6-3　PHP 常用的预定义常量

常 量 名	说　明
__FILE__	PHP 程序文件名
__LINE__	PHP 程序中当前的行号
PHP_OS	指执行 PHP 解析器的操作系统名称，如“WINNT”
PHP_VERSION	PHP 程序的版本，如“PHP7.3.4”
TRUE	是一个真值（true）
FALSE	是一个假值（false）

续表

常 量 名	说　明
NULL	是空值（null）
E_ERROR	表示错误级别为致命错误，导致 PHP 脚本运行终止
E_WARNING	表示错误级别为警告，不会导致 PHP 脚本运行终止
E_PARSE	表示错误级别为解析错误，由程序解析器报告
E_NOTICE	表示错误级别为非关键的错误，如变量未初始化

注意：FILE 和 LINE 中的“__”是两条下画线，而不是一条"_"。

说明：以 E_ 开头的预定义常量，是 PHP 的错误调试部分。

3. PHP 运算符及优先级

PHP 语言提供了多种类型的运算符，即专门用于告诉程序执行特定运算或逻辑操作的符号。根据运算符的操作对象，可以将 PHP 语言中常用的运算符分为 8 类，具体见表 6-4。

表 6-4　常见的运算符类型

运算符类型	运 算 符	作　用
算数运算符	+、-、*、/、%、++、--	用于处理四则运算
赋值运算符	=、+=、-=、*=、/=、%=、.=	用于将表达式的值赋给变量
连接运算符	.	用于连接字符串
比较运算符	>、<、==、===、!= <>、!==	用于表达式的比较并返回一个布尔类型的值，true 或 false
逻辑运算符	And、&&、or、||、not、! 、xor	根据表达式的值返回一个布尔类型的值，true 或 false
位运算符	&、|、^、～、<<、>>	用于处理数据的位运算
instanceof	Instanceof	用于判断一个对象是否特定类的实例
其他运算符	?: 、@、=>、->)、``	?: 为三目运算符，@ 为忽略错误，=> 为数组下标用，-> 为调用对象值用，`` 为反引号为执行运算符

运算符提示:

反引号运算符（``），注意这不是单引号！ PHP 将尝试将反引号中的内容作为 shell 命令来执行，并将其输出信息返回（即可以赋给一个变量而不是简单地丢弃到标准输出）。使用反引号运算符“`”的效果与函数 shell_exec() 相同。

在一个表达式中，往往会使用多个不同的运算符，当多个不同的运算符同时出现在同一个表达式中时，就必须遵循一定的运算顺序进行运算，这就是运算符的优先级。PHP 的运算符在运算中遵循的规则是：优先级高的运算先执行，优先级低的运算后执行，同一优先级的运算按照从左到右的顺序执行。当然也可以像四则运算那样使用小括号，括号内的运算最先执行。表 6-5 按照优先级从高到低的顺序列出了 PHP 中的运算符。同一行中的运算符具有相同优先级，此时它们的结合方向决定其运算顺序见表 6-5。

表 6-5　运算符运算优先级

优 先 级	结合方向	运 算 符	附加信息
1	无结合	clone、new	clone 和 new

续表

<table>
<tr><th>优 先 级</th><th>结合方向</th><th>运 算 符</th><th>附加信息</th></tr>
<tr><td>2</td><td>从右向左</td><td>**</td><td>算术运算符</td></tr>
<tr><td>3</td><td>从右向左</td><td>++、--、~、(int)、(float)、(string)、(array)、(object)、(bool)、@</td><td>类型、递增 / 递减、错误控制</td></tr>
<tr><td>4</td><td>无结合</td><td>instanceof</td><td>类型</td></tr>
<tr><td>5</td><td>从右向左</td><td>!</td><td>逻辑运算符</td></tr>
<tr><td>6</td><td>从左向右</td><td>*、/、%</td><td>算术运算符</td></tr>
<tr><td>7</td><td>从左向右</td><td>+、-、.</td><td>算术运算符和字符串运算符</td></tr>
<tr><td>8</td><td>从左向右</td><td><<、>></td><td>位运算符</td></tr>
<tr><td>9</td><td>无结合</td><td><、<=、>、>=</td><td>比较运算符</td></tr>
<tr><td>10</td><td>无结合</td><td>==、!=、===、!==、<>、<=></td><td>比较运算符</td></tr>
<tr><td>11</td><td>从左向右</td><td>&</td><td>位运算符和引用</td></tr>
<tr><td>12</td><td>从左向右</td><td>^</td><td>位运算符</td></tr>
<tr><td>13</td><td>从左向右</td><td>|</td><td>位运算符</td></tr>
<tr><td>14</td><td>从左向右</td><td>&&</td><td>逻辑运算符</td></tr>
<tr><td>15</td><td>从左向右</td><td>||</td><td>逻辑运算符</td></tr>
<tr><td>16</td><td>从右向左</td><td>??</td><td>null 合并运算符</td></tr>
<tr><td>17</td><td>从左向右</td><td>? :</td><td>三元运算符</td></tr>
<tr><td>18</td><td>从右向左</td><td>=、+=、-=、*=、**=、/=、.=、%=、&=、|=、^=、<<=、>>=</td><td>赋值运算符</td></tr>
<tr><td>19</td><td>从左向右</td><td>and</td><td>逻辑运算符</td></tr>
<tr><td>20</td><td>从左向右</td><td>xor</td><td>逻辑运算符</td></tr>
<tr><td>21</td><td>从左向右</td><td>or</td><td>逻辑运算符</td></tr>
</table>

对具有相同优先级的运算符来说，从左向右的结合方向意味着将从左向右求值，从右向左结合方向则反之。对于无结合方向的则具有相同优先级的运算符，该运算符有可能无法与其自身结合。例如，在 PHP“中 1 < 2 > 1”是一个非法语句，而“1 <= 1 == 1”则不是，因为“<=”比“==”优先级高。

4. PHP 选择语句

在 PHP 中，提供了下列条件语句：if 语句、if...else 语句、if...elseif....else、switch 语句。

1）if 语句

If 条件判断语句用于仅当指定条件成立时执行代码。具体语法和示例如下：

```
if(条件)
{
    条件成立时要执行的代码；
}
```

如果当前时间小于 10，下面的实例将输出 " Good morning!"。例 6_2 示例如下：

```
<?php
```

```
$time=date("H");
if ($time<"10")
{
    echo " Good morning!";
}
?>
```

2）if…else 语句

if…else 语句也称为双分支语句，在条件成立时执行一块代码，条件不成立时执行另一块代码。具体语法和示例如下：

```
if(条件)
{
条件成立时执行的代码;
}
else
{
条件不成立时执行的代码;
}
```

如果当前时间在 6 ～ 18，下面的实例将输出 "It's daytime now!"，否则输出 "It is night now!"。例 6_3 示例如下：

```
<?php
$time =date("H");
if ($time >="6" && $time <="18" )
{
    echo " It's daytime now!";
}
else
{
    echo "It is night now!";
}
?>
```

3）if…elseif…else 语句

if…elseif…else 语句也称为多分支语句，用于针对不同情况进行不同的处理。具体语法和示例如下：

```
if(条件)
{
    if 条件成立时执行的代码;
}
elseif(条件)
{
    elseif 条件成立时执行的代码;
}
```

```
else
{
    条件不成立时执行的代码；
}
```

根据考试成绩进行等级的划分，若分数在90以上为A，分数在80～90为B，分数在70～80为C，分数在60～70为D，小于60为E。例6_4示例如下：

```
<?php
$score=95;
if ($score>=90){
    echo "等级：A";
}elseif ($score>=80){
    echo "等级：B";
}elseif ($score>=70){
    echo "等级：C";
} elseif ($score>=60){
    echo "等级：D";
}else{
    echo "等级：E";
}
?>
```

4）switch语句

switch语句也是多分支语句，功能与if系列条件语句相同，用于根据多个不同条件执行不同动作。具体语法和示例如下：

```
switch (n)
{
case label1:
    如果 n=label1，此处代码将执行；
    break;
case label2:
    如果 n=label2，此处代码将执行；
    break;
default:
    如果 n 既不等于 label1 也不等于 label2，此处代码将执行；
}
```

根据考试成绩进行等级的划分，若分数在90以上为A，分数在80～90为B，分数在70～80为C，分数在60～70为D，小于60为E。例6_5示例如下：

```
<?php
$score=95;
switch ((int)( $score/10)){
case 10:                        //100分
case 9:
```

```
        echo "等级：A ";    break;
    case 8:
        echo "等级：B ";    break;
    case 7:
        echo "等级：C ";    break;
    case 6:
        echo "等级：D ";    break;
    default:
        echo "等级：E ";
    }
    ?>
```

5. PHP循环语句

所谓循环语句就是让相同的代码块一次又一次地重复运行。在PHP中，提供了下列循环语句：while、do...while、for、foreach等语句。

1）while循环语句

while循环将重复执行代码块，直到指定的条件不成立。具体语法和示例如下：

```
while (条件)
{
    要执行的代码;
}
```

利用while循环语句计算1到5的和，并输出“1+2+3+4+5=15”。例6_6示例如下：

```
<?php
$i=1;
while($i<=5)
{
$sum+=$i;
if ($i<5)
      $str.="$i"."+";
else
      $str.="$i";
   $i++;
}
echo $str."=". $sum;
?>
```

程序运行的结果是：

```
1+2+3+4+5=15
```

2）do...while语句

do...while循环语句的功能与while语句类似，唯一区别的是while语句是先判断条件后执行循环体，而do...while语句会至少执行一次代码，然后检查条件，只要条件成立，就会重复进行循环。具体语法和示例如下：

```
do
{
    要执行的代码；
}
while （条件）;
```

利用 do…while 循环语句计算 1 到 5 的和，并输出“1+2+3+4+5=15”。例 6_7 示例如下：

```
<?php
$i=1;
do
{
$sum+=$i;
if ($i<5)
      $str.="$i"."+";
else
      $str.="$i";
   $i++;
}while($i<=5);
echo $str."=". $sum;
?>
```

3）for 语句

for 循环执行代码块指定的次数，或者当指定的条件为真时循环执行代码块。具体语法和示例如下：

```
for （初始值； 条件； 增量）
{
    要执行的代码；
}
```

初始值：主要是初始化一个变量值，用于设置一个计数器（但可以是任何在循环的开始被执行一次的代码）。

条件：循环执行的限制条件。如果为 TRUE，则循环继续。如果为 FALSE，则循环结束。

增量：主要用于递增计数器（但可以是任何在循环的结束被执行的代码）。

利用 for 循环语句计算 1 到 5 的和，并输出 “1+2+3+4+5=15”。例 6_8 示例如下：

```
<?php
for ($i=1; $i<=5; $i++)
{
      $sum+=$i;
      if ($i<5)
            $str.="$i"."+";
      else
            $str.="$i";
}
```

```
echo $str."=". $sum;
?>
```

4）foreach 语句

在 PHP 中 foreach 循环语句，常用于遍历数组，一般有两种使用方式：不取下标和取下标。具体语法和示例如下：

（1）只取值，不取下标

```
foreach （数组 as 值）{     //foreach ($array as $value)
//执行的任务
}
```

每进行一次循环，当前数组元素的值就会被赋值给 $value 变量（数组指针会逐一地移动），在进行下一次循环时，将看到数组中的下一个值。

例如，输出给定数组的值的循环。例 6_9 示例如下：

```
<?php
$x=array("北京","上海","广州","深圳");
foreach ($x as $value)
{
    echo $value . "<br>";
}
?>
```

程序运行的结果是：

```
北京
上海
广州
深圳
```

（2）同时取下标和值

```
foreach （数组 as 下标 => 值）{  //foreach ($array as $key => $value)
 //执行的任务
}
```

每一次循环，当前数组元素的键与值就都会被赋值给 $key 和 $value 变量（数字指针会逐一地移动），在进行下一次循环时，将看到数组中的下一个键与值。

例如，输出给定数组的值的循环。例 6_10 示例如下：

```
<?php
$x=array(1=>"北京",2=>"上海",3=>"广州",4=>"深圳");
foreach ($x as $key => $value)
{
    echo "key 为 " . $key . "，对应的 value 为 ". $value . "<br>";
}
?>
```

程序运行的结果是：

```
key为1，对应的value为北京
key为2，对应的value为上海
key为3，对应的value为广州
key为4，对应的value为深圳
```

6. PHP函数

函数是一个固定的一个程序段，或称其为一个子程序，可以在程序中重复使用的语句块。它在可以实现固定运算功能的同时，还带有一个入口和一个出口，所谓的入口，就是函数所带的各个参数。

1）PHP用户定义函数

PHP除了内建的函数外，可以创建自己的函数。用户自定义函数也称自定义函数，它们不是PHP提供的，是由程序员创建的，定义函数的方法同其他编程语言几乎一样。PHP声明函数的语法结构：

```
function function_name($argument1,$argument2,$argument3,......$argumentn)
{
//函数代码code
return 返回值;
}
```

以上语法结构中，关键字的含义如下：

① function：用户自定义函数必须使用的关键字。

② function_name：要创建的函数名称。该名称将在以后被调用时使用，函数名应该唯一，因为PHP不支持重载。在命名函数时，需要遵循和变量命名相同的原则，但是函数名不能以$开头，而变量可以。

③ argument：传递给函数的值。函数可以有多个参数，它们之间用逗号。但是参数项是可选的，可以在调用函数时，不传递任何参数。

④ code：是在函数被调用的时候执行的一段代码。如果有两条或者多条语句，则代码必须用大括号"{}"括起来。但是，如果只有一条代码，则不需要大括号。

⑤ return：将调用的代码需要的值返回。任何类型都可以返回，包括列表和对象。这导致函数立即结束它的运行，并且将控制权传递回它被调用的行。

2）参数设置

对于函数来说，参数的不同设置，决定了其调用和使用方式。常用的函数定义和调用格式有无参数函数和有参数函数。

（1）无参数函数

例6_11示例如下：

```
<?php
function welcome()
{
return "hello World!";
}
```

```
echo welcome();  //开始调用该函数
?>
```

程序运行的结果是：

```
hello World!
```

（2）有参数函数

PHP 支持按值传递参数（默认），通过引用传递和默认参数值。参数函数按传递方式可分为值传递参数、引用参数、默认值参数。

① 值传递参数。按值进行参数传递是 PHP 的默认传递方式。使用这个方法，必须在主程序调用时传递一个值（参数）。在函数内部可以随意对传递的参数进行操作。例 6_12 示例如下：

```
<?php
function sum($a,$b)
{
echo $a+$b;
}
sum(100,10); //开始调用该函数
?>
```

程序运行的结果是：

```
110
```

② 引用参数。在按照值传递的时候，只有参数的副本传递给被调用的函数。但是在被调用函数内部对这些值的任何修改，都不会影响调用函数中的原始值。引用传递其实也就是地址传递，将一个变量的地址作为参数传递。例 6_13 示例如下：

```
<?php
$num=100;
function valuechange ($number)
{
$number=$number+1;
echo $number . "<br/>";
}
valuechange($num);       //参数是以值传递方式，参数只能是单一方向传递，即只能传入不能带出。
echo $num;               //输出变量，用于检查运行函数后变量的值是否改变。
?>
```

程序运行的结果是：

```
101
100
```

③ 默认值参数。使用默认的参数值传递方法，函数必须在调用的时候有一个参数。如果没有使用的值，就把默认值传递给函数参数。默认值必须是常量表达式，不是变量、类成员或者函数调用。例 6_14 示例如下：

```
<?php
function hello($p, $content= "hello")// hello($content= "hello", $p) 会出错
{
    return "$p say $content.<br/>";
}
echo hello("Tom", "thank you");                    //没有使用默认值参数
echo hello("Tom");                                 //使用默认值参数
?>
```

程序运行的结果是：

```
Tom say thank you.
Tom say hello.
```

运算符提示：

当使用默认参数时，任何默认参数必须放在非默认参数的右侧；否则会报错，可能函数不会按照预期的情况工作。

7. PHP 的内置函数

对于常用的功能，除了自定义函数外，PHP 还提供了许多内置函数。例如，针对字符串的查找、替换、截取等操作 PHP 提供了对应的函数；针对数值的求和、平均数等操作提供了对应的数学函数以及获取时间日期的函数等。本节将对常用的内置函数做讲解。

1）字符串函数

PHP 中提供了大量用来处理字符串的内置函数，使用这些函数，可以在 PHP 程序中很方便地完成对字符串的各种操作。表 6-6 列举了 PHP 中的字符串函数。

表 6-6　PHP 中的字符串函数

函　数	描　述
addcslashes()	返回在指定的字符前添加反斜杠的字符串
addslashes()	返回在预定义的字符前添加反斜杠的字符串
bin2hex()	把 ASCII 字符的字符串转换为十六进制值
chop()	移除字符串右侧的空白字符或其他字符
chr()	从指定 ASCII 值返回字符
chunk_split()	把字符串分割为一连串更小的部分
convert_cyr_string()	把字符串由一种 Cyrillic 字符集转换成另一种
convert_uudecode()	对 uuencode 编码的字符串进行解码
convert_uuencode()	使用 uuencode 算法对字符串进行编码
count_chars()	返回字符串所用字符的信息
crc32()	计算一个字符串的 32 位 CRC（循环冗余校验）
crypt()	单向的字符串加密法（hashing）
echo()	输出一个或多个字符串
explode()	把字符串打散为数组

续表

函　数	描　述
fprintf()	把格式化的字符串写入到指定的输出流
get_html_translation_table()	返回 htmlspecialchars() 和 htmlentities() 使用的翻译表
hebrev()	把希伯来（Hebrew）文本转换为可见文本
hebrevc()	把希伯来（Hebrew）文本转换为可见文本，并把新行（\n）转换为
hex2bin()	把十六进制值的字符串转换为 ASCII 字符
html_entity_decode()	把 HTML 实体转换为字符
htmlentities()	把字符转换为 HTML 实体
htmlspecialchars_decode()	把一些预定义的 HTML 实体转换为字符
htmlspecialchars()	把一些预定义的字符转换为 HTML 实体
implode()	返回一个由数组元素组合成的字符串
join()	implode() 的别名
lcfirst()	把字符串中的首字符转换为小写
levenshtein()	返回两个字符串之间的 Levenshtein 距离
localeconv()	返回本地数字及货币格式信息
ltrim()	移除字符串左侧的空白字符或其他字符
md5()	计算字符串的 MD5 散列
md5_file()	计算文件的 MD5 散列
metaphone()	计算字符串的 metaphone 键
money_format()	返回格式化为货币字符串的字符串
nl_langinfo()	返回指定的本地信息
nl2br()	在字符串中的每个新行之前插入 HTML 换行符
number_format()	通过千位分组来格式化数字
ord()	返回字符串中第一个字符的 ASCII 值
parse_str()	把查询字符串解析到变量中
print()	输出一个或多个字符串
printf()	输出格式化的字符串
quoted_printable_decode()	把 quoted-printable 字符串转换为 8 位字符串
quoted_printable_encode()	把 8 位字符串转换为 quoted-printable 字符串
quotemeta()	引用元字符
rtrim()	移除字符串右侧的空白字符或其他字符
setlocale()	设置地区信息（地域信息）
sha1()	计算字符串的 SHA-1 散列
sha1_file()	计算文件的 SHA-1 散列
similar_text()	计算两个字符串的相似度
soundex()	计算字符串的 soundex 键

续表

函　　数	描　　述
sprintf()	把格式化的字符串写入一个变量中
sscanf()	根据指定的格式解析来自一个字符串的输入
str_getcsv()	把 CSV 字符串解析到数组中
str_ireplace()	替换字符串中的一些字符（大小写不敏感）
str_pad()	把字符串填充为新的长度
str_repeat()	把字符串重复指定的次数
str_replace()	替换字符串中的一些字符（大小写敏感）
str_rot13()	对字符串执行 ROT13 编码
str_shuffle()	随机地打乱字符串中的所有字符
str_split()	把字符串分割到数组中
str_word_count()	计算字符串中的单词数
strcasecmp()	比较两个字符串（大小写不敏感）
strchr()	查找字符串在另一字符串中的第一次出现（strstr() 的别名）
strcmp()	比较两个字符串（大小写敏感）
strcoll()	比较两个字符串（根据本地设置）
strcspn()	返回在找到任何指定的字符之前，在字符串查找的字符数
strip_tags()	剥去字符串中的 HTML 和 PHP 标签
stripcslashes()	删除由 addcslashes() 函数添加的反斜杠
stripslashes()	删除由 addslashes() 函数添加的反斜杠
stripos()	返回字符串在另一字符串中第一次出现的位置（大小写不敏感）
stristr()	查找字符串在另一字符串中第一次出现的位置（大小写不敏感）
strlen()	返回字符串的长度。中文字符串的处理使用 mb_strlen() 函数
strnatcasecmp()	使用一种“自然排序”算法来比较两个字符串（大小写不敏感）
strnatcmp()	使用一种“自然排序”算法来比较两个字符串（大小写敏感）
strncasecmp()	前 *n* 个字符的字符串比较（大小写不敏感）
strncmp()	前 *n* 个字符的字符串比较（大小写敏感）
strpbrk()	在字符串中搜索指定字符中的任意一个
strpos()	返回字符串在另一字符串中第一次出现的位置（大小写敏感）
strrchr()	查找字符串在另一个字符串中最后一次出现
strrev()	反转字符串
strripos()	查找字符串在另一字符串中最后一次出现的位置（大小写不敏感）
strrpos()	查找字符串在另一字符串中最后一次出现的位置（大小写敏感）
strspn()	返回在字符串中包含的特定字符的数目
strstr()	查找字符串在另一字符串中的第一次出现（大小写敏感）
strtok()	把字符串分割为更小的字符串
strtolower()	把字符串转换为小写字母

续表

函数	描述
strtoupper()	把字符串转换为大写字母
strtr()	转换字符串中特定的字符
substr()	返回字符串的一部分
mb_substr()	返回中文字符串的一部分
substr_compare()	从指定的开始位置（二进制安全和选择性区分大小写）比较两个字符串
substr_count()	计算子串在字符串中出现的次数
substr_replace()	把字符串的一部分替换为另一个字符串
trim()	移除字符串两侧的空白字符和其他字符
ucfirst()	把字符串中的首字符转换为大写
ucwords()	把字符串中每个单词的首字符转换为大写
vfprintf()	把格式化的字符串写到指定的输出流
vprintf()	输出格式化的字符串
vsprintf()	把格式化字符串写入变量中
wordwrap()	按照指定长度对字符串进行折行处理

为了让大家更加清楚了解这些字符串函数的作用，下面通过常用的示例进行讲解。

（1）strstr() 函数

函数格式：

```
strstr(str1,str2)。
```

函数功能：

判断字符串 str2 是否是 str1 的子串。如果是，则该函数返回 str2 在 str1 中首次出现的地址；否则，返回 NULL。例 6_15 示例如下：

```
<?php
$email   =  '297940353@qq.com' ;
$domain  =  strstr ( $email ,  '@' );
// 截取字符串内容中 @（第一次出现）后面的内容
echo  $domain ;          //输出结果：@qq.com
echo '<br/>';            //换行
$user  =  strstr ( $email ,  '@' ,  true );
// 从 PHP 5.3.0 起，截取字符串内容中 @（第一次出现）前面的内容
echo  $user ;            // 输出结果：297940353
?>
```

程序运行的结果是：

```
@qq.com
297940353
```

（2）strpos() 函数

函数格式：

```
mixed strops(string $haystack,$mixed $needle,[int $offset=0])
```

函数功能：

返回 needle 在 haystack 中首次出现的数字位置，从 0 开始查找，区分大小写。

参数：

haystack，在该字符串中进行查找。

needle，如果 needle 不是一个字符串，那么它将被转化为整型并被视为字符的顺序值。

offset，如果提供了此参数，搜索会从字符串该字符数的起始位置进行统计。

需要强调这个函数的作用：如果 needle 在 haystack 中存在，返回数字；否则返回的是 false。

strpos() 函数和 strrpos() 函数、strripos() 函数不一样，这个偏移量不能是负数。例 6_16 示例如下：

```
<?php
echo strpos("I love php, I love php too!","php");
echo "<br/>";
$str="你好！！ PHP";
echo strpos($str,'!');
//中文下的字符在 UTF-8 下是 3 个字符长度，在 gbk 下是 2 个字符长度。
echo "<br/>";
if(strpos('I love php', 'php')) {
    // 如果存在执行此处代码
    echo '存在<br/>';
}else{
    // 如果不存在执行此处代码
    echo '不存在<br/>';
};
if(strpos('php.I love php!', 'php')===false) {
    // 如果存在执行此处代码
    echo '存在';
}else{
    // 如果不存在执行此处代码
    echo '不存在';
}
?>
```

程序运行的结果是：

```
7
6
存在
不存在
```

strops () 函数提示：

如果用 strpos 来判断字符串中是否存在某个字符时必须使用“===false”，而不能使用“==false”。因为字符串第一个位置返回值是 0。

与 strpos() 函数相关的函数有：

strrpos() 函数的作用是查找字符串在另一字符串中最后一次出现的位置（区分大小写）。

stripos() 函数的作用是查找字符串在另一字符串中第一次出现的位置（不区分大小写）。

strripos() 函数的作用是查找字符串在另一字符串中最后一次出现的位置（不区分大小写）。

（3）substr() 函数

函数格式：

```
substr(string,start,length)
```

函数功能：

返回字符串的一部分。

参数：

string，要截取的字符串。

start，要截取第一个字符开始的开始位置（非负数表示从前开始前往后数，第一个字符开始位置是 0，负数表示从后往前数）。例如，start=1, 表示从前往后开始的第二个数开始截取，start=-1，表示从后往前开始的第一（是第一不是第二）个数开始截取。

length，当为正数时，为需要截取的长度；当为负数时，即理解为去掉末尾的几个字符 eg:length=3, 表示截取三个长度；length=-2，即为去掉末尾的两个字符。例 6_17 示例如下：

```
<?php
$string = 'abcdef';
echo substr($string, 0, 3)."<br/>";          // 输出 "abc"
echo substr($string, 1, -1)."<br/>";         // 输出 "bcde"
echo $string[0]."<br/>";                     // 输出 "a"
echo $string[3]."<br/>";                     // 输出 "d"
echo $string[strlen($string)-1];             // 输出 "f"
?>
```

程序运行的结果是：

```
abc
bcde
a
d
f
```

（4）strcmp() 函数

函数格式：

```
strcmp(string1,string2)
```

函数功能：

以区分大小写的方式比较两个字符串。

strcmp(string1,string2) 比较两个字符串时，如果两个字符串相等，则会返回 0；如果 string1 小于 string2，则会返回 < 0 的值；如果 string1 大于 string2，则会返回 > 0 的值。例

6_18 示例如下：

```
<?php
echo strcmp("a1","a1")."<br>";
echo strcmp("ab","ac")."<br>";
echo strcmp("ca","ac")."<br>";
echo strcmp("a1","A1")."<br>";
?>
```

程序运行的结果是：

```
0
-1
1
1
```

（5）strcasecmp() 函数

函数格式：

```
strcasecmp(string1,string2)
```

函数功能：

以不区分大小写的方式比较两个字符串。

strcasecmp() 函数和 strcmp() 函数类似，都可比较字符串，返回值也相同，区别只是 strcasecmp() 函数不区分大小写。

2）数学函数

PHP 内置了一系列数学函数，便开发人员处理程序中的数学运算，如用于进行获取最大值、最小值、生成随机函数等常见的数学运算。表 6-7 列举了 PHP 中的常用的数学函数。

表 6-7 PHP 中的常用的数学函数

函数名	功能	函数名	功能
Abs()	取得绝对值	log10()	以 10 为底的对数值
acos()	取得反余弦值	Is_nan()	判断是否为合法数
asin()	取得反正弦值	log()	自然对数值
atan()	取得反正切值	max()	取得最大值
atan2()	计算二数的反正切值	min()	取得最小值
base_convert()	转换数字的进位方式	mt_rand()	取得随机数值
bindec()	二进位转成十进位	mt_srand()	配置随机数种子
ceil()	向上取最接近的整数	number_format()	格式化数字字符串
cos()	余弦计算	octdec()	八进位转十进位
decbin()	十进位转二进位	pi()	圆周率
dechex()	十进位转十六进位	pow()	次方
decoct()	十进位转八进位	rand()	取得随机数值
exp()	e 的指数	round()	四舍五入

续表

函数名	功　能	函数名	功　能
floor()	向下取最接近的整数	sin()	正弦计算
getrandmax()	随机数的最大值	sqrt()	开平方根
hexdec()	十六进位转十进位	tan()	正切计算

为了让大家更好地理解数学函数的使用方法，以例 6_19 示例演示。

```
<?php
echo ceil(2.1)."<br>";                          // 向上取整
echo floor(7.8)."<br>";                         // 向下取整
echo mt_getrandmax()."<br>";                    // 随机最大数
echo rand(0,mt_getrandmax())."<br>";            //0 到随机最大数之间的一个数
?>
```

程序运行的结果是：

```
3
7
2147483647
472004669
```

3）时间日期函数

PHP 提供内置的日期和时间处理函数，满足开发中的各种需求。表 6-8 列举了 PHP 中的常用的日期和时间处理函数。

表 6-8　PHP 常用的日期和时间处理函数

函　数	功　能
date()	格式化一个本地时间 / 日期
getdate()	取得日期 / 时间信息
date_default_timezone_set()	设定默认时区
date_default_timezone_get()	返回默认时区
mktime()	UNIX 时间戳
strtotime()	将任何字符串的日期时间描述解析为 UNIX 时间戳
strftime()	根据区域设置格式化本地时间 / 日期

（1）UNIX 时间戳

UNIX 时间戳是从 1970 年 1 月 1 日（UTC/GMT 的午夜）开始到当前时间所经过的秒数（不考虑闰秒）。一分钟表示为 UNIX 时间戳为 60 秒，一小时表示为 UNIX 时间戳为 3 600 秒，一天表示为 UNIX 时间戳为 86 400 秒。UNIX 时间戳是一种时间的表示方式，它的存在为了解决编程环境中时间运算的问题。通俗地讲，时间戳是一份能够表示一份数据在一个特定时间点已经存在的完整可验证的数据。

程序中一般使用 UNIX 时间戳来计算和保留时间，PHP 中用来处理时间的函数有

mktime() 将时间转为 UNIX 时间；strtotime() 将英文自然时间转为 UNIX 时间；getdate() 将 UNIX 时间转为关联数组；date_default_timezone_set() 设置时区；microtime() 返回微秒时间。具体示例如下：

```
echo time()."<br>";
//输出结果：1637698666。显示 1970 年 1 月 1 日零点以来的秒数
echo microtime()."<br>";
//输出结果：0.51717700 1637698666。分两部分显示，单位都是秒。前半部分为小数部分，数字上精确到小数点后 6 位，即微秒；后半部分为整数部分，同 time()。
echo microtime(true)."<br>";
//输出结果：1637698666.5172。返回类似 1637698666.5172 的浮点数。
echo mktime(0,0,0,1,10,2022)."<br>";
//输出结果：1641744000。mktime(hour,minute,second,month,day,year) 根据输入值得到时间戳
echo  strtotime("2020-10-01 20:05:33")."<br>";
//输出结果：1601553933。strtotime(时间表达或运算字符串），返回时间戳
echo  strtotime("-1 day")."<br>";
//输出结果 1637612266
```

上述代码运行结果随着时间点的不同而出现不同的数值。

（2）格式化时间戳

为了将时间戳表示的时间数以友好的形式显示出来，可以对时间戳进行格式化。具体示例如下：

```
echo date("Y-m-d H:i:s") ."<br>";
//输出结果：2022-10-01 20:44:50
```

echo date('t',strtotime("2020–10–1")); // 输出结果：31。返回 2020 年 10 月总的天数

在上述 date() 函数示例中，第一个参数表示格式化日期时间的样式，第二个参数等格式化的时间戳，省略时表示格式化当前时间戳。关于 date() 函数格式化日期的常用字符见表 6-9。

表 6-9　date() 函数格式化日期的常用字符

参　数	说　明
a	"am" 或是 "pm"
A	"AM" 或是 "PM"
d	几日，两位数字，若不足两位则前面补零；如 "01" 至 "31"
D	星期几，三个英文字母；如 :"Fri"
F	月份，英文全名；如 "January"
h	12 小时制的小时；如 "01" 至 "12"
H	24 小时制的小时；如 "00" 至 "23"
g	12 小时制的小时，不足两位不补零；如 "1" 至 "12"
G	24 小时制的小时，不足两位不补零；如 "0" 至 "23"

续表

参　数	说　明
i	分钟；如 "00" 至 "59"
j	几日，两位数字，若不足两位不补零；如 "1" 至 "31"
l	（“L” 的小写字母）星期几，英文全名；如 "Friday"
L	是否为闰年，闰年为 1，否则为 0
m	月份，二位数字，若不足两位则在前面补零；如 "01" 至 "12"
n	月份，二位数字，若不足两位则不补零；如 "1" 至 "12"
M	月份，三个英文字母；如 "Jan"
s	秒；如 "00" 至 "59"
S	字尾加英文序数，两个英文字母；如 "th"、"nd"
t	指定月份的天数；如 "28" 至 "31"
w	数字型的星期几，如 "0"（星期日）至 "6"（星期六）
Y	年，四位数字；如 "1999"
y	年，两位数字；如 "99"
z	一年中的第几天；如 "0" 至 "365"
U	UNIX 纪元以来的总秒数（格林尼治标准时间 1970 年 1 月 1 日 00:00:00）
e	时区标识符（例如，UTC，大西洋 / 亚速尔群岛）
I	（大写 i）日期是否为夏令时（如果为夏令时则为 1，否则为 0）
O	与格林尼治标准时间（GMT）的小时数差异（例如：+0100）
T	PHP 机器的时区设置（如 EST、MDT）
Z	时区偏移量（以秒为单位）。UTC 以西的偏移量为负，UTC 以东的偏移量为正（-43200 至 43200）
c	ISO-8601 日期（如 2004-02-12T15：19：21 + 00：00）
r	RFC 2822 格式的日期（例如，Thu，2000 年 12 月 21 日 16:01:07 +0200）

任务3　PHP与Web页面交互

任务说明

Web 页面交互是页面之间数据交流的重要环节。PHP 是一种专门用于 Web 开发的服务器端脚本语言，在程序运行过程中，PHP 脚本要不断处理来自页面的请求并将处理结果返回到页面，与此同时，Web 程序提供的信息提交、文件上传等功能也都是基于 PHP 脚本与 Web 页面交互实现的。

掌握 PHP 与 Web 页面交互是学好 PHP 网页之间数据交流的重要步骤，只有掌握 PHP 与 Web 页面交互的基础知识，才能更好地学习后面单元的内容。本任务围绕 PHP 与 Web 页面交互的基本流程展开。

任务实施 ——PHP 与 Web 页面交互

Web 表单交互

【操作案例 6-9】Web 表单交互。

1）案例要求

创建一个 HTML 文件和一个 PHP 文件，HTML 文件是输入用户名和密码，选择相应选项，提交按钮；PHP 文件，跳转到另一个网页，同时也将数据同步传送到。

2）知识点

表单的接收与处理方法，HTTP 的请求与响应方法。

3）操作过程

① 打开 Notepad++ 编辑器，创建 simpleTest.html，并将文件保存在根目录文件夹内。

② 输入如例 6_20 示例所示的代码，保存文件。例 6_20 示例如下：

```
<html>
<head>
<meta charset="UTF-8">
<title> 网页交互 </title>
</head>
<body>
<form action="simpleForm.php" method="post">
    <p> 用户名 :<input type="text" name="username"></p>
    <p> 密码: <input type="text" name="password"></p>
    <!-- 复选框 -->
    你熟悉的编程语言是: <p>
    <input type="checkbox" name="language[]" value="PHP"/>PHP
    <input type="checkbox" name="language[]" value="Java"/>Java
    <input type="checkbox" name="language[]" value="C#"/>C#
    <input type="checkbox" name="language[]" value="C++"/>C++
        <input type="checkbox" name="language[]" value="JavaScript"/>JavaScript
            </p>
        <p><input type="submit" name="Button" value=" 提交 "/>
        <input type="reset" name="Reset" value=" 重填 "/></p>
</form>
</body>
</html>
```

③ 打开 Notepad++ 编辑器，创建 simpleForm.php，并将文件保存在根目录文件夹内。

④ 输入如例 6_21 示例所示的代码，保存文件。例 6_21 示例如下：

```
<?php
if(!empty($_POST["username"])){
    if($_POST["username"]=="ymy"&&$_POST["password"]=="123"){
```

```
            echo "欢迎您: ".$_POST["username"]."<br/>";
            echo "你熟悉的编程语言是 : ";
            foreach ($_POST["language"] as $value){
                echo  $value."\t";
            }
        }else {
            echo "用户名密码错误";
        }
    }
    ?>
```

⑤ 打开 phpStudy，并启动相应的服务，如 Apache 服务。

⑥ 打开浏览器，在地址栏输入 :localhost/simpleTest.html，效果如图 6-18 所示。

图 6-18　simpleTest.html 界面

⑦ 在图 6-18 中输入用户名：“ymy”,密码：“123”，勾选复选框，单击“提交”按钮，网页跳转到 simpleForm.php，如图 6-19 所示。

图 6-19　simpleForm.php 界面

相关知识

1．表单的构成

1）表单的结构

一个完整的表单是由表单域和表单控件组成的。其中，表单域由 form 标记定义，用于实现用户信息的收集和传递。使用 <form> 元素，并在其中插入相关的表单元素，即可创建一个表单。

表单结构：

```
<form name="form_name" method="method" action="url" enctype="value" target="target_win">
…    //省略插入的表单元素
</form >
```

form 标记的属性见表 6-10 所示。

表 6-10 form 标记的属性

属　性	说　明
name	表单名称
method	定义表单中数据的提交方式，可取值为 GET 和 POST 中的一个
action	将表单中的数据提交到哪个文件中进行处理，这个地址可以是绝对的 URL，也可以是相对的 URL
enctype	设置表单内容的编码方式
target	设置返回信息的显示方式

action 属性的值可以是绝对路径、相对路径，若省略该属性则表示提交给当前文件进行处理。

GET 方式传递的表单在 URL 地址栏中可见。相比 GET 方式，POST 方式提交的数据是不可见的，在交互时相对安全。因此，通常情况下使用 POST 方式提交表单数据。

enctype 属性的默认值为 application/x-www-form-urlencoded，表示在发送表单数据前编码所有字符。除此之外还可以设置为 multipart/form-data（POST 方式）表示不进行字符编码，尤其是含有文件上传的表单必须使用该值；设置为 text/plain（POST 方式）表示传输普通文本。

2）表单的元素格式

表单（form）由表单元素组成。表单的元素格式见表 6-11 所示。

表 6-11 表单的元素格式

属　性	说　明
type	指定元素的类型。text、password、checkbox、radio、submit、reset、file、hidden、image 和 button，默认为 text
name	指定表单元素的名称
value	元素的初始值。
size	指定表单元素的初始宽度。当 type 为 text 或 password 时，表单元素的大小以字符为单位。对于其他类型，宽度以像素为单位
maxlength	type 为 text 或 password 时，输入的最大字符数
checked	type 为 radio 或 password 时，指定按钮是否是被选中

常用的表单元素有以下几种标记：输出域标记 <input>、选择域标记 <select>、文字域标记 <textarea> 等。

（1）输入域标记 <input>

输入域标记 <input> 是表单中最常用的标记之一。常用的输入域标记有文本框、按钮、单选按钮、复选框、文件域等。

语法格式如下：

```
<input name="filed_name" type="type_name">
```

参数 name 是指输入域的名称，参数 type 是指输入域的类型。用户选择使用的类型由 type 属性决定，type 属性取值。

（2）选择域标记 <select> 和 <option>

通过选择域标记 <select> 和 <option> 可以建立一个列表或者菜单。菜单的使用是为了节省空间，正常状态下只能看到菜单的一个选项，单击右侧的下三角按钮打开菜单后才能看到全部的选择，列表可以显示一定数量的选项，如果超出了这个数量，会自动出现滚动条，浏览者可以通过拖动滚动条来看各选项。

（3）文本域标记 <textarea>

文本标记 <textarea> 用来制作多行的文本域，可以在其中输入更多的文本。

语法格式如下：

```
<textarea name="名称"rows="行数"cols="列数"wrap="soft|hard">
文本内容
</textarea>
```

其中参数 name 表示文本域的名称；rows 表示文本域的行数；cols 表示文本域的列数；参数 wrap 用于设定显示和送出时的换行方式，值为 off 表示不自动换行，值为 hard 表示自动硬回车换行。

2．PHP 处理过程

在浏览器与服务器的交互过程中，Web 服务器通过 HTTP 与浏览器进行交互，PHP 只用于处理动态请求。当用户通过 HTML 网页输入数据并提交表单后，输入的内容就会从浏览器传送到服务器，经过服务器中的 PHP 程序处理后，再将处理后的信息返回给浏览器。图 6-20 演示了 PHP 的处理过程。

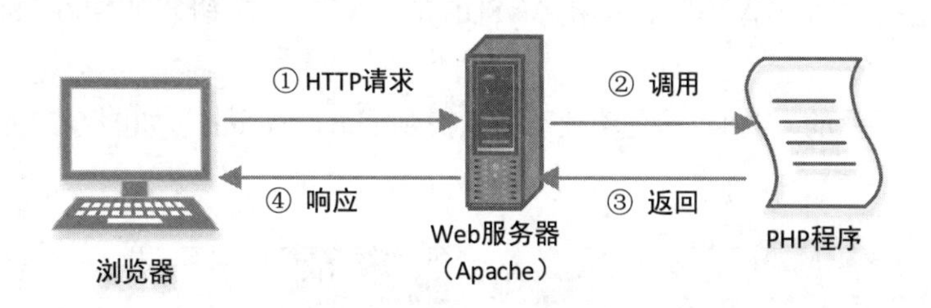

图 6-20　PHP 处理过程

PHP 的所有应用程序都是通过 Web 服务器（如 IIS 或 Apache）和 PHP 引擎程序解释执行完成的，工作过程如下：

① 当用户在浏览器地址中输入要访问的 PHP 页面文件名（index.php），然后回车就会触发这个 PHP 请求，并将请求传送给支持 PHP 的 Web 服务器（Apache）。

② Web 服务器接受这个请求，并根据其后缀进行判断如果是一个 PHP 请求，Web 服务器从硬盘或内存中取出用户要访问的 PHP 应用程序，并将其发送给 PHP 引擎程序（php.exe）。

③ PHP 引擎程序将会对 Web 服务器传送过来的文件从头到尾进行扫描并根据命令从后台读取，处理数据（MySQL），并动态地生成相应的 HTML 页面（index.php 对应的 html）。

④ PHP 引擎将生成 HTML 页面返回给 Web 服务器。Web 服务器再将 HTML 页面返回给客户端浏览器（看到了 HTML）。

任务 4　PHP 操作 MySQL 数据库

任务说明

掌握 PHP 动态网页中采用 MySQL 数据库，提高 PHP 网页在应用过程中的功能。本任务围绕 PHP 调用 MySQL 数据库的基本使用展开。

任务实施 1——安装使用 MySQL 数据库

1. 安装 MySQL 数据库及其管理工具 phpMyAdmin 的使用

【操作案例 6-10】安装 MySQL 数据库及其管理工具 phpMyAdmin 的使用。

1）案例要求

安装 MySQL 数据库，在 phpStudy 平台中安装 MySQL 及其管理工具 phpMyAdmin 的使用。

2）知识点

phpStudy 平台的功能。

3）操作过程

① 启动 Apache 服务器。启动 phpStudy 平台，选择左边的“首页”单击 Apache 的“启动”按钮。

② 选择左边的“软件管理”，单击 MySQL 的“安装”按钮，如图 6-21 所示。平台自动下载并安装。

③ 在图 6-21 所示的右边向下拖动滚动条，找到 phpMyAdmin，如图 6-22 所示，单击“安装”按钮。

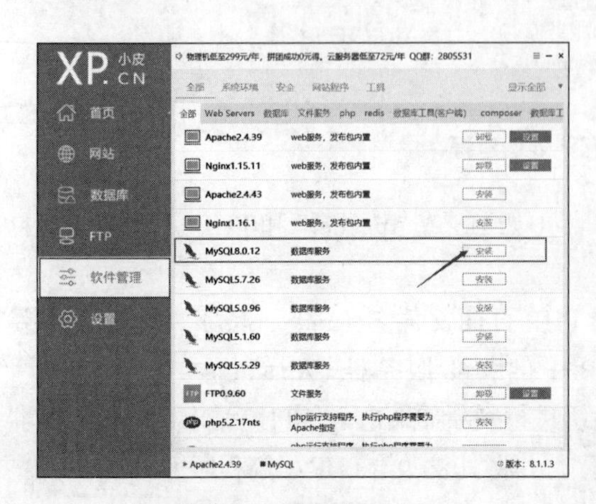

图 6-21　安装 MySQL

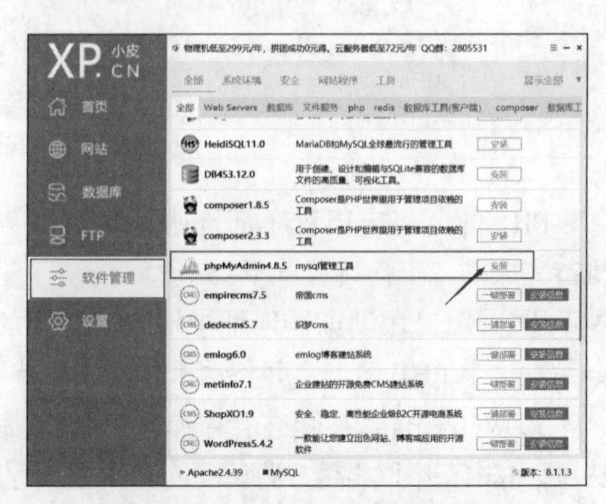

图 6-22　phpMyAdmin

④ 在弹出的“选择站点”对话框中勾选系统默认的站点，单击“确定”按钮，如图 6-23 所示，平台自动下载并安装，安装成功后其右出现“管理”按钮，如图 6-24 所示。

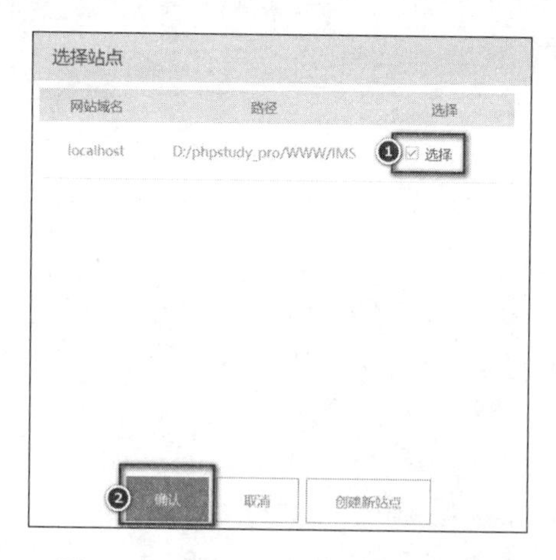

图 6-23　选择 phpMyAdmin 站点

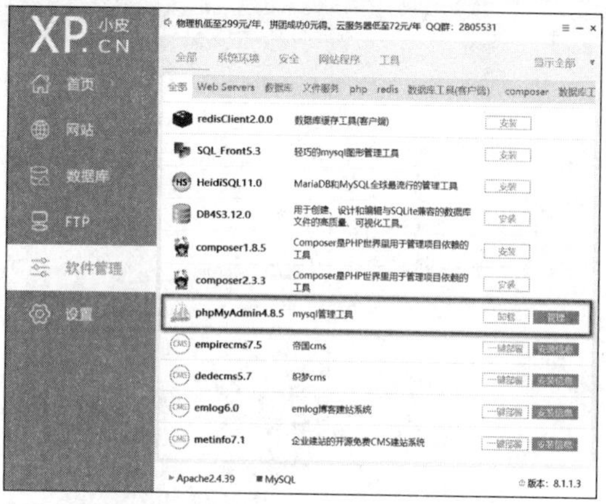

图 6-24　成功 phpMyAdmin 安装

2．创建数据库及数据表

【操作案例 6-11】创建数据库及数据表。

1）案例要求

在 phpStudy 平台中利用 phpMyAdmin 创建 MySQL 数据库及数据表。

2）知识点

phpStudy 平台的功能；phpMyAdmin 的功能介绍。

3）操作过程

① 启动 Apache 服务器。启动 phpStudy 平台，选择左边的“首页”单击 Apache 的“启动”按钮。

② 启动 MySQL。在 phpStudy 平台中选择“首页”|MySQL 的“启动”按钮，启动 MySQL，如图 6-25 所示。

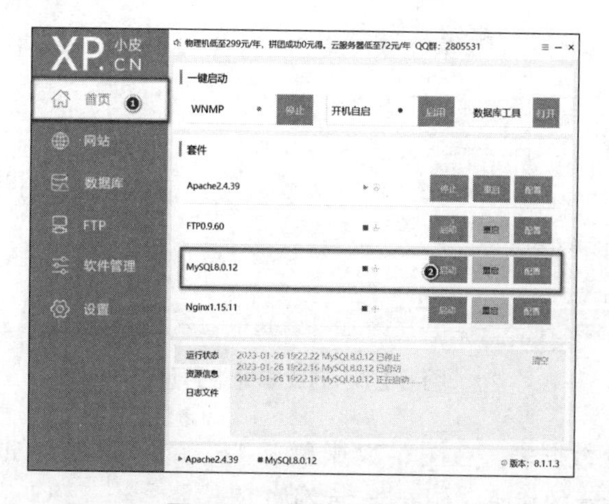

图 6-25　启动 MySQL

③ 单击“首页”|“数据库工具 [打开]”选项，在下拉菜单中选择“phpMyAdmin”，启动 phpMyAdmin，如图 6-26 所示。

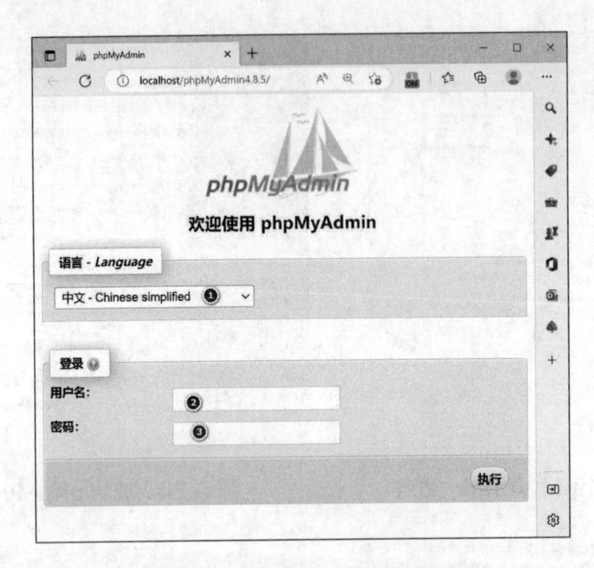

图 6-26 启动 phpMyAdmin

④ 语言选择“中文”（默认值），用户名和密码分别输入：“root”，单击“执行”按钮，启动本地服务器，界面如图 6-27 所示。用户名和密码都是“root”，系统的默认值。

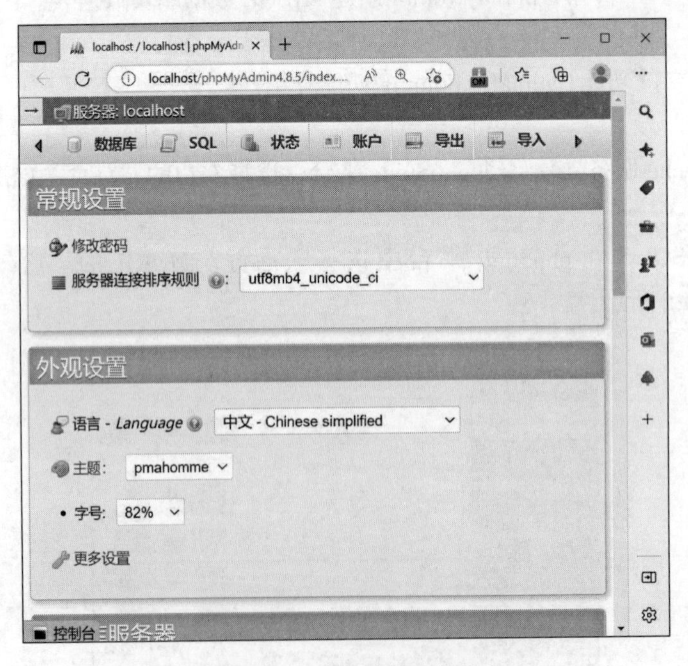

图 6-27 启动本地服务器

⑤ 创建数据库及数据表。在图 6-27 中单击“SQL”选项，如图 6-28 所示，在其中输入如例 6_22 示例所示的代码。例 6_22 示例如下：

```
CREATE DATABASE IF NOT EXISTS studb DEFAULT CHARACTER SET gbk;
#创建数据库，数据库名为：studb
USE studb;  #选择打开数据库 studb
DROP TABLE IF EXISTS student;                          #删除数据库表 student，预防名称冲突
CREATE TABLE student(                                  #创建数据库表，表名称为：student
  id int(5) NOT NULL AUTO_INCREMENT,                   #数据表属性
  name varchar(10) DEFAULT NULL,                       #数据表属性
  sex varchar(6) DEFAULT NULL,                         #数据表属性
  country varchar(20) DEFAULT NULL,                    #数据表属性
  hobby varchar(30) DEFAULT NULL,                      #数据表属性
  password varchar(30) DEFAULT NULL,                   #数据表属性
  PRIMARY KEY (id)                                     #设置主键
) ENGINE=InnoDB AUTO_INCREMENT=12 DEFAULT CHARSET=gbk;  #数据引擎等设置
```

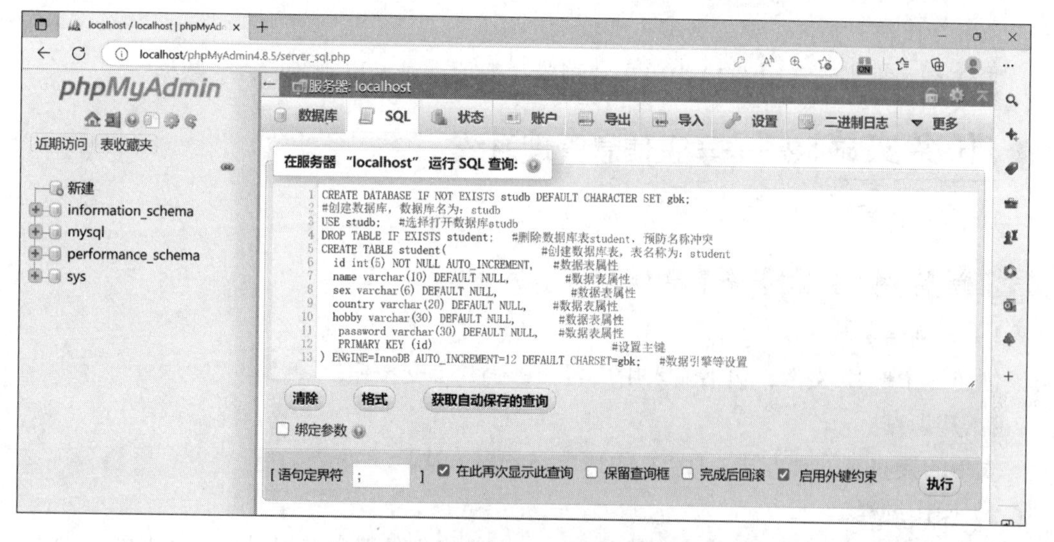

图 6-28　创建数据库及数据表代码

单击“执行”按钮，完成数据库及数据表的创建，左侧出现数据库 studb。

⑥ 插入数据。在图 6-28 中单击“SQL”选项，如图 6-29 所示，在其中输入如例 6_23 示例所示的代码。例 6_23 示例如下：

```
USE studb;  #选择打开数据库 studb
insert  into student (id,name,sex,country,hobby,password) values
(1,'张明','男','中国','足球，游泳','123456'),
(2,'李何娟','女','中国','游泳，足球','123456'),
(3,'李强','男','中国','篮球，羽毛球','123456'),
(4,'Jane','女','加拿大','游泳，足球','123456'),
(5,'王平','男','中国','篮球，马术','123456'),
(6,'Json','男','德国','乒乓球','123456'),
(7,'kobe','男','美国','游泳，足球','123456'),
(8,'将小明','男','中国','乒乓球，游泳','123456');
```

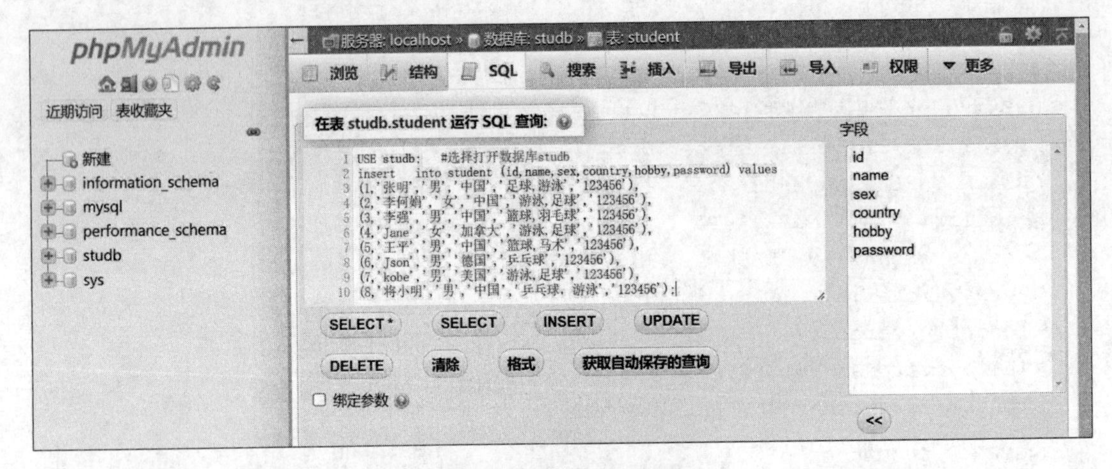

图 6-29 插入数据的代码

单击“执行”按钮，完成数据表数据的插入。

⑦ 查询数据表。在图 6-29 中单击“浏览”选项，显示出刚才插入的数据。

任务实施 2——学生信息管理系统

1. 登录界面

【操作案例 6-12】登录界面。

1）案例要求

创建一个 PHP 文件，包括输入用户名和密码，提交按钮。

2）知识点

表单的接收与处理方法；HTTP 的请求与响应方法。

3）操作过程

① 打开 Notepad++ 编辑器，创建 login.php，并将文件保存在根目录文件夹内。

② 输入如例 6_24 示例所示的代码，保存文件。例 6_24 示例如下：

```
<?php
if(isset($_SESSION)){
session_start();
//  这种方法是将原来注册的某个变量销毁
unset($_SESSION['admin']);
//  这种方法是销毁整个 Session 文件
session_destroy();
}
?>
<!DOCTYPE html>
<html lang="en">
<head>
    <meta charset="UTF-8">
```

```
    <title>登录学生信息管理系统</title>
    <link href="https://fonts.googleapis.com/css?familymPermanent+Marker" >
 <style>
    body{
    margin: 0;
    padding: 0;
    background: #487eb0;
}
.sign-div{
    width: 300px;
    padding: 20px;
    text-align: center;
    position:absolute;
    top: 50%;
    left: 50%;
    transform: translate(-50%,-50%);
    overflow: hidden;
}
.sign-div h1 {
    margin-top: 50px;
    color: #fff;
    font-size: 40px;
}
.sign-div input{
    display: block;
    width: 100%;
    padding: 0 16px;
    height: 44px;
    text-align: center;
    box-sizing: border-box;
    outline: none;
    border: none;
    font-family: "montserrat",sans-serif;
}
.sign-text{
    margin:4px;
    background: rgba(255,255,255,5);
    border-radius: 6px;
}

.sign-btn:hover{
    transform:scale(0.96);
}
```

```
.sign-div a{
    text-decoration: none;
    color: #fff;
    font-family: "montserrat", sans-serif;
    font-size: 14px;
    padding: 10px;
    transition: 0.8s;
    display: block;
}
.sign-div a:hover{
    background: rgba(0,0,0,.5);
}
 </style>

</head>
<body>
<div class="sign-div">
    <form class="" action="check.php" method="post">
        <h1>欢迎来到 学生信息管理系统</h1>
        <h3>用户登录</h3>
        <input class="sign-text" type="text" name="user" placeholder="用户名" >
        <input class="sign-text" type="password" name="pass" placeholder="密码">
        <input type="submit" value="登录"/>
    </form>
 </div>
</body>
</html>
```

③ 打开 phpStudy，并启动相应的服务，如 Apache 服务。

④ 打开浏览器，在地址栏输入：http://localhost/login.php，效果如图 6-30 所示。

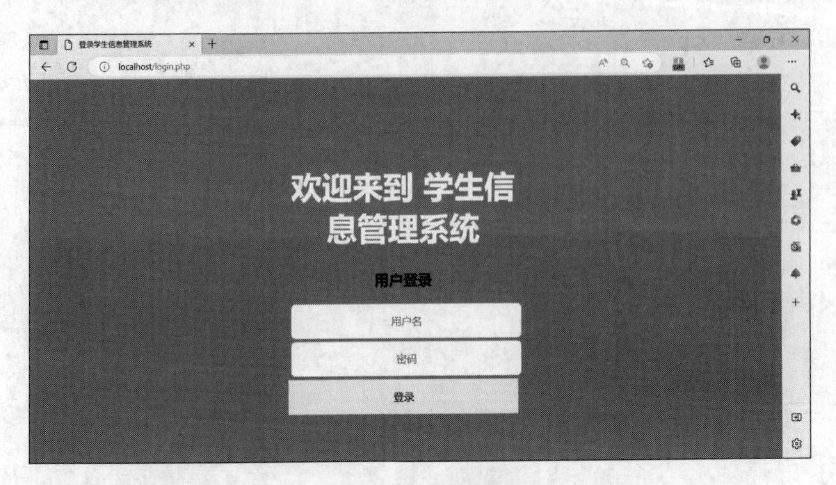

图 6-30　登录界面

2. 连接数据库并检查数据

【操作案例 6-13】数据库连接和检查数据合法性。

1）案例要求

创建两个 PHP 文件，DBConn.php 文件是连接数据库，check.php 文件是检查数据是否合法。

2）知识点

PHP 封装连接数据库的操作，从数据库查询用户名和密码。

3）操作过程

① 打开 Notepad++ 编辑器，创建 DBConn.php 文件，并将文件保存在根目录文件夹内。

② 输入如例 6_25 示例所示的代码，保存文件。例 6_25 示例如下：

```
<?php
$servername = "localhost";     // 服务器名称，采用本地服务器
$username = "root";            //用户名称
$password = "root";            //密码
$dbname = "studb";             //数据库名称
// 创建连接
$conn = mysqli_connect($servername, $username, $password,$dbname);
// 检测连接
if (!$conn) {
    die("Connectionfailed: " . mysqli_connect_error());
}
?>
```

③ 在 Notepad++ 编辑器，创建 check.php 文件，并将文件保存在根目录文件夹内。

④ 输入如例 6_26 示例所示的代码，保存文件。例 6_26 示例如下：

```
<?php
include 'DBConn.php';
// 接收表单提交的用户名密码
$user = $_POST['user'];
$pass = $_POST['pass'];
//从数据库查询用户名和密码
$sqlsel="select name,password from student where name='$user' and password='$pass'";
$result=mysqli_query($conn, $sqlsel);
if($result->num_rows==1){
    session_start();
    $_SESSION['user'] = $user;
    header("Refresh:0.0001;url=stuController.php");
    echo "<script> alert('登录成功')</script>";
    exit();
}else{
    header("Refresh:0.0001;url=login.php");
```

```
    echo "<script> alert('登录失败')</script>";
    exit();
}
?>
```

⑤ 在案例 6-12 的登录界面中输入用户名和密码。若用户名和密码不正确则显示图 6-31 所示的界面，单击“确定”按钮进入登录界面；若用户名和密码全部正确则显示图 6-32 所示的界面，单击“确定”按钮进入主页。

图 6-31　登录失败界面

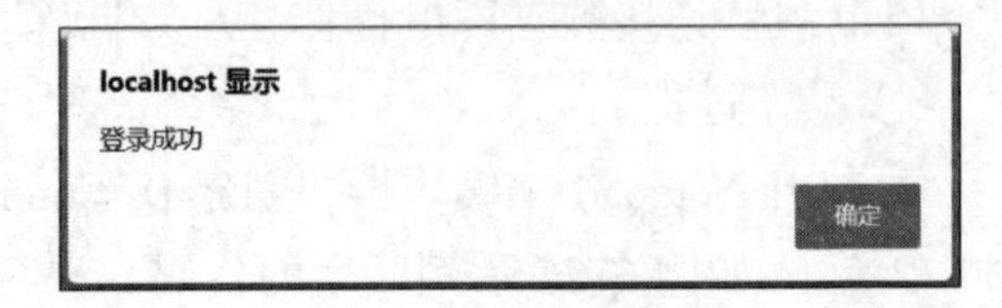

图 6-32　登录成功界面

3. 显示学生信息界面

【操作案例 6-14】 显示学生信息界面。

1）案例要求

创建一个 PHP 文件，显示数据库中学生信息，并且可以编辑修改数据。

2）知识点

表单的接收与处理方法；HTTP 的请求与响应方法；显示、修改、删除数据库表操作。

3）操作过程

① 在 Notepad++ 编辑器，创建 stuController.php 文件，并将文件保存在根目录文件夹内。

② 输入如例 6_27 示例所示的代码，保存文件。例 6_27 示例如下：

```
<?php
session_start();
if(!isset($_SESSION['user'])){
    header('Refresh:0.0001;url=login.php');
    echo "<script> alert('非法访问，小心我告你')</script>";
    exit();
}
include 'DBConn.php';

//根据所传参数判断是修改请求还是添加请求
if(isset($_POST["name"])&&isset($_POST["sex"])&&isset($_POST["country"])
&&isset($_POST["hobby"])&&isset($_POST["pass"])){
    $name=$_POST["name"];
    $sex=$_POST["sex"];
    $country=$_POST["country"];
    $hobby=$_POST["hobby"];
    $hobbies=implode(",",$hobby);
```

```
        $pass=$_POST["pass"];
        if($_POST["id"]!=null){//修改
            $id=$_POST["id"];
            $sqlupdate = "UPDATE student SET NAME='$name',sex='$sex',country
='$country',hobby='$hobbies',password='$pass' WHERE id=$id";
            if (mysqli_query($conn, $sqlupdate)) {
                echo "<script>alert('修改成功')</script>";
                header("Location: stuController.php");    //刷新当前页面
                mysqli_close($conn);
            } else {
                echo "Error: " . $sqlupdate . "<br>" . mysqli_error($conn);
            }
        }else{//添加
            $sql = "INSERT into student (name,sex,country,hobby,password)
        VALUES ('$name','$sex','$country','$hobbies','$pass')";
            if (mysqli_query($conn, $sql)) {
                echo  "<script>alert('新记录插入成功')</script>";
            } else {
                echo "Error: " . $sql . "<br>" . mysqli_error($conn);
            }
        }
    }
    //查询，返回全部结果
    $sqlselect="select id,name,sex,country,hobby from student";
    $result=mysqli_query($conn, $sqlselect);
    if($result->num_rows>0){
        echo "<h1>学生信息显示</h1>";
        echo "<div><h3>当前登录用户："..$_SESSION['user']."    
  ";
        echo "<a class='btn' href='login.php'>退出登录</a><h3></div>";
        echo "<div><a href='student_add.php'>添加学生</a></div><br>";
        echo "<table><tr><th>姓名</th><th>性别</th><th>国家</th><th>爱好</
th><th>操作</th></tr>";
        while($row=$result->fetch_assoc()){
            echo '<tr><td>'.$row["name"].'</td>
                <td>'.$row["sex"].'</td>
                 <td>'.$row["country"].'</td>
                    <td>'.$row["hobby"].'</td>
                    <td>
                    <a href="stuController.php?id='.$row["id"].'&func=delete">
删除</a>'.' '.
                    '<a href="student_add.php?id='.$row["id"].'&func=update">
修改</a></td></tr>';
```

```
    }
    echo "</table>";
}else{
    echo "0 个结果 ";
}
// 删除业务，接收本页面传来的 id 参数，利用此参数删除对应记录
if(isset($_GET["id"])&&$_GET["func"]==delete){
    $id=$_GET["id"];
    $sqldelete='delete from student where id='.$id;
    if (mysqli_query($conn, $sqldelete)) {
        echo "<script>alert(' 删除成功 ')</script>";
        mysqli_close($conn);
        header("Location: stuController.php");    // 刷新当前页面
    } else {
        echo "Error: " . $sqldelete . "<br>" . mysqli_error($conn);
    }
}

mysqli_close($conn);
// 查询结果的 CSS 样式
echo '
<style type="text/css">
body{text-align: center;}
table{
width:600px;height:300px;
border:1px solid black;/* 设置边框粗细，实线，颜色 */
text-align:center;/* 文本居中 */
background-color:#80D199;
border-collapse: collapse;/* 边框重叠，否则你会看到双实线 */
    margin: auto;
}
th{
border:1px solid black;
color:black;
font-weight:bold;/* 因为是标题栏，加粗显示 */
}
td{
border:1px solid black;
color:#8E2323;
}
 a{
        font-family: Arial;
        margin: 3px;
    }
```

```
    a:LINK,a:VISITED {
        color:#A62020;
        padding:4px 10px 4px 10px;
        background-color:#DDD;
        text-decoration: none;
        border-top: 1px solid #EEEEEE;
        border-left: 1px solid #EEEEEE;
        border-bottom: 1px solid #717171;
        border-right: 1px solid #717171;
    }

    a:HOVER {
        color: #821818;
        padding: 5px 8px 3px 12px;
        background-color: #CCC;
        border-top: 1px solid #717171;
        border-left: 1px solid #717171;
        border-bottom: 1px solid #EEEEEE;
        border-right: 1px solid #EEEEEE;
    }
h1{
background-color:#678;
color:white;
text-align:center;
}
div{
    text-align:center
}
.btn {
    border: none;
    color: red;
    font-family:Arial;
    padding: 10px 24px;
    text-align: center;
    text-decoration: none;
    display: inline-block;
    font-size: 10px;
    margin: 4px 2px;
    cursor: pointer;
}
</style>';
?>
```

③ 在案例 6-12 的登录界面中输入用户名：李明，密码：123456。单击“确定”按钮进入图 6-33 所示的界面。

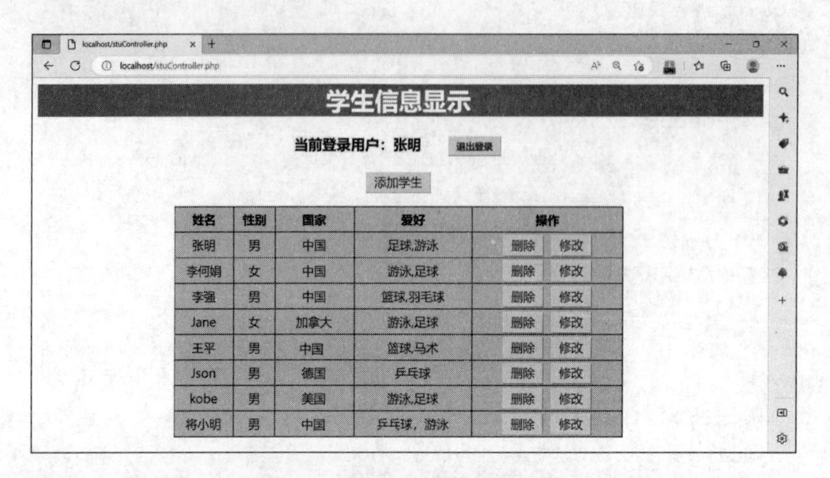

姓名	性别	国家	爱好	操作
张明	男	中国	足球,游泳	删除 修改
李何娟	女	中国	游泳,足球	删除 修改
李强	男	中国	篮球,羽毛球	删除 修改
Jane	女	加拿大	游泳,足球	删除 修改
王平	男	中国	篮球,马术	删除 修改
Json	男	德国	乒乓球	删除 修改
kobe	男	美国	游泳,足球	删除 修改
将小明	男	中国	乒乓球，游泳	删除 修改

图 6-33　显示学生信息界面

4．添加学生信息界面

【操作案例 6-15】添加学生信息界面。

1）案例要求

创建一个 PHP 文件，显示添加学生信息。

2）知识点

表单的接收与处理方法；HTTP 的请求与响应方法；插入数据的操作。

3）操作过程

① 在 Notepad++ 编辑器，创建 student_add.php 文件，并将文件保存在根目录文件夹内。

② 输入如例 6_28 示例所示的代码，保存文件。例 6_28 示例如下：

```
<?php
session_start();
if(!isset($_SESSION['user'])){
    header('Refresh:0.0001;url=login.php');
    echo "<script> alert(' 非法访问，小心我告你 ')</script>";
    exit();
}
include 'DBConn.php'; ?>
<html>
<head>
<meta charset="utf-8">
<title> 学生信息 </title>
</head>
<body>
<h1> 学生信息表单 </h1>
```

```
    <h3>当前登录用户：<?php echo $_SESSION['user']?></h3>
    <div>
        <form method="post" action="stuController.php" onSubmit="return
check();">
            姓名：<input type="text" id="name" name="name"/><br/>
            性别：
            男<input type="radio" id="male" name="sex" value="男"/>
            女<input type="radio" id="female" name="sex" value="女"/>
            <br/>
            国家：<input type="text" id="country" name="country"/><br/>
            爱好：
            游泳<input type="checkbox" id="h1" name="hobby[]" value="游泳"/>
            篮球<input type="checkbox" id="h2" name="hobby[]" value="篮球"/>
            足球<input type="checkbox" id="h3" name="hobby[]" value="足球"/>
            羽毛球<input type="checkbox" id="h4" name="hobby[]" value="羽毛球"/>
            乒乓球<input type="checkbox" id="h5" name="hobby[]" value="乒乓球"/>
            马术<input type="checkbox" id="h6" name="hobby[]" value="马术"/>
            <br/>
            登录密码：<input type="password" id="pass" name="pass"/><br/>
            确认密码：<input type="password" id="pass2" name="pass2"/><br/>

                <input type="hidden" id="id"  name="id" value=""/>
            <br>
            <input type="submit" value="提交" />
        </form>
    </div>
    <script type="text/javascript">
        function check(){
            var pass=document.getElementById('pass').value;
            var pass2=document.getElementById('pass2').value;
            if(pass==pass2){
                return true;
            }else{
                alert("两次密码不一致");
                document.getElementById('pass').value="";
                document.getElementById('pass2').value="";
                 return false;
            }
        }
    </script>
    <?php
    if(isset($_GET["id"])&&$_GET["func"]=="update"){
        $id=$_GET["id"];
        $sqlSelectId="select * from student where id=".$id;
```

```
    $result=mysqli_query($conn, $sqlSelectId);
    $row=$result->fetch_assoc();
    $name=$row["name"];
    $sex=$row["sex"];
    $country=$row["country"];
    $hobby=$row["hobby"];
    $hobbies=explode(",", $hobby);//将字符串按“,”,划分为数组
    $pass=$row["password"];
    echo "
        <script>
            document.getElementById('name').value='$name';
            document.getElementById('country').value='$country';
            document.getElementById('id').value=$id;
            document.getElementById('pass').value=$pass;
            document.getElementById('pass2').value=$pass;
        </script>";

    if($sex=='male'){
        echo "
        <script>
            document.getElementById('male').checked=true;
        </script>";
    }else{
        echo "
        <script>
            document.getElementById('female').checked=true;
        </script>";
    }
    for($i=0;$i<count($hobbies);$i++){
        if($hobbies[$i]=='swim'){
            echo "
            <script>
                document.getElementById('h1').checked=true;
            </script>";
        }else if($hobbies[$i]=='basketball'){
            echo "
            <script>
                document.getElementById('h2').checked=true;
            </script>";
        }else if($hobbies[$i]=='football'){
            echo "
            <script>
                document.getElementById('h3').checked=true;
```

```
            </script>";
        }
                else if($hobbies[$i]=='badminton'){
            echo "
            <script>
                document.getElementById('h4').checked=true;
            </script>";
        }else if($hobbies[$i]=='tableTennis'){
            echo "
            <script>
                document.getElementById('h5').checked=true;
            </script>";
        }else if($hobbies[$i]=='equestrian'){
            echo "
            <script>
                document.getElementById('h6').checked=true;
            </script>";
        }
    }
}
?>
<style type="text/css">
   h1{
            background-color:#678;
            color:white;
            text-align:center;
         }
      body {
            height: 100%;
            width: 100%;
            border: none;
            overflow-x: hidden;
        }
      div{
      width:100%;
      text-align:center;
       }

</style>
</body>
</html>
```

③ 在案例 6-14 的登录界面中单击“添加学生”按钮，进入图 6-34 所示的添加学生信息界面。

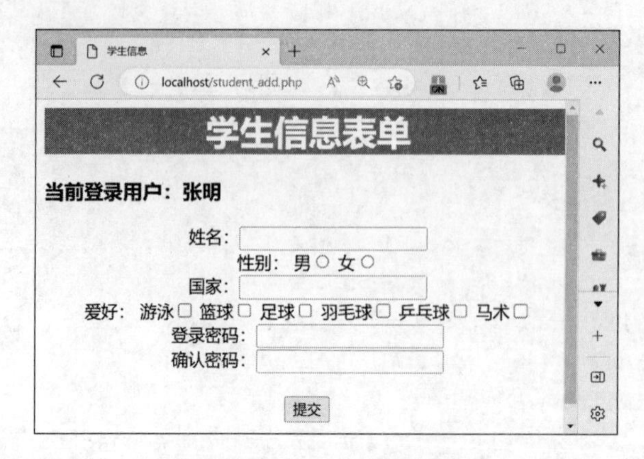

图 6-34　添加学生信息界面

④ 添加学生信息，单击“提交”按钮，返回图 6-33 的界面，界面中增加了刚才添加的数据，效果如图 6-35 所示。

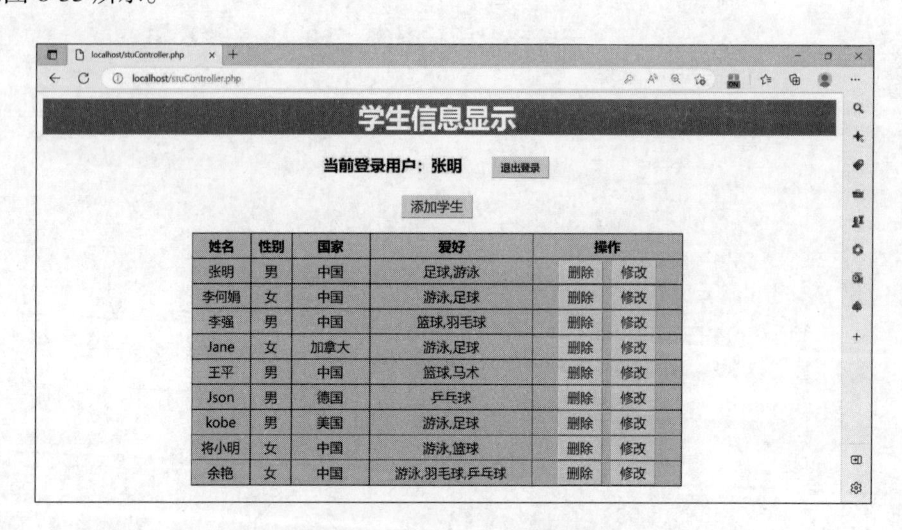

姓名	性别	国家	爱好	操作	
张明	男	中国	足球,游泳	删除	修改
李何娟	女	中国	游泳,足球	删除	修改
李强	男	中国	篮球,羽毛球	删除	修改
Jane	女	加拿大	游泳,足球	删除	修改
王平	男	中国	篮球,马术	删除	修改
Json	男	德国	乒乓球	删除	修改
kobe	男	美国	游泳,足球	删除	修改
将小明	女	中国	游泳,篮球	删除	修改
余艳	女	中国	游泳,羽毛球,乒乓球	删除	修改

图 6-35　添加学生后返回的界面

相关知识

1. PHP 的相关扩展

PHP 作为一门编程语言，其本身并不具备操作数据库的功能。因此，若利用 PHP 开发的项目中需要操作 MySQL 数据库，则需要采用 PHP 提供的数据库扩展功能。PHP 中提供多种数据库扩展，其中常用的分别有 MySQL 扩展、MySQLi 扩展和 PDO 扩展，它们各自的特点如下：

1）MySQL 扩展

MySQL 扩展是 MySQL4.1.3 或更早版本设计的，是 PHP 与数据库交互的早期扩展，由于不支持 MySQL 数据库服务器的新特性，且安全性差，在项目开发中不建议使用，可用 MySQLi 扩展代替。并且在 PHP7 中，已经彻底淘汰了 MySQL 扩展。

2）MySQLi 扩展

MySQLi 扩展是 MySQL 扩展的增强版，它不仅包含了所有 MySQL 扩展的功能函数，还可以使用 MySQL 新版本中的高级特性。例如，多语句执行和事务的支持，预处理方式解决了 SQL 注入问题等。MySQLi 扩展仅扶持 MySQL 数据库，如果不考虑其他数据库，该扩展是一个非常好的选择。

虽然 MySQLi 扩展默认已经安装，但使用时还需要开启，打开 PHP 的配置文件 PHP.ini，找到如下一行配置取消注释，然后重新启动 Apache 服务使配置生效。

```
;extension=php_pdo_mysql.dll
```

PHP. ini 配置提示：

如果在 phpStudy 平台中选择“首页”|MySQL 的“启动”按钮，启动 MySQL，则 phpStudy 自动设置 extension=php_pdo_mysql.dll。php.ini 文件可在 phpStudy 平台中选择“设置”|“配置文件”|“php.ini”打开。

3）PDO 扩展

PDO 是 PHP Data Objects（PHP 数据对象）的简称，它提供了一个统一的 API 接口，只要修改其中的 DSN（数据源），就可以实现 PHP 应用与不同类型数据库服务器之间的交互。解决了早期 PHP 版本中不同数据库扩展的应用程序接口互不兼容的问题，提高了程序的可维护性和可移植性。

2. PHP 操作 MySQL 数据库的基本原理

PHP 是一门 Web 编程语言，而 MySQL 是一款网络数据库系统。这二者是目前 Web 开发中最黄金的组合之一。那么 PHP 是如何操作 MySQL 数据库的呢？从根本上来说，PHP 是通过预先写好的一些列函数来与 MySQL 数据库进行通信，向数据库发送指令、接收返回数据等都是通过函数来完成。一个普通 PHP 程序与 MySQL 进行通信的基本原理示意图如图 6-36 所示。

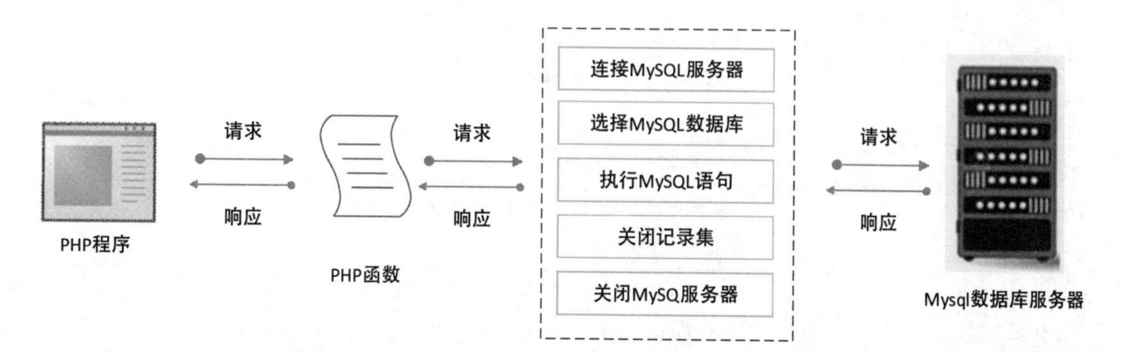

图 6-36 PHP 程序与 MySQL 进行通信原理示意图

图 6-36 展示了 PHP 程序连接到 MySQL 数据库服务器的原理。可以看出，PHP 通过调用自身的专门用来处理 MySQL 数据库连接的函数，来实现与 MySQL 通信。而且，PHP 并不是直接操作数据库中的数据，而是把要执行的操作以 SQL 语句的形式发送给 MySQL 服

务器，由 MySQL 服务器执行这些指令，并将结果返回给 PHP 程序。MySQL 数据库服务器可以比作一个数据“管家”。其他程序需要这些数据时，只需要向“管家”提出请求，“管家”就会根据要求进行相关的操作或返回相应的数据。

明白了 PHP 操作 MySQL 的流程，就很容易掌握 PHP 操作 MySQL 的相关函数。因为以上几乎每一个步骤，都有相应的函数与之对应。开发 PHP 数据库程序时，只需要按照流程调用相关函数，数据库操作便可轻松实现。

从图 6-36 中可以看出，通过 Web 访问数据库的工作过程一般分为以下几个步骤。

① 用户使用浏览器对某个页面发出 HTTP 请求。

② 服务器端接收请求并发送给 PHP 程序进行处理。

③ PHP 程序中包含连接 MySQL 以及请求 MySQL 中特定数据库的 SQL 命令。根据这些代码，PHP 程序打开一个和 MySQL 的连接，并且发送 SQL 命令到 MySQL。

④ MySQL 接收到 SQL 命令之后加以执行并将执行结果返回到 PHP 程序。

⑤ PHP 程序根据 MySQL 返回的数据生成特定格式的 HTML 文件，并把 HTML 文件响应给浏览器，浏览器渲染 HTML 文件并展示给用户。

3．PHP 操作 MySQL 常用函数

PHP开发者为我们提供了大量函数，使我们可以方便地使用PHP连接到MySQL数据库，并对数据进行操作。学习 PHP+MySQL 数据库编程，首先要了解这些函数，明确具体的步骤，然后才能进入实质性开发阶段。

PHP 中可以用来操作 MySQL 数据库的函数见表 6-12。

这些函数中，最常用的有 mysql_connect()、mysql_select_db()、mysql_query()、mysql_fetch_array()、mysql_num_rows()、mysql_close() 等。下面着重介绍这几个函数的使用。

表 6-12　PHP 的 MySQL 函数

函　数	描　述
mysql_affected_rows()	取得前一次 MySQL 操作所影响的记录行数。
mysql_change_user()	不赞成。改变活动连接中登录的用户
mysql_client_encoding()	返回当前连接的字符集的名称
mysql_close()	关闭非持久的 MySQL 连接。
mysql_connect()	打开非持久的 MySQL 连接。
mysql_create_db()	新建 MySQL 数据库，使用 mysql_query() 代替
mysql_data_seek()	移动记录指针
mysql_db_name()	从对 mysql_list_dbs() 的调用返回数据库名称
mysql_db_query()	不赞成。发送一条 MySQL 查询，使用 mysql_select_db() 和 mysql_query() 代替
mysql_drop_db()	不赞成。丢弃（删除）一个 MySQL 数据库，使用 mysql_query() 代替。
mysql_errno()	返回上一个 MySQL 操作中的错误信息的数字编码
mysql_error()	返回上一个 MySQL 操作产生的文本错误信息
mysql_escape_string()	转义一个字符串用于 mysql_query，使用 mysql_real_escape_string() 代替

续表

函　数	描　述
mysql_fetch_array()	从结果集中取得一行作为关联数组，或数字数组，或两者兼有
mysql_fetch_assoc()	从结果集中取得一行作为关联数组
mysql_fetch_field()	从结果集中取得列信息并作为对象返回
mysql_fetch_lengths()	取得结果集中每个字段的内容的长度
mysql_fetch_object()	从结果集中取得一行作为对象
mysql_fetch_row()	从结果集中取得一行作为数字数组
mysql_field_flags()	从结果中取得和指定字段关联的标志
mysql_field_len()	返回指定字段的长度
mysql_field_name()	取得结果中指定字段的字段名
mysql_field_seek()	将结果集中的指针设定为指定的字段偏移量
mysql_field_table()	取得指定字段所在的表名
mysql_field_type()	取得结果集中指定字段的类型
mysql_free_result()	释放结果内存
mysql_get_client_info()	取得 MySQL 客户端信息
mysql_get_host_info()	取得 MySQL 主机信息
mysql_get_proto_info()	取得 MySQL 协议信息
mysql_get_server_info()	取得 MySQL 服务器信息
mysql_info()	取得最近一条查询的信息
mysql_insert_id()	取得上一步 INSERT 操作产生的 ID
mysql_list_dbs()	列出 MySQL 服务器中所有的数据库
mysql_list_fields()	列出 MySQL 结果中的字段，使用 mysql_query() 代替
mysql_list_processes()	列出 MySQL 进程
mysql_list_tables()	列出 MySQL 数据库中的表，使用 Use mysql_query() 代替
mysql_num_fields()	取得结果集中字段的数目
mysql_num_rows()	取得结果集中行的数目
mysql_pconnect()	打开一个到 MySQL 服务器的持久连接
mysql_ping()	Ping 一个服务器连接，如果没有连接则重新连接
mysql_query()	发送一条 MySQL 查询
mysql_real_escape_string()	转义 SQL 语句中使用的字符串中的特殊字符
mysql_result()	取得结果数据
mysql_select_db()	选择 MySQL 数据库
mysql_stat()	取得当前系统状态
mysql_tablename()	取得表名，使用 mysql_query() 代替
mysql_thread_id()	返回当前线程的 ID
mysql_unbuffered_query()	向 MySQL 发送一条 SQL 查询（不获取 / 缓存结果）

4. PHP 操作 MySQL 数据库

PHP 对 MySQL 数据库的操作主要有创建数据库、创建数据表、选择数据库、查询数据库表、插入数据及删除数据，下面详细介绍这些操作的执行。

1）创建数据库

创建数据库主要利用 SQL 命令，其结构形式为：

```
$mysql_command=「create database < 数据库文件名 >」;
$result=mysql_query($mysql_command);
```

首先通过 create database 命令建立指定的数据库。第二行将建立数据库的信息赋给变量 $result，如果要创建的数据库已经存在，则返回一个错误。也可以使用如下格式创建数据库：

```
$result=mysql_query(「create database < 数据库文件名 >」);
```

示例 6_29：连接本地“localhost”、用户名是“root”、访问密码是“123456”的 MySQL 服务器，建立“students”数据库文件。如果建立成功，则显示“成功建立数据库：”的提示，否则显示“建立数据库失败。”的提示并输出建立的数据库名，其程序如示例 6_29 代码所示。

```
<?php
/* 步骤一：设置初始变量  */
$host="localhost";                                          //MySQL 服务器名称
$user="root";                                               //用户名称
$password = "123456";                                       //用户密码
$db="students";                                             //数据名称
/* 步骤二：连接数据库服务器  */
$conn = mysql_connect($host, $user, $password) or           //数据库连接
        die("连接数据库服务器失败");                          //返回错误信息
if(!$conn) echo "失败<br/>";
else echo "成功！ <br/>"
echo  "数据库服务器：$host    用户名：$user "<br/>;          //输出数据库服务器
名、用户名称
/* 步骤三：创建数据库  */
$mysql_command="create database ".$db;                      //数据库连接
$result=mysql_query($mysql_command) or                      //返回查询信息
   die("建立数据库失败:".mysql_error());                     //返回错误信息
/* 步骤四：建立成功提示  */
echo "成功建立数据库：".db ;                                 //输出信息
?>
```

2）选择数据库

当程序获得了一个服务器的连接后，接着要选择操作的数据库，否则可能引发错误。选择访问的数据库可以调用 mysql_select_db() 函数，其结构形式为：

```
mysql_select_db(database)
```

database 是要访问的数据库名，如果该函数访问数据库成功，将返回 true，否则返回 false。

示例 6_30：连接本地“localhost”、用户名是“root”、访问密码是“123456”的 MySQL 服务器，并选择名为 students 的数据库，其程序如示例代码 6_30 所示。

```
<?php
/* 步骤一：设置初始变量  */
$host="localhost";                                    //MySQL 服务器名称
$user="root";                                         //用户名称
$password = "123456";                                 //用户密码
$db="students";                                       //数据名称
/* 步骤二：连接数据库服务器  */
$conn = mysql_connect($host, $user, $password);       //数据库连接
if(!$conn) echo "失败! <br/>";                    //如果不能连接，则输出连接失败信息
else echo "成功! <br/>" ;                             //输出结果信息
/* 步骤三：选择数据库  */
$ok=mysql_select_db($db);                             //选择数据库
if(!$ok)                                              //如果选择失败
{
die("打开数据库失败。");                              //返回错误信息
}
else echo "选择数据库成功! <br/>";                    //输出字符信息
?>
```

3）执行 SQL 语句

在选择数据表之后，使用 mysqli_query() 函数执行 SQL 语句，该函数的语法格式如下：

```
boolean  mysqli_query( resource $link_identifier ,string $sql );
```

其中，$link_identifier 表示 MySQL 服务器连接标识；$sql 表示传入的 SQL 语句。该函数是执行 SQL 指令的专门函数，所有的 SQL 语句都通过它执行，并返回结果集。此处需要注意的是，在 mysqli_query() 函数中执行的 SQL 语句不应以分号“；”结尾。

4）关闭数据库连接

为了节省资源、提升性能，数据库连接在使用之后要及时关闭。关闭数据库连接要使用 mysqli_close() 函数，一个服务器连接也是一个对象型的数据类型，函数 mysqli_close() 的语法格式如下：

```
bool mysqli_close( resource $link_identifier );
```

其中，参数 $link_ identifier 表示先前打开的数据库连接，如果关闭成功返回 TRUE，失败返回 FALSE。

5）从数组结果集中获取信息

讲解了 mysqli_query() 函数执行 SQL 语句，接下来使用 mysqli_fetch_array() 函数从结果集中获取信息，该函数的语法格式如下：

```
array mysqli_fetch_array( resource $result [,int
```

```
result_type] );
```

其中，参数 $result 为资源类型，表示要传入的是由 mysqli_query() 函数返回的数据指针；参数 result_type 为可选项，表示要传入的是 MYSQLI_ASSOC（关联索引）、MYSQLI_NUM（数字索引）、MYSQLI_BOTH（同时包含关联和数字索引的数组）三种索引类型，默认值为 MYSQLI_BOTH。

6）获取结果集中一行记录作为对象

使用 mysqli_fetch_object() 函数从结果中获取一行记录作为对象，该函数的语法格式如下：

```
object mysqli_fetch_object( resource $result  );
```

mysqli_fetch_object() 和 mysqli_fetch_array() 函数功能类似，但存在一点区别，即前者返回的是一个对象而不是数组，该函数只能通过字段名来访问数组。

7）逐行获取结果集中的每条记录

使用 mysqli_fetch_row() 函数逐行获取结果集中的每条记录，该函数的语法格式如下：

```
array mysqli_fetch_row( resource $result  );
```

mysqli_fetch_row() 函数从结果集中获取一行数据并作为数组返回，每个结果的列存储在一个数组元素中，下标从 0 开始，即以 $row[0] 的形式访问第一个数组元素（只有一个元素时也是如此），依次调用该函数，将返回结果集中的下一行，直到没有更多行则返回 FALSE。

8）获取查询结果集中的记录数

要获取由 select 语句查询到的结果集中行的数目，则必须使用 mysqli_num_rows() 函数，该函数语法格式如下：

```
int  mysqli_num_rows( resource $result );
```

其中，参数 $resullt 代表查询结果对象，需要注意的是，该函数只对 select 语句有效。

9）获取结果集中的记录作为关联数组

使用 mysqli_fetch_assoc() 函数可以获取结果集中的记录数作为关联数组，该函数的语法格式如下：

```
array  mysqli_fetch_assoc( resource $result );
```

该函数只有一个参数 $result，指执行 SQL 命令返回的结果集对象。该函数与 mysqli_fetch_rows() 函数的不同之处就是返回的每一条记录都是关联数组。

小　结

PHP 即“超文本预处理器”，是在服务器端执行的脚本语言，尤其适用于 Web 开发并可嵌入 HTML 中。PHP 语法学习了 C 语言，吸纳 Java 和 Perl 多个语言的特色发展出自己的特色语法，并根据它们的长项持续改进提升自己，它入门门槛较低，易于学习，使用广泛，主要适用于 Web 开发领域。PHP 同时支持面向对象和面向过程的开发，使用上非常灵活。

PHP 语言的八大优势：

① 开放源代码，所有的 PHP 源代码事实上都可以得到。

② 免费性，PHP 和其他技术相比，PHP 本身免费且是开源代码。

③ 快捷性，程序开发快，运行快，技术本身学习快。嵌入于 HTML：因为 PHP 可以被嵌入于 HTML 语言，它相对于其他语言。编辑简单，实用性强，更适合初学者。

④ 跨平台性强，由于 PHP 是运行在服务器端的脚本，可以运行在 UNIX、Linux、Windows、Mac OS 下。

⑤ 专业专注，PHP 支持脚本语言为主，同为类 C 语言。

⑥ 效率高，PHP 消耗相当少的系统资源。

⑦ 面向对象，在最新的版本中，面向对象方面都有了很大的改进，PHP 完全可以用来开发大型商业程序。

⑧ 图像处理，用 PHP 动态创建图像，PHP 图像处理默认使用 GD2。且也可以配置为使用 Image Magick 进行图像处理。

习　题

一、填空题

1. Apache 的 http 的服务程序使用的是________端口。
2. 在进行软件开发时有两种基本架构，B/S 架构和________架构。
3. URL 的英文全称是 uniform resource locator，中文名称为________。
4. ________协议是计算机硬件与软件之间数据交换的格式。
5. HTTP 表示传输数据所使用的协议，WWW 表示要请求的服务器________。
6. PHP 的多行注释是________。
7. PHP 的两种复合数据类型是________和对象型。
8. 转义字符“换行”是________。
9. PHP 使用________函数来定义一个自定义函数。
10. PHP 标记对的完整形式是________。
11. PHP 使用的循环跳出语句是________和 continue。
12. PHP 中 foreach 是用来________。
13. 统计数组元素个数的函数为________。
14. MySQL 数据库中删除一个数据表的 SQL 语句是________。
15. MySQL 数据库中主键是能________标识一行记录的字段。

二、判断题

1. 使用 PHP 写好的程序，在 Linux 和 Windows 平台上都可以运行。（　　）
2. PHP 可以支持 MySQL 数据库，但不支持其他的数据库。（　　）
3. PHP 有很多流行的 MVC 框架，这些框架可以使 PHP 的开发更加快捷。（　　）

4. Zend Studio 是 PHP 中常用的 IDE（集成开发环境）。（　）
5. 进行 PHP 程序开发时，可以借助软件和工具来提高效率。（　）
6. PHP 中布尔类型数据只有两个值：真和假。（　）
7. PHP 中连接两个字符串的符号是“+”。（　）
8. PHP 可以使用“scanf”来打印输出结果。（　）
9. 每个语句结尾都要加“;”来表示语句结束。（　）
10. PHP 变量使用之前需要定义变量类型。（　）
11. 在 PHP 中“==”的意思是“等于”。（　）
12. while 和 do-while 语句都是先判断条件再执行循环体。（　）
13. “break n”代表的意思是跳出一层循环。（　）
14. 若定义数组时省略关键字，则第三个数组元素的关键字为 3。（　）
15. mysql 数据库中查询数据用 select 语句。（　）

三、单选题

1. PHP 的源代码是（　）
A. 开放的　　B. 封闭的　　C. 需购买的　　D. 完全不可见的
2. 下列选项中，不是 URL 地址中所包含的信息是（　）。
A. 主机名　　B. 端口号　　C. 网络协议　　D. 软件版本
3. PHP 是一种（　）的编程语言。
A. 解释型　　B. 编译型　　C. 两者都是　　D. 两者都不是
4. PHP 的输出语句是（　）
A. out.print　　B. response.write　　C. echo　　D. scanf
5. PHP 的中标量类型中整型类型的英文单词是（　）
A. boolean　　B. string　　C. integer　　D. float
6. PHP 是个网站开发中非常流行的脚本语言，其流行的原因不包含（　）。
A. 易学　　B. 易用　　C. 易调试　　D. 易扩展
7. PHP 的转义字符“反斜杠”是（　）
A. \n　　B. \r　　C. \t　　D. \\
8. PHP 遍历数组使用的是（　）
A. print　　B. forecah　　C. echo　　D. scanf
9. PHP 的变量在声明和使用的时候变量名前必须加（　）
A. $　　B. %　　C. &　　D. #

10. PHP 与 Linux、Apache 和 MySQL 一起共同组成了一个强大的 Web 应用程序平台，下列选项中为该平台简称的是（　）。
A. WAMP　　B. LAMP　　C. LNMP　　D. WNMP
11. 在下列选项中，（　）不属于 PHP 的突出特点。
A. 开源免费　　B. 开发成本高
C. 跨平台性　　D. 支持多种数据库

12. PHP 语言标记是（　　）。

A. <……>　　B. <?php……?>　　C. ?…………?　　D. /*………*/

13. PHP 代码要想以“<?”为开头，以“? >”为结束，需要启用配置文件中的（　　）选项。

A. short_open_tag　　B. asp_tags

C. allow_call_time_pass_reference　　D. safe_mode_gid

14. PHP 语句以（　　）符号结束。

A. .　　B. :

C. ;　　D. 无须任何符号，换行就行

15. PHP 中（　　）字符被认为是间隔字符（空白符）。

A. 空格　　B. 下画线字符　　C. 制表符　　D. 回车符

16. php 自定义函数返回内部值，使用的返回函数是（　　）

A. printf　　B. md5　　C. return　　D. function

17. 以下（　　）注释风格是 php 的多行注释。

A. //. . .　　B. /*. . . */　　C. #. . .　　D. !. . . !

18. PHP 使用的输出语句是（　　）

A. out.print　　B. response.write　　C. echo　　D. scanf

四、简答题

1. 简述 PHP 的概念和 PHP 语言的优势。

2. include 和 require 有什么区别？

3. 简述使用 phpMyAdmin 从创建数据库到插入一条记录的步骤。

4. 写出插入一条记录的 SQL 语句；写出查询 id 除 4、5 以外的数据信息的语句；写出查询 id 小于 6 的数据信息的语句。

5. 函数的形参与实参之间的数值传递方式有哪些？如何传递？

五、编程题

1. 编程显示九九乘法表。

2. 请写一个函数，实现以下功能：

字符串“open_door”转换成“OpenDoor”，“make_by_id”转换成“MakeById”。

3. PHP 遍历文件夹及子文件夹下的所有文件。

单元 7
网站的发布与维护管理

学习目标

- 学会使用 Dreamweaver 测试网站。
- 学会使用“文件”面板管理站点。
- 掌握网站发布的过程和网站宣传的方法。
- 了解网站管理和网站维护的知识。
- 了解网站的升级和改版。

任务 1　测试网站

任务说明

通过前面单元的学习及动手操作，我们已经建立了一个班级网站。在将站点上传到服务器并供浏览之前，应该先在本地计算机上对其进行测试，以确保页面在目标浏览器中如预期的那样显示和工作，而且没有断开的链接，页面下载也不占用太长时间。

浏览器是互联网的重要组成部分，它的发展史经历了不断地创新与变革。网页浏览器的发展历程经历了从简单的文本浏览器到图形化浏览器，再到支持多媒体和 Web 应用的浏览器的演变。它们的发展推动了互联网的普及和 Web 应用的繁荣，成为人们在互联网上获取信息和进行交流的重要工具。目前，在桌面 PC 端主流浏览器有：Chrome、Safari、Edge、Firefox、Opera、360 安全浏览器、IE 等；在手机移动端有：Chrome、Safari、三星浏览器、UC 浏览器、Opera、Android 浏览器、Firefox 等。设计者制作出的网页必须面向功能不同的浏览器并保持其正确性。

Dreamweaver 不仅在设计时可以基于不同的目标浏览器进行不同的设计，而且在页面制作完毕后，Dreamweaver 可以基于目标浏览器对页面进行检测并给出报告。在报告中将显示出被检测页面的兼容性以及在不同浏览器中页面的区别，同时还将指出页面中 HTML 的语句错误。

Dreamweaver 提供了多项功能帮助我们测试站点，利用测试结果，我们可以迅速找到问题所在，并解决出现的问题。本任务围绕测试网站进行。

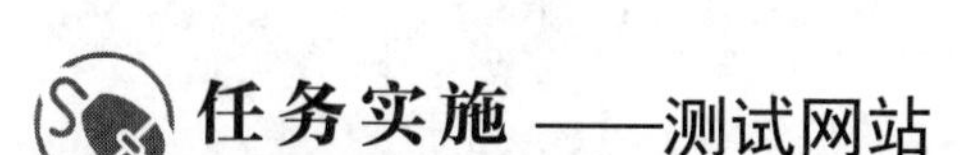

任务实施——测试网站

1. 检查浏览器的兼容性

网页制作好之后，通过浏览器查看其效果。由于用户使用的浏览器不尽相同，而且各种浏览器，甚至同一种浏览器的不同版本，对网页中的各种插件、脚本语言、HTML 规格等的支持程度也不同，因此为了确保页面在目标浏览器中能够如预期的那样工作，并确保这些页面在其他浏览器中要么正常工作，要么明确地提示不支持，设计者有必要进行浏览器兼容性测试。

目标浏览器检查不对网页文件做任何改动，只是对文档中的代码进行测试，检查是否存在目标浏览器不支持的标签、属性、CSS 属性或 CSS 值等。

目标浏览器检查提供三个级别的潜在问题的信息：错误、警告和告知性信息。它们之间的区别如下：

① 错误：以红色惊叹号图标标记，表示代码可能在特定浏览器中导致严重的、会出现明显错误的问题，比如页面的有些部分不显示。

② 警告：以黄色惊叹号图标标记，表示一段代码将不能在特定浏览器中正确显示，但没有任何严重的显示问题。

③ 告知性信息：以文字气球图标标记，表示代码在特定浏览器中不受支持，特定浏览器会忽略该代码，但没有任何可见的影响。

默认情况下，当打开一个文档时，Dreamweaver 2020 自动执行目标浏览器检查。

2. 在浏览器中预览和测试页面

对于网页在浏览器中的显示效果，不同浏览器的布局、颜色、字体大小和默认的浏览器窗口大小等会有一定的差别，而这些差别在目标浏览器检查中是无法预见的。我们应尽可能多地在不同的浏览器和平台上预览页面。

可以随时在浏览器中预览文档，而不必先保存文档或将文档上传到 Web 服务器。实际上，每制作完一页或一组网页，都应该立刻在浏览器中浏览和测试这些页面，以便及时改正错误。

1）预览网页

可以通过以下操作之一预览网页：

① 依次选择“文件”|“实时预览”命令，然后选择一个列出的浏览器。

② 单击工具栏中的“预览”图标，在弹出的菜单中选择一个列出的浏览器。

提示：

如果没有浏览器可选择，则依次选择“文件”|“实时预览”命令，或者依次选择“编辑”|“首选参数”|“实时预览”命令，在弹出的图 7-1 所示的“首选项”对话框中设置参数。

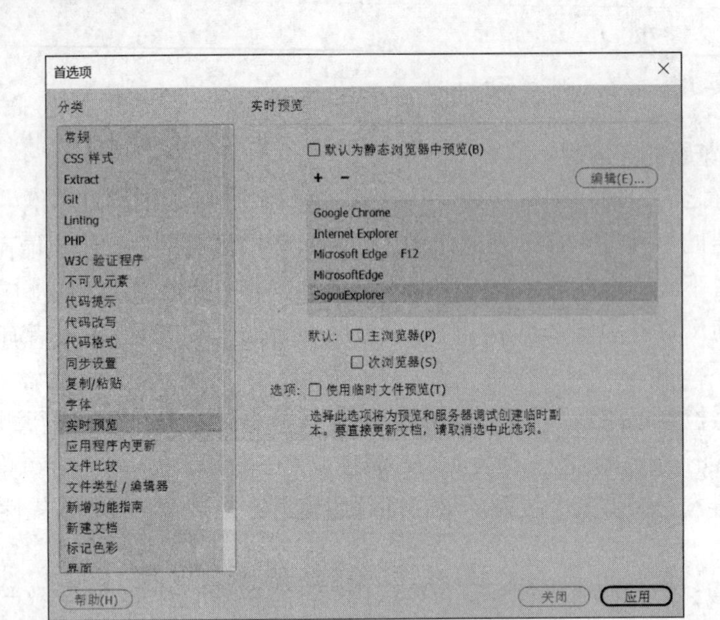

图 7-1　“首选项”对话框

③ 按【F12】键在主浏览器中显示当前文档。

④ 按【Ctrl+F12】组合键可在候选浏览器中显示当前文档。

2）测试页面时绕过浏览器安全检查

大多数情况下，如果浏览器已安装了必需的插件或 ActiveX 控件，则与浏览器相关的所有功能（包括 JavaScript 行为、文档相对链接和绝对链接、ActiveX 控件和 Netscape Navigator 插件）都会起作用。但是，如果使用比较低版本的 IE 浏览器测试带脚本或控件的网页时，常常会显示图 7-2 所示的类似提示信息。

为了有利于保护安全性，Internet Explorer 已限制此网页运行可以访问计算机的脚本或 ActiveX 控件。请单击这里获取选项...

图 7-2　提示信息

解决方法是在 <html> 和 <head> 标签之间插入如下语句：

```
<!-- saved from url=(0014)about:internet -->
```

这一行语句的作用是：告诉浏览器绕过本地计算机区域，在 Internet 区域中运行活动内容。

3．检查站点中的链接

对站点进行链接测试是一项最基本的测试。由于相关的站点有可能已重新设计、重新组织，所以所链接的页面可能已被移动、文件名已被改变或删除。可以通过“链接检查器”面板进行链接测试。

链接测试可分为三个方面：首先，测试所链接的页面是否存在；其次，测试所有链接是否正确；最后，保证整个网站没有孤立页面，孤立页面是指没有链接指向该页面，只有知道正确的 URL 地址才能访问的页面。

【**操作案例 7-1**】站点链接测试的步骤。

1）案例要求

列出站点中断掉的链接、外部链接及孤立文件。

2）知识点

站点链接。

3）操作过程

① 在 Dreamweaver 2020 的"文件"面板中选择要测试的站点。

② 依次选择"窗口"|"结果"|"链接检查器"命令，打开"链接检查器"面板。

③ 单击"链接检查器"面板左上角的▶按钮。

④ 在打开的下拉列表框中选择"检查整个当前本地站点的链接"选项，如图 7-3 所示。整个站点的链接检查结果将显示在列表框中，单击"显示"下拉按钮，在打开的下拉列表框中将出现三个选项。

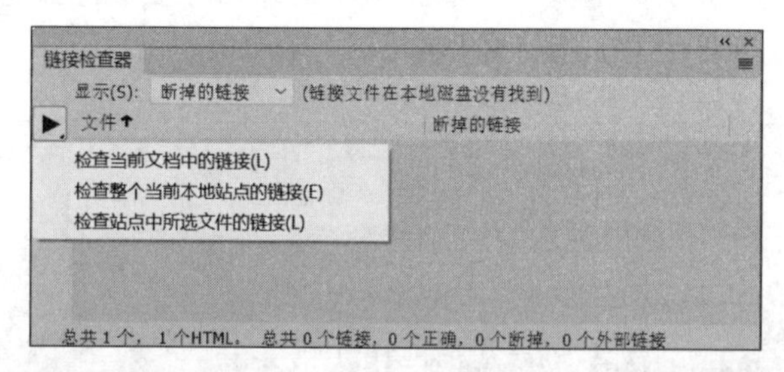

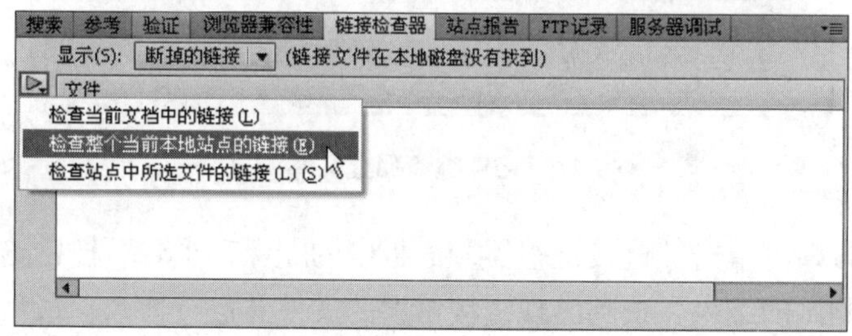

图 7-3　检查站点链接

- 断掉的链接：单击"断掉的链接"栏中的文件名，如图 7-4 所示。再单击右侧弹出的📁图标，在弹出的"选择文件"对话框中选择正确的文件，然后单击"确定"按钮，就可以修复该断掉的链接。

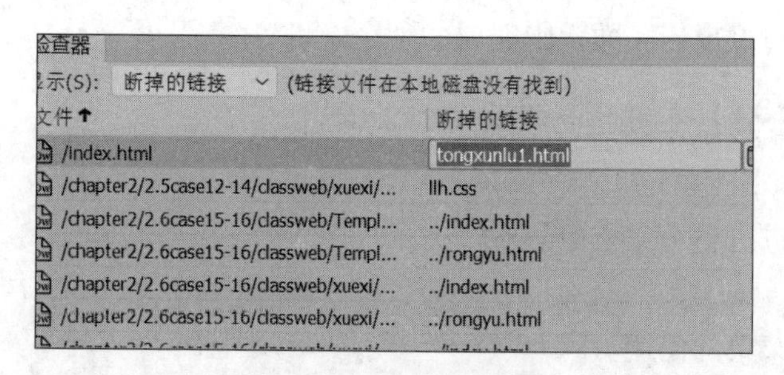

图 7-4　断掉的链接

- 外部链接：在“显示”下拉列表框中选择“外部链接”选项，将显示站点文档中站点以外的链接，如图 7-5 所示。

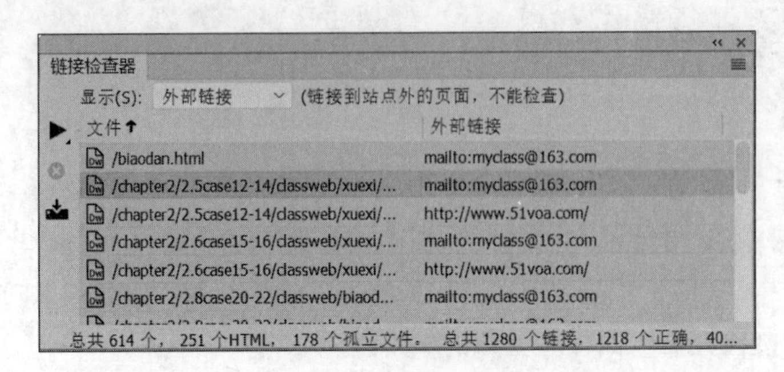

图 7-5 检查外部链接

- 孤立的文件：在“显示”下拉列表框中选择“孤立文件”选项，将显示站点中的不与其他任何文件发生链接关系的文件，如图 7-6 所示。如果要删除孤立文件，可以直接在该列表框中选中文件，按【Delete】键删除。

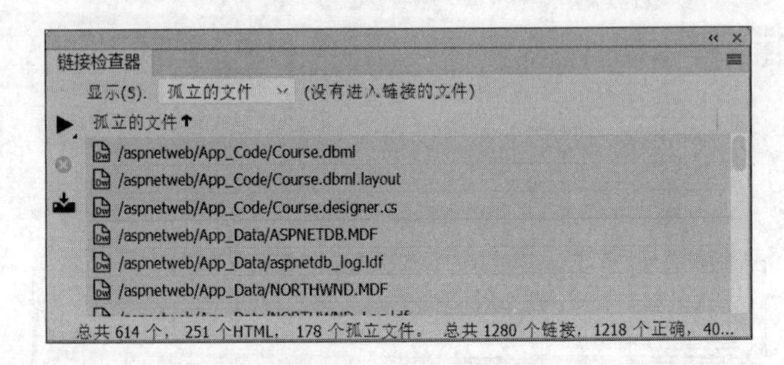

图 7-6 检查孤立文件

⑤ 要保存报告，可单击“链接检查器”面板中的“保存报告”按钮。

⑥ 根据前面测试的结果，找到出现链接错误的文件并进行修改，最后保存修改结果。这样便完成了站点链接的测试，并尽可能地避免了链接错误的发生。

4. 使用站点报告进行测试

通过运行站点报告可以检查可合并的嵌套字体标签、辅助功能、遗漏的替换文本、冗余的嵌套标签、可删除的空标签和无标题文档等。运行报告后，可将报告保存为 XML 文件，然后将其导入模板实例、数据库或电子表格中，再将其打印出来或显示在 Web 站点上。这些操作都可以在“站点报告”面板中完成。

【操作案例 7-2】使用站点报告进行测试。

1）案例要求

使用站点报告进行整个站点的测试。

2）知识点

“站点报告”菜单的使用。

3）操作过程

① 在 Dreamweaver 2020 的“文件”面板中选择要测试的站点。

② 依次选择“窗口”菜单 |“结果”|“站点报告”命令，打开“站点报告”面板。

③ 单击“站点”面板左上角的“报告”按钮▶，弹出“报告”对话框，在“报告在”下拉列表框中选择“整个当前本地站点”选项，在“选择报告”列表框中选择要检查的选项，单击“运行”按钮创建报告，如图 7-7 所示。结果列表出现在“站点报告”面板（在“结果”面板组）中，如图 7-8 所示。

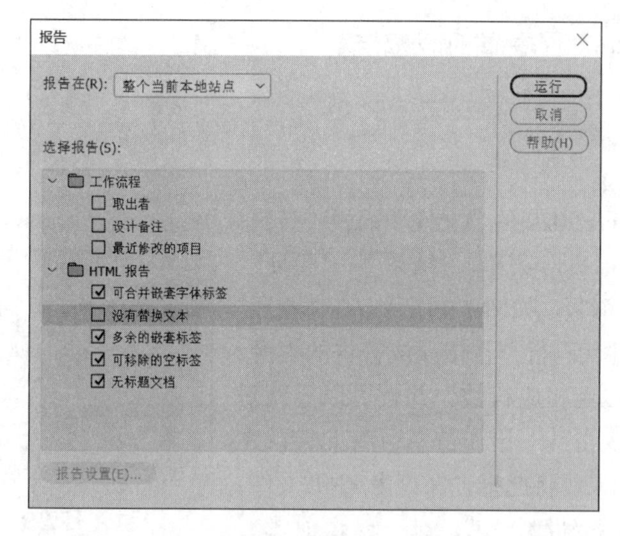

图 7-7　“报告”对话框

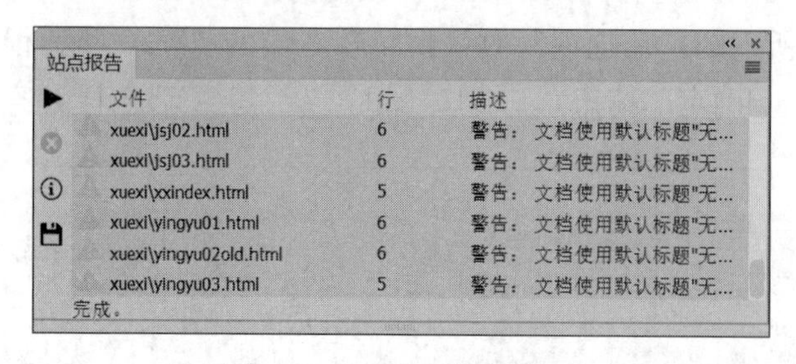

图 7-8　站点报告检查列表

提示：

在图 7-7 所示的对话框中，必须定义远程站点连接才能运行工作流程报告。

④ 如果要使用报告，可执行以下操作之一查看报告：

- 单击要按其排序的列标题以对报告结果进行排序。
- 在报告结果列表中选择某一行，然后单击“站点报告”面板左侧的“更多信息”按钮ⓘ，有关问题的说明出现在“参考”面板中。
- 双击报告中的任意行可以在编辑窗口中查看相应的代码。

⑤ 如果要保存报告，则单击“保存报告”按钮保存该报告。

5. 检查标签

可以通过“验证”面板检查代码中是否存在标签或语法错误。Dreamweaver 2020 提供了对多种语言〔包括 HTML、XHTML、Cold Fusion Markup Language（CFML）、Java Server Pages（JSP）、Wireless Markup Language（WML）和 XML〕的文档进行验证，可以验证当前文档或选定的标签。

【操作案例 7-3】验证标签。

1）案例要求

通过“验证”面板检查标签的语法错误。

2）知识点

“验证”面板的使用。

3）操作过程

① 在 Dreamweaver 2020 的“文件”面板中选择要测试的站点 classweb。

② 依次选择“窗口”菜单 |“结果”|“验证”命令，打开“验证”面板，如图 7-9 所示。在“验证”面板中显示当前文件代码行存在错误或警告的提醒。单击某一行可以定位到相应行数，并且可以查阅对应描述进行修改。双击某一错误信息可将此错误在文档中高亮显示。如果要将此报告保存为 XML 文件，则单击“保存报告”按钮。

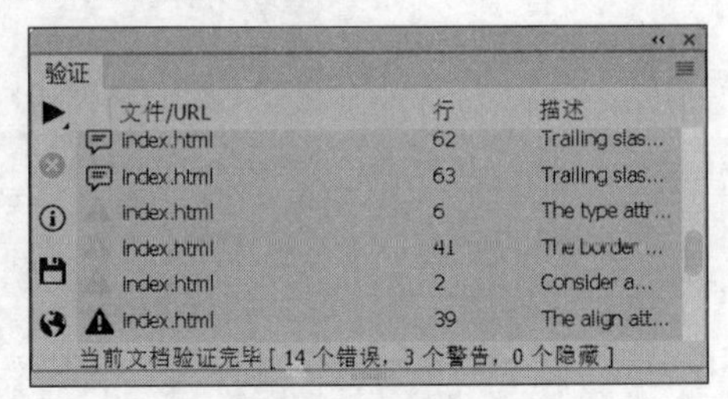

图 7-9 验证结果

③ 单击“验证”面板组左上角的“验证”按钮，在打开的下拉列表框中选择“设置”选项，弹出图 7-10 所示的“首选项”对话框，在右侧的“W3C 验证程序”列表框中选中要验证的项后，单击“确定”按钮。

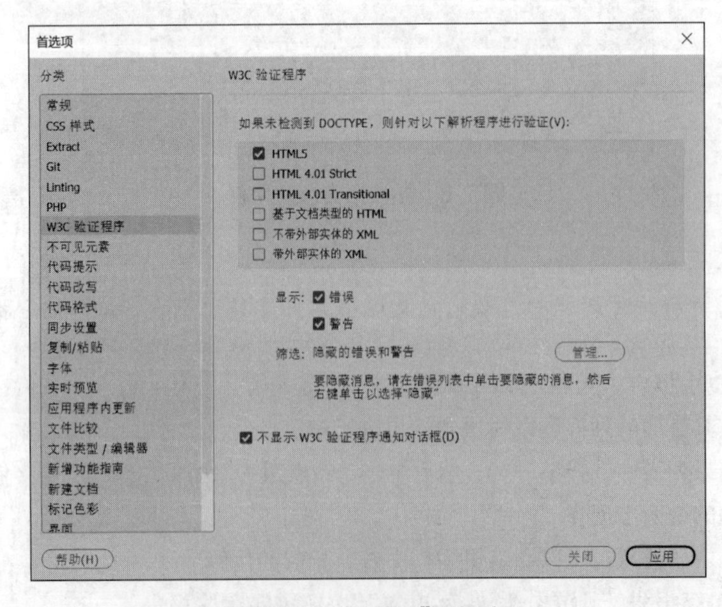

图 7-10 “首选项”对话框

任务 2　发布与推广网站

任务说明

在本地计算机上制作完网站并进行网站测试之后，下一步就是要将文件上传到远程服务器发布该网站，远程文件夹是远程服务器中存储网站文件的位置。要在 Internet 中可以访问网站，就必须拥有公网的某台 Web 服务器上的空间，用于存储网站的所有文件。

假设我们具有访问远程 Web 服务器的权限，并且所要发布的 Web 服务器端由我们设置，则首先要定义远程文件夹，然后再上传本地的整个网站文件。如果是在公网上申请的 Web 空间，则远程文件夹由 ISP 服务商指定和配置相关信息，我们直接上传整个网站文件就可以了。本任务围绕发布与推广网站进行。

任务实施——发布与推广网站

1. 定义并连接远程文件夹

要发布网站，需要设置一个远程文件夹，远程站点就等同于本地站点的副本。假设远程有一台 Web 服务器，其主目录为 E:/web，由于它还提供别的网站的发布，所以在该文件夹下必须为我们的网站创建一个空文件夹，如 classweb，将该空文件夹用作要发布的网站的远程根文件夹。

【操作案例 7-4】定义远程文件夹。

1）案例要求

使用 Dreamweaver 2020 定义并连接远程文件夹 classweb。

2）知识点

连接远程服务器的配置。

3）操作过程

① 在 Dreamweaver 2020 的“文件”面板中选择要发布的站点 classweb。

② 在左侧窗格中单击“定义服务器”按钮，弹出“站点设置对象”对话框，单击“服务器”选项卡的“添加新服务器”按钮+，如图 7-11 所示。

③ 在弹出的图 7-12 所示的对话框中进行各项设置。

连接方法：在其下拉列表框中选择 FTP 选项。

- FTP 地址：远程服务器的 IP 地址。
- 用户名：远程服务器主页空间的用户名。
- 密码：远程服务器主页空间的密码。

提示：

如果连接到 Internet 上的服务器，则在“连接方法”下拉列表框中选择 FTP 选项；如果使用本地计算机作为 Web 服务器，则在“连接方法”下拉列表框中选择“本地/网络”选项。

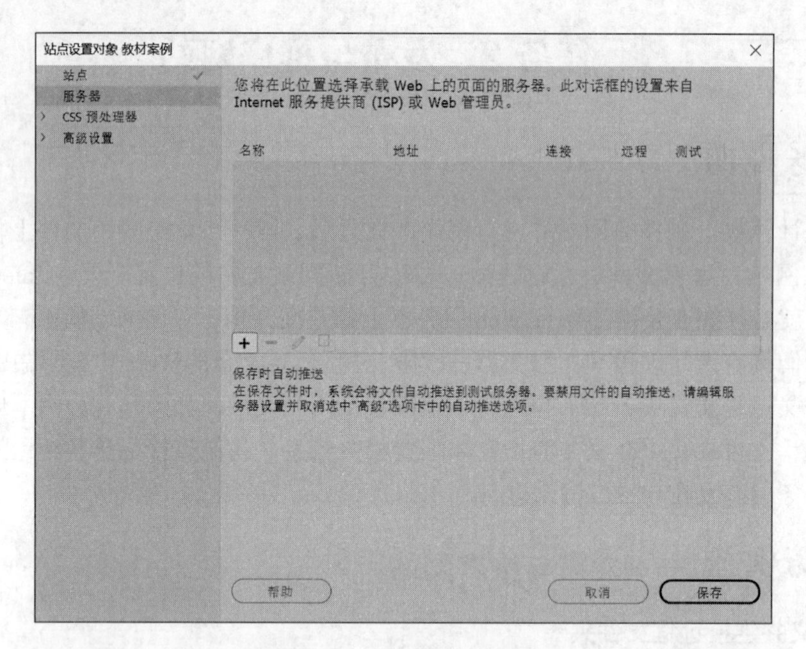

图 7-11　“服务器”选项卡

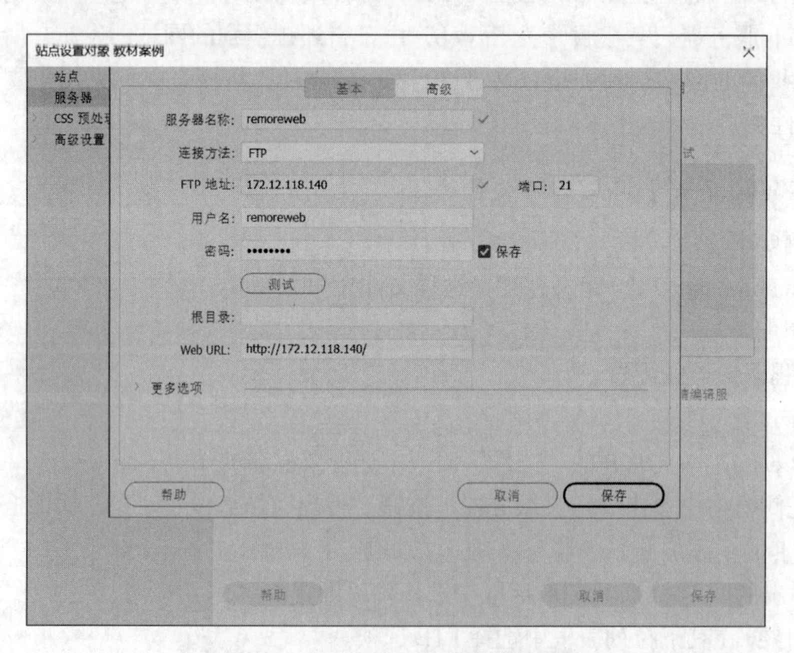

图 7-12　定义站点远程信息的相关项

④ 然后单击“测试”按钮，将弹出连接成功的提示框，如图 7-13 所示。单击“保存”按钮，服务器的配置过程完成。

⑤ 在 Dreamweaver 2020 的“文件”面板中，对“站点”右击，在弹出的快捷菜单中选择“上传”按钮，此时“文件”面板显示图 7-14 所示，单击“连接到远程服务器”图标，由于还没有上传任何文件，所以此时远程站点是空的。

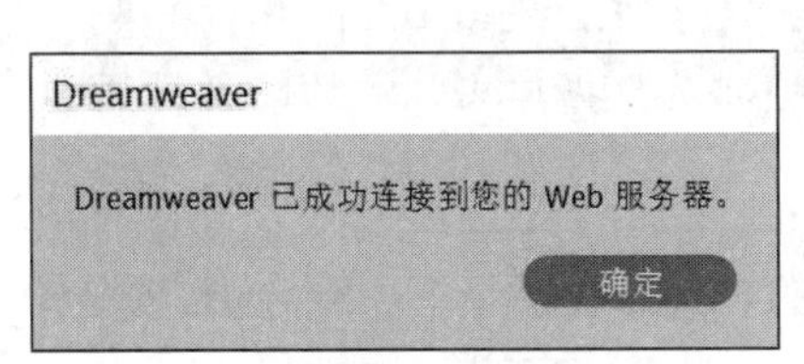

图 7-13　连接成功的提示信息

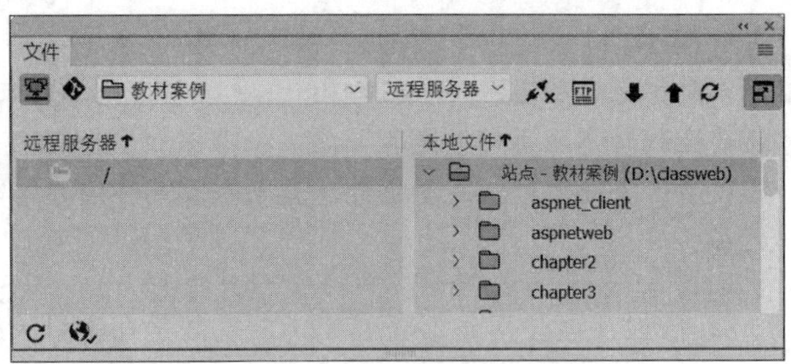

图 7-14　已与远程服务器连接

2. 上传本地站点

在设置并连接了远程文件夹之后，就可以将网站从本地上传到 Web 服务器了。

上传站点的方法很多，可以在计算机中装一个客户端的 FTP，例如，常用的 cuteftp pro、wu-ftp 等；如果服务器提供 Web 方式上传，也可以直接在 IE 浏览器的地址栏中输入 ftp:// 服务器的 IP 地址，然后按【Enter】键，弹出用户名、密码对话框，输入网站空间提供商给的信息，便可进行网页的上传了；还有一种方法，就是利用 Dreamweaver 提供的工具实现站点上传。

【操作案例 7-5】上传本地站点。

1）案例要求

使用 Dreamweaver 2020 上传本地站点。

2）知识点

网站的上传。

3）操作过程

① 续操作案例 7-4。在图 7-14 所示的扩展窗口中上传本地站点，执行以下操作之一：

- 在右侧窗格中选择某个本地文件，然后单击“上传文件”图标，弹出图 7-15 所示的对话框，单击“确定”按钮立即上传文件。如图 7-16 所示，在左侧窗格中就可以看到刚才上传的文件，连同该网页中所用到的图像文件也一起上传到了远程服务器所指定的地方。
- 在图 7-14 所示的扩展窗口中单击图标，折叠该窗口，返回到“文件”面板，单击“文件”面板工具栏中的“上传文件”图标也可以将本地文件上传到远程 Web 服务器中。

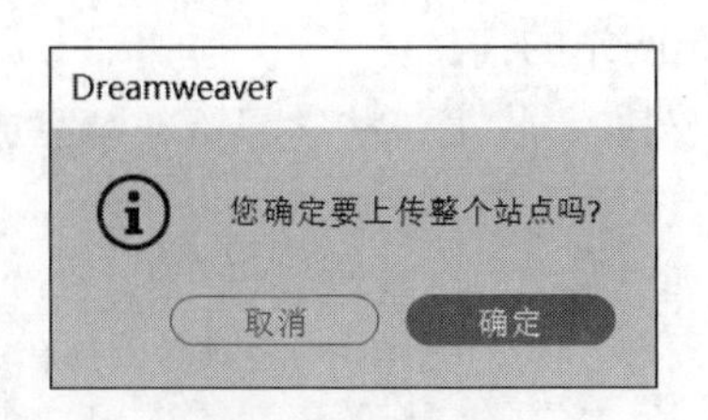

图 7-15　消息框

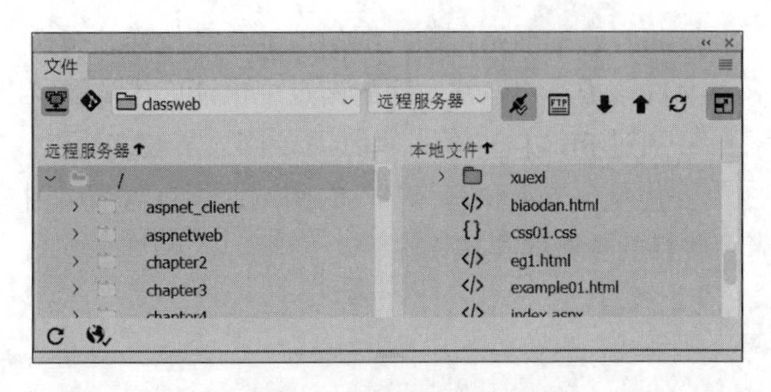

图 7-16　文件上传完成

提示：

对于包含动态网页网站的发布，在将整个网站的文件上传到远程Web服务器之后，还要检测动态网页部分是否正常。一般来说，对于数据库文件，要给IUSR账号可写的权限；除此之外，还要检查连接数据库的字符串（特别是数据库文件）的路径是否正确。

② 假设在远程Web服务器申请的空间是在主目录的classweb目录下，则在IE浏览器的地址栏中输入http://192.168.1.111，然后按【Enter】键，便可以看到网站的首页了。

3．网站的宣传推广

发布网站之后，要想提高网站的访问率，就必须对网站进行宣传和推广。推广网站的方法很多，下面简要介绍一些常用的方法：

① 到各搜索引擎中注册。例如，到百度中发布网站，以方便用户通过搜索能很快找到该网站，如图7-17所示。

图7-17　百度推广

② 到专门提供网站发布服务的知名网站中提交网站资料，以便能提高自己网站的访问率。

③ 将自己的网站名称和网站地址与其他网站交换，互相加入对方的链接。

④ 在该类客户经常访问的站点中申请广告位置，以宣传自己的网站。

⑤ 通过BBS、QQ等一些涉及上网人员较多的工具发布网站的信息。

⑥ 优化、丰富和完善自己的网站，靠自身吸引用户。例如，收集一些学习资料精品或者一些好的免费的共享软件。

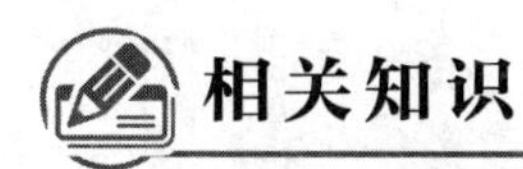

相关知识

1. 网站的管理

网站的管理贯穿在网站的整个运行过程中。网站管理需要用到的技术很多，大的方面包括通信技术、网络技术、Internet技术和信息处理技术等，具体所涉及的应用层方面的技术包括Web服务器的管理、数据库服务器的管理、FTP服务器的管理等。本节主要介绍网站文件的管理。

1）网站管理的重要性

由于过去的网站比较小、访问量不大、有用的价值也比较少，所以网站的管理没有太多的工作要做。随着Internet技术的发展，网上的应用越来越多样化，而且网站提供的数据量越来越大，对数据的完整性、准确性及保密性，甚至于网站服务的性能的要求也越来越高，这就要求我们重视网站的管理工作。

网站管理得好，网站运行中出现的差错少，访问速度快，提供的服务就比较优良。特别是对于由很多子网站组成的大型网站来说，子网站既自成一个整体，又是主体网站的一个分支。例如大学的网站，对外它是某大学网站，但对于其本身它又是由很多子网站所组成，每个学院的网站就是该大学网站的一个分支。这就要求从制度到人员，到所采用的技术都要保障网站的高效运行和高质量的服务。

2）网站管理的内容

网站管理需要做的工作很多，涉及的技术也很广，从应用层方面来说具体包括以下一些内容：

（1）Web服务器的管理

Web服务器是为网站的运行提供支撑作用的一种服务，如果整个Web服务器只给一个网站提供服务，只有一个账号用于网站的更新维护，则Web服务器的管理相对来说就比较简单，只要第一次配置好Web服务器，做好性能优化，基本就不需要过多去关注。但如果是专门提供网站服务的Web服务器，管理起来就复杂了：首先要给申请Web服务的网站分配一个物理空间以存放网站文件；其次要对该空间进行一些限制，例如分配权限、空间大小、所能使用的资源等；再次新建虚拟目录或者新建虚拟主机，并进行一些属性设置，如果需要域名解析的，还要将需要解析的参数交给域名服务器以对该地址进行解析，以便该网站可以通过一个域名进行访问；最后还要给该用户创建一个用于管理其网站文件的FTP账号。

（2）数据库服务的管理

如果网站使用的是Access数据库，只需要在第一次上传网站文件时，给该数据库分配一个可读可写的权限就可以了；但如果使用的是SQL Server、MySQL等关系型数据库，则还要在数据库服务器中给各独立的子网站分配一个管理数据库的账号并给予授权：定期备份数据库，当遇上数据受损时，及时恢复数据。

（3）日志的管理

日志的管理包括Web访问日志和数据库日志的管理，定期查看日志文件，分析网站潜在的用户及安全隐患，以便对网站及时做出调整。当日志文件增大到一定程度时，及时将该日志文件移走，否则会占满整个硬盘分区空间，从而导致网站无法运行。

（4）网站性能的管理

网站的性能也是网站管理的一个重要内容，它包括系统、Web 服务器、数据库服务器运行的性能，这些性能的分析可以借助于一些性能分析工具或者系统本身所提供的功能进行检测或分析。对网页及网页元素（例如，图片、利用时间轴制作的动画等）下载的速度及网站文件上传下载的性能等的分析可以借助 Dreamweaver 提供的一些测试工具或检查器进行。根据分析结果，对相应部分进行调整以提高整个网站的服务性能。

（5）网站安全的管理

安全对于网站的正常运行是非常重要的，网站的安全管理主要包括系统的安全、账户的安全、网站用户的安全、数据的保密等。

（6）网站文件的管理

如果网站在最初建立时就进行了很好的规划和部署，那么网站的管理主要表现在一些日常的网站文件的管理上，包括管理文件传输及 Web 站点的协作。

2．网站的维护

网站的维护是网站生存期中一个非常重要的环节。网站建成发布到 Internet 上之后，每天 24 小时运行。在运行过程中，免不了会出现一些问题或者期间需要增加、删除或修改一些内容。网站的维护工作涉及面很广泛，包括从操作系统、Web 服务器、相关的数据库服务器、FTP 服务器、具体某个网站的数据内容的维护等。作为网站维护人员，还要掌握网页的制作工具、网页的编程语言、数据库知识，以及一些网页相关文件的制作工具的使用，包括图片制作、Flash 动画、视频剪辑等。下面将主要介绍对网站内容的维护。

1）网站安全、数据安全的维护

网站的安全和数据的安全是网站能够正常运行的前提和基础。如果网站遭受到黑客的攻击、病毒的侵害，网站系统将受到威胁而不能提供正常的服务，甚至停止服务，用户将访问不到网站，如果经常出现这样的问题，久而久之网站就无人问津了。而数据的安全是提供可靠、精确的信息，是已有信息不外泄的保障。如果网页提供的数据资料、信息不准确或者被恶意篡改，将会造成恶劣的影响。如果用户的信息得不到安全保障而被泄漏，将会造成用户的不信任，特别是对于进行网上交易的客户，严重的将要承担经济赔偿。所以安全是一个网站的生命，网站的安全维护是一项长期的、持续的工作。针对网站的安全维护所要做的具体工作如下：

① 巡检：定期或不定期的网站安全检测，以便及时发现问题，解决问题。

② 升级：安全补丁升级，黑客的攻击总是无孔不入的，所以需要不断地更新操作系统或软件的补丁，从而减少黑客攻击的入口。

③ 分析：经常查看服务器日志，分析潜在的不安全因素，消除安全隐患。

④ 数据库备份：对于动态网站来说，数据库备份是非常重要的一项维护工作，因为网站的绝大部分内容、用户的信息等都存储在数据库中，数据一旦遭到损坏，后果不堪设想，如果备份了数据库，即使数据遭到损坏也可以及时恢复。

⑤ 网站文件的备份：备份网站文件，包括网页中引用的图像、外部样式表和其他文件，当网页被恶意篡改或相关文件丢失时，以便能及时恢复。

⑥ Web 服务器的安全检查：检查其配置是否合理，设置是否安全。

2）网站页面外观的维护

网站的外观不是一成不变的，虽然网站建成后，短时间内网站的格局不会有大的变动，但小改动、小调整是少不了的。例如一个大学网站遇上了校庆，为了增添喜庆氛围，网站需要暂时更改为红色背景，有些栏目需要调整等。因为对它们的改动，都涉及多组网页的改动，这时候就需要更改模板，调整网站的框架。有时候对于网站设计的色调、样式局部不满意，还要适量调整相关的样式表。总之，根据实际情况，网站的布局随时都有可能需要加以调整，增加频道或栏目，删除或移走过时的信息，改变栏目名称或者增添广告、图片、视频和动画等。

3）网站内容的维护

网站内容的维护也是网站维护必不可少的工作之一。对各个栏目下的网页，根据事实的变动，网站上的资料也要同步更新。

根据官方资料变动及既定要发生的事情或者突发事件，主动更新网页内容。例如，对于大学的网站，新的学年开始了，学校的学生情况有变动，各学院的教师、课程安排有变动；各种节日到来之前，在首页弹出一些喜庆的画面；一些突发的事件发生，需要将相关内容制作成网页，在醒目的位置加入该网页的链接。

根据用户对网站的反馈意见，对网页内容进行更新。

对开设有论坛、网上留言板等提供交互功能的网页，需要对其内容进行维护，删除不良言论，调整显示顺序，整理合并一些资料并移动到合理的栏目。

4）网站数据库的维护

对于动态网站，网站大部分的信息都来源于数据库，如果数据量比较大，数据关系比较复杂，数据库的维护工作也是比较繁重的。根据实际需要，数据库的维护包括数据表的添加、修改及数据的移植，一些特殊数据的处理，数据表之间关系的改变，数据的导入/导出等，而这些都只是简单的数据库的维护。对于一个大型的数据库及数据库服务器，其维护工作将包括更多的内容，涉及更多数据库知识。

5）网站程序的维护

网站程序在运行的过程中免不了会出现一些小错误，或者是没有实现一些细节性的功能，或者要存储的数据类型有变动，要显示的数据顺序、数据内容有变化，这时候，就要根据这些要求适当更改某些程序，以适应这些变化。

3. 网站的升级和改版

由于网站技术在不断地发展，所以网站的升级和改版是网站长期生存必须经历的改变。网站从最初的静态网站发展到动态网站，是网站技术发展的一个重大进步。所以网站也要利用新技术提供更多的功能和更优质的服务。

1）网站的升级

随着 Internet 技术的不断发展，Web 服务器、数据库、应用软件及客户端浏览器都在不断的升级。它们所提供的功能越来越多，性能越来越好，建立在这些技术基础之上的网站也要随之升级，网站所提供的功能也要增强。网站的升级是大幅度提高网站的整体性能，提供更多、更好的服务。

网站在升级前首先要在网站的首页通知用户网站升级的时间，让用户做好心理准备；其次要备份好相关的数据资料，以免升级不成功时能及时恢复网站的访问；网站升级完成之后，要测试网站的运行情况，及时解决由升级而引发的问题，特别是对于网页与相关文件有接口的部分，要对各种情况进行测试。如果条件许可，当升级的技术类别比较多时最好是在另一台机器上进行测试，成功之后，再进行网站的移植或者切换。

2）网站的改版

一般来说，每隔 3 ～ 5 年至少应该进行一次网站改版，这样可以保持网站活力，给用户一种新鲜感。网站改版不同于新建一个网站，也不同于网站的更新，它沿用原来的数据，对整个网站的外观、布局、色调等都进行很大的改变，网站的各栏目也会进行很大的调整，在网站的制作技术上也会有很大的改变，例如若原来用的是框架集，现在改用模板或改用内嵌页的技术。

在网站改版之前，首先要设计新版本的栏目及所需要展示的内容，要提供哪些功能，有哪些特殊要求；然后设计几个样板，征求他人的意见，或者给上级领导和同事评论，或者放到网上给用户投票、提意见和建议，综合各种意见，确定设计样式和风格；最后就开始给网站制作小组成员分派制作任务。改版完成之后，进行测试；然后上传到 Web 服务器上，再次进行测试。这样整个网站改版过程即完成。

小　结

对于一个中小型的网站，它的管理、维护及升级工作往往是由同一个人专门负责完成的。网站管理涉及的内容很多，需要制定一套完善的管理制度并严格加以执行，这样可以使得网站的管理工作在有条不紊中进行。网站管理得好，网站的维护工作就会轻松很多。要提高网站的管理和维护水平，除了要学会对网站本身的管理外，还要掌握对网站所在的服务器设备，包括硬件、操作系统及与网站相关的其他服务的管理（例如网站要用到的数据库服务、提供文件传输的 FTP 服务及流媒体服务等）。

习　题

简答题

1. 简单叙述网站管理的内容。
2. 简单叙述网站维护的内容。
3. 简单叙述网站升级前要做的准备工作。